国家社科基金
GUOJIA SHEKE JIJIN HOUQI ZIZHU XIANGMU
后期资助项目

《孝经》学发展史

Development History of Studies on the *Xiaojing*

刘增光 著

中華書局
ZHONGHUA BOOK COMPANY

图书在版编目（CIP）数据

《孝经》学发展史/刘增光著. —北京：中华书局，2024.1
（国家社科基金后期资助项目）
ISBN 978-7-101-16470-1

Ⅰ.孝…　Ⅱ.刘…　Ⅲ.《孝经》-研究　Ⅳ.B823.1

中国国家版本馆 CIP 数据核字（2023）第 231700 号

书　　　名	《孝经》学发展史
著　　　者	刘增光
丛 书 名	国家社科基金后期资助项目
责任编辑	高　天
责任印制	陈丽娜
出版发行	中华书局
	（北京市丰台区太平桥西里 38 号　100073）
	http://www.zhbc.com.cn
	E-mail：zhbc@zhbc.com.cn
印　　　刷	天津善印科技有限公司
版　　　次	2024 年 1 月第 1 版
	2024 年 1 月第 1 次印刷
规　　　格	开本/710×1000 毫米　1/16
	印张 26　插页 2　字数 408 千字
国际书号	ISBN 978-7-101-16470-1
定　　　价	118.00 元

国家社科基金后期资助项目出版说明

　　后期资助项目是国家社科基金设立的一类重要项目，旨在鼓励广大社科研究者潜心治学，支持基础研究多出优秀成果。它是经过严格评审，从接近完成的科研成果中遴选立项的。为扩大后期资助项目的影响，更好地推动学术发展，促进成果转化，全国哲学社会科学工作办公室按照"统一设计、统一标识、统一版式、形成系列"的总体要求，组织出版国家社科基金后期资助项目成果。

全国哲学社会科学工作办公室

目　录

绪论:《孝经》学研究的回顾与展望

古人云:"合抱之木,生于毫末;九层之台,起于累土。"今天的中国学术思想研究,几乎每一个领域都已奠定了良好的基础,后来者的研究是站在前人的肩膀上进行的。职是之故,对 20 世纪以来的《孝经》学研究总体状况做一梳理,不仅仅是对先行者研究成绩的尊重,对于澄清和彰显本书的研究来说也是非常必要的。需要说明的是:第一,本书并不欲巨细无遗地将所有相关论著收摄于内,且舒大刚先生已有《20 世纪的〈孝经〉研究》①一长文对此做了很好的综述,自不待此处再画蛇添足。第二,本书希望通过粗线条地勾勒清末民国《孝经》研究的主要趋向与特点,然后顺此以进,关注《孝经》学研究的最新进展,留心于 21 世纪的《孝经》学著述,尤其是通贯性的《孝经》学史著作。故就研究现状的梳理而论,关注《孝经》学史方面的著述是本书的重点所在。在此基础上,再反思目前的《孝经》学研究,并略陈笔者所认为的未来发展空间与方向。

一、清末民国《孝经》研究的三种趋向

清末民国时期,《孝经》学的研究呈现出三种趋向:

第一种是维护《孝经》的趋向,以尊经的态度阐发《孝经》救世、孝治天下之理念,比如曹元弼《孝经郑氏注笺释》《孝经学》、唐文治《孝经大义》《孝经讲义》《孝经救世编》、宋育仁《孝经讲义》②、署名世界不孝子的《孝经救世》③等,1944 年有署名钱复之文《孝经救世》言:"民国初曹元弼《孝经学》

---

① 此文载舒大刚:《中国孝经学史》附论,福州:福建人民出版社,2013 年,第 476—530 页。
② 曹元弼:《孝经学》,华东师范大学图书馆藏清宣统元年刻本,载《续修四库全书》第 152 册,上海:上海古籍出版社,2002 年;曹元弼:《孝经郑氏注笺释》,国家图书馆藏 1935 年活字本,1934 年。唐文治《孝经大义》,施肇曾刊施氏醒园本,1924 年;《孝经讲义》,连载于《大众》(上海)杂志,1944—1945 年;《孝经救世编》,连载于《国专月刊》,1936—1937 年。宋育仁:《孝经讲义》,《问琴阁丛书》,1924 年。曹氏著作今有笔者编校整理的《曹元弼〈孝经〉学著作四种》,上海:上海古籍出版社,2021 年。
③ 世界不孝子:《孝经救世》,尊经会印本,1944 年。

七卷……唐文治《孝经大义》一卷等，要皆为说经以救当世之弊，非沽名钓利以窃时誉者也。近有世界不孝子……《孝经救世》者，先生之精作也……诚救当世之南针也。"①虽然皆主弘扬《孝经》以救世，其所救之世却未必相同，如曹、唐二学友受张之洞影响，为三纲五常辩护，以挽两千年未有之大变局，宋育仁亦是如此，他们所面向的是帝制中国之世。三者之中又以唐著为具现代社会意识，颇能反映新旧交替之《孝经》学姿态。《孝经救世》亦饱含着面向新时代的呼吁，此外，章太炎专论《孝经》的几篇文章立足于中西文化交通与差异的视野中突出《孝经》所承载的修己治人的中国文化特质，批评将儒学宗教化的做法②。另外，同样是维护《孝经》，有着尊经崇圣的观念，曹元弼、宋育仁基本上仍是在以传统儒者经生的身份注经解经，而唐文治、世界不孝子、章太炎则非如此。曹元弼批评以康有为为代表的当时流行的大同说，章太炎则批评康有为的孔教论，然唐文治对大同说则持赞同态度，且认为《孝经》即含大同之意。此可见这一群体内部的差异。

　　第二种是批评《孝经》，以《孝经》为鼓吹忠君专制之典，是封建时代赖以维持的文本基础，与新时代的发展要求不合。新文化运动中的胡适、陈独秀都批评孝观念，在《孝经》学领域，则是主张疑古的古史辨派的研究最具代表性，如王正己《孝经今考》、蔡汝堃《孝经通考》③二书，通过考证《孝经》之作者、成书时代及《孝经》今、古文问题，以证明《孝经》为伪书，对传统政治文化以及孝观念进行彻底的批判，如蔡书专列《〈孝经〉之批判》一章，其最后结论认为："《孝经》乃汉陋儒所纂袭，……内容当不足观，剽裂成文，强加装缀，矫揉肤泛，文义浅薄，梁启超谓为'置于《戴记》中诸篇，尤为下乘'，诚非虚语……《孝经》名为讲孝，实为劝忠之书。"④蔡氏此书之作似专门针对郁庆时稍早出版的《孝经通论》，在新文化运动和古史辨运动的双重夹击下，对《孝经》和历史上《孝经》学之研究都基本上是在进行不客观的、

---

① 钱复：《孝经救世》，载《道义月刊》1944年第10期，第2页。据此观之，民国《孝经》学著作的出现有两个高峰期，一是在1920年左右，二是在1944年前后。前者因应于新文化运动的发生，后者则随波于抗日战争。

② 章太炎讲，金震草录：《讲学大旨与孝经要义》，载《国学论衡》第2期，1933年12月，第1—6页；章太炎：《〈孝经〉〈大学〉〈儒行〉〈丧服〉余论》，载《制言》1940年第61期，第1—4页。

③ 王正己：《孝经今考》，罗根泽编著：《古史辨》第4册，海口：海南出版社，2005年；蔡汝堃：《孝经通考》，上海：商务印书馆，1937年。后者为钱玄同题写书名。

④ 蔡汝堃：《孝经通考》，上海：商务印书馆，1937年，第96页。

不具同情之理解的批判,作为"百行之本,万善之基"的孝观念成了众矢之的,成了封建落后的代表。周予同、陈子展等人的《孝经》学论述亦皆是如此。在疑古和废经、批孔风气的弥漫下对于《孝经》之作者和文本成书等多方面的考证也往往失于主观武断。虽然他们声称是站在现代学术立场上以科学的分析方法对《孝经》进行研究,但其科学性几乎被固有的成见所淹没。这种成见贻害无穷,即使对这种研究进行批评和纠偏的学者,如徐复观在《中国孝道思想的形成、演变及其在历史中的诸问题》(1959 年)①一文即肯定孝之价值,且对汉代的《孝经》学与政治之关联有着精到的思考,但他以为《孝经》在汉代时已遗,后来的《孝经》乃是汉儒伪作,此观点无疑亦受到了疑古风气之影响。有趣的是,徐复观写作此文的诱因是其老师熊十力对《孝经》与孝观念的严厉批评,可见即使是现代新儒家对于《孝经》亦不能完全超离新文化运动对于孝的批判基调②。

第三种亦是以现代学术研究者的身份对《孝经》进行研究,但主要是维护《孝经》儒家正典之地位,并区分被专制政治歪曲的《孝经》与儒家的《孝经》。如邹庆时《孝经通论》、陈柱《孝经要义》③均为提倡《孝经》之书,二者收入王云五主编《国学小丛书》,此为弘扬国学之阵营,与古史辨派阵营针锋相对,虽不见刀光剑影,火药味却溢出纸面。此种趋向的研究由于并无那样强烈的以经救国情怀,故而显得更加平实和可信。

简言之,清末民国为新旧杂陈、中心交通、不古不今之时,因此,对《孝经》的研究也呈现出纷繁复杂的局面。就对《孝经》的判断而言,或以《孝经》之性质为专制忠君者,或以《孝经》为华夏纲常命运所系者,或以《孝经》可通达于文明大同之世者,又或以《孝经》为修己治人之书者,一经而具此四重身份,实为前古所未有。也正因此,民国之《孝经》学实颇堪今人研习与玩味。

在这四种身份中,以《孝经》为修己治人之书者,当属最为客观平衡之论,而能不为时流众论所遮蔽。关于此,徐景贤所作《孝经之研究》④一书

① 此文载徐复观:《中国思想史论集》,上海:上海书店出版社,2004 年,第 131—173 页。
② 可参拙文《家国天下之间——熊十力的〈孝经〉观与孝论》,载《黑龙江社会科学》2017 年第 3 期,第 6—14 页。
③ 邹庆时:《孝经通论》,上海:商务印书馆,1934 年;陈柱:《孝经要义》,上海:商务印书馆,1936 年。
④ 徐景贤:《孝经之研究》,北平:公记印书局,1931 年。徐书为章太炎所署检。此书学界研究者措意者甚少,盖因其深藏于少数图书馆之故。今已收录于徐景贤:《徐景贤文存》,赵中亚选编,南京:江苏人民出版社,2016 年,第 65—98 页。不过《文存》一书内容讹误颇多。

尤其值得表彰。第一，此书为近乎通史性的《孝经》学史研究著作，虽然全书并不长，大约两万字左右，要言不烦，结构清晰，首章为《汉初置〈孝经〉博士》，第二章为《董仲舒之孝说》，第九章为《儒释道相互间之关系与〈孝经〉》，第十一章为《中世对于曾子传〈孝经〉说之意见》。书中创见迭出，如谓汉末至唐代均持孔子作《孝经》说，其引刘炫、唐玄宗为证，且注意到了《牟子理惑论》："孔子不以五经之备，复作《春秋》《孝经》者，欲博道术，恣人意耳"，以证是受此前纬书思想影响。又如其言汉唐时期《孝经》之传播，正赖释道二教而益广其传。又，一般以为宋人之推崇曾子是因为理学对于《大学》之重视，然徐书历述宋代君臣之倡言孝治及重视《孝经》之迹，认为此为宋时所以追尊曾子乃至加封其父之原因。第二，此书一方面不同于清末民国时期如曹元弼、唐文治等人的《孝经》研究——经生儒者注经的范式，而是以现代人的眼光对《孝经》之历史流衍和影响做一客观梳理，与今人在现代学术分科体制下的学术研究无异。另一方面，此书也截然不同于民国以来对《孝经》和孝观念的批判性研究，徐氏从汉代之《孝经》置博士讲起，即回避了疑古派对于《孝经》本身内容来源及其作者问题的争论问题。而疑古非孝者则多奉朱熹之《孝经刊误》为鼻祖，如前揭蔡汝堃、周予同《孝经新论》[①]即是如此。然徐氏则在书中以明末时——批评朱熹《孝经刊误》的——姚舜牧《孝经疑问》为据，直言"即此一书，可见朱氏刊误之说，不免于凿空妄言之流弊"[②]。此即是对疑古之委婉回应。从思想渊源上看，徐氏当受到章太炎《孝经》观念之影响，故其在全书"结论"中发扬《孝经》之现代意义，晋代傅咸作《孝经诗》，徐氏仿其例，作一结语谓："稽古大道，事天孝亲；家族既睦，友爱邻人；慎终如始，明哲保身；履正奉公，作好国民。"不论是孝亲睦族，抑或保身友邻，都是做现代社会好国民不可或缺的素质。凡此种种，可见徐著于现时代背景下《孝经》学之展开实具筚路蓝缕、不同时流之大功。

二、三部《孝经》学史著作

　　徐景贤之书是第一部《孝经》学史著作，但流传有限，对后来的研究者

---

① 文载朱维铮编：《周予同经学史论著选集》，上海：上海人民出版社，1983年，第477—491页。
② 徐景贤：《孝经之研究》，北平：公记印书局，1931年，第7页。

而言影响颇稀,以今观之,不能不说是一大遗憾。置此勿论,到目前为止,学界已有三部《孝经》学史著作:陈铁凡《孝经学源流》(1986 年)、舒大刚《中国孝经学史》(2013 年)、陈壁生《孝经学史》(2015 年)①。

陈铁凡《孝经学源流》一书,为学界第一部真正意义上的《孝经》学史,之所以称其为"真正意义上",是因为此书具有整全和贯通的特点:既溯源先秦"孝"字之含义、儒家孝道之演化、《孝经》之命名作者,又分述《孝经》自汉代至清代之流衍,甚至对近代新文化运动之非孝论亦做了反思性批判;既详述中国历代《孝经》学之主要问题与内容,又关注《孝经》之域外传播。此外,此书反映出的另外两点亦值得关注:一是注重《古文孝经孔传》与《孝经郑注》之差异与后世的流传以及由此引起的纷争。作者在第三篇《流衍》部分②的第一章《两汉〈孝经〉学》、第二章《魏晋南北朝〈孝经〉学》、第三章《隋唐五代〈孝经〉学》中前后相继,对此一《孝经》学史上的重大问题条分缕析。二是该书注意到了《孝经》学之流衍与不同时代之哲学思想的关联,故其于《流衍》部分第二章专门对"汉代学术之特征"做了交代,第四章《宋元明〈孝经〉学》中对理学、心学与《孝经》之关联有专门处理。但与此书之整全和贯通相应的是,此书虽树立起了"源流"的"高广大屋",内中也摆放了若干与生活起居紧密相关的器物,但仍显得疏于"装饰",简言之,全书内容整体看来有些简单。既名为《孝经学源流》,然书中第三篇《流衍》才涉及真正的《孝经》学史的"源流"或发展,而这一部分所占比例仅是全书内容的三分之一稍多。就具体内容而言,1. 对于若干具体问题,陈书并未触及:比如邢昺《孝经注疏》,陈氏并未意识到今传《孝经注疏》中的疏文基本为元行冲疏,并非邢氏所疏,关于此,陈鸿森《唐玄宗〈孝经序〉"举六家之异同"释疑》③、舒大刚《邢昺〈孝经注疏〉杂考》④二文已经做了详细探究,此疑惑至今已可消除。2. 对于《孝经》学史上的重要传注,陈著有所不及,如隋代刘

① 陈铁凡:《孝经学源流》,台北:编译馆,1986 年。舒大刚:《中国孝经学史》,福州:福建人民出版社,2013 年。陈壁生:《孝经学史》,上海:华东师范大学出版社,2015 年。

② 全书包括:第一篇《弁言》、第二篇《溯源》、第三篇《流衍》、第四篇《结语》,以及附录一《〈孝经〉今古文传解注释汇辑》、附录二《〈孝经〉学系年纪要》、附录三《〈孝经〉学注疏要目》。据此可见真正的"流衍"部分所占比例是比较少的。

③ 陈鸿森:《唐玄宗〈孝经序〉"举六家之异同"释疑》,载台湾"中央研究院"历史语言研究所集刊第 74 本,2003 年 3 月,第 35—64 页。

④ 舒大刚:《邢昺〈孝经注疏〉杂考》,载《宋代文化研究》第 18 辑,成都:四川大学出版社,2010 年,第 55—78 页。

炫《孝经述议》、明代后期出现的集大成式的吕维祺《孝经大全》、朱鸿《孝经总类》、黄道周《孝经集传》，作者均未涉及，尤其是吕、黄二家之著作，足以垂范千古，今天看来这不得不视为是很大的遗憾。3. 虽然该书提及历史上的诸多《孝经》学注本，但并未专门对重要的注本如《孝经郑注》《孝经注疏》等进行细致的文本解读和深入的思想分析，无法突显其义理深度与地位影响。正因此，本书就显得重点并不鲜明，未能展现《孝经》学发展的波峰和波谷。4. 有些观点存在偏差。如关于宋明时期《孝经》学，陈铁凡《源流》言："宋代道学，原以攘斥佛老为标榜，及其末也，则援佛以入儒，寖假而畦介泯没。陆王心性之学，此弊尤显。明儒之守朱学者若罗钦顺、陈建等对此俱有论述。迨阳明高弟王畿、王艮等则'跻阳明而为禅矣。'"[1] 此论站在朱子学立场上，判陆王心学为阳儒阴释，显然是不客观的。若以此前见为基础，也不可能真正明了陆王心学对于《孝经》学发展的贡献。

舒大刚教授《中国孝经学史》一书，内容更加厚重，洋洋洒洒近 60 万言，不仅全面，且更为精细。全书分十二章，第一章与第二章是分析《孝经》本身的内容，溯源先秦孝道观念的流变与《孝经》的产生，此后的十章均是对《孝经》学史的考察。该书在很多方面都有着重要贡献：1. 内容更为全面，对于陈铁凡著作中未予以注意的《孝经》学注本，如两汉时期马融《古文孝经注》、何休的《孝经注训》、宋均《孝经皇义》、韦昭《孝经解赞》，北宋范祖禹《古文孝经说》，明代后期的吕维祺、黄道周著作，舒著都予以关注，陈著简略的清代《孝经》学部分，则为舒著的精彩处，其中既有批评朱熹的毛奇龄，又有阮福《孝经义疏补》、丁晏《孝经征文》，且舒教授对清人辑佚《孝经郑注》之过程与成就做了非常清晰、线索分明的梳理，对于清代中期围绕日传《孔传》《郑注》的回传问题也都做了解释。由此，舒著几乎将思想史上全部的《孝经》学传注网罗殆尽。亦且将虽无《孝经》学著述，但却对于《孝经》学之发展有重要影响的思想家之《孝经》议论囊括于视野之内，如陆贾、董仲舒。正因此，此书多显辑佚考索之功，这样做无疑对于我们更清晰地了解《孝经》学史的演进颇有裨益。2. 作者在书中提出一些新的观念，比如第五章《魏晋南北朝的〈孝经〉学》，作者特别指出此期帝王研习注解《孝经》的现象，并揭示"皇家《孝经》学"的独特性。3. 作者对《孝经》学史上的一些重

---

① 陈铁凡：《孝经学源流》，台北：编译馆，1986 年，第 234 页。

要疑难和纷争问题予以了某种程度上的解决。如对于《古文孝经孔传》问题,舒著通过充分的讨论指出,《孔传》本出现于魏晋之际,绝非东汉时,非孔安国所作,又通过比对《孝经注疏》所载《孔传》传文与日传《孔传》,指出日传本亦非真本。再如对于《孝经注疏》的疏文究竟是唐代元行冲旧疏,还是宋代邢昺所作,舒著指出邢昺多仍元疏旧贯,并未能使元疏更加完备,反而是增加了新的错误。4. 舒著还具有更广阔的学术史、文化史视野。如其中对唐代时期的拟仿《孝经》著作的探究,对《忠经》《女孝经》以及明代女子所接受的《孝经》教育等也都做了分析。5. 舒著运用了新的石刻材料,此尤其体现在他对范祖禹手书《大足石刻本古文孝经》的分析和运用上,直接揭示出了宋代历史上存在的另外一种不同于朱熹《孝经刊误》,也不同于《古文孝经孔传》文本的另外一种《古文孝经》文本的形态。舒著存在的问题如白玉微瑕,此处亦可指陈两点:1. 如第十一章《明代的〈孝经〉学》其中第八节为"心学家的《孝经》学",内容非常简略。实则明代心学的《孝经》学代表人物众多,如罗汝芳、杨起元、虞淳熙、朱鸿、李材、邹元标等①。2. 与陈著类似,未能充分凸显重要《孝经》传注的义理内涵及其深刻影响。

陈壁生《孝经学史》一书,注重对经典义理的阐发,其言"正如整体的经学史是经学义理的发展史,单经学史也是一部经典的义理在历史上演进的过程"②。但要把这一方法论原则或写作取径贯穿始终,诚非易事。书中内容精彩纷呈,如:对于汉代《孝经》学与政治之关联的分析,最能体现经义与政教、制度之互动;书中对于魏晋时期围绕"爱敬"展开的《孝经》义理亦有丰富的发掘;书中通过分析唐玄宗《御注孝经》,认为玄宗将《孝经》变为劝人忠孝的伦理书,而非《孝经》本来面目的政治书,而朱熹《孝经刊误》所持的基调亦是以《孝经》为道德伦理书,这一立基于唐宋思想转变视野中的分析非常精到。与陈铁凡、舒大刚著作之全面与贯通相比,陈壁生著作措意于《孝经》学史上的重要人物,如郑玄、王肃、唐玄宗、朱熹、董鼎,由此勾勒出《孝经》义理发展图景中的几段波峰或高潮。因而全书就显得结构更加分明和精简,当然随之而来的问题便是有些地方处理过于简略,如:仅两汉《孝经》学的内容就占据了全书三分之一的篇幅,而书中对于清代《孝经》

———————————

① 关于此,笔者在《晚明〈孝经〉学研究》(上海:上海古籍出版社,2015 年)一书中有详细深入的研究。

② 陈壁生:《孝经学史》,上海:华东师范大学出版社,2015 年,第 2 页。

学的叙述极为简略,将重点放在整理辑佚《孝经郑注》的皮锡瑞身上,也并不能充分体现清代《孝经》学之真正情形及其特点。再如对于刘炫《孝经述议》这一重要注本亦未给予专门的分析。另外,书中观点亦存有待商榷之处,如陈书认为唐玄宗注解《孝经》时,即在"改经",由此造成《孝经》学之重大转折,然依笔者体会,玄宗改经是否能成立须谨慎判断。

在此三部《孝经》学著作之外,还有一些学者对《孝经》学做了持久的、专门性的研究。如关于唐玄宗《御注孝经》,陈一风有《〈孝经注疏〉研究》一书,对玄宗开元初注与天宝重注之差异做了非常细致的文本分析①。庄兵《〈御注孝经〉的成立及其背景——以日本见存〈王羲之草书孝经〉为线索》一文则以日本新发现文献为据,证明天宝重注后所添加的玄宗《孝经序》其实写作时间很早,这对于理解玄宗《孝经》思想前后之一贯性是一重大发现②。20世纪初敦煌《孝经郑注》及相关文献的发现,更是让汉唐《孝经》学的研究再次受到学界关注。日本学者林秀一,以及中国学者苏莹辉、陈铁凡等学者在清代学者辑佚整理的基础上,借助敦煌文献对《孝经郑注》作了复原整理工作,尤其是陈铁凡撰成《孝经郑注校证》(1987年)③一书。而刘炫《孝经述议》在日本的发现也使得对《古文孝经孔传》的研究出现了新的契机。林秀一对《孝经述议》文本进行了复原,撰成《孝经述議復原に関する研究》(1954年)④,由此,一些很长时间内悬而未决的问题得到了澄清。如《古文孝经孔传》的作者问题在唐玄宗时便引起争论,或以为是刘炫伪作,或以为是王肃伪作,而经过林秀一此书以及陈鸿森《〈孝经〉孔传与王肃注考证》⑤的研究,已经证明并非如此,伪作者另有其人。

关于明代《孝经》学的研究,台湾学者吕妙芬有一系列文章,做出了重要贡献,如《晚明士人论〈孝经〉与政治教化》(2004年)、《晚明〈孝经〉论述的宗教性意涵:虞淳熙的孝论及其文化脉络》(2005年)、《作为仪式性文本

---

① 陈一风:《〈孝经注疏〉研究》,成都:四川大学出版社,2007年。
② 庄兵:《〈御注孝经〉的成立及其背景——以日本见存〈王羲之草书孝经〉为线索》,载台湾《清华学报》新45卷第2期,2015年,第235—274页。
③ 陈铁凡:《孝经郑注校证》,台北:编译馆,1987年。
④ 林秀一:《孝经述議復原に関する研究》,东京:文求堂书店,1954年。
⑤ 陈鸿森《〈孝经〉孔传与王肃注考证》一文,载赵生群主编:《古文献研究集刊》第六辑,南京:凤凰出版社,2012年;此文又见于《文史》2010年第4辑,第5—32页;以及《国学学刊》2010年第3期,第22—40页。

的〈孝经〉:明清士人〈孝经〉实践的个案研究》(2008 年)、《〈西铭〉为〈孝经〉之正传——论晚明仁孝关系的新意涵》(2008 年),此后这几篇文章均收入其 2011 年出版的《孝治天下:〈孝经〉与近世中国的政治与文化》一书①。书中又进一步对明清以及民国《孝经》学之变化做了梳理,吕先生对明清《孝经》论述中的宗教性意涵有着深入掘发,不过仍需指出的是,徐景贤是这一问题研究的先导者。若将目光回溯,可发现民国时期 30 年代的陈子展有《六朝之孝经学》《孝经存疑》《孝经在两汉六朝所生之影响》等三文②,其中即详细讨论六朝时期《孝经》被附加的宗教性色彩,而其立意则主要在批评当时之尊孔读经,不可以“经书视为神物”③。时移世易,今人在讨论儒学宗教性问题时,其论域与态度已截然不同④。

三、研究内容与方法论的反思

《孝经》学领域虽然已出现了大量的研究成果,且有通史性的著作出现,但就研究内容而言,亦仍存在不少研究空间:

第一,利用出土文献研究《孝经》思想的来源。这一方面涉及如何理解先秦儒家孝观念的形成和发展问题,对于探本极源以理解《孝经》思想是非常必要的,但学界目前的研究基本没有涉及郭店简与上博简。正如王国维的“二重证据法”所揭示的,注意对新材料的运用,是学术思想获得大的进步的重要条件。据说海昏侯墓出土有《孝经》文本,作为汉代流传的《孝经》文本,这对于理解汉代《孝经》今古文问题一定是有较高价值,对学界研究必定产生一定的促动力。即使是就学界耳熟能详的《古文孝经孔传》,几年前江西南昌有一个私人的宝林博物馆中购藏有一部据说是距今最早的《孔

---

① 吕妙芬:《孝治天下:〈孝经〉与近世中国的政治与文化》,台北:联经出版事业公司,2011 年。笔者关于明代《孝经》学的研究,即受到吕妙芬先生的影响。

② 陈子展:《六朝之孝经学》,载《通俗文化》(政治、经济、科学、工程半月刊)1935 年第 2 卷第 1 期,第 14—16 页;以及第 2 期,第 6—8 页。陈子展:《孝经存疑》,载《沪江大学月刊》1936 年第 25 卷第 1 期,第 25—27 页。陈子展:《〈孝经〉在两汉六朝所生之影响》,载《复旦学报》1937 年第 4 期,第 140—169 页。《孝经存疑》之前身为 1934 年发表于《人间世》第 4 期的《孝经述疑》,二者内容差别不大。本此可知,当时对《孝经》宗教性的讨论中尤其关注汉末诵读《孝经》退黄巾军的典故。而之所以关注此则与当时新疆的喀什噶尔与和阗闹独立之事有关。故当时有着名铁侠的文章《请中央勿复以诵〈孝经〉退贼之方收拾新疆》,载《海泽》1934 年第 4 期,第 0—3,5—7 页。

③ 陈子展:《孝经存疑》,载《沪江大学月刊》1936 年第 25 卷第 1 期,第 27 页。

④ 此外,笔者有《晚明〈孝经〉学研究》一书,2012 年写就,2015 年由上海古籍出版社出版,为关于明代《孝经》学的断代史研究,采取了经学与哲学相即一体的视角与方法论。

传》写卷,不过笔者至今未有机会阅其真容。

第二,有些重要的《孝经》注本,至今为止都未受到充分重视和深入发掘。比如《古文孝经孔传》和刘炫《孝经述议》,专门对其内在思想进行义理分析的研究非常之少,这与二者在历史上的地位极不相称。另外,一直以来,我们对清代学术思想史和清代哲学的研究都比较薄弱,而清代《孝经》注本众多,其中良莠不齐,故问津者乏人,至今都没有人进行系统全面的目录整理工作,这是一座有待深入挖掘的宝库。

第三,在研究中应当注意参考日本方面的《孝经》注本和《孝经》著作。清中叶《古文孝经孔传》《孝经郑注》自日本回传中国,《孝经》学研究随即成为当时学人关注的热点。出现了大量的《孝经郑注》辑佚以及辨析《古文孝经孔传》真伪的著作,如清代的郑珍、洪颐煊、皮锡瑞、严可均、曹元弼、潘任等对二书的研究。约与此同时,日本学者的《孝经》学研究也在如火如荼地进行,出现了诸如宽政年间的片山兼山《古文孝经孔传参疏》、藤益根《校订孝经郑注》、山本信有《较定孝经》,文化年间的朝川鼎《古文孝经私记》、东条弘《增考孝经郑氏解补证》等高质量的作品,对于《孝经》学史上重要问题的研究有所推进,如《孔传参疏》即注意到了《孔传》与《管子》一书的密切关联。再如,明代《孝经》学著作远渡东洋,对日本思想的发展发生了重要影响。然国内学界的研究很少关注这些著作,忽视了中日思想文化交流的一大场域,这是一大缺失。《孝经》不仅仅是中国的《孝经》,也是东亚的《孝经》,从东亚经学思想的视域中对《孝经》学史开展研究定能取得更好的成绩。

在内容的反思之外,方法论和研究范式的反思也非常重要,内容和形式本即是一体。从经学史的角度看,生当今日,亦应对经学史的叙述和撰写持学科开放和多元化的态度,从不同的学科、不同的视角出发,所撰著的经学史便自然不同,若是文献学,会更注重历代《孝经》学著作目录的变更以及著作的考辨;若是在哲学学科内撰写经学史,则会注重历代重要哲学家对于《孝经》义理的阐发。而以往经学研究都一般是在中文系、历史系中进行的,只有少数经典如《周易》在哲学系很受重视,但既然六经皆是儒家思想的根源所在,那么在哲学系中开展经学研究便是必要的,也是势所必至,不独《周易》为然。如何贴近中国哲学史、思想史的脉络,采取经学与哲学相即一体的方式,更加细致地梳理《孝经》学义理的发展,观察《孝经》在历史中地位的升迁变化,是笔者所认为的《孝经》学研究的未来方向,也是范式转变所在。这一经学研究的范式转变不仅对传统的经学研究是一种转变,对于中国哲学史的研究也是一种转变。

传统的中国哲学史研究往往会忽视儒家思想义理的发展与经典之间的关联,忽视儒者的经学背景或经典文本根基。因此,谈及董仲舒,主要是论述其人副天数、天人感应的理论,不会关注这种理论赖以建立的《春秋》学;尤其在对于宋明理学的研究中,更是会忽视其经典基础,比如陆九渊的心学与《尚书·洪范》一篇密切相关,《洪范》在朱陆之辩中也有着重要的思想意义,而这一点并不为学界所觉知。而忽视经典,其结果即是不再关注经典中的思想。举例来说,"太平""致太平"是汉代非常重要的思想、哲学观念,尤其是在东汉。而我们在中国哲学史的书写中一般看不到对这一哲学思潮的叙述。中国哲学史叙述中的本体论、认识论,以及对很多概念的抽绎都是受西方哲学的框架和范畴体系限制。若从经典和经学的视角来观察的话,则可以看到和发掘出更富中国思想特色的范畴,"太平"即是一例。如此说来,什么是"中国哲学史"学科的"史料"即值得重新思考。

同时,中国哲学史由于以儒学史为主线,外加居于次要地位的道家、玄学,因而又往往忽视了佛教的影响。而我们知道,按照陈寅恪先生的说法,佛教对中国思想义理的发展影响甚巨,"夫政治社会一切公私行动莫不与法典相关,而法典为儒家学说具体之实现。故二千年来华夏民族所受儒家学说之影响最深最巨者,实在制度法律公私生活之方面;而关于学说思想之方面,或转有不如佛道二教者。如六朝士大夫号称旷达,而夷考其实,往往笃孝义之行,严家讳之禁,此皆儒家之教训,固无预于佛老之玄风者也。释迦之教义,无父无君,与吾国传统之学说,存在之制度无一不相冲突。输入之后,若久不变易,则决难保持。是以佛教学说能于吾国思想史上,发生重大久长之影响者,皆经国人吸收改造之过程"[①]。那么,佛教、道家对儒家经学的影响如何呢?这一问题似仍是学界涉足较少的领域。虽然陈寅恪认为佛教教义无父无君,然而亦不尽然,就《孝经》学而言,我们会发现北宋契嵩自言拟仿《孝经》而有《孝论》十二章之作,其中言及"孝理"与"孝

---

① 陈寅恪:《冯友兰〈中国哲学史〉下册审查报告三》,载冯友兰:《中国哲学史》附录,北京:中华书局,1947年,第3页。

行"的分别,并不认为佛教是无父无君,其已在极大程度地吸纳儒家之教训,对理学天理论及仁孝论的产生影响甚巨。而在目前的四部《孝经》学史都未意识到契嵩的重要性。

一般的经学史研究,尤其是受汉宋对立思想影响的儒者,即使是乾嘉汉学也不能避免这种偏见,会忽视宋明理学在经学发展上的贡献。因为理学家尤其是心学家大多没有专门的经典注释著作,而经学研究按照二十四史"经籍志""艺文志"的记载,按图索骥,去查看相应的经典注释著作,比如《周易》类有哪些,《孝经》类有哪些,等等,所以理所当然地很多思想家就不会被纳入经学的讨论中,然而,这样的做法显然是有问题的。因为:1.很多经典注释著作从思想的意义上来讲并不重要。比如清代前期很多受朱熹理学影响的注释,大多陈陈相因,彼亦一述朱,此亦一述朱,乐而不倦。2.很可能某个经典注释著作的作者是继承了心学思想而完成的。从经学与哲学相即一体的方法论来书写《孝经》学史,就要注意到,并非只有儒者经生之专门的《孝经》注疏需要关注,而是需要以哲学义理的眼光,将视野放宽,对某部《孝经》注疏产生的思想背景及其思想影响都予以关注。比如明代后期出现了大量的《孝经》注本,而追溯其源会发现多受阳明心学的启发,王阳明虽无专门的《孝经》注疏,然其孝论却对后来者发生了持久深入的影响。

从经学史的角度看,《孝经》学史的书写,必然要关注《孝经》地位在历史中的升迁变化,然而对这一问题的探究,若脱离对哲学思潮的观察,也无法达到。比如《孝经郑注》序文中言:"《孝经》者,三才之经纬,五行之纲纪。"之所以言"五行"即是受董仲舒以来的五行哲学影响,其中具体发展脉络耐人寻味。再以宋明时期的道统论为例,通常的看法都是以四书为宋明最重要的经典,也是儒学道统谱系成立的根据。然据元代朱子理学传人董鼎《孝经大义》以及隐士钓沧子之《孝经管见》可发现,他们已将《孝经》视为道治合一的经典;而早在南宋时陆九渊、杨简就已将《孝经》而非《大学》视为曾子传道的主要典籍,这与程颐、朱熹对《孝经》的怀疑和批评构成了极大反差。而明代后期士人又多以《孝经》为孔曾授受心法,并直接汉唐,高举《纬书》"子曰:吾志在《春秋》,行在《孝经》"的旗帜,强调曾子《孝经》的道统论地位。如果我们不去细究宋明哲学义理的发展,不会发现《孝经》在宋明时期地位变化的这一线索。

　　一代有一代之学,《孝经》已流传两千年,其本身之价值与意义早已无须再赘词证明,经典于人之受用需在人自身体会与实践,对《孝经》学的研究及其意义的发掘会随着时代的变化而变化,并不会终结于某一部通贯性《孝经》学史的完成,也不会因某一时代或某一个体的批评而裹足不前。我们固然不宜重复《孝经》救世的呼喊,但也理当肩负起推原《孝经》本真之意、兴发其教化之用的责任。正如《论语·泰伯》所在曾子之语:"士不可以不弘毅,任重而道远。仁以为己任,不亦重乎! 死而后已,不亦远乎!"本书的研究仅仅是对笔者治《孝经》学最新体会的一个总结,并不是也不可能解决《孝经》学研究中的所有问题,遑论超越前辈学人,只是想从不同的视角出发,从不同的路径切入,呈现出不一样的《孝经》学史。

第一章　《孝经》的文本与义理

——基于传世、出土文献的参证

　　20世纪以来，出土文献的发现对于儒学研究起了非常大的推动作用，但是出土文献与传世文献的互证或相互发明，似乎并未延及《孝经》，这其中或多或少受到了疑古思想的影响。若认真比对《孝经》与郭店简、上博简等出土文献，并结合《论语》《礼记》《大戴礼记》《孟子》等相关文献，我们可以对《孝经》文本的构成及其内在思想有更深入的认识。大致来说，孔子殁后，在儒学内部出现了一股孝论的思潮或者思想运动，儒家士人面对礼崩乐坏、宗法制渐趋无力的形势，努力重新建立家与国乃至天下的联系、父子一伦与君臣一伦的联系，沟通内外，建立内外一本的儒学思想体系，就成为重要的思想任务。这一思潮深化和发展了孔子所创立的仁学思想，以《曾子》十篇中的相关篇章最具代表性，而《孝经》则是这一思潮发展的总结式作品，其中提出的"以孝治天下"可以视为这一思潮发展至高峰的代表性理念。

第一节　"夫孝，德之本，教之所由生"的思想脉络

　　《孝经》首章《开宗明义章》载子曰："夫孝，德之本也，教之所由生也。"除此之外，传世文献如《大戴礼记》《孟子》与出土文献郭店简《唐虞之道》《六德》《五行》等多处都表达了这样的儒学观念。

　　《论语·学而》首章言学，次章则载有子之言"其为人也孝悌，而好犯上者，鲜矣；不好犯上，而好作乱者，未之有也。君子务本，本立而道生。孝悌也者，其为仁之本与！"汉儒在称引此章时往往认为是孔子所说。对于汉儒的称说是否严谨我们不做讨论，但是孔子之强调孝是显然的。《论语·泰伯》载子曰"君子笃于亲，则民兴于仁"，就将在上者之孝亲与仁政联系起来。《论语·阳货》记载孔子与宰我讨论三年之丧，孔子说："女安则为之！夫君子之居丧，食旨不甘，闻乐不乐，居处不安，故不为也。今女安，则为

之!""予之不仁也！子生三年,然后免于父母之怀。夫三年之丧,天下之通丧也。予也有三年之爱于其父母乎?"此正表明孔子是通过阳货之不孝判断阳货之不仁,孝与仁之关联于此可见。《孝经》末章《丧亲章》言:"子曰:孝子之丧亲也,哭不偯,礼无容,言不文,服美不安,闻乐不乐,食旨不甘,此哀戚之情也。"这段话很可能便是源于孔子对宰我所言。而孔子言教亦以孝为首,"子曰:弟子入则孝,出则弟,谨而信,泛爱众,而亲仁"(《论语·学而》)。"孔子讲仁,源于孝悌而又不等于孝悌,而是从孝悌出发,层层向外推出,……最后达到'泛爱众',上升为普遍的人类之爱。"①《论语》言孝最多处见于《为政》,此点亦颇值得留心。朱熹作《孝经刊误》质疑《孝经》言孝主要是讲孝治,不如《论语》之亲切有味,然而我们看到《丧亲章》所说与《阳货》是一致的,且恰恰是在《为政》中讲孝最多。《为政》中还记载:"或谓孔子曰:子奚不为政? 子曰:《书》云:'孝乎惟孝,友于兄弟,施于有政。'是亦为政,奚其为为政?"这更是明确地由孝弟以推及于政治的话语。据上可见,《论语》并非不言孝悌与为政之内外联系,而且不止一处。

出土文献中表达孝为德本的文字,如郭店简《六德》言:"男女不辨,父子不亲;父子不亲,君臣亡义。是故先王之教民也,始于孝悌。"又说:"孝,本也。"②与《孝经》"夫孝,德之本也,教之所由生也"在文字和旨意方面均无差别。《六德》篇所言六德是"父圣,子仁,夫智,妇信,君义,臣忠",而此篇在最后的段落中,先言"始于孝悌",继言"凡君子所以立身大法三,其绎之也六,其衍十有二"③,显系以孝悌为"大法三"(夫妇、君臣、父子)之本,亦为六德也即圣、仁、智、信、义、忠的基础,这无疑正是一种孝为德本说;且在《六德》的建构中,孝悌是整个人伦生活、社会道德的基础。此外,郭店简《语丛三》:"爱亲,则其施爱人。"④仁者爱人,则此语也是孝为仁之本的意思。《五行》亦言:"不亲不爱,不爱不仁","爱父,其继爱人,仁也"⑤。《唐虞之道》:"孝,仁之冕也"⑥,也都表达了孝为德之本的含义。

《唐虞之道》的相关叙述值得重视,此篇首章言"尧舜之王,利天下而弗

---

① 梁涛:《郭店楚简与思孟学派》,北京:中国人民大学出版社,2008年,第70页。
② 刘钊:《郭店楚简校释》,福州:福建人民出版社,2005年,第109、110页。
③ 李零:《郭店楚简校读记》(增订本),北京:中国人民大学出版社,2007年,第173页。
④ 李零:《郭店楚简校读记》(增订本),北京:中国人民大学出版社,2007年,第193页。
⑤ 李零:《郭店楚简校读记》(增订本),北京:中国人民大学出版社,2007年,第101、102页。
⑥ 李零:《郭店楚简校读记》(增订本),北京:中国人民大学出版社,2007年,第123页。

利也。……利天下而弗利也,仁之至也。……必正其身,然后正世,圣道备矣。"什么是"正其身",即是后文所言爱亲。其言:"夫圣人上事天,教民有尊也;下事地,教民有亲也;时事山川,教民有敬也;亲事祖庙,教民孝也;太学之中,天子亲齿,教民弟也;先圣与后圣,考后而甄先,教民大顺之道也。"①这与《礼记·祭义》"昔者有虞氏贵德而尚齿"的描述是一致的,《祭义》认为虞夏殷周四代都尚齿尊老。"孝弟发诸朝廷,行乎道路,至乎州巷,放乎獀狩,修乎军旅,众以义死之,而弗敢犯也。"也就是说,天子以孝弟教化天下,几乎涵盖了人生活的方方面面。故这段文字虽为《大戴礼记·曾子大孝》所无,然而其内容确与《祭义》《曾子大孝》共有的文字是相呼应的,《曾子大孝》言:"居处不庄,非孝也;事君不忠,非孝也;莅官不敬,非孝也;朋友不信,非孝也;战陈无勇,非孝也。"这又何尝不是涵盖了生活的方方面面!那么孝弟之教如何"发诸朝廷"呢?《祭义》接着说:"祀乎明堂,所以教诸侯之孝也。食三老五更于大学,所以教诸侯之弟也。祀先贤于西学,所以教诸侯之德也。耕藉,所以教诸侯之养也。朝觐,所以教诸侯之臣也。五者天下之大教也。"郑玄注:"祀乎明堂,宗祀文王。"②是以《孝经》"宗祀文王于明堂以配上帝"作解。而所谓的"五教"仍然是以孝弟为首,也即孝为"教之所由生也"。这里的孝弟之教和《唐虞之道》"亲事祖庙,教民孝也;太学之中,天子亲齿,教民弟也"是完全一致的。而《唐虞之道》这两句之前的"夫圣人上事天,教民有尊也;下事地,教民有亲也"则与《孝经·感应章》相呼应,后者言:"子曰:昔者明王事父孝,故事天明;事母孝,故事地察;长幼顺,故上下治。天地明察,神明彰矣。故虽天子,必有尊也,言有父也;必有先也,言有兄也。"郑玄注《孝经》"必有尊""必有先"也正是以食三老五更之礼作解③。《祭义》言圣王孝弟之教以虞为最先,而《唐虞之道》第三章则说:

> 尧舜之行,爱亲尊贤。爱亲故孝,尊贤故禅。孝之施,爱天下之民。禅之传,世亡隐德。孝,仁之冕也。禅,义之至也。六帝兴于古,皆由此也。爱亲忘贤,仁而未义也。尊贤遗亲,义而未仁也。古者虞舜笃事瞽叟,乃戴其孝;忠事帝尧,乃戴其臣。爱亲尊贤,虞舜其

① 李零:《郭店楚简校读记》(增订本),北京:中国人民大学出版社,2007年,第123页。
② 郑玄注,孔颖达疏:《礼记正义》,龚抗云整理,王文锦审定,北京:北京大学出版社,1999年,第1340页。
③ 陈铁凡:《孝经郑注校证》,台北:编译馆,1987年,第203页。

人也。①

《唐虞之道》此处也是落脚于虞舜,这与《祭义》是一致的。不同之处在于《唐虞之道》言"爱亲故孝,尊贤故禅",在爱亲之外也强调禅让的公天下政治。而《祭义》则更加强调周代的礼制,《孝经》也说"则周公其人",这与《唐虞之道》强调"虞舜其人也"是不同的。但是《唐虞之道》"孝,仁之冕"之说与《孝经》"夫孝,德之本"相通。"孝之施,爱天下之民"也和《孝经·天子章》"爱亲者,不敢恶于人;敬亲者,不敢慢于人。爱敬尽于事亲,而德教加于百姓,形于四海"的旨意一致。在儒家思想中,爱亲和尊贤似乎是相互冲突的,但这只是皮相之间,在《唐虞之道》的作者看来,爱亲和尊贤都是为了"利天下而弗利"的目的,在此意义上,爱亲和尊贤是统一的,或者说,《唐虞之道》试图将二者统一起来,而其统一之方法便是推行以孝为核心的教化。这样的说法并不难看到,在《孟子》中舜既是孝亲弟弟的代表,《告子下》言:"尧舜之道,孝弟而已";同时也是尊贤的代表,《尽心上》即言:"尧舜之知而不遍物,急先务也;尧舜之仁不遍爱人,急亲贤也。"《唐虞之道》以孝说仁,"孝之施,爱天下之民"②,此亦正如《尽心上》所说:"君子之于物也,爱之而弗仁;于民也,仁之而弗亲。亲亲而仁民,仁民而爱物。"而《孝经》之意又何尝不是如此!《唐虞之道》中对"爱亲"和孝弟之教的重视和传世文献《祭义》《孝经》内容属于孔门后学孝治思想的重要组成。

《大戴礼记·曾子大孝》言:"众之本教曰孝。"这句话亦见于《礼记·祭义》,孔颖达《礼记正义》谓:"言孝为众行之根本,以此根本而教于下,名之曰孝。则《孝经》云'孝者德之本',又云'教民亲爱,莫善于孝',是众行之根本以教于民,故谓之孝也。"③此亦反映出《曾子大孝》与《孝经》在文本上的亲缘性。

《曾子大孝》中亦阐发孝为德之本的含义:

---

① 李零:《郭店楚简校读记》(增订本),北京:中国人民大学出版社,2007 年,第 123 页。

② 有整理者将此句读为"孝之杀,爱天下之民",认为是要适当减杀爱亲孝亲,才能爱天下之民。见梁涛:《郭店楚简与思孟学派》,北京:中国人民大学出版社,2008 年,第 500—501 页。问题在于,如果是减杀爱亲孝亲,那就不能说是爱亲尊贤了,如果爱天下之民要以牺牲爱亲孝亲为前提,那就不是在统一爱亲和尊贤,这显然不是《唐虞之道》作者的意思,也与《孟子》所表达的推扩之意不合。

③ 郑玄注,孔颖达疏:《礼记正义》,龚抗云整理,王文锦审定,北京:北京大学出版社,1999 年,第 1334 页。

夫仁者,仁此者也;义者,宜此者也;忠者,中此者也;信者,信此者
也;礼者,体此者也;行者,行此者也;强者,强此者也;乐自顺此生,刑
自反此作。

卢辩注云:"此者,并谓孝也。"并指出:"刑,谓五刑,《孝经》曰:'五刑之属三
千,而罪莫大于不孝。'"①说明了这段话和《孝经》的关联。《曾子大孝》这
段话和《孟子》"仁之实,事亲是也;义之实,从兄是也;智之实,知斯二者弗
去是也;礼之实,节文斯二者是也;乐之实,乐斯二者,乐则生矣"(《孟子·
离娄上》)文句、义理皆相通。二者都非常好地表达了"夫孝,德之本"的含
义,也都是通过孝来说仁。但是,需要说明的是,以孝说仁,并不意味着就
降低了仁的地位,也不意味着是将仁作为孝的一部分,从本节所举《五行》
《六德》《曾子大孝》《孟子》等的文字来看,其意在揭示仁爱精神的内核是由
中而出的、真实的爱亲之情,不论是爱亲之孝还是爱人之仁,都是爱,但是
爱人必然是由爱亲始,没有爱亲为基础,仁就是无源之水。为什么呢? 这
一点,郭店楚简《语丛三》说得很好,"父孝子爱,非有为也""为孝,此非孝
也"②,推扩而出的仁爱要以自然而生的天属之孝为基础,不可能反过来。
这反映出当时的儒家学者在思考:仁爱作为一种道德乃至政治行为,其真实
的根基在哪里? 就在天地生人——所谓"民性固然"(《孔子诗论》)——的人
性之中。

值得注意的是,《曾子》和《孝经》皆表达了明刑弼教之意,而非完全置
刑罚于不言。《曾子大孝》有"刑自反此作"一语,此外《荀子·法行》中援引
曾子曰:"无内人之疏而外人之亲,无身不善而怨人,无刑已至而呼天。内
人之疏而外人之亲,不亦远乎! 身不善而怨人,不亦反乎! 刑已至而呼天,
不亦晚乎!《诗》曰:'涓涓源水,不壅不塞。毂已破碎,乃大其辐。事已败
矣,乃重大息。'其云益乎!"③这段文字和《孝经》"居上而骄则亡,为下而乱
则刑""不爱其亲而爱他人者,谓之悖德;不敬其亲而敬他人者,谓之悖礼"
意涵正一致。与论述孝和刑的关系相关,《曾子》中亦屡屡谈及不孝和灾祸
的关联,《曾子大孝》:"身者,亲之遗体也。行亲之遗体,敢不敬乎! 故居处

---

① 王聘珍:《大戴礼记解诂》,王文锦点校,北京:中华书局,1983 年,第 83 页。

② 李零:《郭店楚简校读记》(增订本),北京:中国人民大学出版社,2007 年,第 192、209 页。

③ 王先谦:《荀子集解》,沈啸寰、王星贤点校,北京:中华书局,1988 年,第 534 页。

不庄……五者不遂,灾及乎身,敢不敬乎!"后世在讨论《孝经》"孝无终始,而患不及者,未之有也"时屡屡争论"患"应解释为"忧患"还是"患祸",唐玄宗取前者,而更多的儒者则倾向于后者,而质疑第二种解释的人往往取一个理由,认为儒家讲践履德行不应是拿灾祸来警吓。观《曾子大孝》"灾及乎身"之说,则此论可破①。

《曾子》中还有非常重要的一个思想,即孝包含爱和敬两个维度。《曾子立孝》:"曾子曰:君子立孝,其忠之用,礼之贵。""君子之孝也,忠爱以敬,反是乱也。"此处"忠之用"之"忠"即是由中出的忠爱之心。上博简《内礼》篇首章内容基本与《曾子立孝》相同,其首句即言:"君子之立孝,爱是用,礼是贵。"②可证忠即是爱。《曾子事父母》:"单居离问于曾子曰:事父母有道乎? 曾子曰:有。爱而敬。"此处的"爱而敬"即是《曾子立孝》的"忠爱以敬"。我们知道《论语》中孔子言孝即非常重视"敬"。曾子继承了这一点,而提出了"忠爱以敬"的观念,其意即是以敬行爱,爱以敬行,这正是对孔门仁、礼二维进一步探本溯源,回到了较仁、礼更为根本的爱、敬。孝是仁之本,敬是礼之本,而这也正是《孝经》的根本精神所在,如:《天子章》:"爱敬尽于事亲。"《士章》:"资于事父以事母,而爱同;资于事父以事君,而敬同。故母取其爱,而君取其敬,兼之者父也。"《广要道章》说:"礼者,敬而已矣。"明清治《孝经》学者在概括《孝经》主旨时往往即落在爱敬二字上,良有以也。

《曾子立孝》《曾子事父母》在阐发爱以敬行时都是在讨论谏净的问题,其主旨是《曾子事父母》所言"父母之行,若中道则从,若不中道则谏,谏而不用,行之如由己。从而不谏,非孝也;谏而不从,亦非孝也。孝子之谏,达善而不敢争辨。争辨者,作乱之所由兴也。"《孝经》中有《谏争章》:

　　曾子曰:"若夫慈爱恭敬,安亲扬名,则闻命矣。敢问子从父之令,可谓孝乎?"子曰:"是何言与? 是何言与? 昔者天子有争臣七人,虽无道,不失其天下。诸侯有争臣五人,虽无道,不失其国。大夫有争臣三人,虽无道,不失其家。士有争友,则身不离于令名。父有争子,则身不陷于不义,故当不义,则子不可以不争于父,臣不可以不争于君。故

---

① 《曾子立事》更是屡屡提到"君子祸之为患""君子患难除之""祸之所由生",以此教导君子应谨慎修德。

② 侯乃峰:《上博楚简儒学文献校理》,上海:上海古籍出版社,2018 年,第 218 页。

当不义则争之,从父之令,又焉得为孝乎?"

在清代之前对此章义理很少有质疑者,然自民国以来屡屡有学、者认为此章言"争",与孔子言"事父母几谏"不合。这一质疑的问题有二:一是将"争"误认为争斗之争,而实则此"争"即是"诤",而非《曾子事父母》所说"作乱所由兴"的"争辨"或《孝经·纪孝行章》所说"为下不乱,在丑不争"的"争"。《曾子事父母》"谏而不从"一段文字亦见于上博简《内礼》,但是《内礼》也言及"争"的文字则不见于《曾子》十篇中,其文云:"悌,民之经也。在小不争,在大不乱。故为少必听长之命,为贱必听贵之命。从人劝(?),然则免于戾。"①不难看出"在小不争,在大不乱"与《孝经》如出一辙。而"悌,民之经也"和《曾子大孝》"夫孝者,天下之大经也"似可呼应。二是这一章的开首曾子明言"若夫慈爱、恭敬、安亲、扬名则闻命矣",则此处言谏诤正是作为慈爱等四者的补充,也就是说,二者是一体的,不能割裂开来理解。因此,其意涵与《曾子》对谏诤的理解是一致的,也不违背孔子之说。不难理解,孝子之谏亲正是爱敬之情能否发乎正当的极端情况,意味着孝子要在爱亲之仁和以义谏亲之间达于平衡,即爱敬双极。在此意义上,爱以敬行,发乎情而止乎礼便显得非常重要。这是《曾子》十篇、《内礼》《孝经》等对于谏诤问题之所以如此关心的原因所在。据此可说,曾子对于孔子的孝亲和几谏思想在深度和广度上都做了进一步的发展②。

第二节 《孝经》与《曾子》中的五等之孝

《今文孝经》自《天子章第二》至《庶人章第六》言天子、诸侯、卿大夫、

---

① 侯乃峰:《上博楚简儒学文献校理》,上海:上海古籍出版社,2018 年,第 219 页。原书以(?)代替简文缺字,后同。

② 《荀子·子道》记载:"鲁哀公问于孔子曰:'子从父命,孝乎? 臣从君命,贞乎?'三问,孔子不对。孔子趋出,以语子贡曰:'乡者君问丘也,曰:"子从父命,孝乎? 臣从君命,贞乎?"三问而丘不对,赐以为何如?'子贡曰:'子从父命,孝矣;臣从君命,贞矣。夫子有奚对焉。'孔子曰:'小人哉! 赐不识也。昔万乘之国有争臣四人,则封疆不削;千乘之国有争臣三人,则社稷不危;百乘之家有争臣二人,则宗庙不毁。父有争子,不行无礼;士有争友,不为不义。故子从父,奚子孝? 臣从君,奚臣贞? 审其所以从之之谓孝、之谓贞也。'"(王先谦:《荀子集解》,沈啸寰、王星贤点校,北京,中华书局,1988 年,第 530 页)这段文字常被研究者拿来与《孝经·谏争章》做比较,但这二者还是有着明显的区别,《荀子》中的问题不仅仅是子从父,还涉及臣从君。但是《孝经》中曾子的问题仅仅是问"子从父之令",孔子的回答带有浓厚的宗法制下的君臣父子关系色彩,故《荀子》中的这段文字显然是对《孝经》的改编,而非相反。

士、庶人五等之孝,是《孝经》言孝治的核心内容。对五等之孝的内容以往探究较少,民国时期疑古学者甚至认为这是在秦汉大一统时代才会出现的内容,以此质疑《孝经》。《汉书·艺文志》著录有"《曾子》十八篇",今天流传下来的曾子著述主要保存于《大戴礼记》,其中《曾子立事》《曾子立孝》《曾子本孝》《曾子大孝》《曾子事父母》五篇都是讨论孝道的文字。若以此五篇的相关内容为参照,就会发现《曾子》中言及"孝治"者不少,而其中更是有多处论及五等之孝者。

《曾子立事》中说:

> 事父可以事君,事兄可以事师长;使子犹使臣也,使弟犹使承嗣也;能取朋友者,亦能取所予从政者矣。赐与其宫室,亦由庆赏于国也;忿怒其臣妾,亦犹用刑罚于万民也。是故为善必自内始也。内人怨之,虽外人亦不能立也。

王聘珍指出:这段话与《大学》"孝者所以事君也,弟者所以事长也,慈者所以使众也",以及《孝经》"事兄弟故顺可移于长"的意涵相通①,非常准确。宋儒认为《大学》乃曾子所作,诚有其合理之处;至少,《大学》是曾子学派的作品②。王聘珍所引《孝经》语出于《广扬名章》,但事实上,并不止此,《广扬名章》言:"君子之事亲孝,故忠可移于君;事兄悌,故顺可移于长;居家理,故治可移于官。"这一整句话都与《曾子立事》义理相应。《广扬名章》所述"事亲孝""事兄悌""居家理"正是所谓"自内始"③,而三"可移"则是由内及外。又《曾子立事》言不可使"内人怨之",也正与《孝经·孝治章》所说"治国者,不敢侮于鳏寡……治家者,不敢失于臣妾,而况于妻子乎?"意义相应。不怨也即是不侮、不失。《曾子立事》"使子犹使臣也,使弟犹使承嗣也""忿怒其臣妾,亦犹用刑罚于万民也"亦犹《古文孝经·闺门章》所说"妻子臣妾,犹百姓徒役也"。

而《曾子立孝》在讨论"可入也,吾任其过;不可入也,吾辞其罪"④的谏

---

① 王聘珍:《大戴礼记解诂》,王文锦点校,北京:中华书局,1983年,第78页。

② 梁涛:《郭店竹简与思孟学派》,北京:中国人民大学出版社,2008年,第113页。

③ 王聘珍注:"内谓之家。"(王聘珍:《大戴礼记解诂》,王文锦点校,北京:中华书局,1983年,第78页)

④ 孔广森认为是讨论"微谏之道,过则称己也"(孔广森:《大戴礼记补注》,王丰先点校,北京:中华书局,2013年,第94页)。

争问题时说道:"是故未有君而忠臣可知者,孝子之谓也;未有长而顺下可知者,弟弟之谓也;未有治而能仕可知者,先修之谓也。故曰孝子善事君,弟弟善事长。君子一孝一弟,可谓知终矣。"卢辩仍以"以孝事君则忠,以敬事长则顺"注解前半段文字,而他注解末句使用了《孝经》首章"夫孝始于事亲,中于事君,终于立身也"①。据此,《曾子立孝》以事君、事长结束,正说明《曾子》讨论孝亲实在在与政治相关。

《唐虞之道》中有段文字也是在讲由内及外之理,其文云:"古者尧之与舜也:闻舜孝,知其能养天下之老也;闻舜弟,知其能事天下之长也;闻舜慈乎弟(象□□,知其能)为民主也。故其为瞽盲子也,甚孝;及其为尧臣也,甚忠;尧禅天下而授之,南面而王天下,而甚君。故尧之禅乎舜也,如此也。"②也正和上述《孝经》《曾子立事》《曾子立孝》之文同义,只不过其中增加了尧舜禅让而"利天下而弗利"的情节,显得更富理想化。此外,《礼记·祭统》:"忠臣以事其君,孝子以事其亲,其本一也……外则顺于君长,内则以孝于亲。"子思之《坊记》中说:"子云:孝以事君,弟以事长,示民不贰也。""不贰"也即是"本一",内外一贯。《坊记》的"子云"是否可以说就是在指《孝经》中的"子曰"呢?

《曾子本孝》中的内容直接道及五等之孝,其文云:"君子之孝也,以正致谏;士之孝也,以德从命;庶人之孝也,以力恶食。任善不敢臣三德。故孝子于亲也,生则有义以辅之……"北周卢辩注言:"君子,谓卿大夫。以力恶食者,分地任力致甘美。任善,谓王者之孝。三德,三老也。《白虎通》云:'不臣三老,崇孝。'"③依卢注,则这段话所言正是卿大夫、士、庶人、王者四个阶层之孝行。此与《孝经》言五等之孝正相应,大致可以断定,卢辩正是在以《孝经》解此段文字。虽然《孝经·卿大夫章》言孝并未及谏争,但

---

① 王聘珍:《大戴礼记解诂》,王文锦点校,北京:中华书局,1983 年,第 83 页。此句未见于孔广森本中,但有"补注"云:"孝终于事君,弟终于事长,君子以其孝弟,知其能终。"(孔广森《大戴礼记补注》,王丰先点校,北京:中华书局,2013 年,第 95 页)孔氏补注似提醒我们一点:《曾子》中论孝仅仅触及《孝经》"始中终"的前两个,而未涉及第三个"终于立身","立身行道,扬名于后世,以显父母,孝之终也"。而这似乎就反映出《孝经》要晚于《曾子》,《大学》重修身,以修身贯彻内外。《中庸》亦重"修身",言"修身以道,修道以仁"。则可知《孝经》的成书时间与《大学》《中庸》接近。

② 李零:《郭店楚简校读记》(增订本),北京:中国人民大学出版社,2007 年,第 124 页。原书以□代替简文缺字。

③ 王聘珍:《大戴礼记解诂》,王文锦点校,北京:中华书局,1983 年,第 80 页。

是《谏争章》中则可以涵盖此点。但需要补充的是，王聘珍补充卢注谓："以正致谏者，善则归亲也。"①在宗法制中，子之事父，也即是臣之事君，因此正如《孝经·谏争章》所言"故当不义，则子不可以不争于父，臣不可以不争于君。故当不义则争之"，"以正致谏"就不仅涉及子之谏父，也涉及臣之谏争君。后文所说"任善"也不宜以家庭内的亲子关系说，正印证了这一点。而关于"士之孝，以德从命"，此处之命即是《孝经·谏争章》所说"从父之令"的"令"，士之孝也不宜局限于子事父说，亦和政治相关。否则卿大夫、士、庶人、王者的区分便没有了意义，变成了生硬的划分。孔子明言"事父母几谏"，又怎能专限于卿大夫。孔广森《大戴礼记补注》即说："言以德者亲之。命有失德，亦致谏，不以曲从为孝。"②《孝经·庶人章》"用天之道，分地之利，谨身节用，以养父母，此庶人之孝也"与《曾子本孝》所说庶人之孝完全一致。《孝经·感应章》言王者之孝谓："虽天子，必有尊也，言有父也；必有先也，言有兄也。"郑注正是以父事三老、兄事五更解之，可见也和《曾子本孝》一致。

《曾子本孝》的这段话分别四个阶层，而《曾子立事》中也有这样的分别，而且其中还有诸侯这一阶层，其文云："居上位而不淫，临事而栗者，鲜不济矣。先忧事者后乐事，先乐事者后忧事。昔者天子日旦思其四海之内，战战唯恐不能义；诸侯日旦思其四封之内，战战唯恐失损之；大夫、士日旦思其官，战战唯恐不能胜；庶人日旦思其事，战战唯恐刑罚之至也。"我们也不难看出《孝经》五等之孝与这段话在义理上的融通。《孝经》以"德教加于百姓，刑于四海"为天子之孝，以"富贵不离其身，然后能保其社稷，而和其民人"为诸侯之孝，虽然与《曾子立事》文辞不同，但意义却完全一致，且诸侯之孝还以《诗经》"战战兢兢，如临深渊，如履薄冰"作结。由于这句诗也出现于《论语》曾子临殁"启手启足"之时，因此后世儒者常常争论以此诗用于诸侯之孝是否合理，而明清儒者大多以为此诗可通用于五等之孝而概括之，观之《曾子立事》，五等阶层皆以"战战惟恐"为说，足证此说之合理性。《孝经》以"守其宗庙"为卿大夫之孝，以"保其禄位，而守其祭祀"为士之孝，二者均涉及保守宗庙祭祀，与《曾子立事》将大夫、士合言也是一致

---

① 王聘珍：《大戴礼记解诂》，王文锦点校，北京：中华书局，1983年，第80页。
② 孔广森：《大戴礼记补注》，王丰先点校，北京：中华书局，2013年，第93页。

的。《孝经·纪孝行章》言及不孝云"为下而乱则刑，在丑而争则兵"，便涵盖庶人为说，这与《曾子立事》"惟恐刑罚之至"相同。

而《曾子大孝》也同样言及不同阶层的孝有分别。其文云："孝有三：大孝不匮，中孝用劳，小孝用力。博施备物，可谓不匮矣；尊仁安义，可谓用劳矣；慈爱忘劳，可谓用力矣。"这段文字亦见于《礼记·祭义》，孔广森《大戴礼记补注》认为："大孝不匮"是"王者之孝，德教加于百姓，形于四海，博施之谓也。四海之内，各以其职来祭，备物之谓也"。"中孝用劳"是"大夫、士之孝"，"小孝用力"是"庶人之孝"[1]。孔广森对大孝的解释结合了《孝经·天子章》《圣治章》和《论语·雍也》"如有博施于民而能济众"为圣人的表述，独具慧眼。孔广森的这一解释很有可能是本于唐孔颖达《礼记正义》：

> "思慈爱忘劳，可谓用力矣"者，以庶人思父母慈爱，忘躬耕之劳，可谓用力矣。"尊仁安义，可谓用劳矣"者，诸侯、卿、大夫、士尊重于仁，安行于义，心无劳倦，是可谓用劳矣。"博施备物，可谓不匮矣"者，匮，乏也，广博于施，则德教加于百姓，刑于四海是也。备物，谓四海之内，各以其职来助祭，如此即是大孝不匮也。[2]

也就是说，此处所说不仅仅是四个阶层的孝，也包含了诸侯在内。以此类推，则《曾子大孝》开首的"孝有三：大孝尊亲，其次弗辱，其下能养"也不仅仅是指王者、大夫、士、庶人之孝。孔颖达即明确指出："'孝有三'者，大孝尊亲，一也，即是下文云'大孝不匮'，圣人为天子者也。尊亲，严父配天也。'其次弗辱'，二也，谓贤人为诸侯及卿、大夫、士也，各保社稷宗庙祭祀，不使倾危以辱亲也。即与下文'中孝用劳'亦为一也。'其下能养'，三也，谓庶人也，与下文云'小孝用力'为一。能养，谓用天分地，以养父母也。"[3]很显然，孔颖达是在有意识地以《孝经》五等之孝注解《祭义》。据其说，"大孝尊亲"是对应于《孝经·圣治章》：

> 曾子曰："敢问圣人之德，无以加于孝乎？"子曰："天地之性人为

---

① 孔广森：《大戴礼记补注》，王丰先点校，北京：中华书局，2013 年，第 97 页。

② 郑玄注，孔颖达疏：《礼记正义》，龚抗云整理，王文锦审定，北京：北京大学出版社，1999 年，第 1335 页。

③ 郑玄注，孔颖达疏：《礼记正义》，龚抗云整理，王文锦审定，北京：北京大学出版社，1999 年，第 1334 页。此处对原文标点有修改。

贵。人之行莫大于孝,孝莫大于严父,严父莫大于配天,则周公其人也。昔者周公郊祀后稷以配天,宗祀文王于明堂,以配上帝。是以四海之内,各以其职来祭。夫圣人之德,又何以加于孝乎?"

"严父"即是尊严其父之意。"圣人之德无以加于孝",以周公之宗祀文王为例,正与《论语》以"博施济众"为圣相呼应。而《孝经》此段所说"天地之性,人为贵。人之行,莫大于孝",在《曾子大孝》中也正有相配之处,后者记载乐正子春言:"吾闻之曾子,曾子闻诸夫子曰:'天之所生,地之所养,人为大矣[①]。父母全而生之,子全而归之,可谓孝矣;不亏其体,可谓全矣。故君子顷步之不敢忘也。'"卢辩正是以《孝经》"天地之性……莫大于孝"作注[②]。孔颖达疏解《祭义》亦如此[③]。"父母全而生之"云云,则与《孝经》首章所说"身体发肤,受之父母,不敢毁伤,孝之始也"意义一致。《孝经》言"不敢",《曾子大孝》亦言"不敢"。乐正子春说自己是闻于曾子,而曾子闻于孔子。参照《圣治章》可见,此确为孔子所言。

如此,则"大孝尊亲"也正是曾子闻之于孔子。而且这一点为孔门后学所普遍接受,此后,子思《中庸》载孔子之言"子曰:舜其大孝也与!德为圣人,尊为天子,富有四海之内,宗庙飨之,子孙保之"。"子曰:无忧者,其惟文王乎!以王季为父,以武王为子,父作之,子述之。武王缵大王、王季、文王之绪,壹戎衣而有天下,身不失天下之显名,尊为天子,富有四海之内,宗庙飨之,子孙保之。武王末受命,周公成文、武之德。"此亦再次证明"大孝尊亲"为闻之于孔子,绝非虚言。《孟子·万章上》"孝子之至,莫大乎尊亲;尊亲之至,莫之乎以天下养;为天子父,尊之至也",便是承自这一传统。不

---

① "人为大矣",《礼记·祭义》作"无人为大"。与此相关,20世纪70年代在出土的《金水肩关汉简》中有《孝经》经文,作"子曰天地之间莫贵于人人之行莫大于孝孝莫大于严父",与传世《孝经》"天地之性人为贵"不同,呈现出汉代所流传《孝经》文本的另外一个面貌。"天地之间,莫贵于人"似正和《礼记·祭义》"天之所生,地之所养,无人为大"相应。学者黄浩波指出:"不仅'莫贵于人'可与后文的'莫大于孝''莫大于严父''莫大于配天'相互呼应,整齐划一,而且'天地之间,莫贵于人'与下文的'人之行莫大于孝'形成顶针之势,文气流畅,由天地到人,由人而孝,由孝到严父,由严父到配天,一脉相承,势不可当。'天地之性人为贵'则又割裂从天地到人与从人到孝之间文意的感觉。"黄浩波:《肩水金关汉简所见〈孝经〉经文与解说》,载《中国经学》2019年第2期,第27页。但文本的整齐划一往往出于后来者的修饰,而非经文的原貌。
② 王聘珍:《大戴礼记解诂》,王文锦点校,北京:中华书局,1983年,第85页。
③ 郑玄注,孔颖达疏:《礼记正义》,龚抗云整理,王文锦审定,北京:北京大学出版社,1999年,第1336页。

论何者,"大孝尊亲"皆与圣王之治天下有关,是孝治话语。

在此有必要进一步辨明的是,我们在《孝经》与《曾子》中都看到了关于五等之孝的叙述,那么,若溯源而上,五等之孝的观念起于何处呢?近代以来有人因为《孝经》有五等之孝的分别而认定其为秦汉一统后的专制典籍,然而,细究这一问题,五等之孝很可能在《论语》中已有萌芽。《论语·为政》中记载:"子游问孝。子曰:今之孝者,是谓能养。至于犬马,皆能有养。不敬,何以别乎?"这一章涉及"能养"与"孝敬"的分别,刘宝楠敏锐地意识到了这正是庶人之孝与君子之孝的分别,故其援引《孝经》"用天之道,分地之利,谨身节用,以养父母,此庶人之孝也"以及《大戴礼记·曾子本孝》"庶人之孝也,以力恶食",以说明"能养"为庶人之孝,而《礼记·坊记》"小人皆能养其亲,君子不敬,何以辨"中的"小人"即是庶人,君子则是"士以上通称"。进一步,刘宝楠又列出《曾子立孝》"君子之孝也,忠爱以敬""尽力无礼,则小人也",以及《孝经》"故母取其爱,而君取其敬,兼之者父也。盖士之孝也",认为"无礼"就是"不敬",所以这两段话对士以上君子之孝与庶人之孝的分别是完全一致的。简言之,能养为庶人之孝,能敬为士君子之孝,故而《论语》此章"夫子告子游,正以为士之道责之矣"①。其实,《坊记》中便载孔子语"小人皆能养其亲,君子不敬,何以辨?"依此来看,在孔子关于孝的认识中本就包含了对庶人之孝与士君子之孝的分别。那么,按照后世儒家推士礼而致于天子的逻辑,孔门后学也完全可以由庶人之孝和士君子之孝的分别推及于天子、诸侯、卿大夫之孝,完善为五等之孝的思想理论。

另外,非常值得注意的是,《大戴礼记》中《曾子》几篇多处谈及谏诤的问题,以上所举《曾子本孝》《曾子立事》皆与此有关。《曾子事父母》中言事父母之道也论及谏争与作乱:"爱而敬。父母之行,若中道则从,若不中道则谏,谏而不用,行之如由己。从而不谏,非孝也;谏而不从,亦非孝也。孝子之谏,达善而不敢争辨。争辨者,作乱之所由兴也。由己为无咎则宁,由己为贤人则乱。"此点上节已做过分析,涉及的是事父以礼的问题。此处欲补充说明的是,《曾子》中多处讨论谏诤问题,这反映出在孔门后学中,孝亲与谏争之间的关系如何处理已经成为一个非常重要的问题;而《曾子》中屡屡对不同阶层的孝行作区分,又反映出曾子及其后学在讨论孝亲、谏争的

① 刘宝楠:《论语正义》,高流水点校,北京:中华书局,1990年,第49页。

问题时所面对的绝不是单纯的一家之内的事亲问题,更重要的是政治场域中的孝亲、事君问题。在此意义上,我们就可以对《孝经》的出现有一新的理解,《孝经》言孝以孝治为主,在先秦时代丝毫不突兀,如果说《曾子》中虽已言及孝治问题,但是还多牵连于事亲养亲之孝的话,那么《孝经》则是明确地将重点从事亲养亲之孝移至孝治上。故《孝经》虽然也言事亲,然而却是将事亲放在孝治的话语体系中来安立。

两相比较,我们似乎可以推测,《孝经》之成书应在《曾子大孝》《曾子本孝》《曾子立事》等篇之后,但相距应不远。《孝经》参考综合了《曾子》一书的相关篇章,一方面是将《曾子》的孝论进一步系统化,二是将《曾子》讨论为政治国的内容与孝亲进一步勾连。《孝经》全书文字脉络通贯,体系严密,显然经过了仔细审慎的编排。

通过上一节和本节基于传世文献和出土文献的分析,我们可以看到一场非常热烈的思想运动。在孔子之后,孔子弟子及其后学对于家国天下问题做了更精细的思考,尤其是对于家庭内的事亲与进入公共领域内的事君为政问题做了丰富的思考。孔子殁后,世道纷乱,战争频仍,个体生命的保全已非易事,《曾子》和《孝经》皆强调身体之保全,自爱而守身、爱身成为孝之重要内容①。天子之权式微,西周宗法制崩坏,因而如何重新思考家与孝,维护父子一伦的稳定便显得迫在眉睫;更加重要的是,宗法制崩坏后的周代社会,更面临着重新定位君臣一伦的问题。学随世变,因此,重新建立家与国乃至天下的联系、父子一伦与君臣一伦的联系,沟通内外,就成为儒家学派的思想任务。这一思想运动跨越一百多年时间,在战国前期尤其显著。由此,我们看到以《曾子》十篇、《孝经》《大学》《唐虞之道》《六德》《孟子》等为代表的文本,采取了双向的路径,一方面要求在上的统治者要修身和爱敬父母,由此推及天下,故而传世文献和出土文献中屡屡强调“先王之教始于孝弟”的观念;另一方面则是站在士民的角度宣扬事父孝则事君忠的“移孝作忠”观念。上下相向而行,方能成就“以孝治天下”的新社会秩序。后世习称的“以孝治天下”一语正是出自《孝经》。这样看来,《孝经》一书是因应了这一思想运动而出现的总结式作品,是这一思想运动进行至高峰的代表,而“以孝治天下”一语则是对这一思想运动的极佳注脚。

---

① 与此构成对比的是,《论语》中所载孔子之语从未言及自爱的问题。

第三节 《孝经》、颜氏之儒及其他

以往对《孝经》内容与作者的讨论从未与颜渊发生关联,毕竟《孝经》中从未言及颜子,而《论语》中所载颜子之言行也从未与孝相关,虽然颜渊位列德行科之首(《论语·先进》),但孔门以孝著闻者为闵子骞与曾子。查索《说苑》《韩诗外传》《孔子家语》等文献亦找不到关于颜渊孝德的记载或相关言论。《韩非子·显学》:"自孔子之死也,有子张之儒,有子思之儒,有颜氏之儒,有孟氏之儒,有漆雕氏之儒,有仲良氏之儒,有孙氏之儒,有乐正氏之儒。"则颜氏之儒确为孔子后学中显著于当时者。但是上博简有《颜渊问于孔子》《君子为礼》两篇均以孔、颜问答的形式出现,尤其是前者更是与传世《孝经》有文本上的相同处。

上博简《颜渊问于孔子》的前三章文字基本完整,抄录于下:

> 颜渊问于孔子曰:"敢问君子之内事也有道乎?"孔子曰:"有。"颜渊:"敢问何如?"孔子曰:"儆有过而[先]有司,老老而慈幼,予约而收贫,禄不足则请,有余则辞。儆有过,所以为宽也;先[有]司,所以得情也;老老而慈幼,所以处仁也;予约而收贫,所以取亲也;禄不足则请,有余则辞,所以扬信也。盖君子之内事也如此矣。"
>
> 颜渊曰:"君子之内事也,回既闻命矣,敢问君子之内教也有道乎?"孔子曰:"有。"颜渊:"敢问何如?"孔子曰:"修身以先,则民莫不从矣;前以博爱,则民莫遗亲矣;导之以俭,则民知足矣;前之以让,则民不争矣。又迪而教之,能能,贱不肖而远之,则民知禁矣。如进者劝行,退者知禁,则其于教也不远矣。"
>
> 颜渊曰:"君子之内教也,回既闻命矣,敢问至名。"孔子曰:"德成则名至矣,名至必卑身,身治则大(?)禄……"①

《颜渊问于孔子》中所说"内教"是指统治者对域内民众的教化。这和传世文献《大戴礼记》也有可印证之处,《大戴礼记·王言》中记载孔子和曾子问答,其中孔子云"昔者明王内修七教,外行三至"。"内修七教"即是"内教",

---

① 侯乃峰:《上博楚简儒学文献校理》,上海:上海古籍出版社,2018年,第348页。

而七教是指"上敬老则下益孝,上顺齿则下益悌,上乐施则下益谅,上亲贤则下择友,上好德则下不隐,上恶贪则下耻争,上强果则下廉耻。民皆有别则贞,则正亦不劳矣。此谓七教。七教者,治民之本也,教定是正矣。上者,民之表也。表正,则何物不正。"七教的内容以孝弟为首,这与本章首节所举《孝经》以孝为教之所由生的观念是一致的。

《颜渊问于孔子》的第二段文字中孔子谈论内教的话语与《孝经》极为相似。《孝经·三才章》言:

> 先王见教之可以化民也。是故先之以博爱,而民莫遗其亲。陈之于德义,而民兴行。先之以敬让,而民不争。导之以礼乐,而民和睦。示之以好恶,而民知禁。《诗》云:"赫赫师尹,民具尔瞻。"

相较而言,《孝经》并无"修身以先""导之以俭"之说,但《颜渊问于孔子》则缺少《孝经》所说"陈之于德义,而民兴行"和"导之以礼乐,而民和睦"。然细查文义,可以体会到"修身以先,则民莫不从"正与"陈之于德义"文义一致,"民知足"也和"民和睦"之说没有二致,因为知足自然不争,不争即是和睦。但是这并不意味着《孝经》这段话的内容与《颜渊问于孔子》完全一致,很明显的一点是,由于《孝经》将"陈之于德义"一语置于"先之以博爱"之后,这就意味着突出了孝亲、孝治的重要性。那么,我们并不能据此认为《孝经》的作者是根据《颜渊问于孔子》而有意做了这样的调整。因为还存在另外两种可能:一是这段话语在当时非常流行,分别被《颜渊问于孔子》和《孝经》所取用,那么这二者孰为原文并无法得知。二是《颜渊问于孔子》的作者将取自《孝经》的这段文本做了改编。这第二种可能性是存在的。尤其是我们可以看到,《颜渊问于孔子》中的文体"颜渊曰:'……既闻命矣,敢问……?'子曰:……"与《孝经·谏争章》"曾子曰:'……则闻命矣。敢问……孝乎?'子曰:……"是完全相同的。在先秦文献中笔者未见到第三例。因此,《颜渊问于孔子》因袭《孝经》而为之的可能性是比较大的。《君子为礼》的文体中有"颜渊侍"、"子曰"/"夫子曰"、"不敏"、"去席"/"避席"、"坐,吾语汝"等几个文字要素,这和《孝经》也是相同的。

《颜渊问于孔子》的出土,也可以解决历史上关于《孝经》此章文本的一些质疑:第一,北宋司马光认为"先王见教之可以化民也"之"教"应该改为

"孝",朱熹《孝经刊误》表示认同①,而《颜渊问于孔子》中恰恰是在讨论"君子之内教",因此,司马光和朱熹的看法便是错误的。第二,程朱严辨儒学与异端,故而对于"兼爱""博爱"之说皆视为异端而辟之,韩愈《原道》"博爱之谓仁"便为其所批评,朱熹《孝经刊误》受此观念影响,质疑《孝经》"博爱"之说:"谓圣人见孝可以化民而后以身先之,于理又已悖矣。况'先之以博爱',亦非立爱惟亲之序,若之何而能使民不遗其亲耶? 其所引《诗》亦不亲切。今定'先王见教'以下凡六十九字并删去。"②今观以《颜渊问于孔子》,可知"博爱"并非后起之语,而是先秦儒家甚至就是孔子本人的用语。第三,明代黄道周曾认为《孝经》此处有两处"先之以",当有误,将第二处"先之以"改为"身之以"③。但是《颜渊问于孔子》中也正是有两处"前以""前之以",因此,《孝经》的"先之以"也应当是无误的。第四,关于"示之以好恶,而民知禁",历史上的解释有很多争议。参考《颜渊问于孔子》可知此处的"好恶"有其具体内容,也即是"能能"和"贱不肖",与《论语》所载孔子言"举直错诸枉"之意相似。以上博简《颜渊问于孔子》为例,可以看出出土文献的不断涌现,对于探究《孝经》的文本与义理是非常具有促进作用的。

《颜渊问于孔子》一篇对于"老老而慈幼""民莫遗其亲"的强调,也再次反映出,以孝立教思潮的广泛性,不仅仅局限于曾子及其后学,颜氏之儒也在其中。另外,即使是提倡禅让与大同社会的《唐虞之道》、子游一派的《礼运》等也均强调孝悌之德和以孝立教的重要性。很可能,他们都受到了曾子一派孝论的影响。可以说,在孔子后学这一宏阔的思想光谱中,在在闪耀着孝论的光辉,孝治并非某一个人或某一家之私见,而是儒家士人的公言,基于这一理解来看《孝经》才能显得更为切题和客观。

就《孝经》的成书时间来说,《礼记》中的一些篇章可以佐证《孝经》之早出,如《礼记·经解》:"礼之于正国也,犹衡之于轻重也,绳墨之于曲直也,规矩之于方圆也。……敬让之道也。故以奉宗庙则敬;以入朝廷则贵贱有位;以处室家则父子亲,兄弟和;以处乡里则长幼有序。孔子曰:'安上治

① 司马光:《古文孝经指解》,载《文渊阁四库全书》第182册,台北:台湾商务印书馆,1982年,第93页。朱熹:《孝经刊误》,载朱熹:《朱子全书》第23册,朱杰人、严佐之、刘永翔主编,上海、合肥:上海古籍出版社、安徽教育出版社,2002年,第3206页。
② 朱熹:《孝经刊误》,载朱熹:《朱子全书》第23册,朱杰人、严佐之、刘永翔主编,上海、合肥:上海古籍出版社、安徽教育出版社,2002年,第3207页。
③ 黄道周:《小楷孝经定本》,日本早稻田大学藏清光绪十六年刊本,无页码。

民，莫善于礼。'此之谓也。"孔颖达指出，自《经解》篇首的"孔子曰：入其国其教可知也"至此处的"长幼有序"，"事相连接，皆是孔子之辞，记者录之而为记。其理既尽，记者乃引孔子所作《孝经》之辞以结之，故云'此之谓也'。言孔子所云者，正此经之所谓也"①。末句的"安上治民，莫善于礼"是引自《孝经·广要道章》。再如《礼记·曲礼》言："凡为人子之礼，冬温而夏清，昏定而晨省。在丑夷不争"，清儒朱亦栋指出，《曲礼》引《孝经》多一"夷"字，是记礼者所增②。又，《丧服四制》言及丧礼，谓："三年之丧，君不言。《书》云：'高宗谅闇，三年不言。'此之谓也。然而曰'言不文'者，谓臣下也。"③朱亦栋指出，既然"君不言"，那么言者只能是臣，故《丧服四制》言："然而曰'言不文'者，谓臣下也"，据此，朱亦栋判定《丧服四制》所说"言不文"正是引自《孝经·丧亲章》④。其实郑注早已指出此点："'言不文'者，谓丧事辨不，所当共也。《孝经说》曰：'言不文者，指士民也。'"⑤这说明汉代的《孝经说》即认为《礼记·丧服四制》此处是援据《孝经》。以此推之，《丧服四制》所说"三日而食，三月而沐，期而练，毁不灭性，不以死伤生也。丧不过三年，苴衰不补，坟墓不培。祥之日鼓素琴，告民有终也，以节制者也。资于事父以事母，而爱同"，也很有可能是援据《孝经·丧亲章》"三日而食，教民无以死伤生，毁不灭性：此圣人之政也。丧不过三年，示民有终也"，以及《士章》"资于事父以事母而爱同，资于事父以事君而敬同"。关于《丧服四制》之征引《士章》，王锷认为《丧服四制》是在《孝经》的基础上"进一步阐述士为君王和父母服丧之制"⑥。他将《丧服四制》定为战国中期的文献，则《孝经》之成书定然在此之前。

　　结合前文对于《孝经》和《曾子大孝》等篇的参证分析来看，《孝经》之成书在战国中期以前已是易于接受的结论。学界一致的看法认为，《曾子大

① 郑玄注，孔颖达疏：《礼记正义》，龚抗云整理，王文锦审定，北京：北京大学出版社，1999 年，第1371 页。
② 朱亦栋：《孝经札记》，载朱亦栋：《十三经札记》第 5 册，清光绪四年武林竹简斋刻本。
③ 郑玄注，孔颖达疏：《礼记正义》，龚抗云整理，王文锦审定，北京：北京大学出版社，1999 年，第1676 页。
④ 朱亦栋：《孝经札记》，载朱亦栋：《十三经札记》第 5 册，清光绪四年武林竹简斋刻本。
⑤ 郑玄注，孔颖达疏：《礼记正义》，龚抗云整理，王文锦审定，北京：北京大学出版社，1999 年，第1676 页。
⑥ 王锷：《〈礼记〉成书考》，北京：中华书局，2007 年，第 156 页。

孝》等篇成书于曾子弟子或后学,其时间当在战国前期[①]。而这几篇中已经屡屡谈及五等之孝的问题,以此为鉴,《孝经》之成书亦当在战国前期,很可能成书于曾子后学之手。《孝经》并非孔子本人所作,也非曾子本人所作,这在宋代至清代即屡屡有人提出,今天已经成为定论。于是有人提出编成此书的人是乐正子春,还有人认为是子思。基于审慎的考虑,这样的观点都很难落实。传世文献中所见有关乐正子春的文字太少,因此《孝经》成书于乐正子春这一判断显得有些武断。被视为《子思子》中篇章的《中庸》《缁衣》《坊记》等确实引《诗》较多,正如《孝经》之频繁引《诗》一样,然而《论语·泰伯》中记载曾子临终场景已有引《诗》"战战兢兢,如临深渊,如履薄冰",且此句亦见于《孝经》;《曾子大孝》中引《诗》"自西自东,自南自北,无思不服",亦见于《孝经》;前文提到《荀子·法行》所引曾子语中亦有引《诗》。这表明很可能曾子本人已经注重称引《诗经》以阐发儒学理论,尤其是阐发孝论。另外,值得注意的是,《孝经》不言尧舜,所推崇者为西周文、武、周公之治,这与被视为《子思子》篇章的《中庸》等之盛称尧舜差异明显。因此以引《诗》这一文体上的共同点为主要根据推断作者为子思,也不免牵强。当然,这都是有益的探讨,有助于加深对《孝经》成书及其思想的认识。

---

① 刘光胜:《出土文献与〈曾子〉十篇比较研究》,上海:上海古籍出版社,2016年,第114页。

第二章 《春秋》与《孝经》相表里

——汉代的《孝经》学

　　"《春秋》与《孝经》相表里"是西汉以来儒者普遍所持的观念,这一观念的产生与公羊学大师董仲舒紧密相关,代表了今文经学对孔子制法以待后世的理解,纬书、何休、郑玄均信守之。董仲舒思想主天人感应,他通过对《孝经》"事父孝,故事天明"的解释,为汉之代秦的正当性做了论证,同时也对尧舜公天下与后世家天下之间的一贯性做了疏通;另外,董仲舒对《孝经》的重视与西汉标榜以孝治天下有关,不论是他提出的"肃慎三本"说,还是以五行理论对忠孝所作的形上化论证,都有着深刻的西汉政治烙印,尤其是他对"忠"的强调往往成为后人批判《孝经》的一大标靶。郑玄早年所作《孝经郑注》受今文经学影响,其中"五行之纲纪"的说法即显系受董仲舒影响,但郑玄《孝经》学之深刻性在于,他通过对孔子作《孝经》的理解,阐发出以《孝经》为六经之总会的思想,突出了《孝经》在群经中的基础地位;与董仲舒类似,郑玄借助《礼运》,强调公天下的大同政治与小康政治之间的相通,认为实现大同或致太平必然要通过儒家所主张的孝礼之治。《孝经郑注》在郑玄身后流播广远,明清儒者阐发《孝经》之微言即屡屡依郑学立论。

第一节　董仲舒的《孝经》学

　　董仲舒为西汉最有影响之大儒,班固《汉书·五行志》评价其"治《公羊春秋》,始推阴阳,为儒者宗"①,而《汉书》本传篇末推尊《左传》的刘歆评价董仲舒"遭汉承秦灭学之后,《六经》离析,下帷发愤,潜心大业,令后学者有所统壹,为群儒首"②。至东汉王充虽批判董仲舒天人感应论,但《论衡·

① 班固:《汉书·五行志第七》,颜师古注,北京:中华书局,1962年,第1317页。
② 班固:《汉书·董仲舒传第二十六》,颜师古注,北京:中华书局,1962年,第2526页。

超奇》仍谓"文王之文在孔子,孔子之文在仲舒"。近人李源澄谓:"周末以来,政治学术皆有由分而合之趋势,政治上产生汉武帝,学术上产生董仲舒。董仲舒之学术,实与武帝之政统相应,武帝完成大一统之政统,仲舒……造成'天不变,道亦不变'之学统,在思想上影响之大,与武帝之在政治上相等。"①就董仲舒建立西汉之学统而言,足见其思想在两汉之世的深刻影响。据此就《孝经》学之发展而言,董仲舒并未注解过《孝经》,但是《春秋繁露》中却可以看到董仲舒屡屡援引《孝经》。不夸张地说,在《春秋》之外,《孝经》俨然成为董仲舒思想理论建构借以展开的重要文本。以至于清人王仁俊在《玉函山房辑佚书续编》中将董仲舒有关《孝经》之说辑为《孝经董氏义》,发明董仲舒之《孝经》学。清末章太炎、曹元弼,以及民国时署名"世界不孝子"的《孝经救世》等均注意到了董仲舒《孝经》论说的精彩。更值得称道的是,清初康熙时人张叙撰述《孝经精义》,认为《孝经》"是故孔子以是传之曾子,曾子以是传之子思,子思以是传之孟子,孟子后,愚不知其谁传焉。董子述之天人策,盖得其传与"②,一改宋明理学家对董仲舒的评价,从道统论的层面肯定了董仲舒思想的重要地位。总体说来,董仲舒《孝经》论述的影响极为深广,在很多方面奠立了两汉《孝经》论述的基本主题和格调,欲究明汉代以降《孝经》学之发展,必然不能置董仲舒而不言。

汉代盛行"《春秋》与《孝经》相表里"的观念,这一观念的流行实与西汉董仲舒对这两部典籍内在义理的解释有关。过往的研究者多认识到董仲舒与河间献王对话的《五行对》是解释《孝经》的重要篇章,但除此之外,《为人者天》《立元神》亦堪称是两篇"《孝经传》",其中对儒家的德政教化思想做了精彩阐发。董仲舒的天人感应思想也贯注于他对《孝经》的理解中,以此为基础,对于当时所争议的尧舜禅让、汤武放伐之间的冲突做了有效的调和,为汉家政治合法性做了论证。他以《孝经》的"博爱"贯通《春秋》和《孝经》之义,对儒家仁学做了进一步发展。但其以五行思想为基础提出的"圣人之行,莫贵于忠",不仅歪曲了《孝经》"圣人之德无以加于孝",而且其形上化色彩使得忠君思想也得到了空前的强化,在某种程度上遮蔽了孝的真义。

---

① 李源澄:《西汉思想之发展》,载《李源澄著作集》(二),林庆彰、蒋秋华主编,台北:"中央研究院"中国文哲研究所,2008年,第469页。

② 张叙:《孝经精义》,载《续修四库全书》第152册,上海:上海古籍出版社,2002年,第369页。

一、尧舜之道与家天下的调和

董仲舒《春秋繁露·尧舜不擅移汤武不专杀》这一篇文字堪称汉代儒者讨论政治最经典的文字,但以往对这段话的分析并未十分透彻,为了论述分析的方便,以下将此文分列三段:

> 尧舜何缘而得擅移天下哉?《孝经》之语曰:"事父孝,故事天明。"事天与父,同礼也。今父有以重予子,子不敢擅予他人,人心皆然。则王者亦天之子也,天以天下予尧舜,尧舜受命于天而王天下,犹子安敢擅以所重受于天者予他人也。天有不以予尧舜渐夺之,故明为子道,则尧舜之不私传天下而擅移位也,无所疑也。儒者以汤武为至圣大贤也,以为全道究义尽美者,故列之尧舜,谓之圣王,如法则之。今足下以汤武为不义,然则足下之所谓义者,何世之王也?曰:弗知。弗知者,以天下王为无义者耶?其有义者而足下不知耶?则答之以神农。应之曰:神农之为天子,与天地俱起乎?将有所伐乎?神农氏有所伐可,汤武有所伐独不可,何也?且天之生民,非为王也,而天立王以为民也。故其德足以安乐民者,天予之;其恶足以贼害民者,天夺之。《诗》云:"殷士肤敏,祼将于京,侯服于周,天命靡常。"言天之无常予,无常夺也。故封泰山之上,禅梁父之下,易姓而王,德如尧舜者七十二人。王者,天之所予也,其所伐皆天之所夺也。今唯以汤武之伐桀纣为不义,则七十二王亦有伐也。推足下之说,将以七十二王为皆不义也!故夏无道而殷伐之,殷无道而周伐之,周无道而秦伐之,秦无道而汉伐之。有道伐无道,此天理也,所从来久矣,宁能至汤武而然耶?夫非汤武之伐桀纣者,亦将非秦之伐周,汉之伐秦,非徒不知天理,又不明人礼。礼,子为父隐恶。今使伐人者而信不义,当为国讳之,岂宜如诽谤者,此所谓一言而再过者也。君也者,掌令者也,令行而禁止也。今桀纣令天下而不行,禁天下而不止,安在其能臣天下也?果不能臣天下,何谓汤武弑?[①]

这篇文字仍是在谈论汤武革命的问题。从汉初黄生与辕固生在汉景

---

① 苏舆:《春秋繁露义证》,钟哲点校,北京:中华书局,1992年,第219—221页。

帝面前谈论汤武是革命还是放伐开始,对这一论题的关心可谓贯彻始终,至少在汉武帝独尊儒术之前皆是如此。司马迁《史记·儒林传》在记载二人争论的最后不忘加上一句:"是后学者莫敢明受命放杀者。"①正说明了此一问题之重要,应该说,这一问题直到董仲舒才予以解决。董仲舒的这一论述显系受到孟子影响。《孟子·万章上》载:

> 万章曰:"尧以天下与舜,有诸?"孟子曰:"否。天子不能以天下与人。""然则舜有天下也,孰与之?"曰:"天与之。""天与之者,谆谆然命之乎?"曰:"否。天不言,以行与事示之而已矣。"曰:"以行与事示之者,如之何?"曰:"天子能荐人于天,不能使天与之天下。诸侯能荐人于天子,不能使天子与之诸侯。大夫能荐人于诸侯,不能使诸侯与之大夫。昔者,尧荐舜于天而天受之,暴之于民而民受之。故曰:天不言,以行与事示之而已矣。""曰:敢问荐之于天而天受之,暴之于民而民受之,如何?"曰:"使之主祭,而百神享之,是天受之;使之主事而事治,百姓安之,是民受之也。天与之,人与之,故曰:天子不能以天下与人。舜相尧二十有八载,非人之所能为也,天也。尧崩,三年之丧毕,舜避尧之子于南河之南。天下诸侯朝觐者,不之尧之子而之舜;讼狱者,不之尧之子而之舜;讴歌者,不讴歌尧之子而讴歌舜。故曰天也。夫然后之中国,践天子位焉。而居尧之宫,逼尧之子,是篡也,非天与也。《太誓》曰:'天视自我民视,天听自我民听。'此之谓也。"

董仲舒以尧舜并未擅移天下作为概括,可谓十分精当。这就意味着,尧舜政权的转移并非个体之间的私相授受,而是"天人之际"的天与民共同选择的结果,是公天下,换言之,公天下并不是表面上的禅让传贤,更是天意的体现,后者才是根本,前者仅是表象。同样,在董仲舒看来,夏商周三代之政权转移虽然并非以禅让的形式,而是以讨伐的形式,汉之代秦亦如此;但是,他认为这仅仅是表面的不同,因为"有道伐无道,此天理也",天理即是"天之生民,非为王也,而天立王以为民也。故其德足以安乐民者,天

---

① 司马迁:《史记·儒林列传第六十一》,裴骃集解,司马贞索引,张守节正义,北京:中华书局,1982年,第3123页。黄开国指出,在汉景帝之后,儒者们并非完全不谈受命放杀,如董仲舒的《天人三策》以及齐诗的"五际"说。见氏著《公羊学发展史》,北京:人民出版社,2013年,第139—140页。

予之；其恶足以贼害民者，天夺之"。也即是说，不论是尧舜禅让还是汤武征诛，都是天理，是正义，并非篡逆①。这也意味着，夏、商、周每一代也是公天下，并非家天下。且董仲舒的论述有着其超越前儒之处，"神农之为天子，与天地俱起乎？将有所伐乎？"这句话意味着任何一个统治天下的天子都存在着政治合法性的问题，因为从根源上来说，作为"百神之大君"②的"天"才是真正的主宰者，除却天之外，任何人包括天子在内都不可能与天地俱生，故而也就不可能拥有根源或根本的合法性，此合法性也可称为形而上的合法性，类似西方哲人所言的"自然正义"。

在此意义上，禅让或征诛便都是第二层级的问题，政权以禅让还是征诛形式转移均不是最本源的问题。"故其德足以安乐民者，天予之；其恶足以贼害民者，天夺之。"禅让或征诛，是天之予夺的方式，正因为"天之无常予，无常夺"，所以禅让或征诛就有了根源上的必然性或曰合法性，符合自然正义。进而言之，"神农有所伐"，"七十二王亦有伐"，此是由历史经验而来的合法性，历史经验已经表明了征诛的合法性，汤武放伐并非偶然发生的单个事件，此可称为"历史正义"。

而且，退一步讲，即使不是天理，那些非议汤武伐桀纣、秦之伐周、汉之伐秦的人，也是"不明人礼"，因为按照礼仪，子当为父隐恶，故即使汤武有伐人之恶，确实是不义之举，为臣子者亦当为国讳之，这是孔子之教与《春秋》之义，而不应一而再、再而三地谈论和非议。若如此，那就是不明天理亦不守人礼。此是就现实政治与礼制而言，故可称为现实正义。

此可见，董仲舒的讨论逻辑十分严密，同时在天理自然、历史经验和现实政制中的君臣之礼三个方面，反驳了对于汉代秦而兴的政治合法性的质疑，认为汉朝亦是承受天之命。反观孟子的论述，"使之主祭，而百神享之，是天受之；使之主事而事治，百姓安之，是民受之也。天与之，人与之"，可以说仅涉及两个方面，一是天理自然，二是百姓之公意。这样说来，董仲舒的论述中看似并不包含百姓之公意的成分，其实不然，因为董仲舒也对《尚书》所言"天生民，立之君，立之师"表示认可，故他说："天之生民，非为王也；而天立王以为民也。"但是，在董仲舒这里，天志其实已经代表了民意。

---

① 黄开国分析董仲舒的三统说，认为他"刻意回避了历史的兴替是否需要革命的问题"。见氏著《公羊学发展史》，北京：人民出版社，2013年，第178页。
② 苏舆：《春秋繁露义证》，钟哲点校，北京：中华书局，1992年，第398页。

同样,也可以说,"民意"被"天志"遮盖了。尤其是当董仲舒说"屈民而伸君,屈君而伸天"时,就更弱化了"民意"的权威性。在这一点上,必须指出的是,孟子"得乎丘民,而为天子"论述中对民意的强调在董仲舒这里已然隐藏了,民和君有了等级之分。这当然会让我们想到董仲舒性三品的人性论以及他以"民"为"瞑"的说法①。这都无疑从人性论上在百姓与"(圣)王"之间划出了等级。董仲舒在《春秋繁露·符瑞》中强调孔子作《春秋》"明改制之义,一统乎天子",其尊王思想是非常明确的,这就与孟子的汤武革命说不同,故有学者言:"革命说主张人人皆有推翻暴君的政治权利,改制说则承认君主一人的特权,将社会变革的政治权利教给在位的君主,……这就取消了卑者、不在位者改变现实的权利,这是一种明显为君主集权作论证的理论,也是董仲舒改制说的要义所在,它为君主专制的长治久安提供了最有价值的经学理论。"②

回到正题,董仲舒之论代表了汉儒对于尧舜之道与汉道的调和。这一调和,也可以说是对"汉家尧后"的证明。就经典文献而言,董仲舒的这一证明是以《春秋》和《孝经》为主要根据。依《春秋》,王为"天王",董仲舒以"天子"为顺承天意或天志、天心的天之子。故他引《孝经》谓:"'事父孝,故事天明。'事天与父同礼也。今父有以重予子,子不敢擅予他人,人心皆然。则王者亦天之子也,天以天下予尧舜,尧舜受命于天而王天下。"③《春秋繁露·深察名号》亦谓:"受命之君,天意之所予也。故号为天子者,宜视天如父,事天以孝道也。"④这其实意味着,尧舜禅让、汤武征诛、汉代秦兴,都是"天与子"的表现。因为王者都是天之子,故所谓的传贤与传子都是"天与子",也就皆为公天下,而非私天下或家天下。公羊学的"通三统说"则是进一步从理论上为传子非家天下做了侧翼论证。正如《白虎通》所言:"王者所以存二王之后何也?所以尊先王,通天下之三统也。明天下非一家之有,谨敬谦让之至也。"⑤

孟子说"使其主祭,而百神享之",此为本《尚书·尧典》的记载引申之。

---

① 苏舆:《春秋繁露义证》,钟哲点校,北京:中华书局,1992年,第286页。
② 黄开国:《公羊学发展史》,北京:人民出版社,2013年,第168页。
③ 苏舆:《春秋繁露义证》,钟哲点校,北京:中华书局,1992年,第219页。
④ 苏舆:《春秋繁露义证》,钟哲点校,北京:中华书局,1992年,第286页。
⑤ 陈立:《白虎通疏证》,吴则虞点校,北京:中华书局,1994年,第366页。

董仲舒"事天与父同礼"之说,当是按照《孝经·圣治章》"周公郊祀后稷以配天,宗祀文王于明堂以配上帝"而引申之。在此意义上,董仲舒所说的"孝"就不仅仅是事亲之孝,而更是事天之孝。若为事亲之孝则会落在"家天下"的格局上,而当孝被提升至"事天"的层面上,那么自然就成了公天下、顺天命的格局。董仲舒赋予原本更具道德色彩的《孝经》以鲜明的政治化内容。

在论述政权转移合法性之外,董仲舒还对政权初建后是否改制做了解释,而其解释也离不开"孝"与"天志"。在董仲舒的论述中,公羊家所言"改正朔,易服色",皆是顺应"天志"。董仲舒在《春秋繁露·楚庄王》中说:

> 今所谓新王必改制者,非改其道,非变其理,受命于天,易姓更王,非继前王而王也。若一因前制,修故业,而无有所改,是与继前王而王者无以别。受命之君,天之所大显也。事父者承意,事君者仪志。事天亦然。今天大显已,物袭所代而率与同,则不显不明,非天志。故必徙居处、更称号、改正朔、易服色者,无他焉,不敢不顺天志而明自显也。若夫大纲、人伦、道理、政治、教化、习俗、文义尽如故,亦何改哉?故王者有改制之名,无易道之实。孔子曰:"无为而治者,其舜乎!"言其主尧之道而已。此非不易之效与?①

正如他认为禅让与征诛皆合于天理天志一样,新王必改制亦是顺承天志的体现,故曰:"事父者承意,事君者仪志,事天亦然。"②但是并无易道之实,归根言之,人是无法改易天道的。在此,董仲舒对《论语》中孔子称赞尧舜无为而治给予了自己的解释,"无为而治"的含义是指尧、舜等圣王皆尊奉天道而治天下,法天而行。董仲舒在《对策》中也注意到孔子对舜韶乐和武王武乐的不同评价,他认为这是"帝王之条贯同,然而劳逸异者,所遇之时

---

① 苏舆:《春秋繁露义证》,钟哲点校,北京:中华书局,1992年,第17—19页。《汉书·董仲舒传》中也记载了董仲舒对策:"孔子曰:无为而治者,其舜乎?改正朔,易服色,以顺天命而已。其余尽循尧道,更何为哉!"(班固:《汉书·董仲舒传第二十六》,颜师古注,北京:中华书局,1962年,第2510页)

② 此处"顺天志"之说,近人李源澄谓董仲舒取墨家以为说。然而此亦显非纯然墨家之说,孔子已言"夫孝者,善继人之志,善述人之事也"(《中庸》)。李源澄之说见氏著《西汉思想之发展》,载《李源澄著作集》(二),林庆彰、蒋秋华主编,台北:"中央研究院"中国文哲研究所,2008年,第470页。

异也"①。尧舜之垂拱无为和文武之日旲不暇食在本质上并无区别,均是遵循天道。

二、"为人者天"

　　《春秋繁露》中的《为人者天》一篇共五段话,但每段话末尾皆引《孝经》之文以作结,故此篇堪称解释《孝经》的传文,显得非常特别,也集中表达了董仲舒的孝治思想。先录其文如下,稍加按语,以便做进一步申释:

　　　　为生不能为人,为人者天也。人之人本于天,天亦人之曾祖父也。此人之所以乃上类天也。人之形体,化天数而成;人之血气,化天志而仁;人之德行,化天理而义。人之好恶,化天之暖清;人之喜怒,化天之寒暑;人之受命,化天之四时。人生有喜怒哀乐之答,春秋冬夏之类也。喜,春之答也;怒,秋之答也;乐,夏之答也;哀,冬之答也。天之副在乎人。人之情性有由天者矣。故曰受,由天之号也。为人主也,道莫明省身之天,如天出之也。使其出也,答天之出四时而必忠其受也,则尧舜之治无以加。是可生可杀,而不可使为乱。故曰:"非道不行,非法不言。"(按:此为《孝经·卿大夫章》文)此之谓也。

　　　　传曰:唯天子受命于天,天下受命于天子,一国则受命于君。君命顺,则民有顺命;君命逆,则民有逆命。故曰:"一人有庆,兆民赖之。"②(按:《孝经·天子章》末所引《诗》文)此之谓也。

　　　　传曰:政有三端:父子不亲,则致其爱慈;大臣不和,则敬顺其礼;百姓不安,则力其孝弟。孝弟者,所以安百姓也。力者,勉行之身以化之。天地之数,不能独以寒暑成岁,必有春夏秋冬。圣人之道,不能独以威势成政,必有教化。故曰:先之以博爱,教以仁也(按:《孝经·三才章》文);难得者,君子不贵,教以义也(按:《孝经·圣治章》文);虽天子必有尊也,教以孝也;必有先也,教以弟也(按:《孝经·感应章》文)。此威势之不足独恃,而教化之功不大乎?

　　　　传曰:天生之,地载之,圣人教之。君者,民之心也;民者,君之体

_____

① 班固:《汉书·董仲舒传第二十六》,颜师古注,北京:中华书局,1962年,第2509页。
② 清人有以《孝经》"一人有庆,兆民赖之"诗句属下章《诸侯章》连读者,如张叙《孝经精义》和汪师韩《孝经约义》均如此,观董仲舒之说及东汉郑玄之说可知,清人这一移改《孝经》的做法是很欠妥当的。

也。心之所好,体必安之;君之所好,民必从之。故君民者,贵孝弟而好礼义,重仁廉而轻财利,躬亲职此于上,而万民听,生善于下矣。故曰:"先王见教之可以化民也。"(按:《孝经·三才章》文)此之谓也。衣服容貌者,所以说目也;声音应对者,所以说耳也;好恶去就者,所以说心也。故君子衣服中而容貌恭,则目说矣;言理应对逊,则耳说矣;好仁厚而恶浅薄,就善人而远僻鄙,则心说矣。故曰:"行思可乐,容止可观。"(按:《孝经·圣治章》文)此之谓也。①

第一段话陈说天为人之祖的道理,申发出人类天、天副人的天人相符思想,这正是上节所论事天与事父同礼的理论基础。苏舆认为北宋张载《西铭》"乾父坤母"之说即是本于此②。现代新儒家唐君毅亦在讨论孝之所以有形上宗教意义时,将董仲舒与张载并论,认为二者均表示人之孝心可透过父母而达至生命所出之"宇宙生命"③。其实《礼记·祭义》中即有"天之所生,地之所养,无人为大"④之说。正因为人之血气、性情、好恶、德行皆是受命于天,故人之行为即当遵循天道。人知一己之身出于天,则为人君之道即"莫明省身之天"。其引《孝经》之语意义在此,"身之天"一词尤其能发明《孝经》"天地之性人为贵"的精义。但需要指出的是,"非道不行,非法不言"所指本是"非先王之法言不敢道,非先王之德行不敢行",并非直接指涉天道,因此董仲舒的解释就相当于指出,先王之法言和德行本即是

① 苏舆:《春秋繁露义证》,钟哲点校,北京:中华书局,1992年,第318—320页。李源澄认为:"西汉儒者,贾谊、董仲舒、司马迁之徒,往往称引六艺及孔子撰述,皆不及《孝经》。故知《孝经》作于孔子之说,不可信据。"见氏著《孝经出于阴阳家说》,载《李源澄著作集》(二),林庆彰、蒋秋华主编,台北:"中央研究院"中国文哲研究所,2008年,第889页。清末以来疑古之风流行,论者率多认为《孝经》为汉人伪作,李氏似亦受此影响。然观本节之论,即可知此说多存疑窦。董仲舒称引《孝经》之语,言"故曰",显然即是将其放在经典权威的意义上。另外,贾谊《新书·大政》言:"事君之道,不过于事父,故不肖者之事父也,不可以事君;事长之道,不过于事兄,故不肖者之事兄也,不可以事长;……慈民之道,不过于爱其子,故不肖者之爱其子,不可以慈民;居官之道,不过于居家,故不肖者之居家也,不可以居官。夫道者,行之于父,则行之于君也;行之于兄,则行之于长矣;……行之于子,则行之于民矣;行之于家,则行之于官矣。"见贾谊撰,阎振益、钟夏校注:《新书校注》,北京:中华书局,2000年,第349—350页。此段文字显系本于《孝经》"君子之事亲孝,故忠可移于君;事兄悌,故顺可移于长;居家理,故治可移于官。是以行成于内,而名立于后世矣"。《新书》所佚之《问孝》一篇很可能与《孝经》关系更为密切。

② 苏舆:《春秋繁露义证》,钟哲点校,北京:中华书局,1992年,第318页。

③ 唐君毅:《中国文化之精神价值》,桂林:广西师范大学出版社,2005年,第149页。

④ 郑玄注,孔颖达疏:《礼记正义》,龚抗云整理,王文锦审定,北京:北京大学出版社,1999年,第1335页。

遵循了天道。另外,这段文字其实也是对《孝经·圣治章》"天地之性人为贵"的解释,因为依董仲舒之意,身并不仅仅属于自己,也属于作为人之祖的天,所谓"身之天,如天出之也",也即是说,人之身出于天,为人者天。而这也正与《汉书·董仲舒传》中所载董仲舒言相符,"人受命于天,固超然异于群生,人有父子兄弟之亲,出有君臣上下之谊,会聚相遇,则有耆老长幼之施,粲然有文以相接,欢然有恩以相爱,此人之所以贵也。生五谷以食之,桑麻以衣之,六畜以养之,服牛乘马,圈豹槛虎,是其得天之灵,贵于物也。故孔子曰:'天地之性人为贵'"①。这段话的语式结构与《为人者天》如出一辙。另外,这段话也涉及董仲舒对"忠"的理解,为人主者"必忠其所受",也就意味着君主应忠于天。

此下之第二、第三和第四段话的内容,一言以蔽之即是君主为政,要注重教化、德化,而不可依赖刑法威势,正如天道既有寒暑又有春秋一样。他将致其爱慈、敬顺其礼、力其孝弟视为政治的三个主要内容,而不提刑罚,因而《孝经·五刑章》并不为其所取。可以看到第三、第四两段话的内容基本就是对应于《孝经·三才章》所述:"先王见教之可以化民也。是故先之以博爱,而民莫遗其亲。陈之于德义,而民兴行。先之以敬让,而民不争。导之以礼乐,而民和睦。示之以好恶,而民知禁。"

最后一段话所言为君子之言行举止,但君子实即为君者,《孝经》原文谓:"不爱其亲而爱他人者,谓之悖德;不敬其亲而敬他人者,谓之悖礼。以顺则逆,民无则焉。不在于善,而皆在于凶德。虽得之,君子不贵也。君子则不然,言思可道,行思可乐。德义可尊,作事可法。容止可观,进退可度。以临其民,是以其民畏而爱之,则而象之。故能成其德教,而行其政令。《诗》云:'淑人君子,其仪不忒。'"此处之"君子"显系君主。可以看到,这段话所说似乎正是对第一段话中"为人主者,道莫明省身之天"的解释。

总而言之,《春秋繁露·为人者天》一篇表现的是董仲舒的德政思想,其中包含了对于君主修身以治人的要求,体现的是德主刑辅的思想。具体来说,董仲舒尤其强调君主要"爱人"、要博爱,对儒家的仁政思想做了新的发展。《春秋繁露·五行相胜》中即有"仁者爱人,义者尊老"②的说法。

---

① 班固:《汉书·董仲舒传第二十六》,颜师古注,北京:中华书局,1962年,第2516页。
② 苏舆:《春秋繁露义证》,钟哲点校,北京:中华书局,1992年,第367页。

《春秋繁露·为人者天》援引《孝经》"先之以博爱"的说法，正与仁者爱人之说相应。那么孔子《春秋》的主旨又是什么呢？董仲舒的回答也是"爱人"。《春秋繁露·竹林》中说："《春秋》爱人。"①正如《为人者天》主张君主不可依威势，《竹林》中亦言："《春秋》之所恶者，不任德而任力。"②又《春秋繁露·必仁且智》："故仁者所以爱人类也。"③"何谓仁？仁者恻怛爱人。"④《春秋繁露·仁义法》具体解释《春秋》爱人之旨，这意味着《春秋》是孔子以仁学思想灌注的作品。孔子曰仁，孟子扩之以仁义，故董仲舒之说仁义，正是对孔孟的发展。他说："《春秋》之所治，人与我也。所以治人与我者，仁与义也。以仁安人，以义正我……仁之于人，义之与我者，不可不察也。众人不察，乃反以仁自裕，而以义设人。诡其处而逆其理，鲜不乱矣。"⑤"春秋之所治，人与我也"所处理的也正是孔子所言"己欲立而立人，己欲达而达人"的忠恕之道问题。"《春秋》为仁义法。仁之法在爱人，不在爱我。义之法在正我，不在正人。我不自正，虽能正人，弗予为义。人不被其爱，虽厚自爱，不予为仁。"⑥这就意味着，只有爱人才是真正的爱，仅仅爱己不是爱。王者正是要爱天下人，仁及四夷。"王者爱及四夷，霸者爱及诸侯，安者爱及封内，危者爱及旁侧，亡者爱及独身。独身者，虽立天子诸侯之位，一夫之人耳，无臣民之用矣。如此者，莫之亡而自亡也。"⑦独身之爱是自寻危亡之爱。爱及四夷的王者就是圣人，他称这种爱为"博爱"，故言："循三纲五纪，通八端之理，忠信而博爱，敦厚而好礼，乃可谓善。此圣人之善也。"⑧可以推测，董仲舒以"爱人"为《春秋》之法，在很大程度上受了《孝经》的影响，同时也正是对《春秋》与《孝经》相表里说的一种发明。

在汉儒对于秦亡的反思中，仁义不施成了非常普遍的结论。秦朝以严刑峻法暴政治国遭到了汉儒的批判，董仲舒也对刑法之治做了反思。既然不能以法家之法、术、势维持君主的权威，那么应当以何维持呢？答案是仁

---

① 苏舆：《春秋繁露义证》，钟哲点校，北京：中华书局，1992年，第49页。
② 苏舆：《春秋繁露义证》，钟哲点校，北京：中华书局，1992年，第48页。
③ 苏舆：《春秋繁露义证》，钟哲点校，北京：中华书局，1992年，第257页。
④ 苏舆：《春秋繁露义证》，钟哲点校，北京：中华书局，1992年，第258页。
⑤ 苏舆：《春秋繁露义证》，钟哲点校，北京：中华书局，1992年，第249—250页。
⑥ 苏舆：《春秋繁露义证》，钟哲点校，北京：中华书局，1992年，第250—251页。
⑦ 苏舆：《春秋繁露义证》，钟哲点校，北京：中华书局，1992年，第252页。
⑧ 苏舆：《春秋繁露义证》，钟哲点校，北京：中华书局，1992年，第304页。

义。这正表现出，汉儒在对秦政的反思中，对政治权威的塑造有了更加清晰的意识，直接转向儒家的仁政思想以吸取资源。威来源于仁爱，正因此，君主作为天子，就应当仁爱天下人。且"仁爱"也正是天志。《春秋繁露·王道通三》中言："仁之美者在于天。天，仁也。天覆育万物，既化而生之，有养而成之，事功无已，终而复始，凡举归之以奉人。察于天之意，无穷极之仁也。人之受命于天也，取仁于天而仁也。是故人之受命天之尊，父兄子弟之亲，有忠信慈惠之心，有礼义廉让之行，有是非逆顺之治，文理灿然而厚，知广大有而博，唯人道为可以参天。天常以爱利为意，以养长为事，春秋冬夏皆其用也。王者亦常以爱利天下为意，以安乐一世为事，好恶喜怒而备用也。"①王者爱利天下正是顺应天命天志。

在此意义上，董仲舒对儒家仁说或仁学的发展可分为三个方面：第一，他以生长化育释仁，这可以说是宋明儒以生言仁的先导。当然，孔子说："天何言哉，四时行焉，百物生焉"（《论语·阳货》）当是最早的源头。第二，他重申了仁爱之他人向度，因为不论是孔子所说"己欲仁而仁至矣"，"为仁由己，而由人乎哉"，还是孟子仁义内在的"四端"说以及"仁义礼智非由外铄我也"的"固有"说，都强调了仁与己身的相关性。就仁德的践履而言，仅仅强调己身有仁心是远远不够的，因为仁是要见之于行的。汉儒强调"仁，从人从二"，正是看到了仁是在社会关系中体现出来的。董仲舒吸收了孔孟的这一维度，如《春秋繁露·必仁且智》中说："何谓仁？仁者，憯怛爱人，谨翕不争，好恶敦伦，无伤恶之心，无隐忌之志，无嫉妒之气，无感愁之欲，无险诐之事，无辟违之行，故其心舒，其志平，其气和，其欲节，其事易，其行道，故能平易和理而无争也。如此者谓之仁。"②其中既强调了仁者之心志，也强调了仁者之行事，正是人我兼顾。第三，董仲舒以仁为天志，通过人副天数来论证人性中的善恶、仁贪，这就为儒家的仁爱思想确立了形而上的根据。

有学者谓董仲舒的仁爱思想"扬弃爱亲中心主义，把仁人之爱向更多的人群延伸"③。这一论述有其道理，但并非全然合理，正如上文所言，董仲舒以博爱解释仁是受《孝经》影响，《孝经·天子章》言："子曰：爱亲者，不

---

① 苏舆：《春秋繁露义证》，钟哲点校，北京：中华书局，1992年，第329—330页。

② 苏舆：《春秋繁露义证》，钟哲点校，北京：中华书局，1992年，第258页。

③ 余治平：《董仲舒仁义学新释》，载魏彦红主编：《董仲舒研究文库》第一辑，成都：巴蜀书社，2013年，第149页。

敢恶于人。敬亲者,不敢慢于人。爱敬尽于事亲,而德教加于百姓,刑于四海。盖天子之孝也。《甫刑》云:'一人有庆,兆民赖之。'"《三才章》言:"先王见教之可以化民也。是故先之以博爱,而民莫遗其亲。陈之于德义,而民兴行。""爱亲者,不敢恶于人",所以要"先之以博爱"。也就是说,爱亲和博爱是统一的。此为董仲舒仁说的重要内容。

三、"五行者,五行也":孝的形上化与移孝作忠

除却《为人者天》外,《春秋繁露》中的《五行对》一篇也可以视作《孝经》之传。这篇文字显示出,董仲舒对儒家五常观念的论述是以五行学说为基础。民国大儒宋育仁曾言:"董子《繁露》发明'地之义'特深微,心知其意,而汉初注家未起,惜其未诠注本经。"①指出董仲舒所论重在《孝经·三才章》的"地之义",其《五行对》文曰:

> 河间献王问温城董君曰:"《孝经》曰:'夫孝,天之经,地之义。'何谓也?"对曰:"天有五行,木火土金水是也。木生火,火生土,土生金,金生水。水为冬,金为秋,土为季夏,火为夏,木为春。春主生,夏主长,季夏主养,秋主收,冬主藏。藏,冬之所成也。是故父之所生,其子长之;父之所长,其子养之;父之所养,其子成之。诸父所为,其子皆奉承而续行之,不敢不致如父之意,尽为人之道也。故五行者,五行也。由此观之,父授之,子受之,乃天之道也。故曰:夫孝者,天之经也。此之谓也。"王曰:"善哉。天经既得闻之矣,愿闻地之义。"对曰:"地出云为雨,起气为风。风雨者,地之所为。地不敢有其功名,必上之于天。命若从天气者,故曰天风天雨也,莫曰地风地雨也。勤劳在地,名一归于天,非至有义,其孰能行此?故下事上,如地事天也,可谓大忠矣。土者,火之子也。五行莫贵于土。土之于四时无所命者,不与火分功名。木名春,火名夏,金名秋,水名冬。忠臣之义,孝子之行,取之土。土者,五行最贵者也,其义不可以加矣。五声莫贵于宫,五味莫美于甘,五色莫盛于黄,此谓孝者地之义也。"王曰:"善哉!"②

---

① 宋育仁:《孝经义发微》,载《宋育仁文集》第 13 册,董凌锋选编,北京:国家图书馆出版社,2016年,第 101 页。

② 苏舆:《春秋繁露义证》,钟哲点校,北京:中华书局,1992 年,第 314—317 页。

这段话所包含的首要命题是:孝是天理、天行、天道、天经。天有五行,孝就是五行相生之理,正如父生子、子养父一样。故天之五行就是人之五行,这就以五行相生的道理解释了《孝经》的"天之经"。而关于"地之义",他的解释则是下事上、地事天,但《孝经》本文中天经和地义是并列的,并不包含董仲舒解释之意。之所以如此解释,正是为了将"下事上"的忠德包含进去。这相当于将"孝经"变成了"忠经",其中包含了浓厚的尊君观念,尤其是考虑到这段文字是对河间献王的回答。严格说来,地不能等同于"土",但在董仲舒这里,则着力强调地德就是土德,"忠臣之义,孝子之行取之土。土者,五行最贵者也,其义不可以加矣"。《孝经》言:"圣人之德无以加于孝",董仲舒之说本此,但他又自行添加了"忠"德。这样的说法在汉代并不鲜见,如刘向《说苑·臣术》中载:"子贡问孔子曰:'赐为人下而未知所以为人下之道也。'孔子曰:'为人下者,其犹土乎! 种之则五谷生焉,掘之则甘泉出焉,草木植焉,禽兽育焉,生人立焉,死人入焉,多其功而不言。为人下者,其犹土乎!'"[1]为人下之道犹土,正是董仲舒忠臣之义取之土的意思[2]。依此,《孝经》所说"夫孝,天之经,地之义"就变成了忠孝俱为天经地义。而且,不难体会到,在这一论证中,当董仲舒将"地"等同于"土"[3]时,就已经降低了"地"相对于"天"的位置,而仅仅成为天之五行的一行[4]。虽言天经地义,但是"天"更像是五行之德、忠孝之德的订立者,而地则是施行者。惟言"五行莫过于土"或土旺四季可以稍稍提高其位置。《春秋繁露·五行之义》中亦有土为五行之主的论述:

> 天有五行:一曰木,二曰火,三曰土,四曰金,五曰水。木,五行之始也;水,五行之终也;土,五行之中也。此其天次之序也。木生火,火生土,土生金,金生水,水生木,此其父子也。木居左,金居右,火居前,水居后,土居中央,此其父子之序,相受而布。是故木受水,而火受木,土受火,金受土,水受金也。诸授之者,皆其父也;受之者,皆其子也。

---

① 刘向撰,向宗鲁校证:《说苑校证》,北京:中华书局,1987年,第52—53页。
② 郭店简《忠信之道》有"至忠如土"一语,不知汉儒是否受此影响。
③ 《白虎通》卷四《五行》显然较董仲舒更进一步,认为:"地,土之别名也。"(陈立:《白虎通疏证》,吴则虞点校,北京:中华书局,1994年,第168页)
④ 后来的儒者正是在这一点上发生纷繁复杂的争论,在祭祀五行之神和天地二者上存在冲突矛盾。

常因其父以使其子,天之道也。是故木已生而火养之,金已死而水藏之,火乐木而养以阳,水克金而丧以阴,土之事火竭其忠。故五行者,乃孝子忠臣之行也。五行之为言也,犹五行欤?是故以得辞也,圣人知之,故多其爱而少严,厚养生而谨送终,就天之制也。以子而迎成养,如火之乐木也。丧父,如水之克金也。事君,若土之敬天也。可谓有行人矣。五行之随,各如其序,五行之官,各致其能。是故木居东方而主春气,火居南方而主夏气,金居西方而主秋气,水居北方而主冬气。是故木主生而金主杀,火主暑而水主寒,使人必以其序,官人必以其能,天之数也。土居中央,为之天润。土者,天之股肱也。其德茂美,不可名以一时之事,故五行而四时者,土兼之也。金木水火虽各职,不因土,方不立,若酸咸辛苦之不因甘肥不能成味也。甘者,五味之本也;土者,五行之主也。五行之主土气也,犹五味之有甘肥也,不得不成。是故圣人之行,莫贵于忠,土德之谓也。人官之大者,不名所职,相其是矣。天官之大者,不名所生,土是矣。①

这段话完全将五行的相生关系视作父授子、子受父的相生关系。五行就指涉了孝子忠臣的五种行为:养之、藏之、养以阳、丧以阴、竭其忠。《孝经》说:"其教不肃而成,其政不严而治。"在董仲舒看来,之所以"多其爱而少严",正是因为教与政皆是遵循了天道,是五行生克之道的体现。正如他在回答河间献王时从论孝转及论忠,此处亦是循着移孝作忠的思路,故后半段内容主要落在臣子之忠上说,但董仲舒不是泛泛说所有臣民之忠,而是特别落实在官之大者——"相"上说,土为天官,相为人官,正如土为五行之主一样,相为人官之大者,一人之下,万人之上。结合两篇文字来看,"五行者,乃孝子忠臣之行也。""是故圣人之行,莫贵于忠,土德之谓也。"董仲舒虽然是在以五行解释《孝经》"夫孝,天之经,地之义",但他解释的重心实则是在"地之义",也即五行中的"土"。地事天就是臣事君、子事父。由此,子尽孝于父即是臣竭忠于君。既然《孝经》说:"甚哉,孝之大也。""圣人之德,无以加于孝",同理,自然可以说"忠之义不可以加矣""圣人之行莫贵于忠",这样一来,先秦儒家设想中的圣王也就变成了"圣相",圣人只能是做臣,汉儒已默认或默然接受德与位之相分离。五行之主是土,人行的中心

---

① 苏舆:《春秋繁露义证》,钟哲点校,北京:中华书局,1992年,第321—323页。

则归本于忠孝,犹如《孝经》开首所言"夫孝,德之本,教之所由生也"。根据董仲舒的思路,他对《孝经》所言"父子之道天性,君臣之义也"做了连贯的理解,意即:父子之道既是天性,也是君臣之义。概括言之,忠、孝皆是天性,皆是天经地义、五行授受的天道。

显然,在五行体系中是不能以天地分别对应阳和阴来论说的。而在阴阳系统中,则可谓地卑于天,正如《易传》所言:"天尊地卑,乾坤定矣。"这一点,在《春秋繁露·阳尊阴卑》中就表露无遗:

> 诸在上者皆为其下阳,诸在下者皆为其上阴。阴犹沉也。何名何有,皆并一于阳,昌力而辞功。故出云起雨,必令从之下,命之曰天雨。不敢有其所出,上善而下恶。恶者受之,善者不受。土若地,义之至也。是故《春秋》君不名恶,臣不名善,善皆归于君,恶皆归于臣。臣之义比于地,故为人臣者,视地之事天也。为人子者,视土之事火也。虽居中央,亦岁七十二日之王[1],傅于火以调和养长,然而弗名者,皆并功于火,火得以盛,不敢与父分功美,孝之至也。是故孝子之行,忠臣之义,皆法于地也。地事天也,犹下之事上也。地,天之合也,物无合会之义。是故推天地之精,运阴阳之类,以别顺逆之理。安所加以不在?[2]

下事上、地事天的说法再次出现。但这段话已经不在五行系统中来论证君臣关系,而是在阴阳系统中。地为天之合,即是《孝经》"君臣之义也",君臣以义合。《五行之义》中也说:"土者,天之股肱也。"臣子为君主之股肱。但是,在董仲舒以五行论述天经地义的框架中,君臣之义和父子之义是相同的。他正是通过这种论证弥合父子之亲和君臣之义二者间的差别。这段话中说:"《春秋》君不名恶,臣不名善,善皆归于君,恶皆归于臣。"正对应于《五行对》中所说:"勤劳在地,名一归于天","土者,火之子……不与火分功名"。董仲舒的这一说法,并非毫无根据,在汉人的著述中也并不鲜见。纬书、东汉的官方制典《白虎通》均采纳其说,如《春秋元命苞》言:"土无位而道在,故大乙不兴化,人主不任部职。地出云起雨,以合从天下,勤劳出于

---

[1] 《白虎通》:"木王所以七十二日何……"(陈立:《白虎通疏证》,吴则虞点校,北京:中华书局,1994年,第187页)云云,正本于此。

[2] 苏舆:《春秋繁露义证》,钟哲点校,北京:中华书局,1992年,第325—326页。

地,功名归于天。"①此说很可能系本于董子。《白虎通》亦是如此②。就经典文本根据来说,董仲舒"名一归于天"及其善归于君、恶归于臣的"大忠"思想有着《春秋》学的论据,而另外则很可能与《礼记》有关。《坊记》言:

> 子云:"善则称人,过则称己,则民不争。善则称人,过则称己,则怨益亡。《诗》云:'尔卜尔筮,履无咎言。'"……子云:"善则称君,过则称己,则民作忠。《君陈》曰:'尔有嘉谋喜猷,入告尔君于内,女乃顺之于外。'曰:'此谋此猷,惟我君之德,於乎是惟良显哉!'"子云:"善则称亲,过则称己,则民作孝。《大誓》曰:'予克纣,非予武,惟朕文考无罪。纣克予,非朕文考有罪,惟予小子无良。'"③

在《坊记》的语境中,孔子是在谈论礼仪中人我彼此关系的相互性,由此绅绎出君臣关系、亲子关系,但他强调的是"为己者"之道德主动性,并未将君主的权威绝对化,认为君主不会错。故第三句话所引《大誓》即为武王自认有罪之语。也就是说,这三句话是一个整体,不可分别抽出断章取义来理解。且孔子极为强调的是这样做的教化意义。在此意义上说,君主自身能做到"善则称人,过则称己",对于天下民众来说,无疑有着更广泛深刻的教化意义。对此,结合《礼记·祭义》之说即可明了,后者谓:"昔者圣人建阴阳天地之情,立以为《易》,易抱龟南面,天子卷冕北面,虽有明知之心,必进断其志焉,示不敢专,以尊天也。善则称人,过则称己,教不伐以尊贤也。"④此即明确说明,天子亦应"尊天",以向天表明自己并不敢自专己志,强调了君主本身的敬慎戒惧之心。且天子本人也是应"善则称人,过则称己"。这样做,有"尊贤"的教化意义。

而唯一可以做绝对化原则看待的是一种特殊情况,《礼记·曲礼》言:

> 大夫士去国逾竟,为坛位,乡国而哭。素衣、素裳、素冠,彻缘、鞮

---

① 赵在翰辑:《七纬(附论语谶)》,钟肇鹏、萧文郁点校,北京:中华书局,2012 年,第 402 页。

② 陈立:《白虎通疏证》,吴则虞点校,北京:中华书局,1994 年,第 168 页。《白虎通》中又说:"土味所以甘何? 中央者,中和也,故甘,犹五味以甘为主也"(陈立:《白虎通疏证》,吴则虞点校,北京:中华书局,1994 年,第 171 页),此亦是本于董仲舒。

③ 郑玄注,孔颖达疏:《礼记正义》,龚抗云整理,王文锦审定,北京:北京大学出版社,1999 年,第 1407 页。

④ 郑玄注,孔颖达疏:《礼记正义》,龚抗云整理,王文锦审定,北京:北京大学出版社,1999 年,第 1343 页。

屦、素簚,乘髦马,不蚤鬋,不祭食,不说人以无罪,妇人不当御,三月而
复服。

这段话是就臣子去国而言,有其特殊语境。孔颖达《礼记正义》即指出:
"'不说人以无罪'者,善则称君,过则称己。今虽放逐,犹不得向人自说道
己无罪而君恶,故见放退也。"①遗憾的是,虽然汉儒将《坊记》这段文字视
为理解事君之道的典范文本,但却是将《坊记》中的第二句话单独抽出,以
论证臣忠于君。董仲舒就说:"是臣子之不为君父受罪,罪不臣子莫大
焉。"②他们忽视了其中的"善则称人,过则称己"正是儒家忠恕之道、反求
诸己精神的一种体现。而在汉儒三纲的观念中,《坊记》这一说法的具体语
境被抽离掉了,变成了父为子纲、君为臣纲,故董仲舒强调"阴兼于阳","子之
功兼于父"。

同样可以看到的是,西汉前期的《韩诗外传》卷三与《说苑·君道》都记
载了这样一段话:

当舜之时,有苗氏不服。其不服者,衡山在南,岐山在北,左洞庭
之波,右彭泽之水,由此险也。以其不服,禹请伐之,而舜不许,曰:"吾
喻教犹未竭也。"久喻教,而有苗氏请服。天下闻之,皆薄禹之义,而美
舜之德。《诗》曰:"载色载笑,匪怒伊教。"舜之谓也。问曰:然则禹之
德不及舜乎?曰:"非然也。禹之所以请伐者,欲彰舜之德也。故善则
称君,过则称己,臣下之义也。假使禹为君,舜为臣,亦如此而已矣。
夫禹可谓达乎为人臣之大体也。③

《白虎通》卷四《五行》中亦以阴阳论君臣,说:

善称君,过称己,何法? 法阴阳共叙共生,阳名生,阴名煞。臣有
功,归功于君何法? 法归明于日也。④

事实上,通过公羊学对于《春秋》微言大义的发挥,"为尊者讳"就成了
孔子本人之意,并将其与《论语》中的相关文本结合起来。《白虎通·谏诤》

① 郑玄注,孔颖达疏:《礼记正义》,龚抗云整理,王文锦审定,北京:北京大学出版社,1999 年,第
116 页。
② 苏舆:《春秋繁露义证》,钟哲点校,北京:中华书局,1992 年,第 279 页。
③ 韩婴撰,许维遹校释:《韩诗外传集释》,北京:中华书局,1980 年,第 108—109 页。
④ 陈立:《白虎通疏证》,吴则虞点校,北京:中华书局,1994 年,第 195 页。

中就说臣子谏诤君上当隐恶扬美:"所以为君隐恶何? 君至尊,故设辅弼,置谏官,本不当有遗失。《论语》曰:'陈司败问:"昭公知礼乎?"孔子曰:"知礼。"'此为君隐也。……诸侯臣对天子,亦为隐乎? 然。本诸侯之臣,今来者为聘问天子无恙,非为告君之恶来也。故《孝经》曰:'将顺其美,匡救其恶。故上下能相亲也。'"[1]郑玄注《孝经·事君章》"君子之事上也,进思尽忠,退思补过,将顺其美,匡救其恶"正是本《坊记》此文,说:"善则称君……过则称己。"[2]但郑玄强调:匡正君主之行为是非常重要的。虽然依董仲舒之意,天子要顺承天。天子顺承天即是忠,即是孝。天是百神之大君,人君法天即是忠于君。但以天抑君这一维度仍然显得太弱。

《春秋繁露·立元神》一篇体现出了董仲舒以孝为本、以孝治天下的思想,而亦是本于对《孝经·三才章》"夫孝,天之经,地之义,民之行"的理解。其文曰:

> 君人者,国之元,发言动作,万物之枢机。枢机之发,荣辱之端也。失之豪厘,驷不及追。故为人君者,谨本详始,敬小慎微……君人者,国之本也。夫为国,其化莫大于崇本,崇本则君化若神,不崇本则君无以兼人。无以兼人,虽峻刑重诛,而民不从,是所谓驱国而弃之者也,患孰甚焉? 何谓本? 曰:天地人,万物之本也。天生之,地养之,人成之。天生之以孝悌,地养之以衣食,人成之以礼乐,三者相为手足,合以成体,不可一无也。无孝悌则亡其所以生,无衣食则亡其所以养,无礼乐,则亡其所以成也。三者皆亡,则民如麋鹿,各从其欲,家自为俗。父不能使子,君不能使臣,虽有城郭,名曰虚邑。如此,其君枕块而僵,莫之危而自危,莫之丧而自亡,是谓自然之罚。自然之罚至,襄袭石室,分障险阻,犹不能逃之也。明主贤君必于其信,是故肃慎三本。郊祀致敬,共事祖祢,举显孝悌,表异孝行,所以奉天本也。秉耒躬耕,采桑亲蚕,垦草殖谷,开辟以足衣食,所以奉地本也。立辟雍庠序,修孝悌敬让,明以教化,感以礼乐,所以奉人本也。三者皆奉,则民如子弟,不敢自专,邦如父母,不待恩而爱,不须严而使,虽野居露宿,厚于宫

---

① 陈立:《白虎通疏证》,吴则虞点校,北京:中华书局,1994 年,第 239—240 页。此处对原文标点有修改。
② 陈铁凡:《孝经郑注校证》,台北:编译馆,1987 年,第 214、215 页。

室。如是者，其君安枕而卧，莫之助而自强，莫之绥而自安，是谓自然之赏。自然之赏至，虽退让委国而去，百姓襁负其子随而君之，君亦不得离也。故以德为国者，甘于饴蜜，固于胶漆，是以圣贤勉而崇本而不敢失也。①

此处以天、地、人三才为万物之本，但他所言作为本的"人"主要指君而言，故谓"无礼乐，则亡其所以成"，君主正是制作礼乐者。但不论是天生、地养、人成，三者皆可贯之以"孝"。故他在论述肃慎三本时所述皆是本《孝经》言孝之义，奉天本是《孝经·圣治章》所言郊祀配天以祖配祭，奉地本则是脱胎于《孝经·庶人章》"用天之道，分地之利，谨身节用，以养父母"，奉人本则涉及《孝经》多章内容，如《三才章》"先之以敬让，而民不争。导之以礼乐，而民和睦"，《圣治章》"圣人之教不肃而成，其政不严而治，其所因者本也"，《广要道章》"教民亲爱，莫善于孝。教民礼顺，莫善于悌。移风易俗，莫善于乐。安上治民，莫善于礼"，等等。而所言"自然之灾""自然之赏"与《春秋》灾异说有关，也同样与《孝经·孝治章》所言"天下和平，灾害不生，祸乱不作"相应。难怪有学者会认为此篇文字"即使视为《孝经传》也不过分"②。董仲舒实则是以公羊学的义理理解《孝经》，《春秋》开首言"元年春，王正月"，《春秋繁露·玉英》解释说："谓一元者，大始也。""《春秋》变一谓之元。元，犹原也。……元者为万物之本。而人之元在焉。"③《春秋繁露·王道》中亦言："《春秋》何贵乎元而言之？元者，始也，言本正也。道，王道也。王者，人之始也。王正则元气和顺、风雨时、景星见、黄龙下。王不正则上变天，贼气并见。"④制作礼乐的王是人道政教之始，所谓"国之元"，故"王正"、王之崇本即至关紧要，这就是对君主本身的严格要求。就《春秋》与《孝经》之关联而言，董仲舒将《春秋》的"一元"演绎为天地人"三本"，后世公羊学的《春秋》"五始"说正是在此三本说基础上的进一步演化。因此《立元神》不仅可视为《孝经》之传，也可视为《春秋》之传。《春秋》贵元，而《孝经》

① 苏舆：《春秋繁露义证》，钟哲点校，北京：中华书局，1992年，第166—169页。
② 舒大刚：《中国孝经学史》，福州：福建人民出版社，2013年，第97页。
③ 苏舆：《春秋繁露义证》，钟哲点校，北京：中华书局，1992年，第67、68—69页。
④ 苏舆：《春秋繁露义证》，钟哲点校，北京：中华书局，1992年，第100—101页。此后，何休《公羊传解诂》解释"王"为"人道之始"（何休解诂，徐彦疏：《春秋公羊传注疏》，刁小龙整理，上海：上海古籍出版社，2014年，第10页）。

重本,董仲舒概之以"崇本""谨本详始",将《春秋》以"元"为始与《孝经》"夫孝,德之本""其所因者本也"相结合,充分阐发了治国以孝为本的理念。其阐发也正与西汉政治有关,汉制使天下诵《孝经》,而正如清人苏舆所指出的,董仲舒言"举显孝悌,表异孝行"正是西汉表彰孝悌力田制度的体现[①]。

　　而不得不指出的一点是,董仲舒的这一"君本"说,未免会使孔孟以来的仁民、民本思想变得黯淡不彰。虽然他曾偶尔谈到人君"必忠其所受"——君主忠于天,但在其五行理论中又完全不提这一点。以他为代表的汉儒如此拔高"忠"德的地位,在很大程度上正违背了《孝经》[②]。《孝经》本以"中于事君"为孝之一节,"终于立身""立身行道"才是孝的最高境界。《孝经》固然有忠、孝并提之言,如:《士章》:"以孝事君则忠。"《广扬名章》:"君子之事亲孝,故忠可移于君。"但这正显示出:孝可以包含忠,孝才是最本源的,不宜将忠提升到孝的高度。《孝经》仅言:"圣人之德,无以加于孝",从未说忠是圣人之所贵。且根据《孝经·士章》"资于事父以事母而爱同,资于事父以事君而敬同,故母取其爱,君取其敬,兼之者父也"之说,事君之忠仅仅是资取事父之敬,故君臣关系与父子关系显然不能等同。"以孝事君则忠"的意思是说,人之入仕事君,是出于安亲孝亲之心,是为了安亲养亲,若是为了贪荣富贵,则非忠。只有在此意义上才能说孝是"德之本"。董仲舒、《白虎通》之说以五行理论贯通忠、孝,此点问题不大,但是将忠与孝等同,父子关系与君臣关系等同,则隐含很大问题,流弊无穷;据阴阳理论而以尊卑解君臣,将臣事君之敬绝对化,这忽视了父子关系不仅有敬还有爱,也忽视了君臣以义合、不合则去的道理。而从根本上说,《孝经》言治天下的明王本身必须率先行孝,"先之以博爱","先之以敬让"等,故君臣关系、父子关系的爱敬都是相互的,并非仅要求下对上的爱敬。董仲舒对"忠"的提升,对阳尊阴卑、君善臣恶的强调,犹如天平偏向了一端,虽然在某种程度上为孝奠立了天人之际的宇宙论根据,但同时也在一定程度上遮蔽了孝的真义。而且在对忠的论述中强调君尊臣卑,实则无形中取消了革命、放伐的合理性。当然,换个角度看,则可说董仲舒之论包含了维护汉朝政治稳定的因素。

---

① 苏舆:《春秋繁露义证》,钟哲点校,北京:中华书局,1992 年,第 169 页。

② 故有学者以董仲舒为例,指出:"儒家孝论在秦汉时代已经面目全非。"(曾振宇、张东伟:《以天论孝:董仲舒孝论发微》,载《山东教育学院学报》2010 年第 2 期,第 7 页)

第二节　致太平与总会六经:郑玄的《孝经》学

　　郑玄《孝经》学是在西汉以来的思想大背景中浸润而生,受到了董仲舒、刘向、《白虎通》等的影响。不论是分别五帝公天下与三王家天下,抑或是其《中庸注》以《春秋》为大经、《孝经》为"大本",都能在其之前或同时代找到相应的思想线索。郑玄以《孝经》为六经之总会,希冀发明大道,拨乱反正,以致太平,这是其《孝经》学的核心旨意。

　　郑玄注《孝经》在早年修治今文经学之时,日后遍注《尚书》、三《礼》,皆兼采今古文,而注《论语》则更晚于此,但其前后思想仍存一贯之处,不可截断观之。学界对于郑玄《孝经》学之研究主要集中于《孝经郑注》,但《孝经郑注》既为其早年之作①,后期是否就不再关注《孝经》,抑或完全遗弃了《孝经郑注》的今文义理,便仍是有待探究的问题。尤其是考虑到郑玄注解《礼记》《诗经》《论语》等亦屡屡援据《孝经》,如此便有必要采取另外一种文本分析的方式:以《孝经郑注》为主,但又不限于《孝经郑注》,结合郑玄《礼记注》《毛诗笺》等相关文本,尝试对其《孝经》学义理做一整体考察。

　　在进入正题之前,有必要结合残留的唐写本《论语郑注》,为学界目前关于《孝经郑注》为郑玄所作补充几条新证。第一,《孝经·士章》:"资于事父以事母而爱同。"郑《注》:"资者,人之行也。"皮锡瑞指出,郑玄注解《礼记·丧服四制》即言:"资,犹操也。"②皮锡瑞未能见及《论语郑注》,"操行"实为郑玄注解《论语》时的常用语。如:《里仁》:"放于利而行,则多怨。"郑《注》:"言人操行常依利而为之,是近贪鄙而远谦让,故多为人所怨。"《论语·雍也》:"谁能出不由户,何莫由斯道也。"郑《注》:"人出行必由户,如人操行当用仁义之道。"《子罕》:"子曰:岁寒,然后知松柏之后凋也。"郑《注》:"喻贤者虽遭困厄,不改其操行也。"③《卫灵公》:"君子义以为质。"此句虽不见于唐写本,但皇侃《论语义疏》载郑《注》:"义以为质,谓操行也。"④第二,《庶人章》:"孝无终始……未之有也。"郑《注》:"未之有者,言未之有

---

① 陈壁生:《孝经学史》,上海:华东师范大学出版社,2015年,第121页。
② 皮锡瑞:《孝经郑注疏》,吴仰湘点校,北京:中华书局,2016年,第39页。
③ 王素编著:《唐写本论语郑氏注及其研究》,北京:文物出版社,1991年,第34、61、108页。
④ 皇侃:《论语义疏》,高尚榘校点,北京:中华书局,2013年,第405页。

也。"此条注文令人费解,严可均说:"《释文》'言'字作'善',一本作'难'。《正义》引谢万云:'能行如此之善,曾子所以称难,故郑注云"善未有也"。'今按:'难''善'二本皆误。其致误之由,以郑注有'皆当孝无终始'之语,而下章复有此语,实则两'无'字并宜作'有'。何以明之? 经云'孝无终始'者,承首章'始于事亲,终于立身'……"皮锡瑞赞同严可均之说①,陈铁凡则认为当作"盖未之有也"②。但是郑玄注解《里仁》"能以礼让为国乎,何有",正谓:"言人能以礼让为国政教乎? 何有,言其善无有也。"③此处仍然是作"善无有也"。可见,《孝经郑注》亦当作"善无有也",谢万所称引郑《注》并无差误,陆德明《经典释文》以"言"字作"善"字是正确的,而严可均与皮锡瑞的怀疑都是错误的。第三,郑玄解释《论语·里仁》"君子去仁,恶乎成名"说:"言唯仁可以立身有名誉之也。"④此解正是本于《孝经》首章"立身行道,扬名于后世,以显父母,孝之终也。夫孝,始于事亲,中于事君,终于立身"一段话。郑注谓:"父母得其显誉者也。"⑤故其解释《雍也》"己欲立而立人,己欲达而达人……仁之方也已"亦言:"己欲立身成名,故亦立人。己欲居官行道,故亦达人。"⑥"居官行道"正对应于《孝经》"中于事君,终于立身"。以上三条,当可补充说明《孝经郑注》确是出自郑玄之手,同时也说明其前后确属一贯。

下文的论述,正是欲揭示郑玄注《孝经》包含了今文经学的微言大义,尤其是对太平大同之世的追求,是郑玄前后思想一贯之旨;郑玄《孝经》学受到其前儒者如董仲舒、刘向、刘歆等思想之影响,又与其同时代的经学家何休在思想上有着联系,如郑玄所持《春秋》与《孝经》相表里说、孔子作《孝经》以制法说都并非一己独见,但是他对前代或同时代之思想进行驳正,综罗百家而成一家之言,形成了独特的以《孝经》总会六经和求致太平的思想。

一、五帝三王与大同小康:"禹,三王最先者"之义

《孝经》首章言:"昔者先王有至德要道,以顺天下。"郑《注》:"禹,三王

---

① 皮锡瑞:《孝经郑注疏》,吴仰湘点校,北京:中华书局,2016 年,第 47 页。
② 陈铁凡:《孝经郑注校证》,台北:编译馆,1987 年,第 75 页。
③ 王素编著:《唐写本论语郑氏注及其研究》,北京:文物出版社,1991 年,第 34 页。
④ 王素编著:《唐写本论语郑氏注及其研究》,北京:文物出版社,1991 年,第 33 页。
⑤ 陈铁凡:《孝经郑注校证》,台北:编译馆,1987 年,第 6 页。
⑥ 王素编著:《唐写本论语郑氏注及其研究》,北京:文物出版社,1991 年,第 63 页。

最先者。"①陆德明《经典释文》解释郑《注》说:"五帝官天下,三王禹始传于子,于殷配天,故为孝教之始。"皮锡瑞认为陆德明传子者重孝之说是正确的②。五帝为公天下之世,三王为家天下之世,郑《注》在开始就确立了五帝与三王这一分疏,有着深刻意义,陆德明、皮锡瑞等历代解释者都重在解释"三王"的一面,却忽视了"五帝"的一面,这使得他们未能注意到郑玄对于大同或太平理想政治的追寻③。

首先,此处之"先王",郑玄与其他注家差异甚大。《古文孝经孔传》谓:"先王,先圣王也。"④此后刘炫《孝经述议》本其意谓:"古先圣王",并特别指出先王"非有所主,不斥一人也"⑤。这意味着"先王"含括伏羲以至文王、武王等帝王在内。反观郑玄,"禹,三王最先者"是以"先王"为特称,特指夏商周三代之王,禹为其中最先。依《孔传》与刘炫,王则是泛指,皇、帝、王皆可以王名之。唯有分别皇、帝、王,"王"方为特称,如《白虎通》之说:"德合天地者称帝,仁义合者称王,别优劣也。……帝者天号,王者五行之称也。"⑥《春秋纬》亦有类似之说⑦。若结合《礼运》对大同、小康的论述,即显示出分别帝、王在《礼记》中是常见的叙述。而"德合天地者称帝"很可能是孔子之语,西魏、北周时樊文深著《七经义纲》中所引此句前有"孔子曰"⑧。但樊氏认为以此为孔子语的根据当是《乐纬·稽耀嘉》"德象天地为帝",抑或是根据《春秋公羊传·成公七年》何休注文:"孔子曰:……德合天者称帝,河洛受瑞可放;仁义合者称王,符瑞应,天下归往。"⑨据此基本可断定:强调帝、王之别,为今文经学所主。

由此以观,郑玄以夏商周为三王,亦当为西汉以来儒者相传之旧义。董仲舒与汉武帝的对策中即持此观点,汉武帝问"夫三王之教所祖不同,而

① 皮锡瑞:《孝经郑注疏》,吴仰湘点校,北京:中华书局,2016年,第9页。
② 皮锡瑞:《孝经郑注疏》,吴仰湘点校,北京:中华书局,2016年,第11页。
③ 《礼运》"大同",郑玄注:"同,犹和也,平也。"据此,"大同"也即是"太平"。郑玄注,孔颖达疏:《礼记正义》,龚抗云整理,王文锦审定,北京:北京大学出版社,1999年,第659页。
④ 孔安国传,太宰纯音:《古文孝经孔传》,鲍廷博刊刻《知不足斋丛书》本,第1页。
⑤ 林秀一:《孝经述议复原に关する研究》,东京:文求堂书店,1954年,第209、215页。
⑥ 陈立:《白虎通疏证》,吴则虞点校,北京:中华书局,1994年,第43—44页。
⑦ 赵在翰辑:《七纬(附论语谶)》,钟肇鹏、萧文郁点校,北京:中华书局,2012年,第648页。
⑧ 陈立:《白虎通疏证》,吴则虞点校,北京:中华书局,1994年,第43页。
⑨ 何休解诂,徐彦疏:《春秋公羊传注疏》,刁小龙整理,上海:上海古籍出版社,2014年,第727页。此处对原文标点有修改。

皆有失,或谓久而不易者道也,意岂异哉?"董仲舒对策言:

> 先王之道必有偏而不起之处,故政有眊而不行,举其偏者以补其弊而已矣。三王之道所祖不同,非其相反,将以救溢扶衰,所遭之变然也。故孔子曰:"亡为而治者,其舜乎!"改正朔,易服色,以顺天命而已;其余尽循尧道,何更为哉!故王者有改制之名,亡变道之实。然夏上忠,殷上敬,周上文者,所继之救,当用此也。①

董仲舒认为尧舜是无为而治,舜之承尧,并无变道之实;而夏尚忠,殷尚敬,周尚文,三者所尚不同,是出于扶衰救弊的缘故,董仲舒以此为"先王"。他还指出这一三代相继以救衰的说法正是源出孔子"殷因于夏礼,所损益可知也;周因于殷礼,所损益可知也;其或继周者,虽百世可知也。"(《论语·为政》)并总结说:"此言百王之用,以此三者矣。"②

东汉《白虎通》亦有类似之说,谓:"三王者,何谓也?夏、殷、周也。"③三王之治与五帝之治不同,其不同即在于尧舜五帝之治尚无为,而三王之治则行礼教以起弊。观《白虎通·三教》之文即可知:

> 王者设三教何?承衰救弊,欲民反正道也。三正之有失,故立三教,以相指受。夏人之王教以忠,其失野,救野之失莫如敬。殷人之王教以敬,其失鬼,救鬼之失莫如文。周人之王教以文,其失薄,救薄之失莫如忠。继周尚黑,制与夏同。三者如顺连环,周而复始,穷则反本。
>
> 《乐·稽耀嘉》曰:"颜回尚三教变,虞夏何如?"曰:"教者,所以追补败政,靡弊涵浊,谓之治也。舜之承尧无为易也。"或曰:三教改易,夏后氏始。……以周之教承以文也。三教所以先忠何?行之本也。三教一体而分,不可单行,故王者行之有先后。何以言三教并施,不可单行也?以忠、敬、文无可去者也。④

《白虎通》不论是言帝王之别,还是言三教之分,都提到纬书之《稽耀嘉》,而郑玄本人不仅信谶纬,且对之加以注解,故其采"三教改易,夏后氏始"之

---

① 班固:《汉书·董仲舒传第二十六》,颜师古注,北京:中华书局,1962年,第2518页。
② 班固:《汉书·董仲舒传第二十六》,颜师古注,北京:中华书局,1962年,第2518页。
③ 陈立:《白虎通疏证》,吴则虞点校,北京:中华书局,1994年,第55页。
④ 陈立:《白虎通疏证》,吴则虞点校,北京:中华书局,1994年,第369—371页。

说,以禹为三王最先者,将《孝经》"先王"定格在夏、商、周三代的范围中。三教如顺连环,一体而分,不可单行,正是以三王之治为一整体,此正是董仲舒"百王之用,以此三者"的含义;而三教一体之说,亦正对应于《论语·为政》之文,郑玄注云:"自周之后,虽百世,制度犹可知,以为变易损益之极,极于三王,亦不是过。"①当即是本董仲舒之说。梁代皇侃《论语义疏》云:"礼家从夏为始者,夏是三王始,故举之也。"②显系采纳了郑玄以禹为三王最先者的观点。《礼记·中庸》载"子曰"之文:"王天下有三重焉……考诸三王而不谬",郑注以"三重"为"三王之礼"③。亦可与其注解《孝经》相参证。另外,《乐记》"礼乐之情同,故明王以相沿也",也正是揭示了三教之所以为一体在于其本质相同,故郑玄亦以《论语》三代损益之说作解④。据此,郑玄《礼记注》亦以明王为"三王",故《孝经》"明王之以孝治天下"的"明王"即是《乐记》中以礼乐治天下的明王。

　　进言之,《孝经郑注》对五帝和三王的区分,正和《礼运》有密切关联。郑玄《礼记目录》言:"名曰《礼运》者,以其记五帝三王相变易、阴阳转旋之道。"⑤之所以说是阴阳转旋,是因为从五帝到三王的时变,即是乐由备而衰,道德衰而礼法兴的变化过程。《礼运》区分"大道之行也,天下为公"与"今大道既隐,天下为家",郑玄以前者为"五帝时也",其时尧舜"禅位授圣,不家之"。后者为"用礼义以成治",是"禹、汤、文、武、成王、周公"之时,其时之特点是"谨于礼",以礼义为根据确立五伦,设置制度刑法⑥。阴阳转旋者,"乐法阳而生,礼法阴而成"⑦,由阳至阴,即是由乐治的大同而降至

---

① 王素编著:《唐写本论语郑氏注及其研究》,北京:文物出版社,1991 年,第 14 页。

② 皇侃:《论语义疏》,高尚榘校点,北京:中华书局,2013 年,第 44 页。

③ 郑玄注,孔颖达疏:《礼记正义》,龚抗云整理,王文锦审定,北京:北京大学出版社,1999 年,第 1457 页。

④ 郑玄注,孔颖达疏:《礼记正义》,龚抗云整理,王文锦审定,北京:北京大学出版社,1999 年,第 1087 页。

⑤ 郑玄注,孔颖达疏:《礼记正义》,龚抗云整理,王文锦审定,北京:北京大学出版社,1999 年,第 656 页。

⑥ 郑玄注,孔颖达疏:《礼记正义》,龚抗云整理,王文锦审定,北京:北京大学出版社,1999 年,第 660 页。

⑦ 郑玄注,孔颖达疏:《礼记正义》,龚抗云整理,王文锦审定,北京:北京大学出版社,1999 年,第 1093 页。郑玄以阴阳对应礼乐的观念并非独出,《白虎通》说:"乐者,阳也,……礼者,阴也,系制于阳,故云制也。"孔疏引之。见郑玄注,孔颖达疏:《礼记正义》,龚抗云整理,王文锦审定,北京:北京大学出版社,1999 年,第 1092 页。

礼治的小康,孔颖达体会郑意,指出:"(礼乐)其法虽殊,若大判而论,则五帝以上尚乐,三王之世贵礼,故乐兴五帝,礼盛三王,所以尔者,五帝之时尚德,故义取于同和;三王之代尚礼,故义取于仪别。是以乐随王者之功,礼随治世之教也。"①这不能不让我们联想到《老子》所言"失道而后德,失德而后仁,失仁而后义,失义而后礼"。这一联想绝非无据,因为郑玄注解《礼运》时就很明确地表示"大道既隐"的"礼义以为纪"之时即是:"以其违大道敦朴之本也。教令之稠,其弊则然。"并不忘加上一句"《老子》曰:法令滋章,盗贼多有"②。

《礼运》之"大道之行"和"大道既隐"的区分也影响了郑玄对《论语》的理解,故他在《论语》"周监乎二代,郁郁乎文哉"的注文中明确指出周制是"礼法兼备"③。而《论语·雍也》"齐一变至于鲁,鲁一变至于道",郑玄则谓:"言齐、鲁俱有周公、太公之余化,太公大贤,周公圣人,今其政教虽衰,若有明君兴之,齐可使如鲁,鲁可使如大道行之时也。"④这表明在他看来,孔子政治思想中包含较周公之治更美好的"大道之行"阶段。

由此即可理解郑玄注解《孝经》首章"先王有至德要道",缘何以"至德"为"孝悌","要道"为"礼乐"⑤。首先,"要道"即非"大道",这一差别显然是郑玄明确意识到的,不可以"要道"为"大道",正如不能以三王之世为大同之世一样。但是就"孝"作为至德或"德之本"而言,却是贯通大同与小康之世的,郑玄明确以大道之行的特点为"孝慈之道广"⑥,亦即"人不独亲其亲,不独子其子"。然而,《礼运》全篇主要叙述的却是"天下为家"的时代,其中言:"圣人耐以天下为一家,以中国为一人者……必知其情,辟于其义,明于其利,达于其患。"而做到这一点,"舍礼何以治之",郑玄注解云:"唯礼

① 郑玄注,孔颖达疏:《礼记正义》,龚抗云整理,王文锦审定,北京:北京大学出版社,1999年,第1092页。
② 郑玄注,孔颖达疏:《礼记正义》,龚抗云整理,王文锦审定,北京:北京大学出版社,1999年,第660页。
③ 王素编著:《唐写本论语郑氏注及其研究》,北京:文物出版社,1991年,第20页。
④ 王素编著:《唐写本论语郑氏注及其研究》,北京:文物出版社,1991年,第62页。
⑤ 皮锡瑞:《孝经郑注疏》,吴仰湘点校,北京:中华书局,2016年,第10页。
⑥ 郑玄注,孔颖达疏:《礼记正义》,龚抗云整理,王文锦审定,北京:北京大学出版社,1999年,第658页。

可耳。"①而礼之所以能达致天下一家之治效,其形上根据在于"礼必本于
太一""礼必本于天"。治国以礼,依《礼运》的描述,"天子以德为车,以乐为
御,诸侯以礼相与,大夫以法相序,士以信相考,百姓以睦相守,天下之肥
也。是谓大顺"。郑玄注解:"人皆明于礼,无有蓄乱滞合者,各得其分,理
顺其职也。"②君臣上下各得其分的理想之治也就是大顺之治,也即是圣
人本天以立礼所能达到的最佳效应。孔颖达敏锐地意识到了郑玄此处
注文与他对《孝经》的理解有关,因为《孝经·开宗明义章》即云:"先王有
至德要道,以顺天下,民用和睦,上下无怨。"《礼运》所述与此完全一致。
故孔颖达言:"'天子以德为车',谓用孝悌以自载也。德,孝悌也。'以乐
为御',谓用要道以行之。乐,要道也。行孝悌之事须礼乐,如车行之须
人御也。"③而以"德"为孝悌,"要道"为礼乐,正是《孝经郑注》的观点。进
言之,此大顺之治也就是太平之治,故《礼运》言顺治之应谓"天降膏露……
河出马图,凤皇麒麟皆在郊棷"云云④。《孝经纬》对太平之治的描述亦正
是如此⑤。简言之,以德礼而成太平之治,与大道之行时的大同世是相同
的,郑玄注解"大同"云:"同,犹和也,平也。"⑥大同即太平。故其以"大道
之行"时代为"孝慈之道广",也正是通过家天下时代的孝来说明太平之治⑦。

---

① 郑玄注,孔颖达疏:《礼记正义》,龚抗云整理,王文锦审定,北京:北京大学出版社,1999年,第689页。
② 郑玄注,孔颖达疏:《礼记正义》,龚抗云整理,王文锦审定,北京:北京大学出版社,1999年,第711页。后世本郑玄之意对"大顺之治"加以精微阐发的是清儒阮元,详参本书第六章。
③ 郑玄注,孔颖达疏:《礼记正义》,龚抗云整理,王文锦审定,北京:北京大学出版社,1999年,第712页。
④ 孔颖达直言此为"说行顺以致太平之事"(郑玄注,孔颖达疏:《礼记正义》,龚抗云整理,王文锦审定,北京:北京大学出版社,1999年,第714页)。
⑤ 据此可知,《礼运》实为汉代纬书立论的重要经典,因为其中蕴含的太平之治也正是纬书思想的根本追求。
⑥ 郑玄注,孔颖达疏:《礼记正义》,龚抗云整理,王文锦审定,北京:北京大学出版社,1999年,第659页。
⑦ 在郑玄的经典注释系统中,可以看到很多以周公之治定太平与尧舜之治相同的论述。如《尧典》:"曰若稽古帝尧,……允恭克让,光被四表,格于上下。"郑玄言:"训'稽'为同,训'古'为天,言能顺天而行之,与之同功。"(孔安国传,孔颖达正义:《尚书正义》,黄信达整理,上海:上海古籍出版社,2007年,第35页)孔颖达《正义》指出郑玄的解释与《论语》孔子所言"惟天为大,唯尧则之"有关,但他认为郑玄信纬,故有此训。此纬书即指《中候·摛雒戒》:"曰若稽古,周公旦,钦惟皇天,顺践祚即摄七年,鸾凤见,蓂荚生,青龙御甲,玄龟背书。"郑玄解释《维天之命》"文王之德之纯"亦言:"文王之施德教之无倦已。美其与天同功也。"(毛亨传,郑玄笺,孔颖达疏:《毛诗注疏》,朱杰人、李慧玲整理,上海:上海古籍出版社,2013年,第1888页)如此,尧、文(转下页)

郑玄注《孝经》以禹为"三王最先者",而在《礼运》中,禹也正是"六君子"之首。然而正如《礼运》《论语》所记载,夏殷之礼不足征,故与其徒慕六君子中的夏禹和商汤,不如以周制为准。在郑玄看来,《孝经》所涉即是三王之礼法,而周制又损益夏商二代,最为完备。因此,郑注《礼运》的重点并非是区分"大道之行"与"大道既隐",而是在于说明在禅让制不能施行的情况下,如何通过德礼之制来实现大同或太平,"大道"与"要道"的区分也就并非绝对。

如所周知,郑玄后期接受了刘歆以《周官》为"周公致太平之迹"的说法,极重《周官》。这一点在其《诗笺》中即体现得极为明显,如《周颂·维天之命》之诗,《诗序》言:"《维天之命》,大平告文王也。"郑《笺》:"告大平者,居摄五年之末也。文王受命,不卒而崩。今天下大平,故承其意而告之,明六年制礼作乐。"[①]"於乎不显,文王之德之纯",郑《笺》云:"文王之施德教之无倦已,美其与天同功也。以嘉美之道,饶衍与我,我其聚敛之,以制法度,以大顺我文王之意,谓为《周礼》六官之职也。"[②]纵观郑玄之说,他认为文王受命,但未及太平而崩,武王伐纣功成,而亦未及制作法度,周公承顺文王之意,子承父志,于天下太平之时制作《周礼》,而成王行之。此即明以《周礼》为周公致太平之迹。《论语·八佾》:"子谓《韶》,'尽美矣,又尽善也'。谓《武》,'尽美矣,未尽善也'。"郑玄谓:"尽善者,谓致太平也。未尽善者,谓未致太平也。"[③]故《大雅·假乐》"不愆不忘,率由旧章",郑玄认为

（接上页）王皆是与天同功。而其《周颂谱》中亦以"允恭克让,光被四表,格于上下"一语来说"颂"之意:"颂之言容。天子之德,光被四表,格于上下,无不覆焘,无不持载,此之谓容。于是和乐兴焉,颂声乃作。"(毛亨传,郑玄笺,孔颖达疏:《毛诗注疏》,朱杰人、李慧玲整理,上海:上海古籍出版社,2013 年,第 1872 页)孔颖达指出,"光被四表,格于上下",为《尧典》文,说尧之德。而《左传》:"季札见舞《韶箫》,曰:'德至矣哉!大矣哉!如天之无不焘,如地之无不载。'"则是说舜之德。而这段话中的"无不覆焘,无不持载",亦为《中庸》所道。孔颖达解释谓:"引尧、舜之事以言周者,圣人示迹不同,所遇异时,故号有帝王,为优劣之称。若乃至诚尽物,前圣后圣,其归一也。故《中庸》说孔子之德,亦云'无不覆焘,无不持载',明圣人之道同也。"(毛亨传,郑玄笺,孔颖达疏:《毛诗注疏》,朱杰人、李慧玲整理,上海:上海古籍出版社,2013 年,第 1872 页)尧舜皆为圣王,当太平之世,以此言周,显系在指说成王周公时即是太平之世。正因此,《周颂谱》大量地援引《礼运》以称说周德。

① 郑玄注,孔颖达疏:《礼记正义》,龚抗云整理,王文锦审定,北京:北京大学出版社,1999 年,第 1886 页。

② 郑玄注,孔颖达疏:《礼记正义》,龚抗云整理,王文锦审定,北京:北京大学出版社,1999 年,第 1888 页。

③ 王素编著:《唐写本论语郑氏注及其研究》,北京:文物出版社,1991 年,第 23 页。

是"成王之令德,不过误,不遗失,循用旧典之文章,谓周公之礼法"。孔颖达指出,周公之礼法即是指《周官》六典,因为"遵用旧章,事在制礼之后,故知是周公之礼法也。以其一代大典,虽则新制,永为旧章也"①。永为旧章一方面意味着实现太平之治的《周礼》具有永久的典范性;另一方面也意味着后世应当继承旧章,制度之稳定性的维持,正赖于后世君主之德,尤其是"善继其志,善述其事"的孝德。在此意义上,孝就不是家庭内部的德性,而是一种政治德性,而且是根本的政治德性。而《礼运》开篇正是孔子与于腊宾而叹鲁之失礼,郑《注》:"孔子见鲁君于祭礼有不备,于此又睹象魏旧章之处,感而叹之。"②《论语·八佾》篇以季氏失礼而"八佾舞于庭"开始,篇末则是"居上不宽,为礼不敬,临丧不哀,吾何以观之哉?"以问句结束全篇,有深责失礼者之意。值得注意的是,临丧不哀即是不孝之大者。此篇倒数第二章正是"尽美尽善"。并观《论语》《礼运》郑玄之注解,郑玄推崇与复兴周礼之志不言而喻。总之,郑玄注解群经,以太平之治为理想,这一点在其思想中有着非常明确的体现。而这一点与其注《孝经》对"先王"的理解并不冲突,反而是能够看到其思想的前后一贯之处。不可因郑玄早年治今文经学而注《孝经》与后期之兼采今古文不同,便忽视了其前后连续性,否则便难以理解其后期著作《中庸注》中的《春秋》与《孝经》相表里说。

二、《春秋》与《孝经》相表里

郑玄明确以《孝经》为六经之总会,《六艺论》谓:"孔子以六艺题目不同,指意殊别,恐道离散,后世莫知根源,故作《孝经》以总会之。"③这一观念的产生并非空穴来风,而是有着深厚的思想土壤,此即西汉以来今文学所持的《春秋》与《孝经》相表里说,以及以五行学说为基础的五经一体观念。简言之,以《孝经》总会六经的前提是如何理解孔子作《春秋》,以及孔子所定五经的内在关系。

关于《春秋》与《孝经》相为表里,学界都会提到纬书《孝经钩命决》所载

---

① 毛亨传,郑玄笺,孔颖达疏:《毛诗注疏》,朱杰人、李慧玲整理,上海:上海古籍出版社,2013年,第1604页。

② 郑玄注,孔颖达疏:《礼记正义》,龚抗云整理,王文锦审定,北京:北京大学出版社,1999年,第656页。

③ 郑玄:《六艺论》,载王谟编:《汉魏遗书钞》(经翼第四集),清嘉庆三年刻本,第5页。

"子曰:吾志在《春秋》,行在《孝经》"①一语,但这一以志、行分属二经的提法,亦有其演变过程,究其源,应与董仲舒有关。《春秋繁露·俞序》中叙述孔子作《春秋》之"志",谓:"仲尼之作《春秋》也,上探正天端王公之位,万民之所欲,下明得失,起贤才,以待后圣。故引史记,理往事,正是非,见王公。史记十二公之间,皆衰世之事,故门人惑。孔子曰:'吾因其行事而加乎王心焉。'以为见之空言,不如行事博深切明。"②不难看出,董仲舒正受启于孟子所言"其事则齐桓晋文,其文则史,其义则丘窃取之也"(《孟子·离娄下》)。事、义即对应于行事、王心。此后司马迁《太史公自序》言:"我欲载之空言,不若见之行事之深切著明也。"③《淮南子·主术训》描述孔子形象谓:"孔子之通,智过于苌宏,勇服于孟贲,足蹑狡兔,力拓城关,能亦多矣。然而勇力不闻,伎巧不知,专行孝道,以成素王,事亦鲜矣。《春秋》二百四十二年,亡国五十二,弑君三十六,采善锄丑,以成王道,论亦博矣。"便显示出在时人看来,孔子专行孝道以成素王与作《春秋》赏善罚恶而成王道,两者构成了孔子生平功业中的双峰。《淮南子》以行孝为事,以《春秋》为论,隐然含有"志在《春秋》,行在《孝经》"之意。另外,刘向所编《说苑·建本》篇首即载:

> 孔子曰:"君子务本,本立而道生。"夫本不正者末必陁,始不盛者终必衰。《诗》云:"原隰既平,泉流既清。"本立而道生。《春秋》之义,有正春者无乱秋,有正君者无危国。《易》曰:"建其本而万物理,失之毫厘,差以千里。"是故君子贵建本而重立始。④

汉儒多将有子的"孝悌也者,其为仁之本欤,君子务本,本立而道生"一语视为孔子所道,恰表明他们对这段话的重视。以"本立而道生"涵摄《春秋》与《诗经》《周易》归本重始之义,无疑是出自公羊学。而结合《论语》观之,此处的"本"只能是孝。以上所举董仲舒等三例,正是《春秋》与《孝经》相表里观念产生的思想土壤,这一观念很可能在西汉即已流行开来。

---

① 赵在翰辑:《七纬(附论语谶)》,钟肇鹏、萧文郁点校,北京:中华书局,2012年,第723页。
② 苏舆:《春秋繁露义证》,钟哲点校,北京:中华书局,1992年,第158—159页。
③ 赵在翰辑:《七纬(附论语谶)》,钟肇鹏、萧文郁点校,北京:中华书局,2012年,第648页。
④ 刘向撰,向宗鲁校证:《说苑校证》,北京:中华书局,1987年,第56页。

东汉何休继承纬书之说①，其《春秋公羊传解诂序》开首即言："昔者孔子有云：'吾志在《春秋》，行在《孝经》。'此二学者，圣人之极致，治世之要务也。"徐彦《疏》释之曰：

> 案《孝经钩命决》云"孔子在庶，德无所施，功无所就，志在《春秋》，行在《孝经》"是也。所以《春秋》言志在，《孝经》言行在。《春秋》者，赏善罚恶之书，见善能赏，见恶能罚，乃是王侯之事，非孔子所能行。故但言"志在"而已。《孝经》者，尊祖、爱亲、劝子事父、劝臣事君。理关贵贱，臣子所宜行，故曰"行在《孝经》"也。②

徐彦对"志"与"行"的解释亦可在《孝经钩命决》中寻得根据："吾作《孝经》，以素王无爵禄之赏，斧钺之诛，故称明王之道。"③这正是说，素王并不能真正地将赏善罚恶之志付诸实践，故而需要作《孝经》。在此意义上，《孝经》便是《春秋》的补充，且是必要的补充。这也表明，汉儒将《春秋》和《孝经》皆视为孔子晚年西狩获麟、哀道不行所作。如东汉《白虎通》即言："已作《春秋》，复作《孝经》何？欲专制正。"④制正是拨乱反正之义。《春秋》正始之义亦为何休所重，何休以"王正月"为"政教之始"，以"公即位"为"一国之始"，并言"政莫大于正始"⑤。郑玄曾作《发公羊墨守》，批驳何休之学，但对西汉以来公羊学的正始之说，无疑是赞成的⑥，故其注《孝经》首章末"《大雅》云：无念尔祖，聿修厥德"云："雅者，正也，方始发章，以正为始。"正如皮锡瑞所指出的："《孝经》引《诗》，但称'《诗》云'，不举篇名，此经独云《大雅》，故郑解之，以为此是开宗明义，方始发章，意在以正为始。"⑦另外，《孝经》末章《丧亲章》言："毁不灭性，此圣人之政也。"此处"政"字当即"正"

---

① 北宋文彦博《〈春秋〉何以见仲尼之志论》中即指出："《孝经纬》曰：'孔子云：欲观我褒贬诸侯之志在《春秋》，崇人伦之行在《孝经》'，斯则其义明矣。其后何休以此语序《公羊传》，则变其辞云'吾志在《春秋》，而行在《孝经》'也。"（文彦博：《潞公文集》卷九，载《文渊阁四库全书》第 1100 册，台北：台湾商务印书馆，1982 年，第 650 页）

② 何休解诂，徐彦疏：《春秋公羊传注疏》，刁小龙整理，上海：上海古籍出版社，2014 年，第 2 页。

③ 赵在翰辑：《七纬（附论语谶）》，钟肇鹏、萧文郁点校，北京：中华书局，2012 年，第 723 页。

④ 陈立：《白虎通疏证》，吴则虞点校，北京：中华书局，1994 年，第 446 页。

⑤ 何休解诂，徐彦疏：《春秋公羊传注疏》，刁小龙整理，上海：上海古籍出版社，2014 年，第 12—13 页。

⑥ 《六艺论》亦云："孔子既西狩获麟，自号素王，为后世受命之君，制明王之法。"王谟编：《汉魏遗书钞》（经翼第四集），清嘉庆三年刻本，第 4 页。

⑦ 皮锡瑞：《孝经郑注疏》，吴仰湘点校，北京：中华书局，2016 年，第 16 页。

字,敦煌本中即有写作"正"字者①,清儒于鬯有详细解释:"政当读为正,日本本、孔本原作正,政谐正声,二字古通用甚多,不烦举证。上文云'此哀戚之情也',此'正'字与'情'字为对,情之所至,不能无偏,苟有所偏,即不得其正,惟圣人有以正之,故曰'此圣人之正也'。"②此句郑注已佚,伪《孔传》解释谓:"此圣人之正制也。"很可能即是依郑注。于鬯指出,"圣人之正"正是《春秋》之义,"孔子《春秋》一书,宗旨惟在于正,独穀梁子能得之,故《穀梁传》一书,发挥止一'正'字,即此《孝经》之'正'字也。'志在《春秋》,行在《孝经》',皆正而已矣"③。如此,则《孝经》首章以"雅正"开端,至末章则又以"性情之正"结尾,诚可谓《孝经》义法最整密"④。而徐彦解释何休《序》"此二学者,圣人之极致"言:"'二学'者,《春秋》《孝经》也。'极'者,尽也。'致'之言至也,言圣人作此二经之时,尽己至诚而作之。故曰'圣人之极致'也。"⑤表明徐彦充分意识到了《中庸》与《春秋公羊传》的内在联系,《中庸》之"至诚"即何休所言之"极致"。郑玄注解《中庸》"唯天下至诚,为能经纶天下之大经,立天下之大本,知天地之化育"谓:

> "至诚",性至诚,谓孔子也。"大经",谓六艺,而指《春秋》也。"大本",《孝经》也。⑥

以"至诚"对应于"大经""大本","大"即含"极致"之意。如此,则徐彦的解释正是依循了郑玄。同时,这也就揭示出郑玄对《中庸》的理解很可能受到何休的启发。《中庸》言:"仲尼祖述尧舜,宪章文武,上律天时,下袭水土。"《汉书·艺文志》继承了这一说法,以此表述儒家学派的特质,此足可见《中庸》在汉代儒者心目中的重要性,而郑玄以《中庸》为子思所作也表明:在两汉儒者看来,《中庸》就是儒家学派中表达和接续孔子思想的不二之作,因

---

① 陈铁凡:《孝经郑注校证》,台北:编译馆,1987年,第228页。
② 于鬯:《香草校书》,北京:中华书局,1984年,第1040页。
③ 于鬯:《香草校书》,北京:中华书局,1984年,第1040页。
④ 此为于鬯对《孝经》之评价,见氏著《香草校书》,北京:中华书局,1984年,第1028页。皮锡瑞意识到了《孝经》首章以正为始之意,而于鬯则看到了末章以正为归之意。二者相并,正见《春秋》与《孝经》相表里之意。
⑤ 何休解诂,徐彦疏:《春秋公羊传注疏》,刁小龙整理,上海:上海古籍出版社,2014年,第2页。
⑥ 郑玄注,孔颖达疏:《礼记正义》,龚抗云整理,王文锦审定,北京:北京大学出版社,1999年,第1460—1461页。

为《中庸》是"子思作之,以昭明圣祖之德也"①。以《孝经》为"大本",也就意味着在郑玄看来,子思也正是以《孝经》为孔子所作,是理解孔子思想的重要文本,甚至是最根本的文本。后世皆知孔子作《春秋》说源出孟子,但依郑玄之意,实可上溯于子思之《中庸》。

对于《中庸》"仲尼祖述尧舜,宪章文武,上律天时,下袭水土。辟如天地之无不持载,无不覆帱。辟如四时之错行,如日月之代明"一语,郑玄即以孔子作《春秋》与《孝经》解之:

> 此以《春秋》之义说孔子之德。孔子曰:"吾志在《春秋》,行在《孝经》。"二经固足以明之,孔子所述尧、舜之道而制《春秋》,而断以文王、武王之法度。《春秋传》曰:"君子曷为为《春秋》? 拨乱世,反诸正,莫近诸《春秋》。其诸君子乐道尧舜之道与? 末不亦乐乎? 尧舜之知君子也。"……又曰:"王者孰谓,谓文王也。"此孔子兼包尧、舜、文、武之盛德而著之《春秋》,以俟后圣者也。律,述也。述天时,谓编年,四时具也。袭,因也。因水土,谓记诸夏之事,山川之异。圣人制作,其德配天地,如此唯五始可以当焉。②

以《春秋》之义说孔子之德,意味着子思继承了孔子之《春秋》学。郑玄的这段注文,无一处不显露出他对公羊学思想的吸收,也与何休之说基本相合。何休注以为,孔子与尧舜"道同者相称,德合者相友",徐彦疏谓:"孔子爱乐尧、舜之道,是以述而道之。"③则"君子"即是孔子,也即《中庸》中至诚的圣人、祖述尧舜的孔子。而郑注《论语·述而》"发愤忘食,乐以忘忧,不知老之将至",即云:"我乐尧舜之道,思六艺之文章,忽然不知老之将至云尔。"④正与《公羊传》末所言"君子曷为《春秋》""君子乐道尧舜之道"一致。因为孔子在获麟之后作《春秋》,外加获麟之前所料理的五经,方成六艺。何休指出,作《春秋》正是"乐其贯于百王而不灭,名与日月并行而不息"⑤,

---

① 郑玄注,孔颖达疏:《礼记正义》,龚抗云整理,王文锦审定,北京:北京大学出版社,1999 年,第 1422 页。
② 郑玄注,孔颖达疏:《礼记正义》,龚抗云整理,王文锦审定,北京:北京大学出版社,1999 年,第 1459—1460 页。
③ 何休解诂,徐彦疏:《春秋公羊传注疏》,刁小龙整理,上海:上海古籍出版社,2014 年,第 1200 页。
④ 王素编著:《唐写本论语郑氏注及其研究》,北京:文物出版社,1991 年,第 78 页。
⑤ 何休解诂,徐彦疏:《春秋公羊传注疏》,刁小龙整理,上海:上海古籍出版社,2014 年,第 1201 页。

也正与《中庸》"如日月之代明"一致，而贯百王即郑玄《中庸》注所谓"兼包尧舜文武之盛德"。而"断以文王、武王之法度"，似亦有所本，唐杨士勋《春秋穀梁传注疏》中即指出："先儒郑众、贾逵之徒，以为仲尼修《春秋》，约之以周礼。"①当然，从郑玄的角度来看，断以文王、武王之法度，正是以作为"旧章"的《周礼》为法度。何休之所以说《春秋》与《孝经》是"治世之要务"，在徐彦看来，正是在说礼法可应世之急用，其疏言："《祭统》云：'凡治人之道，莫急于礼。'礼者，谓三王以来也。若大道之时，礼于忠信为薄。"②三王以来之礼法以周文为备，故要以周礼为断，但最终则是要达至太平世，此即"祖述尧舜"之义。《春秋》是拨乱反正之书，是因为作《春秋》正是要改造礼崩乐坏的现实，复兴德礼之治，实现天下太平。徐彦以"要务"为三王之礼，亦正如郑玄以《孝经》之"要道"为礼乐，故"要务"与"大道"的区分也正是郑玄对"要道"与"大道"的区分。

三、五行之纲纪与六经之总会

郑玄《六艺论》谓："孔子以六艺题目不同，指意殊别，恐道离散，后世莫知根源，故作《孝经》以总会之。"③清末曹元弼对此有一疏解：

> 古者以礼、乐、射、御、书、数为六艺，而乐正以《诗》《书》、礼、乐造士，谓之四术。《易》为筮占之用，掌于太卜。《春秋》记邦国成败，掌于史官，亦用以教，通名为经。《礼记·经解》详列其目，至孔子删定《诗》《书》《礼》《乐》，赞《周易》，修《春秋》，而其道大明，学者亦谓之六艺……六艺标题名目不同，如《易》取易简、变易、不易之义，《诗》之言志，《礼》之言体、言履之等。指归意义殊别，如《易》明天道，《书》录王事，《诗》长人情志等。六艺皆以明道，而言非一端，时历千载，既名殊意别，恐学者见其枝条之分，而不知其根之一，见其流派之岐，而不知其源之同，如此则大道离散，而异端之徒且得乘间以惑世诬民，充塞仁义，为天下后世大患。故孔子既经论六经，特作《孝经》立大本以总会之。盖六经皆爱人敬人、使人相生相养相保之道，而爱敬之本出于爱

---

① 范宁集解，杨士勋疏：《春秋穀梁传注疏》，夏先培整理，杨向奎审定，北京：北京大学出版社，1999 年，第 8 页。孔颖达《春秋左传正义·哀公十四年》疏文亦有类似论述。
② 何休解诂，徐彦疏：《春秋公羊传注疏》，刁小龙整理，上海：上海古籍出版社，2014 年，第 2—3 页。
③ 郑玄：《六艺论》，载王谟编：《汉魏遗书钞》（经翼第四集），清嘉庆三年刻本，第 5 页。

亲敬亲,故孝为德之本,六经之教由此生。①

　　曹氏体贴郑意,认为郑玄是以《孝经》爱敬之义总括六经。事实上,这一点三国时刘邵已有意识。《人物志》言:"盖人道之极,莫过爱敬。是故《孝经》以爱为至德,以敬为要道。"②这正是郑玄以至德为孝弟,以要道为礼乐的思路。可见,此为理解郑玄以《孝经》总会六经说的一个角度,即以《孝经》为大本,有着儒家德性论的根据。正因为孝是"德之本",所以郑玄注《中庸》言《孝经》是"天下之大本"③。但正如《孝经》首章所言"夫孝,德之本也,教之所由生也",孝也正是政教所由出。而就政教法度来说,则不能出于六艺政教之外,也即《礼记·经解》所载孔子之语"温柔敦厚,《诗》教也。疏通知远,《书》教也。广博易良,《乐》教也。洁净精微,《易》教也。恭俭庄敬,《礼》教也。属词比事,《春秋》教也"。更重要的是,《经解》还指出了六艺之教各有其"失",正如郑玄所言:"名曰《经解》者,以其记六艺政教之得失也。"④后世之思考政教问题者无不折衷于孔子此语,西汉之世,董仲舒《春秋繁露·玉杯》、司马迁《太史公自序》、刘安《淮南子·泰族训》、班固《汉书·艺文志》皆有类似论述。但仅仅言及六艺之教的优长与缺失还不够,尚不足以说明圣人之道是一以贯之,又何以言孔子立一王之大法,故问题还在于如何处理六艺之教的差异和内在关系而提出一种解决方式。比如皇侃即言:"此篇分析六经体教不同,故名曰《经解》也。六经其教虽异,总以礼为本。"⑤这一论断的一个根据即在于,从《经解》全文内容来看,除却开首言及礼教之外的其他五经之教,余下内容皆是在论述礼教的重要性。《经解》末章所道甚明:"礼之教化也微,其止邪也于未形,使人日徙善远罪而不自知也,是以先王隆之也。《易》曰:'君子慎始。差若毫厘,缪以千里。'此之谓也。"仍然以慎始说明礼教的基础性,此即以礼为本。东汉时张奋曾上疏汉和帝说:"圣人所美,政道至要,本在礼乐。五经同归,而礼乐

----

① 曹元弼:《孝经序论释·郑氏六艺论》,载曹元弼:《孝经郑氏注笺释》,国家图书馆藏1935年活字本,第1—2页。

② 刘邵:《人物志》,梁满仓译注,北京:中华书局,2014年,第138页。

③ 参看陈壁生:《孝经学史》,上海:华东师范大学出版社,2015年,第117页。

④ 郑玄注,孔颖达疏:《礼记正义》,龚抗云整理,王文锦审定,北京:北京大学出版社,1999年,第1368页。

⑤ 郑玄注,孔颖达疏:《礼记正义》,龚抗云整理,王文锦审定,北京:北京大学出版社,1999年,第1368页。

之用尤急。孔子曰:'安上治民,莫善于礼;移风易俗,莫善于乐。'"①其中所引即是《孝经·广要道章》文,故其以礼乐为"政道至要"。据此可推测,郑玄注《孝经》以首章之"要道"为"礼乐",也正是出于同样的考虑。

但要真正说明六艺之教的内在一体,还须依据人性论进行说明,因为政教是为人而设。通过五行思想将作为政教载体的五经与作为人之德性的五常匹配起来,一内一外,正是完美的解决方案。如《淮南子·泰族训》言:"五行异气而皆适调,六艺异科而皆同道。……六者,圣人兼用而财制之。失本则乱,得本则治。其美在调,其失在权。"认为六艺之教必须兼制,已经包含了以五行关系理解六艺政教关系的思想。而《白虎通》之说最为完备,其《性情》篇言:

> 性情者,何谓也?性者阳之施,情者阴之化也。人禀阴阳气而生,故内怀五性六情。情者,静也。性者,生也。此人所禀六气以生者也。故《钩命决》曰:"情生于阴,欲以时念也;性生于阳,以就理也。阳气者仁,阴气者贪,故情有利欲,性有仁也。"
>
> 五性者何谓?仁义礼智信也。……故人生而应八卦之体,得五气以为常,仁义礼智信也。②

这段话据纬书以立论,除却《孝经钩命决》以阴阳言性情外,"性者,阳之施;情者,阴之化"也是本于纬书《孝经援神契》③。而五性、八卦、五气之说也正是出自《易纬乾凿度》所载孔子曰"八卦之序成立,则五气变形,故人生而应八卦之体"云云,且《乾凿度》此处以五行之气配五方,东方为仁,南方为礼,西方为义,北方为信,中央为智。但是在《乾凿度》的宇宙论系统中,根据郑玄的注解,五气变形属于宇宙生化的"太始"阶段,在此之前还有未见气的太易以及元气所本始的太初阶段④。郑玄的这一理解乃是本于《孝经钩命决》:"元气始萌,谓之太初;气形之端,谓之太始……五气渐变,谓之五运。"⑤《孝经援神契》则谓:"元气混沌,孝在其中。"⑥两相对照,孝即属于太

---

① 范晔:《后汉书·张曹郑列传第二十五》,李贤等注,北京:中华书局,1965年,第1199页。
② 陈立:《白虎通疏证》,吴则虞点校,北京:中华书局,1994年,第381—382页。
③ 赵在翰辑:《七纬(附论语谶)》,钟肇鹏、萧文郁点校,北京:中华书局,2012年,第693页。
④ 赵在翰辑:《七纬(附论语谶)》,钟肇鹏、萧文郁点校,北京:中华书局,2012年,第33—34页。
⑤ 赵在翰辑:《七纬(附论语谶)》,钟肇鹏、萧文郁点校,北京:中华书局,2012年,第726页。
⑥ 赵在翰辑:《七纬(附论语谶)》,钟肇鹏、萧文郁点校,北京:中华书局,2012年,第678页。

初阶段,先在于五德的产生。要言之,纬书从本体论上说明了孝何以是五德之本。《孝经援神契》言:"王德……设术修经,躬仁尚义,祖礼行信,握权任智,顺道形人,俱在至德。"①"至德"即是孝,王者设教修经,以五常顺导天下,皆以孝为本。这无疑正是对《孝经》首章"夫孝,德之本也,教之所由生也""先王有至德要道以顺天下"的解释。

《白虎通·五经》又以五经配五常,谓:"经所以有五何?经,常也。有五常之道,故曰《五经》。《乐》仁,《书》义,《礼》礼,《易》智,《诗》信也。人情有五性,怀五常不能自成,是以圣人象天五常之道而明之,以教人成其德也。"②人有五性,但又不能自成,就需要五经教化以成其德,故其后引《经解》以作说明。

但以五常配五经的做法,很可能始于倡导五行学说的刘向、刘歆父子,《六艺略》即云:

> 六艺之文:《乐》以和神,仁之表也;《诗》以正言,义之用也;《礼》以明体,明者著见,故无训也;《书》以广听,知之术也;《春秋》以断事,信之符也。五者,盖五常之道,相须而备,而《易》为之原。故曰:"《易》不可见,则乾坤或几乎息矣",言与天地为终始也。至于五学世有变改,犹五行之更用事焉。③

"五行之更用事"④"五学世有变改"显然与汉代的五德终始说密切相关,恰似《白虎通》所言夏商周三家相变,只不过刘歆是以五德说取代了三统说。五经对应世变之学与治,而以《周易》为五经之源⑤,突出了天道对于人事的根本性。这样一来,《六艺略》所言五经即不含《周易》,但《白虎通·五经》所言五经则是不含《春秋》⑥,单独对"《春秋》何常也"做了专门的解释,认为孔子作《春秋》是效法与集合了黄帝以来的历圣之道⑦,这就突出了

---

① 赵在翰辑:《七纬(附论语谶)》,钟肇鹏、萧文郁点校,北京:中华书局,2012 年,第 684 页。

② 陈立:《白虎通疏证》,吴则虞点校,北京:中华书局,1994 年,第 447 页。

③ 刘向、刘歆撰,姚振宗辑录:《七略别录佚文　七略佚文》,邓骏捷校补,澳门:澳门大学出版中心,2007 年,第 83 页。

④ 东汉宋均注解《孝经援神契》认为"三老五更"的"五更"即是"老人知五行更代之事者"。见赵在翰辑:《七纬(附论语谶)》,钟肇鹏、萧文郁点校,北京:中华书局,2012 年,第 683 页。

⑤ 郑万耕:《刘向刘歆父子的学术史观》,载《史学史研究》2003 年第 1 期,第 11 页。

⑥ 参看程苏东:《〈白虎通〉所见"五经"说考论》,载《史学月刊》2012 年第 12 期,第 29—32 页。

⑦ 陈立:《白虎通疏证》,吴则虞点校,北京:中华书局,1994 年,第 449 页。

《春秋》的特殊性。当然,不论是源于《经解》的五经之教各有优缺,抑或刘歆的五学应世而变,都说明了弥合五经之教而追寻统一之大道的必要性。从公羊学的角度来看,这正是孔子作《春秋》的意义和特殊性所在,孔子立一王之大法的意义也在于此。故《公羊传》言拨乱反正"莫近诸《春秋》"①,董仲舒与何休俱以为,《春秋》成而"人道浃,王道备"②。而郑玄注解《论语·述而》"久矣! 吾不复梦见周公也"亦云:"末年以来,圣道既备,不复梦见之。"③所谓末年以来,即指孔子晚年作《春秋》④。但是,在《孝经纬》的作者看来,孔子因鲁史而作《春秋》还不够,故有"志在《春秋》,行在《孝经》"这一说法。《孝经钩命决》言:"丘以匹夫徒步,以制正法。"⑤《白虎通》继之:"已作《春秋》,复作《孝经》何? 欲专制正。于《孝经》何? 夫孝者,自天子下至庶人,上下通《孝经》者。夫制作礼乐,仁之本,圣人道德已备。"⑥正如上节所论,《孝经》相较于《春秋》的特殊性在于,《春秋》是王侯之事,而《孝经》方是遍及上下之事。"制作礼乐,仁之本"正是说孝是仁之本,同时也是礼乐教化之所由生,故作《孝经》是"立天下之大本"。孔子在晚年作《春秋》,复作《孝经》,二学完成,方是最终确立了新王之法,也即"道德已备"。郑玄《六艺论》言:"孔子以六艺题目不同,旨意殊别,恐道离散,后世莫知根源,故作《孝经》以总会之。"⑦若大道破裂,当然就不是"道德已备",故郑玄之说正是继承了纬书与《白虎通》。

此外,东汉《史晨奉祀孔子庙碑》云:"乃作《春秋》,复演《孝经》",《百石卒史碑》亦云:"孔子作《春秋》,制《孝经》。"故皮锡瑞言:"盖以《诗》《书》《易》《礼》为孔子所修,而《春秋》《孝经》乃孔子所作也。"⑧因此,"作《孝经》"就是《孝经援神契》所言"制作《孝经》","作"是"制作",而非"写作"之意,不宜把"已作《春秋》,复作《孝经》"二者分开,将前者视为制作法度,而

---

① 何休解诂,徐彦疏:《春秋公羊传注疏》,刁小龙整理,上海:上海古籍出版社,2014年,第1199页。
② 董仲舒之说,见《春秋繁露·玉杯》。何休之说,见何休解诂,徐彦疏:《春秋公羊传注疏》,刁小龙整理,上海:上海古籍出版社,2014年,第1198页。
③ 王素编著:《唐写本论语郑氏注及其研究》,北京:文物出版社,1991年,第75页。
④ 参看华喆:《礼是郑学——汉唐间经典诠释变迁史论稿》,北京:生活·读书·新知三联书店,2018年,第172页。
⑤ 赵在翰辑:《七纬(附论语谶)》,钟肇鹏、萧文郁点校,北京:中华书局,2012年,第725页。
⑥ 陈立:《白虎通疏证》,吴则虞点校,北京:中华书局,1994年,第446页。陈立指出,此处文多讹脱。
⑦ 郑玄:《六艺论》,载王谟编:《汉魏遗书钞》(经翼第四集),清嘉庆三年刻本,第5页。
⑧ 皮锡瑞:《经学历史》,周予同注释,北京:中华书局,1981年,第41页。

后者仅仅是写作。郑玄既然采纳了《春秋》与《孝经》相表里之说,其《六艺论》言"故作《孝经》"以总会六经,此"作"也即是"制作"。《孝经·广扬名章》:"子曰:君子之事亲孝故忠,可移于君……居家理治,可移于官。是以行成于内,而名立于后世矣。"郑《注》云:"三德并备于内,而名立于后世矣。若圣人制法于古,后人奉而行之也。"①则《孝经》首章"立身行道"即是制法之义,也即是"行在《孝经》"之义。故清末曹元弼深体郑意,谓:"子曰:'《春秋》属商,《孝经》属参。'但《春秋》经既成,而以义属之。《孝经》则授以大义,即笔之为经,此记事、论道之别也。……此经为夫子所自作,即录由曾子,所录固一如夫子本语,且必由夫子审正定名,故与《春秋》并为圣作之书。"②《春秋》是因鲁史而加之以己义,并非纯为孔子自作,而《孝经》则纯为论道、讲大义之书。如刘歆所言,五学世有变改,则五经便不是恒常之道,故当郑玄说"六艺题目不同,指意殊别"之时,意涵六艺不能称为经,因为经是普遍的、万世不易的常道,故《孝经》名"经",而六艺却不名"经"。曹元弼说:"圣人之书皆本天经地义,此经论孝,直揭其根源,故特名曰《孝经》,此孔子所自名,明孝为万世不易之常道也。"③这意味着,经名始于孔子,六经之得以称经,也正是赖于孔子。《孝经郑注序》言"《孝经》者,三才之经纬,五行之纲纪。孝为百行之首。经者,不易之称。"④正应曹氏之意。公羊学突出了《春秋》的地位,认为《春秋》超越五经而集历圣之大成,而郑玄突出了《孝经》的地位,认为《孝经》总会了六经;古文经学的刘歆以《周易》为五经之根源,重在天道,而郑玄则以《孝经》为六艺之根源,落实于人道;纬书与何休多以孔子作《春秋》《孝经》是为汉制法,而郑玄则强调孔子是欲求道而非为一家一姓立法,其对孔子制法的理解包含着更深远的希冀,去除公羊学附加于《春秋》上的汉家帷幕,方能揭明孔子之真志——拨乱反正,进入大道之行的太平世。郑玄对此前汉世思想之发展与修正,于此可见一斑。

余　论

　　郑玄以《孝经》为六经之总会,为大道之根源,并非纯粹是出于对经典

① 陈铁凡:《孝经郑注校证》,台北:编译馆,1987年,第190页。
② 曹元弼:《孝经校释》,国家图书馆藏1935年活字本,第5页。
③ 曹元弼:《孝经郑氏注笺释》卷一,国家图书馆藏1935年活字本,第4页。
④ 皮锡瑞:《孝经郑注疏》,吴仰湘点校,北京:中华书局,2016年,第1页。

义理的兴趣,身处汉末的危乱之世,他还有着对所处时代的现实关怀。《后汉书》本传记载,郑玄以梦孔子而"知命当终",这表明他想要继承孔子删定六经、修明大道之业,范晔谓:

> 自秦焚《六经》,圣文埃灭。汉兴,诸儒颇修蓺文;及东京,学者亦各名家。而守文之徒,滞固所禀,异端纷纭,互相诡激,遂令经有数家,家有数说,章句多者或乃百余万言,学徒劳而少功,后生疑而莫正。郑玄括囊大典,网罗众家,删裁繁诬,刊改漏失,自是学者略知所归。①

简言之,汉代经学极为兴盛,但是从另一个角度来看,却也危机重重,充满着分裂的态势。一是呈现出今文经学与古文经学的分裂,二是在今文经学和古文经学内部本身就存在着分裂,比如传《春秋》者有数家,而传《诗经》者亦有多家,皆各禀师法,一经之修治者有数家,一家又有数说。东汉王充对汉代经学的批评又指出了其中存在另一问题:"儒者说五经,多失其实。前儒不见本末,空生虚说;后儒信前师之言,随旧述故,滑习辞语,苟名一师之学,趋为师教授,及时蚤仕,汲汲竞进,不暇留精用心,考实根核。故虚说传而不绝,实事没而不见,五经并失其实。"(《论衡·正说》)这是说,汉儒治经守师法,一以师说为是,而不探师说之当否,不究经典本身之原意,此即所谓"不见本末";而以师说为是的一个原因是可以由此进入仕途,位列五经博士,获取利禄,如此则更是无心留意经典本真。故而看似经学兴盛,究其实却是虚说沸腾,经典之意义反而被遮蔽了,如此则治经以明道进而治国平天下的理想便无法实现。这正是郑玄为何要回归原典、综罗百家而构建一种新的经学之原因。郑玄自言"念述先圣之元意,思整百家之不齐"②,其避党锢之难而注《孝经》,提出以《孝经》总会六经之说,正内含这样的抱负。孔子修订五经而作《春秋》以拨乱反正,郑玄遍注群经,亦同样有着救乱世而致太平的意图,这也是他前后期思想中的一贯之旨。

---

① 范晔:《后汉书·张曹郑列传第二十五》,李贤等注,北京:中华书局,1965年,第1212—1213页。
② 范晔:《后汉书·张曹郑列传第二十五》,李贤等注,北京:中华书局,1965年,第1209页。

第三章　儒法之辨与《孝经》诠释

——魏晋至唐代的《孝经》学

在《孝经》学领域,对于汉末至隋朝这一时段《孝经》学的研究最为薄弱[①]。造成这种局面的一大原因在于文献不足、著述失传。魏晋时期的《孝经》学著作除却《古文孝经孔传》之外几乎全部遗失,比如皇侃《孝经义疏》即已不传,我们只能从《孝经注疏》中保留的片段文字中略窥其端,但却难以形成整体观感。而在隋唐甚至整个《孝经》学史上都占有重要地位的刘炫[②]《古文孝经孔传述议》(下文简称《述议》),亦因为在中土失传而罕为人知,直到 20 世纪 50 年代日本学者发现此书,林秀一搜集整理,做了复原研究,后人方得见其十之八九[③]。郑玄《孝经注》与《古文孝经孔传》在此时期并行于世,发明郑注者甚多,此点观敦煌《孝经》类文献即可见之,而《古文孝经孔传》虽赞述者不多,却有大儒刘炫宣扬之功。郑注文约义简,《孔传》文繁义杂,故刘炫对《孔传》亦多有批评。刘炫之看重《孔传》,盖因《孔传》中多名理之言,更便于义理之发挥与哲学的建构。但《孔传》作者多掺杂道家以及《管子》之论作解,将法家化的法术势内容灌注其中,体现出了将《孝经》与政治、刑法紧密结合的倾向。刘炫《述议》则受玄风影响,更富玄理的发挥,在此意义上就将《孔传》的法家化思想有所稀释。然而,不论是《孔传》中的刑名之言,还是《述议》中的玄理之说,都无疑会将《孝经》中的礼制内涵变得相对弱化,尤其是相较于郑玄《孝经注》对儒家礼乐精神的强调而言。降至唐代,玄宗御注《孝经》,命元行冲本其意以作《疏》,注疏一

[①] 关于魏晋南北朝"孝"的研究,多是从社会文化层面进行的观念史研究,即属于"孝"观念的研究,而非《孝经》学或《孝经》学史的研究。据笔者薄识,关于此期《孝经》学的研究,主要是前揭陈铁凡《孝经学源流》、陈子展《六朝之孝经学》。关于刘炫《孝经述议》之专门研究,则有程苏东《京都大学所藏刘炫〈孝经述议〉残卷考论》一文,载《中华文史论丛》2013 年第 1 期。

[②] 刘炫(约 546—约 613),字光伯,隋河间景城(今河北献县东北)人,准确地说,他是北朝末隋初人。

[③] 林秀一:《孝经述议復原に関する研究》,东京:文求堂书店,1954 年。此处所据,即是林秀一复原之后的《孝经述议》,文中凡提及《述议》,均指此复原本《孝经述议》。

体,玄宗援道入儒,又强调君主的至尊地位,在此意义上,《孝经》蕴含的儒
家礼制精神进一步衰落,郑玄《孝经》学所含的公天下政治理想也隐没不
见,《孝经》在《注疏》的解释中变成了劝臣民忠孝的政治教科书。考察此期
《孝经》学之发展,对于儒、法、道三家之混杂以及政治因素的影响,不能不
深加措意。

第一节　《古文孝经孔传》的文本与思想

《古文孝经孔传》为伪几成学界共识,本节另以"新证"说明这一共识是
可以成立的。此"新证"即指《孔传》阴袭《管子》以解《孝经》之内容占《孔
传》篇幅达 50%,而国内学界对此竟茫然不察。据此可为《孔传》非孔安国
作而是魏晋时人伪托之说定案。由于《孔传》多引《管子》以释《孝经》,故其
诠释未免带有法家化及糅合儒法之色彩。将《孔传》与《管子》的援引关系
揭示出来,对于我们重新审视《孔传》在《孝经》学中的地位问题具有重要学
术意义。

清代中叶,自日本回传中国的《古文孝经孔传》(下简称《孔传》),甫一
面世,其真伪问题便引起了广泛争议。虽然如此,四库馆臣还是将其收录
于《四库全书》经部中[1]。从历史上看,在《孔传》尚存的唐代,其真伪便已
引发时人关注,以至于在争论《孝经郑注》[2]和《孔传》何者当置于学官时,
由于没有定论,唐明皇不得不亲下御笔,撰成《御注孝经》。从文献目录学
的角度看,《古文孝经孔传》并不见载于《汉书·艺文志》,其首见于身份本
即可疑的王肃注本《孔子家语后序》[3],至《隋书·经籍志》始见著录。

---

[1] 参看顾永新:《日本传本〈古文孝经〉回传中国考》,载《北京大学学报》(哲学社会科学版)2004 年
　第 2 期,第 105—107 页。

[2] 《孝经郑注》的作者是否郑玄,在历史上曾有广泛争议,现经清皮锡瑞《孝经郑注疏》和陈铁凡
　《孝经郑注校证》之疏证,其作者为郑玄已成定谳。参看本书第二章第二节的论述。

[3] 《孔子家语》,上海:源记书庄,1926 年,第 118 页。今传《孔子家语》源于王肃注本,唐以前无人
　怀疑其真伪,但宋以后多数学者目为王肃伪作,尤其是书中《后序》更被作为伪书的关键证据。
　1973 年河北定县八角廊汉墓出土竹简《儒家者言》,与今传《家语》《说苑》《礼记》等书在内容上
　多有相同,学界开始重新思考《家语》的真伪问题。目前极具说服力的主流观点认为《家语》绝
　非王肃伪作。但出土文献并无直接与《后序》相关之内容,故《后序》之真伪仍悬而未决,这从学
　界的讨论集中于《家语》正文,而很少触及《后序》亦可见一斑。研究者注意到《后序》前后语气
　不一,内容亦有相互冲突处。故很多学者认为《后序》是由前后两段组成,关于前一段,一说以
　为是出自对《家语》进行编订的孔安国之手〔如张固也、赵灿良《从〈孔子家语·后序〉(转下页)〕

　　关于《孔传》真伪的问题,学界目前的共识是:《孔传》绝非孔安国(约前156—前74)所作,亦非王肃或刘炫伪作,伪托孔安国之名者另有其人,此书之成当在魏晋时代①。有研究表明,《孔传》成书尚在王肃之后,其中内容多参酌郑玄、王肃注《孝经》语,依违其间以敷畅己说,且《孔传》释《孝经》非止训释字义,而重在发挥义理,与六朝义疏体同②。唐代司马贞奏议亦言:"荀昶《集注》之时,尚有《孔传》,中朝遂亡其本。"③荀昶为晋末宋初人,故可推测《孔传》成书当在王肃与荀昶之间的魏晋时代④。

　　在前贤成果的基础上,通过考察《孔传》抄袭《管子》但隐去后者之名的事实,进而揭示《孔传》在以义疏体形式注解《古文孝经》时,借由吸收《管子》内容而使其思想带有糅合儒、法之浓厚色彩,甚至体现出法家化的鲜明倾向。若从汉代经学传统以观,经学讲求师法与家法,孔安国为经学名家,且是孔子十一代孙,断不会阴袭《管子》以变乱儒家之说。且孔安国以《尚书》名世,而《孔传》却不见引及《尚书》,反而对《管子》似有特殊之嗜好。总之,《孔传》非孔安国所作当不复可疑。

　　(接上页)看其成书过程》,载《鲁东大学学报》(哲学社会科学版)2009 年第 5 期;一说则谨慎地以为是"借孔安国口吻""以西汉孔安国口气写的序"(分别见于陈鸿森:《〈孝经〉孔传与王肃注考证》,载《文史》2010 年第 4 辑,第 29 页;李学勤:《竹简〈家语〉与汉魏孔氏家学》,载《孔子研究》1987 年第 2 期,第 62 页)。关于后一段,古人怀疑《家语》之伪者多视其为王肃所作,今则有人以为乃孔安国之孙孔衍所作,因内中载有孔衍奏言(参前揭张固也文)。此外,学界又有一种观点认为《后序》前矛盾之处甚多,有可能是由三段"拼合而成"(陈鸿森:《〈孝经〉孔传与王肃注考证》,载《文史》2010 年第 4 辑,第 28 页)。拙以为,张固也在文中力主《后序》之前后二段分别出自孔安国与孔衍,此说极难证成,原因有二:一、无法回答为何他认为的孔衍序之第二段中亦有前后重复拖沓之处,何况《后序》本未署名;二、忽视了正史《汉书·艺文志》以及许冲《上说文表》皆仅言及孔安国得孔壁《古文孝经》而已,并无其作《孝经传》之说。故贸然将《后序》第二段视为真,这在文献上找不到一丝旁证,孤立无援。而数年来致力于《孔子家语》研究的杨朝明教授在言及《后序》时态度更显模糊,一方面径直称为孔安国后序,似乎是针对整个《后序》而言,另一方面则称张固也所说的孔衍序为"有孔衍奏言的内容"(杨朝明:《出土文献与儒家学术研究》,台北:台湾古籍出版有限公司,2007 年,第 119、157 页)。据此,《后序》是真是伪,绝难盖棺论定。

① 庄兵:《〈孝经·闺门章〉考》,载王中江、李存山主编:《中国儒学》第五辑,北京:中国社会科学出版社,2010 年,第 348 页;亦参陈鸿森:《〈孝经〉孔传与王肃注考证》,载《文史》2010 年第 4 辑,第 50 页。成书于魏晋的《孔传》在此后的流传中又增加了"言之不通也"五字,传入日本后,有人为此五字作注,故今本《孔传》绝非魏晋原本。

② 林秀一:《孝经学論集》,东京:明治书院,昭和五十一年,第 241、247 页;亦参陈鸿森:《〈孝经〉孔传与王肃注考证》,载《文史》2010 年第 4 辑,第 23—26 页。

③ 王溥:《唐会要》卷七十七,《丛书集成初编》本,北京:中华书局,1985 年,第 1407 页。

④ 见本章第二节。

一、《古文孝经孔传》与《管子》对参

　　《孔传》所引文献虽十分丰富,内中却未有一处言及《管子》书名或其篇名。但是,通过比较《孔传》与《管子》的相关内容,就会发现《孔传》传文阴袭《管子》甚明,其迹班班可考。就管见所及,内地及港台学界至今未有人留意《孔传》与《管子》的这种密切关联,唯查考日本学人之著述,有宽政元年(1789)片山兼山(1730—1782)所著《古文孝经孔传参疏》(下简称《参疏》)①,对《孔传》作了疏通工作,在《孔传》每一章之下皆"标其所原",即将《孔传》内容之文献出处标列出来,其中便注意到了《孔传》对《管子》多所取用,共列出《孔传》引《管子》61处②。但此书仍有些许遗憾:一是未能将《孔传》和《管子》的相同处全部列出;二是所列《管子》语有几处显牵强,只是因为《管子》之语有一两个词与《孔传》相同便被列入,但实则并不相关,这样的地方共有8处③;三是限于《参疏》的体例,此书仅罗列了二者文本的相似语句,并未揭示出《孔传》袭用《管子》的思想缘由。其因有二:一是作者未能将《孔传》与《管子》的比对工作做到极致;二是《参疏》在很大程度上是孤立地看待《孔传》前后内容的,故而当其在《管子》中寻找与《孔传》相对应的内容时,是以某关键词或句子在二者中同时出现作为选取的标准,这实际上是以机械的统计学方法疏通《孔传》之意,存在很大的局限。《孔传》内容前后一贯,是一整体的思想文本,质言之,《孔传》作者既然于《管子》多有关注,故其所引之内容就必然会对作者注解《孝经》之内容发生影响。因此,

---

① 此书之首《古文孝经参疏》序谓:"先师讲业之余,标其所原,属山祐夫辑之。"(片山兼山:《古文孝经孔传参疏》卷首,宽政元年己酉刻本,东都:嵩山房梓,1789年,第2页)故此书的著作权当归于片山兼山。又,此书凡例谓:"音义从太宰氏之旧。"(片山兼山:《古文孝经孔传参疏》卷首,宽政元年己酉刻本,东都:嵩山房梓,1789年,第3页)对照《参疏》与太宰纯所整理《古文孝经孔传》,可知二书所本《古文孝经》内容完全一致,《谏诤章》皆有"言之不通也"五字。而据舒大刚先生的研究,此本决非隋唐之际由中土传入日本,其说甚详,见氏著《论日本传〈古文孝经〉决非"隋唐之际"由我国传入》,载《四川大学学报》(哲学社会科学版)2002年第2期。今观林秀一所复原的《孝经述议》,其中载刘炫注解言:"汝之此问,是何等言与;汝之此言,是言之不通于理也。"(林秀一:《孝经述議復原に関する研究》,东京:文求堂书店,1954年,第280页)然而据此,仍然难以断定《古文孝经孔传》所据古文本中原即有"言之不通也"五字,因为林秀一此处是据日本流传的某一抄本所补,故此点仍然存疑。
② 片山兼山:《古文孝经孔传参疏》卷上,宽政元年己酉刻本,东都:嵩山房梓,1789年,第2页。
③ 如《孝经》言"立身行道",《孔传》:"立身者,立身于孝也。"《参疏》引《管子·禁藏》"夫物有多寡,而情不能等;事有成败,而意不能同;行有进退,而力不能两也。故立身于中,养有节;宫室足以避燥湿……"一长段内容,而这与《孔传》内容的相关度实则极小。见《参疏》卷上,第70页。

《孔传》在某些地方虽未出现与《管子》对应的关键词,但其对《孝经》的注释却是本于在此之前与《管子》有联系的内容,那么这样的地方亦应视为与《管子》的相同处。出于这样的考虑,很有必要对《参疏》另作一番补充完善的工作,下文即将《孔传》所引《管子》篇章及相应文字列出,所列与《参疏》相同者,不做说明。对于补充《参疏》所未列出者 27 处及删去《参疏》所列不当者 8 处,则加以说明。此外,对其他相关重要事项,亦在必要之处加以按语。

孔传序

【孔传】孝者,人之高行。

《管子·形势解》:"山者,物之高者也。惠者,主之高行也。慈者,父母之高行也。忠者,臣之高行也。孝者,子妇之高行也。"①

【孔传】当吾先君孔子之世,周失其柄,诸侯力争,道德既隐,礼谊又废,至乃臣弑其君,子弑其父,乱逆无纪,莫之能正。

《管子·法法》:"凡人君之所以为君者,势也。故人君失势,则臣制之矣。势在下,则君制于臣矣;势在上,则臣制于君矣。故君臣之易位,势在下也。在臣期年,臣虽不忠,君不能夺也。在子期年,子虽不孝,父不能服也。故《春秋》之记,臣有弑其君、子有弑其父者矣。"②

【孔传】愤愤悱悱,若存若亡。

《管子·心术下》:"凡在有司执制者之利,非道也。圣人之道,若存若亡,援而用之,殁世不亡。与时变而不化,应物而不移,日用之而不化。"

按:《参疏》无,但是却引《老子》"中士闻道,若存若亡"一句。

【孔传】经又云:"敬其父则子说,敬其君则臣说。"而说者以为,各自敬其为君父之道,臣子乃说也。余谓不然,君虽不君,臣不可以不臣,父虽不父,子不可以不子,若君父不敬其为君父之道,则臣子便可以忿之邪?此说

---

① 片山兼山:《古文孝经孔传参疏》卷上,宽政元年己酉刻本,东都:嵩山房梓,1789 年,第 1 页。
② 片山兼山:《古文孝经孔传参疏》卷上,宽政元年己酉刻本,东都:嵩山房梓,1789 年,第 1 页。

不通矣。吾为传皆弗之从焉也。

《管子·形势》:"君不君,则臣不臣。父不父,则子不子。上失其位,则下逾其节。上下不和,令乃不行。"

《管子·形势解》:"为人君而不明君臣之义以正其臣,则臣不知于为臣之理以事其主矣。故曰:'君不君则臣不臣。'为人父而不明父子之义以教其子而整齐之,则子不知为人子之道以事其父矣。故曰:'父不父则子不子。'"

按:《参疏》引《形势》文,未引《形势解》。

开宗明谊章第一

仲尼闲居,曾子侍坐。

【孔传】仲尼者,孔子字也。凡名有五品:有信,有谊,有象,有假,有类。以名生为信,以德名为谊,以类名为象,取物为假,取父为类。仲尼首上污,似尼丘山,故名曰丘,而字仲尼。

按:《左传·桓公六年》:"名有五,有信,有义,有象,有假,有类。以名生为信,以德名为义,以类名为象,取于物为假,取于父为类。不以国,不以官,不以山川,不以隐疾……"王充《论衡·诘术》解释其中命名的五条原则,说:"以生名为信,若鲁公子友生,文在其手曰友也;以德名为义,若文王为昌,武王为发也;以类名为象,若孔子名丘也;取于物为假,若宋公名杵曰也;取于父为类有似类于父也。"王充提到孔子名丘是"以类名为象"之一例。故《孔传》极可能是以《左传》为本,参考了王充之说。王充生活年代在东汉,而孔安国为西汉时人,此可证《孔传》成书时间当在王充之后。

先王有至德要道,以训天下,

【孔传】道者,扶持万物,使各终其性命者也。施于人,则变化其行而之正理。故道在身,则言自顺而行自正,事君自忠,事父自孝,与人自信,应物自治,一人用之不闻有余,天下行之不闻不足,小取焉小得福,大取焉大得福,天下行之而天下服。是以总而言之,一谓之要道,别而名之则谓之孝、弟、仁、谊、礼、忠、信也。

《管子·形势》:"道之所言者一也,而用之者异。有闻道而好为家者,一家之人也;有闻道而好为乡者,一乡之人也;有闻道而好为国者,一国之人也；有闻道而好为天下者，天下之人也；有闻道而好定万物者，天下之配也。道往者，其人莫来；道来者，其人莫往；道之所设，身之化也。持满者与天，安危者与人。失天之度，虽满必涸。上下不和，虽安必危。欲王天下，而失天之道，天下不可得而王也。得天之道，其事若自然。失天之道，虽立不安。"

《管子·形势解》："道者，扶持众物，使得生育，而各终其性命者也。故或以治乡，或以治国，或以治天下。故曰：'道之所言者一也，而用之者异。'闻道而以治一乡，亲其父子，顺其兄弟，正其习俗，使民乐其上，安其土，为一乡主干者，乡之人也。故曰：'有闻道而好为乡者，一乡之人也。'民之从有道也，如饥之先食也，如寒之先衣也，如暑之先阴也。故有道则民归之，无道则民去之。故曰：'道往者其人莫来，道来者其人莫往。'道者，所以变化身而之正理者也，故道在身则言自顺，行自正，事君自忠，事父自孝，遇人自理。故曰：'道之所设，身之化也。'"

又，《管子·白心》："道者，一人用之，不闻有余；天下行之，不闻不足。此谓道矣。小取焉则小得福，大取焉则大得福，尽行之而天下服。殊无取焉，则民反，其身不免于贼。左者，出者也；右者，人者也。出者而不伤人，入者自伤也。不日不月，而事以从；不卜不筮，而谨知吉凶。是谓宽乎形，徒居而致名。去善之言，为善之事，事成而顾反无名。能者无名，从事无事。审量出入，而观物所载。"

按：《参疏》引《形势解》文，未引《形势》《白心》文。但是，刘炫《孝经述议》已指出《孔传》是本于《白心》①。

显而易见，《孔传》抄录、综合了《管子》以上三段文字。《形势》言："上下不和，虽安必危。欲王天下，而失天之道，天下不可得而王也。"此正可与《孝经》"民用和睦，上下无怨"相对应。而也正是通过化用《管子》所言"天道"，《孔传》才可以将孝、弟、仁、谊、礼、忠、信七者皆视作要道的不同体现。陈寅恪在谈到魏晋时期的"格义"问题时，曾经提到"子注"与"生解"的问题，这二者互训，当是异名同谓，"是取别本义同文异之文，列入小注之中，与大字正文互相配拟。这叫做'以子从母'，'事类相对'"②。《孔传》之引

① 见林秀一：《孝経述議復原に関する研究》，东京：文求堂书店，1954年，第217页。
② 陈寅恪：《魏晋南北朝史讲演录》，万绳楠整理，贵阳：贵州人民出版社，2007年，第61页。

《管子》多处原文以释《孝经》,似有此风。

又,《孔传》于《孝经》开章之处,便引出了"行孝道"与"得福"之关系,下文《三才章》注和《孝治章》注都涉及这一点。

民用和睦,上下亡怨,女知之乎?

【孔传】言先王行要道,奉理则,远者和附,近者睦亲也,所谓率己以化人也。废此二谊,则万姓不协,父子相怨,其数然也。问曾子,女宁知先王之以孝道化民之若此也?

《管子·形势解》:"天覆万物……天之常也,治之以理……主牧万民,治天下,莅百官,主之常也,治之以法,终而复始。和子孙,属亲戚,父母之常也,治之以义,终而复始。""地生养万物,地之则也。治安百姓,主之则也。教护家事,父母之则也。正谏死节,臣下之则也。尽力共养,子妇之则也。"

《管子·形势解》:"明主之使远者来而近者亲也,为之在心。所谓夜行者,心行也。能心行德,则天下莫能与之争矣。"

按:《参疏》引"远者来而近者亲"一段。此外,《参疏》还引用了《君臣》《明法解》两段文字①,所引之义未当,笔者不取。

又,《孔传》"理则"的说法当出自《管子》。据《形势解》之说,君主治天下之法、父母之义、臣子之忠信等皆是天"治之以理"的体现。而君主治天下之"法"和治安百姓之"则",皆是本自天地之常则,合天之"理"与地之"则",即为《孔传》所谓"理则"。此即《孔传》所谓"先王行要道,奉理则"。详见下文所引《管子·形势解》文。

曾子避席曰:参不敏,何足以知之。

【孔传】凡弟子请业,及师之问,皆作而离席也。

《管子·弟子职》:"受业之纪,必由长始;一周则然,其余则否。始诵必作,其次则已。凡言与行,思中以为纪。古之将兴者,必由此始。后至就席,狭坐则起。"

按:《参疏》引文自"受业"至"其次则已"②。

子曰:夫孝,德之本也,教之所由生也。

【孔传】孝道者,乃立德之本基也,教化所从生也。德者,得也。天地之道得,则日月星辰不失其叙,寒燠雷雨不失其节。人主之化得,则群臣同其谊,百官守其职,万姓说其惠,来世歌其治。父母之恩得,则子孙和顺,长幼相承,亲戚欢娱,姻族敦睦。道之美,莫精于德也。

按:《管子·形势解》:"天覆万物,制寒暑,行日月,次星辰,天之常也,治之以理,终而复始。主牧万民,治天下,莅百官,主之常也,治之以法,终而复始。和子孙,属亲戚,父母之常也,治之以义,终而复始。敦敬忠信,臣下之常也,以事其主,终而复始。爱亲善养,思敬奉教,子妇之常也,以事其亲,终而复始。故天不失其常,则寒暑得其时,日月星辰得其序。主不失其常,则群臣得其义,百官守其事。父母不失其常,则子孙和顺,亲戚相欢。臣下不失其常,则事无过失,而官职政治。子妇不失其常,则长幼理而亲疏和。故用常者治,失常者乱。天未尝变其所以治也,故曰:'天不变其常。'""地生养万物,地之则也。治安百姓,主之则也。教护家事,父母之则也。正谏死节,臣下之则也。尽力共养,子妇之则也。地不易其则,故万物生焉。主不易其则,故百姓安焉。父母不易其则,故家事办焉。臣下不易其则,故主无过失。子妇不易其则,故亲养备具;故用则者安,不用则者危,地未尝易,其所以安;故曰:'地不易其则。'"

《管子·心术上》:"德者道之舍,物得以生生,知得以职道之精。故德者,得也;得也者,其谓所得以然也。以无为之谓道,舍之之谓德。故道之与德无间,故言之者不别也。"

按:《管子·形势解》这两段话所述正是以天道推明人事,从天地之常则论及人世的治化。强调顺应天地之常则以行人事的重要性。在君臣、夫子、夫妇、子妇之和睦相安中,突出了君主的表率作用。

立身行道,扬名于后世,以显父母,孝之终也。

【孔传】立身者,立身于孝也。束脩进德,志迈清风,游于六艺之场,蹈于无过之地,乾乾日竞,夙夜匪解,行其孝道,声誉宣闻,父母尊显于当时,子孙光荣于无穷,此则孝之终竟也。

《管子·形势解》:"中情信诚则名誉美矣,修行谨敬则尊显附矣。中无情实则名声恶矣,修行慢易则污辱生矣。"

《管子·禁藏》:"立身于中,养有节。"

按:《参疏》引《管子·禁藏》[①]。又,司马相如《上林赋》:"于是历吉日以斋戒,袭朝服,乘法驾,建华旗,鸣玉鸾,游于六艺之囿,驰骛乎仁义之涂,览观《春歌》之林,射《狸首》,兼《驺虞》,弋玄鹤,舞干戚……"《孔传》"游于六艺之场"的说法可能取自《上林赋》。"乾乾日竞"本自《周易·乾卦》"君子终日乾乾,夕惕若,厉无咎"。

夫孝,始于事亲,中于事君。

【孔传】四十以往所谓中也,仕服官政,行其典谊,奉法无贰,事君之道也。

《管子·明法解》:"奉主法,治竟内,使强不凌弱,众不暴寡,万民欢尽其力而奉养其主,此吏之所以为功也。匡主之过,救主之失,明理义以道其主,主无邪僻之行、蔽欺之患,此臣之所以为功也。故明主之治也,明分职而课功劳,有功者赏,乱治者诛,诛赏之所加,各得其宜,而主不自与焉。"

《明法解》:"威势尊显,主之分也;卑贱畏敬,臣之分也。令行禁止,主之分也;奉法听从,臣之分也。故君臣相与,高下之处也,如天之与地也;其分画之不同也,如白之与黑也。故君臣之间明别,则主尊臣卑。如此,则下之从上也,如响之应声;臣之法主也,如景之随形。故上令而下应,主行而臣从,以令则行,以禁则止,以求则得。此之谓易治。故《明法》曰:'君臣之间明别,则易治。'"

按:《参疏》尚引《白心》文[②],于义不当,今删去。

天子章第二

子曰:爱亲者,不敢恶于人。

【孔传】谓内爱己亲而外不恶于人也。夫兼爱无遗,是谓君心。上以顺教,则万民同风,旦暮利之,则从事胜任也。

《管子·版法》:"兼爱无遗,是谓君心。必先顺教,万民乡风。旦暮利之,众乃胜任。"

《管子·版法解》:"凡人君者,欲众之亲上乡意也,欲其从事之胜任也。

---

① 片山兼山:《古文孝经孔传参疏》卷上,宽政元年己酉刻本,东都:嵩山房梓,1789 年,第 7 页。
② 片山兼山:《古文孝经孔传参疏》卷上,宽政元年己酉刻本,东都:嵩山房梓,1789 年,第 9 页。

而众者不爱则不亲,不亲则不明,不教顺则不乡意。是故明君兼爱以亲之,明教顺以道之,便其势,利其备,爱其力,而勿夺其时以利之。如此,则众亲上乡意,从事胜任矣。故曰:'兼爱无遗,是谓君心。必先顺教,万民乡风。旦暮利之,众乃胜任。'"

敬亲者,不敢慢于人。

【孔传】谓内敬其亲而外不慢于人,所以为至德也。其至德以和天下,而长幼之节肃焉,尊卑之序辨焉。是故不遗老忘亲,则九族无怨;爵授有德,则大臣兴谊;禄与有劳,则士死其制;任官以能,则民上功刑;刑当其罪,则治无诡;帅士以民之所戴,则上下和;举治先民之所急,则众不乱。常行斯道也,故国有纪纲,而民知所以终始之也。

《管子·问》:"凡立朝廷,问有本纪。爵授有德,则大臣兴义;禄予有功,则士轻死节。上帅士以人之所戴,则上下和;授事以能,则人上功。审刑当罪,则人不易讼;无乱社稷宗庙,则人有所宗。毋遗老忘亲,则大臣不怨;举知人急,则众不乱。行此道也,国有常经,人知终始,此霸王之术也。"

按:赏有劳而禄有功,赏罚必当,这是法家的一贯主张。《孔传》之说即合于此。

爱敬尽于事亲,德教加于百姓,刑于四海。

【孔传】身者,正德之本也;治者,耳目之诏也。立身而民化,德正而官办。安危在本,治乱在身,故孝者至德要道也。有其人则通,无其人则塞也。

《管子·君臣上》:"主身者,正德之本也;官治者,耳目之制也。身立而民化,德正而官治。治官化民,其要在上。是故君子不求于民。是以上及下之事谓之矫,下及上之事谓之胜。为上而矫,悖也;为下而胜,逆也。国家有悖逆反迕之行,有土主民者失其纪也。是故别交正分之谓理,顺理而不失之谓道,道德定而民有轨矣。"

《管子·君臣上》:"道者,诚人之姓也,非在人也。而圣王明君,善知而道之者也。是故治民有常道,而生财有常法。道也者,万物之要也。为人君者,执要而待之,则下虽有奸伪之心,不敢杀也。夫道者虚设,其人在则通,其人亡则塞者也。"

《吕刑》云："一人有庆,兆民赖之。"

【孔传】《吕刑》,《尚书》篇名也。吕者,国名,四岳之后也。为诸侯相穆王,训夏之赎刑,以告四方。一人,谓天子也。庆,善也。十亿为兆,言天子有善德,兆民赖其福也。夫明王设位,法象天地。是以天子禀命于天,而布德于诸侯;诸侯受命,而宣于卿大夫;卿大夫承教,而告于百姓。故诸侯有善,让功天子;卿大夫有善,推美诸侯;士庶人有善,归之卿大夫;子弟有善,移之父兄:由于上之德化也。

《管子·形势解》:"天之道,满而不溢,盛而不衰。明主法象天道,故贵而不骄,富而不奢,行理而不惰。故能长守贵富,久有天下而不失也。故曰:'持满者与天。'"

《管子·霸言》:"霸王之形;象天则地,化人易代,创制天下。"

《管子·君臣上》:"天子出令于天下,诸侯受令于天子,大夫受令于君,子受令于父母,下听其上,弟听其兄,此至顺矣。是故天子有善,让德于天;诸侯有善,庆之于天子;大夫有善,纳之于君;民有善,本之父,庆之于长老。"

《礼记·祭义》:"天子有善,让德于天。诸侯有善,归诸天子。卿大夫有善,荐于诸侯。士庶人有善,本诸父母,存诸长老。禄爵庆赏,成诸宗庙,所以示顺也。昔者圣人建阴阳天地之情,立以为易。易抱龟南面,天子卷冕北面,虽有明知之心,必进断其志焉。示不敢专,以尊天也。善则称人,过则称己,教不伐,以尊贤也。"

按:《参疏》尚引《管子·版法解》之文[1],今不取。

《孔传》此处主要本《管子·君臣上》与《礼记·祭义》为说,将《祭义》"士庶人有善,本诸父母,存诸长老"改为"士庶人有善,归之卿大夫",这就突出了等级性。尤其是,将"天子有善,让德于天"改为"天子禀命于天,而布德于诸侯",这就从根本上改变了《祭义》的本意。而这种改编,正是以《管子·君臣》为据。《祭义》的本意是要让自天子以至于庶人皆知有所敬畏,而不敢妄自尊大,尊贤重德。但经《孔传》一改,天子成为最高权威,代天行命,而自诸侯一致士庶人皆须遵守其命令。明示尊君以无上之意。这是在突出君主之权力,严等级之别。

---

[1] 片山兼山:《古文孝经孔传参疏》卷上,宽政元年己酉刻本,东都:嵩山房梓,1789 年,第 14 页。

诸侯章第三

子曰:居上不骄,高而不危。

【孔传】高者必以下为基,故居上位不骄。莫不好利而恶害,其能与百姓同利者,则万民持之,是以虽处高犹不危也。

《管子·版法》:"安高在乎同利。"

《管子·版法解》:"凡人者,莫不欲利而恶害,是故与天下同利者,天下持之;擅天下之利者,天下谋之。天下所谋,虽立必隳;天下所持,虽高不危。故曰:'安高在乎同利。'"

《管子·形势解》:"人主之所以令则行、禁则止者,必令于民之所好而禁于民之所恶也。民之情莫不欲生而恶死,莫不欲利而恶害。故上令于生、利人,则令行;禁于杀、害人,则禁止。令之所以行者,必民乐其政也,而令乃行。"

按:《参疏》未引《版法》文。片山兼山按语谓:"(《孔传》)'莫'上当补'凡人者'或'民之情'一句。"①其说甚是。此可见《孔传》牵引《管子》为文,过于生涩。

又,"高者必以下为基",语出《淮南子·原道训》:"万物有所生,而独知守其根;百事有所出,而独知守其门。……是故贵者必以贱为号,而高者必以下为基。……"

高而不危,所以长守贵也。满而不溢,所以长守富也。

【孔传】皆自然也。先王疾骄,天道亏盈,不骄不溢,用能长守富贵也。是故自高者必有下之,自多者必有损之。故古之圣贤不上其高,以求下人。不溢其满,以谦受人,所以自终也。

《管子·形势解》:"天之道,满而不溢,盛而不衰。明主法象天道,故贵而不骄,富而不奢,……故能长守贵富,久有天下而不失也。"

按:片山兼山按语谓:"'用'疑当为'则'。"②

这是以自然比附人事,以天道比拟人道。《孔传》借鉴了《周易·谦

---

① 片山兼山:《古文孝经孔传参疏》卷上,宽政元年己酉刻本,东都:嵩山房梓,1789 年,第 16 页。
② 片山兼山:《古文孝经孔传参疏》卷上,宽政元年己酉刻本,东都:嵩山房梓,1789 年,第 16 页。

卦》:"天道亏盈而益谦,地道变盈而流谦,息神害盈而福谦,人道恶盈而好谦。"

《诗》云:"战战兢兢,如临深渊,如履薄冰。"

【孔传】《诗·小雅·小旻》之章,自危惧之诗也。行孝亦然,故取喻焉。临深渊恐坠,履薄冰恐陷,言常不敢自康也。夫能自危者,则能安其位者也。忧其亡者,则能保其存者也。惧其乱者,则能有其治者也。故君子安而不忘危,存而不忘亡,治而不忘乱,是以身安而国家可保也。

按:《孔传》引用了《周易·系辞下》中"子曰:危者,安其位者也;亡者,保其存者也;乱者,有其治者也。是故,君子安而不忘危,存而不忘亡,治而不忘乱,是以身安而国家可保也。《易》曰:'其亡其亡,系于苞桑。'"从《孔传》内容来看,注者非常熟悉《周易》与《管子》。

卿大夫章第四

子曰:非先王之法服不敢服,

【孔传】服者,身之表也。尊卑贵贱,各有等差。故贱服贵服,谓之僭上;僭上为不忠。贵服贱服,谓之逼下;逼下为失位。是以君子动不违法,举不越制,所以成其德也。

按:《后汉书·列传第四十六》记载刘表言:"夫奢不僭上,俭不逼下,循道行礼,贵处可否之间。"[①]《孔传》或有本于此。

非先王之法言不敢道,

【孔传】法言谓孝、弟、忠、信、仁、谊、礼、典也,此八者,不易之言也,非此则不说也。故能参德于天地,公平无私,贤不肖莫不用,是先王之所以合于道也。

《管子·形势》:"有无弃之言者,必参于天地也。"

《管子·形势解》:"言而语道德忠信孝弟者,此言无弃者。天公平而无私,故美恶莫不覆;地公平而无私,故小大莫不载。无弃之言,公平而无私,故贤不肖莫不用。故无弃之言者,参伍于天地之无私也。故曰:'有无弃之

---

① 范晔:《后汉书·张王种陈列传第四十六》,李贤等注,北京:中华书局,1965 年,第 1825 页。

言者,必参之于天地矣。'"

按:《参疏》未引《形势》文。

非先王之德行不敢行。

【孔传】修德于身,行之于人,拟而后言,议而后动,拟议以其志,勤以行其典谊,中能应外,施必先当,是以上安而下化之也。

按:此处引用《周易·系辞上》"拟之而后言,议之而后动,拟议以成其变化。言行,君子之枢机,枢机之发,荣辱之主也"。

是故非法不言,非道不行。

【孔传】必合典法,然后乃言。必合道谊,然后乃行也。无定之士,明王不礼。无度之言,明王不许也。尤所宜慎,故申覆之。法服有制,是以不重也。

《管子·形势解》:"无仪法程式,蜚摇而无所定,谓之蜚蓬之问。蜚蓬之问,明主不听也。无度之言,明主不许也。故曰:'蜚蓬之问,不在所宾。'"

按:《孔传》将《管子》的"明主"改为"明王",以与《孝经》相对应。此处所论似亦与《韩非子》有关。《韩非子·显学》:"故明据先王,必定尧、舜者,非愚则诬也。愚诬之学,杂反之行,明主弗受也。……自愚诬之学、杂反之辞争,而人主俱听之,故海内之士,言无定术,行无常议。夫冰炭不同器而久,寒暑不兼时而至,杂反之学不两立而治。今兼听杂学缪行同异之辞,安得无乱乎?听行如此,其于治人又必然矣。"无论如何,《孔传》之解与法家之言关系密切。

口亡择言,身亡择行。言满天下亡口过,行满天下亡怨恶。

【孔传】言所可言,行所可行,故言行皆善,无可弃择者焉。若夫偷得利而后有害,偷得乐而后有忧,则先王所不言、所不行也。圣人详慎,与世超绝。发言必顾其累,将行必虑其难。故出言而天下说之,所行而天下乐之。言不逆民,行不悖事,则人恐其不复言,恐其不复行。若言之不可复者,其事不信也;行之不可再者,其行暴贼也。言而不信,则民不附;行而暴贼,则天下怨。民不附,天下怨,此皆灭亡所从生也。

《管子·形势解》:"圣人择可言而后言,择可行而后行,偷得利而后有害,偷得乐而后有忧者,圣人不为也。故圣人择言必顾其累,择行必顾其忧,故曰:'顾忧者可与致道。'"

《管子·形势》:"言而不可复者,君不言也;行而不可再者,君不行也。凡言而不可复,行而不可再者,有国者之大禁也。"

《管子·形势解》:"人主出言不逆于民心,不悖于理义,其所言足以安天下者也,人唯恐其不复言也。出言而离父子之亲,疏君臣之道,害天下之众,此言之不可复者也,故明主不言。故曰:'言而不可复者,君不言也。'人主身行方正,使人有礼,遇人有理,行发于身而为天下法式者,人唯恐其不复行也。身行不正,使人暴虐,遇人不信,行发于身而为天下笑者,此不可复之行,故明主不行也。故曰:'行而不可再者,君不行也。'言之不可复者,其言不信也;行之不可再者,其行贼暴也。故言而不信则民不附,行而贼暴则天下怨。民不附,天下怨,此灭亡之所从生也,故明主禁之。故曰:'凡言之不可复,行之不可再者,有国者之大禁也。'"

《形势解》:"小人者,枉道而取容,适主意而偷说,备利而偷得。如此者,其得之虽速,祸患之至亦急,故圣人去而不用也;故曰:'其计也速而忧在近者,往而勿召也。'"

然后能保其禄位而守其宗庙,盖卿大夫之孝也。

【孔传】可以安其位,食其禄,祭祀祖考,护守宗庙。宗者,尊也。庙者,貌也。父母既没,宅兆其灵于之祭祀,谓之尊貌,此卿大夫之所以为孝也。

按:《参疏》言:"'宅兆其灵于之'不成义,按:'宅兆'当作'宗祧',字似而误。'于之'当作'以时','以''于'音近而误,时或作'日之',因脱傍,姑书备一考。"[①]

士章第五

故以孝事君则忠。

【孔传】孝者,子妇之高行也。忠者,臣下之高行也。父母教而得理,则子妇孝,子妇孝,则亲之所安也。能尽孝以顺亲则当于亲,当于亲则美名

---

① 片山兼山:《古文孝经孔传参疏》卷上,宽政元年己酉刻本,东都:嵩山房梓,1789 年,第 23 页。

彰。人君宽而不虐则臣下忠,臣下忠则君之所用也。能尽忠以事上则当于君,当于君则爵禄至。是故,执人臣之节以事亲,其孝可知也;操事亲之道以事君,其忠必矣。

《管子·形势解》开篇即言:"山者,物之高者也。惠者,主之高行也。慈者,父母之高行也。忠者,臣之高行也。孝者,子妇之高行也。故山高而不崩则祈羊至,主惠而不解则民奉养,父母慈而不解则子妇顺,臣下忠而不解则爵禄至,子妇孝而不解则美名附。故节高而不解,则所欲得矣;解,则不得。故曰:'山高而不崩则祈羊至矣。'"

庶人章第六

子曰:因天之时,就地之利,

【孔传】天时谓春生、夏长、秋收、冬藏也。地利谓原隰水陆各有所宜也。庶人之业,稼穑为务,审因四时,就于地宜;除田击槁,深耕疾耰;时雨既至,播殖百谷,挟其枪刈,修其垄亩;脱衣就功,暴其发肤;旦暮从事,沾体涂足,少而习焉,其心休焉。是故其父兄之教不肃而成,其子弟之学不劳而能也。

《管子·四时》:"春嬴育,夏养长。秋聚收,冬闭藏。大寒乃极,国家乃昌,四方乃服,此谓岁德。"

《管子·形势解》:"春者,阳气始上,故万物生。夏者,阳气毕上,故万物长。秋者,阴气始下,故万物收。冬者,阴气毕下,故万物藏。故春夏生长,秋冬收藏,四时之节也。"

《管子·小匡》:"今夫农群萃而州处,审其四时权节,具备其械器,用比耒耜谷芨。及寒,击槁除田,以待时耕。及耕,深耕而疾耰之,以待时雨。时雨既至,挟其枪刈耨镈,以旦暮从事于田野,脱衣就功,首戴茅蒲,身服襏襫,沾体涂足,暴其发肤,尽其四支之力,以从事于田野。少而习焉,其心安焉,不见异物而迁焉。是故其父兄之教不肃而成,其子弟之学不劳而能。是故农之子常为农,朴野而不慝,其秀才之能为士者,则足赖也。故以耕则多粟,以仕则多贤,是以圣王敬畏戚农。"

按:《小匡》这段文字亦见于《国语·齐语》。《孝经》本即有"其教不肃而成,其政不严而治"之语,《孔传》取《小匡》之说,更可与此对应。

谨身节用,以养父母,此庶人之孝也。

【孔传】谨身者,不敢犯非也。节用者,约而不奢也。不为非则无患,不为奢则用足,身无患悔而财用给足,以恭事其亲,此庶人之所以为孝也。

按:《参疏》云:"元禄本'约'上有'俭'……'恭'当作'供',音之误也。《孝治章》传曰:'爱利不失,得其欢心,所以供事其亲。'可以征。"①

孝平章第七

孝亡终始,而患不及者,未之有也。

【孔传】躬行孝道,尊卑一揆,人子之道,所以为常也。必有终始,然后乃善,其不能终始者,必及患祸矣。故为君而惠,为父而慈,为臣而忠,为子而顺。此四者,人之大节也。大节在身,虽有小过,不为不孝。为君而虐,为父而暴,为臣而不忠,为子而不顺。此四者,人之大失也。大失在身,虽有小善,不得为孝。上章既品其为孝之道,此又总说其无终始之咎,以勉人为高行也。

《形势解》:"山者,物之高者也。惠者,主之高行也。慈者,父母之高行也。忠者,臣之高行也。孝者,子妇之高行也。故山高而不崩则祈羊至,主惠而不解则民奉养,父母慈而不解则子妇顺,臣下忠而不解则爵禄至,子妇孝而不解则美名附。故节高而不解,则所欲得矣;解,则不得。故曰:'山高而不崩则祈羊至矣。'"

《形势解》:"为主而贼,为父母而暴,为臣下而不忠,为子妇而不孝,四者人之大失也。大失在身,虽有小善,不得为贤。所谓平原者,下泽也,虽有小封,不得为高。故曰:'平原之隰,奚有于高?'为主而惠,为父母而慈,为臣下而忠,为子妇而孝,四者人之高行也。高行在身,虽有小过,不为不肖。所谓大山者,山之高者也,虽有小隈,不以为深。故曰:'大山之隈,奚有于深?'"

按:《孔传》在《序》文以及《士章》传文中即已援引《管子·形势解》开篇这段话,此处则继续援引《形势解》后文段落,进一步申发其意。

三才章第八

曾子曰:甚哉,孝之大也!

【孔传】曾子闻孝为德本而化所由生,自天子达庶人焉。行者遇福,不

用者蒙患,然后乃知孝之为甚大也。

《管子·白心》:"道者,一人用之,不闻有余。天下行之,不闻不足,此谓道矣。小取焉,则小得福,大取焉,则大得福。"

按:《参疏》无。《孔传》以孝为道,意即行孝者遇福,不行者则蒙患。这一点其实是《孔传》从一开始就奠立的基调,其解释《开宗明义章》正是如此。《孔传》作者对《管子·白心》涉及"行道"与"得福"关系的这段话颇有戚戚之感。故可以肯定地说,《孔传》此处是本于《管子·白心》,也是因为在对此章下文的注释中,同样也化用了《白心》这段话中的文字。《参疏》未注意到此点。

子曰:夫孝,天之经也,地之谊也,民之行也。

【孔传】经,常也;谊,宜也;行,所由也;亦皆谓常也。夫天有常节,地有常宜,人有常行,一设而不变,此谓三常也。孝其本也,兼而统之,则人君之道也。分而殊之,则人臣之事也。君失其道,无以有其国;臣失其道,无以有其位。故上之畜下不妄,下之事上不虚,孝之致也。

《管子·君臣上》:"天有常象,地有常形,人有常礼。一设而不更,此谓三常。兼而一之,人君之道也;分而职之,人臣之事也。君失其道,无以有其国;臣失其事,无以有其位。然则上之畜下不妄,而下之事上不虚矣。上之畜下不妄,则所出法则制度者明也;下之事上不虚,则循义从令者审也。上明下审,上下同德,代相序也。君不失其威,下不旷其产,而莫相德也。是以上之人务德,而下之人守节。义礼成形于上,而善下通于民,则百姓上归亲于主,而下尽力于农矣。故曰:君明、相信、五官肃、士廉、农愚、商工愿,则上下体而外内别也,民性因而三族制也。"

按:《孔传》以"孝"为贯彻天地人"三常"之道,故以《管子》中所说皆为"孝之致"。

天地之经,而民是则之。

【孔传】是,是此谊也。则,法也。治安百姓,人君之则也。训护家事,父母之则也。谏争死节,臣下之则也。尽力善养,子妇之则也。人君不易其则,故百姓说焉。父母不易其则,故家事修焉。臣下不易其则,故主无愆焉。子妇不易其则,故亲养具焉。斯皆法天地之常道也。是故用则者安,不用则者危也。

《管子·形势解》:"地生养万物,地之则也。治安百姓,主之则也。教护家事,父母之则也。正谏死节,臣下之则也。尽力共养,子妇之则也。地不易其则,故万物生焉。主不易其则,故百姓安焉。父母不易其则,故家事办焉。臣下不易其则,故主无过失。子妇不易其则,故亲养备具;故用则者安,不用则者危,地未尝易,其所以安也;故曰:地不易其则。"

按:《孔传》在《开宗明谊章》对"夫孝,德之本,教之所由生也"的注释中,就已化用了《形势解》这段话。

则天之明,因地之利,以训天下。

【孔传】夫覆而无外者,天也,其德无不在焉。载而无弃者,地也,其物莫不殖焉。是以圣人法之,以覆载万民。万民得职,而莫不乐用。故天地不为一物枉其时,日月不为一物晦其明,明王不为一人枉其法。法天合德,象地无缺。取日月之无私,则兆民赖其福也。

《管子·版法》:"法天合德,象地无亲。"

《管子·版法解》:"凡人君者,覆载万民而兼有之,烛临万族而事使之。是故以天地、日月、四时为主、为质,以治天下。天覆而无外也,其德无所不在;地载而无弃也,安固而不动,故莫不生殖。圣人法之以覆载万民,故莫不得其职姓,得其职姓,则莫不为用。故曰:'法天合德,象地无亲。'日月之明无私,故莫不得光。圣人法之,以烛万民,故能审察,则无遗善,无隐奸。无遗善,无隐奸,则刑赏信必。刑赏信必,则善劝而奸止。故曰:'参于日月。'四时之行,信必而著明。圣人法之,以事万民,故不失时功。故曰:'伍于四时。'"

《管子·白心》:"建当立有,以靖为宗,以时为宝,以政为仪……上之随天,其次随人。人不倡不和,天不始不随。……故苞物众者莫大于天地,化物多者莫多于日月,民之所急莫急于水火。然而天不为一物枉其时,明君圣人亦不为一人枉其法。天行其所行,而万物被其利。圣人亦行其所行,而百姓被其利。是故万物均既夸众矣。是以圣人之治也,静身以待之,物至而名自治之。正名自治之,奇身名废。名正法备,则圣人无事。……道者,一人用之,不闻有余。天下行之,不闻不足,此谓道矣。小取焉,则小得福,大取焉,则大得福。尽行之,而天下服。殊无取焉,则民反,其身不免于贼。"

按:《孔传》之说即是糅合《管子》不同篇章之言,以法家刑名法术之说以解释《孝经》。《孔传》所引《版法解》与下一章传文中所引正是同一段话。《参疏》未注意到《孔传》传文与《白心》的关联。

又,《参疏》言:"元禄本'无缺'作'无亲',可从。"[①]《版法》和《版法解》即是作"象地无亲"。

是以其教不肃而成,其政不严而治。

【传】以其修则且有因也,登山而呼,音达五十里,因高之响也。造父执御,千里不疲,因马之势也。圣人因天地以设法,循民心以立化,故不加威肃而教自成,不加严刑而政自治也。

《管子·形势》:"造父之术非驭也。"

《形势解》:"造父,善驭马者也。善视其马,节其饮食,度量马力,审其足走,故能取远道而马不罢。明主犹造父也,善治其民,度量其力,审其技能,故立功而民不困伤。……故曰:'造父之术非驭也。'"

按:《管子》以明主为造父,而《孔传》则以圣人、明王为造父。《参疏》未列此两段文字。

道之以礼乐,而民和睦。

【孔传】礼以强教之,乐以说安之。君有父母之恩,民有子弟之敬。于是乎道之斯行,绥之斯来,动之斯和,感之斯睦也。

案:《孔传》之文,本于《论语·子张》:"陈子禽谓子贡曰:'子为恭也,仲尼岂贤与子乎?'子贡曰:'君子一言以为知,一言以为不知,言不可不慎也。夫子之不可及也,犹天之不可阶而升也。夫子之得邦家者,所谓立之斯立,道之斯行,绥之斯来,动之斯和。其生也荣,其死也哀。如之何其可及也?'"

示之以好恶,而民知禁。

【传】好谓赏也,恶谓罚也,赏罚明而不可欺,法禁行而不可犯,分职察

---

① 片山兼山:《古文孝经孔传参疏》卷中,宽政元年己酉刻本,东都:嵩山房梓,1789 年,第 3 页。

而不可乱,人君所以令行而禁止也。令行禁止者,必先令于民之所好,而禁于民之所恶。然后详其鈇钺,慎其禄赏焉。有不听而可以得存者,是号令不足以使下也。有犯禁而可以得免者,是鈇钺不足以威众也。有无功而可以得富者,是禄赏不足以劝民也。号令不足以使下,鈇钺不足以威众,禄赏不足以劝民,则人君无以自守之也。

《管子·明法解》开篇言:"明主者,有术数而不可得欺也,审于法禁而不可犯也,察于分职而不可乱也。故群臣不敢行其私,贵臣不得蔽贱,近者不得塞远,孤寡老弱不失其所职,竟内明辨而不相逾越。此之谓治国。故《明法》曰:'所谓治国者,主道明也。'"

《管子·形势解》:"人主之所以令则行、禁则止者,必令于民之所好而禁于民之所恶也。民之情莫不欲生而恶死,莫不欲利而恶害。故上令于生、利人,则令行;禁于杀、害人,则禁止。令之所以行者,必民乐其政也,而令乃行。故曰:'贵有以行令也。'"

《管子·重令》:"凡先王治国之器三,攻而毁之者六。明王能胜其攻,故不益于三者,而自有国正天下。乱王不能胜其攻,故亦不损于三者,而自有天下而亡。三器者何也?曰:号令也,斧钺也,禄赏也。六攻者何也?曰:亲也,贵也,货也,色也,巧佞也,玩好也。三器之用何也?曰:非号令毋以使下,非斧钺毋以威众,非禄赏毋以劝民。六攻之败何也?曰:虽不听,而可以得存者;虽犯禁,而可以得免者;虽毋功,而可以得富者,凡国有不听而可以得存者,则号令不足以使下;有犯禁而可以得免者,则斧钺不足以威众;有毋功而可以得富者,则禄赏不足以劝民。号令不足以使下,斧钺不足以威众,禄赏不足以劝民,若此则民毋为自用。民毋为自用则战不胜,战不胜而守不固,守不固则敌国制之矣。然则先王将若之何?曰:不为六者变更于号令,不为六者疑错于斧钺,不为六者益损于禄赏。若此则远近一心,远近一心则众寡同力,众寡同力则战可以必胜,而守可以必固。非以并兼攘夺也,以为天下政治也,此正天下之道也。"

《管子·版法解》:"治国有三器,乱国有六攻。明君能胜六攻而立三器,则国治;不肖之君不能胜六攻而立三器,故国不治。三器者何也?曰:号令也,斧钺也,禄赏也。六攻者何也?亲也,贵也,货也,色也,巧佞也,玩好也。三器之用何也?曰:非号令无以使下,非斧钺无以畏众,非禄赏无以劝民。六攻之败何也?曰:虽不听而可以得存,虽犯禁而可以得免,虽无功而可以得富。夫国有不听而可以得存者,则号令不足以使下;有犯禁而可以得免者,则斧钺不足以畏众;有无功而可以得富者,则禄赏不足以劝民。号令不足以使下,斧钺不足以畏众,禄赏不足以劝民,则人君无以自守也。然则明君奈何?明君不为六者变更号令,不为六者疑错斧钺,不为六者益损禄赏。故曰:'植固而不动,奇邪乃恐。奇革邪化,令往民移。'"

按:《孔传》中说:"则人君无以自守之也。"而《管子·重令》中并未这样突出君主自保的说法。《参疏》未列《版法解》文字。

孝治章第九

子曰:昔者明王之以孝治天下也,

【孔传】所谓明者,照临群下,必得其情也。故下得道,上;贱得道,贵。卑者不待尊宠而宂,大臣不因左右而进,百官修道,各奉其职,有罚者主宂其罪;有赏者主知其功。宂知不悖,赏罚不差,有不蔽道,故曰明。所谓孝者,至德要道也。治,亦训也。若乃苍官不忠,非孝也;不爱万物,非孝也;接下不惠,非孝也;事上不敬,非孝也。

《管子·形势解》:"日月,照察万物者也,天多云气,蔽盖者众,则日月不明。人主,犹日月也,群臣多奸立私,以拥蔽主,则主不得昭察其臣下,臣下之情不得上通。故奸邪日多而人主愈蔽。故曰:'日月不明,天不易也。'"

《管子·明法解》:"明主者,兼听独断,多其门户。群臣之道,下得明上,贱得言贵,故奸人不敢欺。乱主则不然,听无术数,断事不以参伍。故无能之士上通,邪枉之臣专国,主明蔽而聪塞,忠臣之欲谋谏者不得进。如此者,侵主之道也。"

《明法解》:"明主之道,卑贱不待尊贵而见,大臣不因左右而进,百官条通,群臣显见,有罚者主见其罪,有赏者主知其功。见知不悖,赏罚不差。有不蔽之术,故无壅遏之患。乱主则不然,法令不得至于民,疏远隔闭而不得闻。如此者,壅遏之道也。故《明法》曰:'令出而留谓之壅。'"

《管子·版法解》:"凡人君者,覆载万民而兼有之,烛临万族而事使之。是故以天地、日月、四时为主、为质,以治天下。……'法天合德,象地无亲。'日月之明无私,故莫不得光。圣人法之,以烛万民,故能审察,则无遗善,无隐奸。无遗善,无隐奸,则刑赏信必。刑赏信必,则善劝而奸止。"

按:《参疏》未列《版法解》《形势解》文字。《参疏》片山兼山按语:"依

《管子》,三'亢'字当作'见',字似而误。"①

故得万国之欢心,以事其先王。

【孔传】万国者,举盈数也。明王崇爱敬以接下,则下竭欢心而应之,是故损上益下,民说无疆,自上下下,其道大光。事之者,谓四时享祀,骏奔走在庙也。

按:《周易·损卦》:"彖曰:益,损上益下,民说无疆,自上下下,其道大光。"正如前文所言,《孔传》作者屡引《周易》作解。

故得百姓之欢心,以事其先君。

【孔传】说天子、言先王、道诸侯、言先君,皆明其祖考也。凡民,爱之则亲,利之则至。是以明君之政,设利以致之,明爱以亲之。若徒利而不爱,则众不亲;徒爱而不利,则众不至。爱利俱行,众乃说也。

《管子·版法解》:"凡人君者,覆载万民而兼有之,烛临万族而事使之。……圣人法之以覆载万民,故莫不得其职姓,得其职姓,则莫不为用。故曰:'法天合德,象地无亲。'日月之明无私,故莫不得光。……凡众者,爱之则亲,利之则至。是故明君设利以致之,明爱以亲之。徒利而不爱,则众至而不亲;徒爱而不利,则众亲而不至。爱施俱行,则说君臣、说朋友、说兄弟、说父子。爱施所设,四固不能守。故曰:'说在爱施。'"

按:《孔传》再次化用《版法解》这段话,与上文相应。其本于《版法解》之"以利致之"、爱利俱行的说法,显然不合《孝经》之意,根本不是儒家之说。

故得人之欢心,以事其亲。

【孔传】人谓采邑之人也,爱利不失,得其欢心,所以供事其亲。不言先者,大夫以贤举,包父祖之见在也。

按:依上文,"爱利不失"仍本自《管子·版法解》。

故明王之以孝治天下也如此。

【孔传】"如此",福应也。行善,则休征报之;行恶,则咎征随之:皆行之

①　片山兼山:《古文孝经孔传参疏》卷中,宽政元年己酉刻本,东都:嵩山房梓,1789 年,第 9 页。

致也。此有诸侯及卿大夫之事，而主于明王者，下之能孝，化于上也。

按：依上文所述，"福应"之说，本自《管子·白心》"道者，一人用之，不闻有余；天下行之，不闻不足。此谓道矣。小取焉则小得福，大取焉则大得福，尽行之而天下服。殊无取焉，则民反，其身不免于贼"。

圣治章第十

子曰：天地之性，人为贵。人之行，莫大于孝。

【孔传】性，生也，言凡生天地之间，含气之类，人最其贵者也。正君臣上下之谊，笃父子兄弟夫妻之道，辨男女内外疏数之节，章明福庆，示以廉耻，所以为贵也。孝者，德之本，教之所由生也。故人之行，莫大于孝焉。

《管子·版法解》："凡君所以有众者，爱施之德也。爱有所移，利有所并，则不能尽有。故曰：'有众在废私。'爱施之德虽行而无私，内行不修，则不能朝远方之君。是故正君臣上下之义，饰父子兄弟夫妻之义，饰男女之别，别疏数之差，使君德臣忠，父慈子孝，兄爱弟敬，礼义章明。如此则近者亲之，远者归之。故曰：'召远在修近。'"

《礼记·哀公问》："民之所由生，礼为大。非礼无以节事天地之神也，非礼无以辨君臣、上下、长幼之属也，非礼无以别男女、父子、兄弟之亲，婚姻疏数之交也。"

《管子·版法》："人主操逆，人臣操顺。先王重荣辱，荣辱在为，天下无私爱也，无私憎也，为善者有福，为不善者有祸，祸福在为，故先王重为。明赏不费，明刑不暴，赏罚明，则德之至者也，故先王贵明。"

按：《管子》所言"爱施""爱之则亲，利之则至"正可与《孝经》"先之以博爱"之说相对应。《孔传》此处"福庆"之说仍当与其前文所引《白心》有关，与《管子》之强调赏罚得当有关。

昔者，周公郊祀后稷以配天，宗祀文王于明堂，以配上帝。是以四海之内，各以其职来助祭。夫圣人之德，又何以加于孝乎？

【孔传】人主以孝道化民，则民一心而奉其上。万姓之事，固非用威烈以忠爱也。周公秉人君之权，操必化之道，以治必用之民，处人主之势，以御必服之臣，是以教行而下顺，海内公侯奉其职贡，咸来助祭。圣孝之极也，复何以加之孝乎？

《管子·形势解》："主有天道,以御其民,则民一心而奉其上,故能贵富而久王天下。失天之道,则民离叛而不听从,故主危而不得久王天下。"

《管子·明法解》："明主在上位,有必治之势,则群臣不敢为非。是故群臣之不敢欺主者,非爱主也,以畏主之威势也;百姓之争用,非以爱主也,以畏主之法令也。故明主操必胜之数,以治必用之民;处必尊之势,以制必服之臣。故令行禁止,主尊而臣卑。故《明法》曰:'尊君卑臣,非计亲也,以势胜也。'"

圣人之教,不肃而成,其政不严而治。其所因者,本也。

【孔传】凡圣人设教,皆缘人之本性而道达之也。故不加威肃而教成,不加严刑而政治,以其皆因人之本性故也。

按:"不加威肃而教成,不加严刑而政治",在《孔传·三才章》传文中作"不加威肃而教自成,不加严刑而政自治"。上文言周公操法术势以御臣和治民,此处又言圣人设教是顺应人之本性,不加严刑和威肃。一章之内,《孔传》之解释便已互相矛盾。不加刑罚和威肃的说法,与《孔传》多处以信赏必罚解释《孝经》,也显然是前后矛盾的。

父母生绩章第十一

父母生之,绩莫大焉;君亲临之,厚莫重焉。

【孔传】绩,功也。父母之生子,抚之育之,顾之复之,攻苦之功,莫大焉者也。有君亲之爱,临长其子,恩情之厚莫重焉者也。凡上之所施于下者厚,则下之报上亦厚。厚薄之报,各从其所施。薄施而厚馈,虽君不能得之于臣,虽父不能得之于子。民之从于厚,犹饥之求食,寒之欲衣。厚则归之,薄则去之,有由然也。

《管子·形势解》："民之所以守战至死而不衰者,上之所以加施于民者厚也;故上施厚,则民之报上亦厚;上施薄,则民之报上亦薄;故薄施而厚责,君不能得之于臣,父不能得之于子;故曰:'往者不至,来者不极。'"

《形势解》："民之从有道也,如饥之先食也,如寒之先衣也,如暑之先阴也。故有道则民归之,无道则民去之。故曰:'道往者其人莫来,道来者其人莫往。'"

按:此与上文所引《管子·白心》"爱利俱行"的说法相应,有着以利害关系讨论父子关系的法家色彩,明显不合儒家《孝经》之旨。

孝优劣章第十二

子曰：不爱其亲而爱他人者，谓之悖德。不敬其亲而敬他人者，谓之悖礼。以训则昏，民亡则焉。

【孔传】夫德礼不易，靡人不怀，德礼之悖，人莫之归。故以训民则昏乱，昏乱之教，则民无所取法也。

按：《孔传》传文本于《左传·僖公七年》记载："管仲言于齐侯曰：臣闻之，招携以礼，怀远以德，德礼不易，无人不怀。""管仲曰：……君若绥之以德，加之以训辞。"管子此言并不见于《管子》一书中，但是，《孔传》作者仍然将其收入注中，正可见作者研究《管子》之深入，对管子之言甚熟悉。《孔传》作者当是《管子》思想的热爱者。

不宅于善，而皆在于凶德。虽得志，君子弗从也。

【孔传】得志谓居位行德也。不谊而富贵，于我如浮云。无润泽于万物，故君子弗从。以言邦无善政，不昧食其禄也。

《管子·宙合》："虚也，人而无良焉，故曰虚也。……所贤美于圣人者，以其与变随化也。渊泉而不尽，微约而流施。是以德之流润泽均，加于万物。故曰：'圣人参于天地。'"

按：《参疏》未引。之所以说此处是本于《宙合》，尚有另一原因，即下文《孔传》传文紧接着说到"言则思忠，行则思敬，不虚言行也"。而"虚"字也正是出于《宙合》此段话。

君子则不然，言思可道，行思可乐，德谊可尊，作事可法，

【孔传】言则思忠，行则思敬，不虚言行也。……立德行谊，不违道正，故可尊也；制作事业，动得物宜，故可法也。

《管子·君臣上》："道也者，上之所以导民也。是故道德出于君，制令传于相，事业程于官，百姓之力也，胥令而动者也。是故君人也者，无贵如其言；人臣也者，无爱如其力。言下力上，而臣主之道毕矣。"

《管子·宙合》："虚也，人而无良焉，故曰虚也。"

按:《参疏》尚引用了《管子·轻重》之文①,此处不取。

容止可观,进退可度,

【孔传】容止,威仪也,进退动静也。正其衣冠,尊其瞻视,俯仰曲折必合规矩,则可观矣。详其举止,审其动静进退周旋,不越礼法,则可度矣。度者,其礼法也。

《管子·形势》:"衣冠不正则宾者不肃。""进退无仪则政令不行。"

《形势解》:"言辞信,动作庄,衣冠正,则臣下肃。言辞慢,动作亏,衣冠惰,则臣下轻之。故曰:'衣冠不正则宾者不肃。'""仪者,万物之程式也。法度者,万民之仪表也。礼义者,尊卑之仪表也。故动有仪则令行,无仪则令不行。故曰:'进退无仪则政令不行。'"

按:《参疏》未引"进退无仪"一段,但引了《管子·弟子职》一段文字②,今不取。

以临其民。是以其民畏而爱之,则而象之,故能成其德教,而行其政令。

【孔传】以者,以君子言行德谊进退之事也。整齐严栗则民畏之,温良宽厚则民爱之。畏之则用,爱之则亲。民亲而用,则君道成矣。君有君之威仪,则臣下则而象之。故其在位可畏,施舍可爱,进退可度,周旋可则,容止可观,作事可法,德谊可象,声气可乐,动作有文,言语有章,以临其民,谓之有威仪也。上正身以率下,下顺上而不违,故德教成而政令行也。教成政行,君能有其国家。令闻长世,臣能守其官职,保族供祀,顺是以下皆若是,是以上下能相固也。

《管子·形势》:"且怀且威则君道备矣。"

《管子·形势解》:"人主者,温良宽厚则民爱之,整齐严庄则民畏之。故民爱之则亲,畏之则用。夫民亲而为用,王之所急也。故曰:'且怀且威则君道备矣。'"

《左传·襄公三十一年》记载北宫文子对卫侯论威仪:"有威而可畏谓之威,有仪而可象谓之仪。君有君之威仪,其臣畏而爱之,则而象之,故能

---

① 片山兼山:《古文孝经孔传参疏》卷中,宽政元年己酉刻本,东都:嵩山房梓,1789 年,第 23 页。
② 片山兼山:《古文孝经孔传参疏》卷中,宽政元年己酉刻本,东都:嵩山房梓,1789 年,第 24 页。

有其国家,令闻长世。臣有臣之威仪,其下畏而爱之,故能守其官职,保族宜家。顺是以下皆如是,是以上下能相固也。《卫诗》曰:'威仪棣棣,不可选也。'言君臣上下,父子兄弟,内外大小,皆有威仪也。《周诗》曰:'朋友攸摄,摄以威仪。'言朋友之道,必相教训以威仪也。《周书》数文王之德:'大国畏其力,小国怀其德',言畏而爱之也。《诗》云:'不识不知,顺帝之则。'言则而象之也。纣囚文王七年,诸侯皆从之囚,纣于是乎惧而归之,可谓爱之。文王伐崇,再驾而降为臣,蛮夷帅服,可谓畏之。文王之功,天下诵而歌舞之,可谓则之。文王之行,至今为法,可谓象之。有威仪也。故君子在位可畏,施舍可爱,进退可度,周旋可则,容止可观,作事可法,德行可象,声气可乐,动作有文,言语有章,以临其下,谓之有威仪也。"

按:《孝经》与《左传》之文有相同处。故《孔传》引《左传》以释《孝经》。《参疏》片山兼山按语言:"元禄本'保族供祀'作'保宗族供祭祀'。"①

五刑章第十四

要君者亡上,非圣人者亡法,非孝者亡亲:此大乱之道也。

【孔传】圣人制法,所以为治也,而非之,此有无法之心者也。孝者,亲之至也,而非之,此有无亲之心者也。三者皆不孝之甚也。此无上、无法、无亲也,言其不耻、不仁、不畏、不谊,为大乱之本,不可不绝也。凡为国者,利莫大于治,害莫大于乱。乱之所生,生于不祥。上不爱下,下不供上,则不祥也。群臣不用礼谊,则不祥也;有司离法而专违制,则不祥也。故法者,至道也,圣君之所以为天下仪,存亡治乱之所出也。君臣上下皆发焉,是以明王置仪设法而固守之,卿相不得存其私,群臣不得便其亲。百官之事案以法,则奸不生;暴慢之人绳以法,则祸乱不起。夫能生法者,明君也;能守法者,忠臣也;能从法者,良民也。

《管子·正世》:"夫利莫大于治,害莫大于乱。夫五帝三王所以成功立名,显于后世者,以为天下致利除害。事行不必同,所务一也。"

《管子·任法》:"故黄帝之治也,置法而不变,使民安其法者也。所谓仁义礼乐者,皆出于法,此先圣之所以一民者也。《周书》曰:国法法不一,则有国者不祥。民不道法则不祥,国更立法以典民则祥,群臣不用礼义教

① 片山兼山:《古文孝经孔传参疏》卷中,宽政元年己酉刻本,东都:嵩山房梓,1789年,第26页。

训则不祥,百官服事者离法而治则不祥。故曰:法者,不可恒也。存亡治乱之所从出,圣君所以为天下大仪也。君臣上下贵贱皆发焉,故曰:法古之法也。世无请谒任举之人,无闲识博学辩说之士,无伟服,无奇行,皆囊于法以事其主。故明王之所恒者二:一曰明法而固守之,二曰禁民私而收使之。此二者,主之所恒也。夫法者,上之所以一民使下也。私者,下之所以侵法乱主也。故圣君置仪设法而固守之,然故谌杵习士闻识博学之人不可乱也,众强富贵私勇者不能侵也,信近亲爱者不能离也,珍怪奇物不能惑也,万物百事非在法之中者不能动也。故法者,天下之至道也,圣君之实用也。今天下则不然,皆有善法而不能守也。然故谌杵习士闻识博学之士能以其智乱法惑上,众强富贵私勇者能以其威犯法侵陵,邻国诸侯能以其权置子立相,大臣能以其私附百姓、鬻公财以禄私士。凡如是而求法之行,国之治,不可得也。圣君则不然,卿相不得鬻其私,群臣不得辟其所亲爱。圣君亦明其法而固守之,群臣修通辐凑以事其主,百姓辑睦听令道法以从其事故曰:有生法,有守法,有法于法。夫生法者,君也;守法者,臣也;法于法者,民也。君臣上下贵贱皆从法,此谓为大治。故主有三术。夫爱人不私赏也,恶人不私罚也,置仪设法以度量断者,上主也。爱人而私赏之,恶人而私罚之,倍大臣,离左右,专以其心断者,中主也。臣有所爱而为私赏之,有所恶而为私罚之,倍其公法,损其正心,专听其大臣者,危主也。故为人主者,不重爱人,不重恶人。重爱曰失德,重恶曰失威,威德皆失,则主危也。故明王之所操者六:生之杀之,富之贫之,贵之贱之。此六柄者,主之所操也。主之所处者四:一曰文,二曰武,三曰威,四曰德。此四位者,主之所处也。”

广要道章第十五

移风易俗,莫善于乐。

【孔传】风,化也。俗,常也。移太平之化,易衰弊之常也。乐,五声之主,荡涤人之心,使和易专一,由中情出者也。故其闻之者,虽不识音,犹屏息静听,深思远虑。其知音,则循宫商而变节,随角徵以改操,是以古之教民,莫不以乐,以皆为无尚之故也。

按:此不知何本。但与《孔氏序》文理一致,《序》云:“昔吾逮从伏生论《古文尚书》谊,时学士会云出叔孙氏之门,自道知《孝经》有师法,其说‘移风易俗，莫善于乐'，谓为天子用乐，省万邦之风，以知其盛衰，衰则移之以贞盛之教，淫则移之以贞固之风，皆以乐声知之，知则移之，故云'移风易俗，莫善于乐也'。又师旷云"吾骤歌南风，多死声。楚必无功"，即其类也。且曰，庶民之愚，安能识音而可以乐移之乎？当时众人金以为善。吾嫌其说迂，然无以难之，后推寻其意，殊不得尔也。子游为武城宰，作弦歌以化民，武城之下邑而犹化之以乐。故《传》曰："夫乐以关山川之风，以曜德于广远。风德以广之，风物以听之，修诗以咏之，修礼以节之。"又曰："用之邦国焉，用之乡人焉。"此非唯天子用乐明矣。夫云集而龙兴，虎啸而风起，物之相感，有自然者，不可谓母也。胡笳吟动，马蹀而悲，黄老之弹，婴儿起舞。庶民之愚，愈于胡马与婴儿也，何为不可以乐化之？"

又，《参疏》引《管子·七臣七主》[①]，今不取。

安上治民，莫善于礼。

【传】言礼最其善孝弟之实用也。国无礼，则上下乱而贵贱争。贤者失所，不肖者蒙幸，是故明王之治，崇等礼以显之，设爵级以休之，班禄赐以劝之，所以政成也。

《管子·版法》："庆勉敦敬以显之，富禄有功以劝之，爵贵有名以休之。兼爱无遗，是谓君心。必先顺教，万民乡风；旦暮利之，众乃胜任。"

《版法解》："凡人君者，欲民之有礼义也。夫民无礼义，则上下乱而贵贱争。故曰：'庆勉敦敬以显之，富禄有功以劝之，爵贵有名以休之。'"

《明法解》："明主之治也，县爵禄以劝其民，民有利于上，故主有以使之；立刑罚以威其下，下有畏于上，故主有以牧之。故无爵禄则主无以劝民，无刑罚则主无以威众。故人臣之行理奉命者，非以爱主也，且以就利而避害也；百官之奉法无奸者，非以爱主也，欲以爱爵禄而避罚也。故《明法》曰：'百官论职，非惠也，刑罚必也。'"

按：《参疏》未引《版法》文。

礼者，敬而已矣。

【孔传】礼主于敬，敬出于孝弟，是故礼经三百，威仪三千，皆殊事而合

---

① 片山兼山：《古文孝经孔传参疏》卷下，宽政元年己酉刻本，东都：嵩山房梓，1789 年，第 2 页。

敬,异流而同归也。

《管子·形势》:"道之所言者一也,而用之者异。有闻道而好为家者,一家之人也;有闻道而好为乡者,一乡之人也;有闻道而好为国者,一国之人也;有闻道而好为天下者,天下之人也;有闻道而好定万物者,天下之配也。……异趣而同归,古今一也。"

《形势解》:"神农教耕生谷,以致民利。禹身决渎,斩高桥下,以致民利。汤武征伐无道,诛杀暴乱,以致民利。故明王之动作虽异,其利民同也。故曰:'万事之任也,异起而同归,古今一也。'"

广至德章第十六

子曰:君子之教以孝也,非家至而日见之也。

【孔传】此又所以申明上章之谊焉。言君子之教民以孝,非家至而日见语之也。君子亦谓先王也。夫蛟龙得水,然后立其神;圣人得民,然后成其化也。

《管子·形势》:"山高而不崩,则祈羊至矣;渊深而不涸,则沈玉极矣,天不变其常,地不易其则,春秋冬夏,不更其节,古今一也。蛟龙得水,而神可立也;虎豹得幽,而威可载也。风雨无乡,而怨怒不及也。贵有以行令,贱有以忘卑,寿夭贫富,无徒归也。"

《管子·形势解》:"蛟龙,水虫之神者也。乘于水则神立,失于水则神废。人主,天下之有威者也。得民则威立,失民则威废。蛟龙待得水而后立其神,人主待得民而后成其威。故曰:'蛟龙得水,而神可立也。'"

广扬名章第十八

居家理,故治可移于官。

【孔传】能理于家者,则其治用可移于官。君子之于人,内观其事亲,所以知其事君;内察其治家,所以知其治官。是以言治者必效之以其实,誉人者必试之以其官。故虚言不敢自进,不肖不敢处官也。

《管子·形势解》:"圣人之与人约结也,上观其事君也,内观其事亲也,必有可知之理,然后约结。约结而不袭理,后必相倍。故曰:'不重之结,虽固必解。道之用也,贵其重也。'"

《管子·明法解》:"国之所以乱者,废事情而任非誉也。故明主之听也,言者责之以其实,誉人者试之以其官。言而无实者,诛;吏而乱官者,诛。是故虚言不敢进,不肖者不敢受官。乱主则不然,听言而不督其实,故群臣以虚誉进其党;任官而不责其功,故愚污之吏在庭。如此则群臣相推以美名,相假以功伐,务多其佼而不为主用。"

按:《参疏》未引《形势解》文。

闺门章第十九

子曰:闺门之内,具礼矣乎!

【孔传】上章陈孝道既详,故于此都目其为具礼矣。夫礼,经国家、定社稷、厚人民、利后嗣者也。君子修孝于闺门,而事君事长以治官之谊备存焉。

按:陆贾《新语·慎微》:"夫建大功于天下者,必先修于闺门之内。垂大名于万世者,必先行之于纤微之事。"

谏争章第二十

曾子曰:若夫慈爱、恭敬、安亲、扬名,参闻命矣。

【孔传】慈爱者所以接下也,恭敬者所以事上也。

《管子·五辅》:"民知德矣,而未知义,然后明行以导之义,义有七体,七体者何?曰:孝悌慈惠,以养亲戚。恭敬忠信,以事君上。中正比宜,以行礼节。整齐搏诎,以辟刑僇。纤啬省用,以备饥馑。敦蒙纯固,以备祸乱。和协辑睦,以备寇戎。凡此七者,义之体也。"

按:《谏诤章》下文言"身不陷于不义","当不义,则子不可不争于父……"如此,《孔传》正是嫁接了《孝经》的"义"与《管子》中的"义"。

昔者天子有争臣七人,虽亡道,不失天下。

【孔传】无道者,不循先王之至德要道也。不失天下,言从谏也。帝王之事,一日万机;万机有阙,天子受之祸。故立谏争之官,以匡己过;过而能改,善之大者也。故凡谏,所以安上,犹食之肥体也。主逆谏则国亡,人啬食则体瘠也。

《管子·形势》:"訾韏之人,勿与任大。谮臣者可以远举。顾忧者可与致道。其计也速而忧在近者,往而勿召也举长者可远见也;裁大者众之所比也。美人之怀,定服而勿厌也。必得之事,不足赖也;必诺之言,不足信也。小谨者不大立,訾食者不肥体;有无弃之言者,必参于天地也。"

《管子·形势解》:"毁訾贤者之谓訾,推誉不肖之谓讆。訾讆之人得用,则人主之明蔽,而毁誉之言起,任之大事,则事不成而祸患至,故曰:'訾讆之人,勿与任大。'明主之虑事也,为天下计者,谓之谲臣,谲臣则海内被其泽,泽布于天下,后世享其功,久远而利愈多,故曰:'谲臣者可与远举。'圣人择可言而后言,择可行而后行,偷得利而后有害,偷得乐而后有忧者,圣人不为也。故圣人择言必顾其累,择行必顾其忧,故曰:'顾忧者可与致道。'"

按:《孔传》将《管子》所说"谲臣"与《孝经》所说的"争臣"对应起来,此正如他将《管子》中的"信赏必罚"的"明主"和《孝经》中"以孝治天下"的"明王"对应起来一样。

诸侯有争臣五人,虽亡道,不失其国。

【孔传】自上以下,降杀以两,故五人。五人谓天子所命之孤卿,及国之三卿与大夫也。人非圣人,不能无愆。从谏如流,斯不亡失也。

按:东汉班彪《王命论》:"从谏如顺流,趣时如响赴。"

《左传·宣公二年》:"人孰无过,过而能改,善莫大焉。"

《孔传》对"虽亡道,不失其国"的解释,即糅合了这二者。若《孔传》果为西汉时成书,不应已引及《王命论》。

大夫有争臣三人,虽亡道,不失其家。

【孔传】三人谓家相、宗老、侧室也。皆谓能受正谏,善补过也。天子王有四海,故以天下为称。诸侯君临百姓,故以国为名。大夫禄食采邑,故以家为号。凡此,皆周之班制也。

《管子·形势解》云:"地生养万物,地之则也。……治安百姓,主之则也。教护家事,父母之则也。正谏死节,臣下之则也。尽力共养,子妇之则也。"

《孔子家语·子路初见》:"子贡曰:陈灵公宣淫于朝,泄治正谏而杀之,是与比干谏而死同,可谓仁乎?"

按:"正谏"之说,当以《管子》为最早。刘向《说苑·正谏》总结出了五种谏,第一便是"正谏"。《孔传》此处以《孝经·事君章》"补过"来解释此章,而《孔传》对《事君章》"补过"的解释则是本于《管子·明法解》。

臣不可以不争于君。

【孔传】事君之礼,值其有非,必犯严颜以道谏争,三谏不纳,奉身以退,有匡正之忠,无阿顺之从,良臣之节也。若乃见可谏而不谏,谓之尸位。见可退而不退,谓之怀宠。怀宠尸位,国之奸人也。奸人在朝,贤者不进,苟国有患,则优俺侏儒必起议国事矣。是谓人主殴国而捐之也。

《管子·小匡》:"犯君颜色,进谏必忠,不辟死亡,不挠富贵,臣不如东郭牙,请立以为大谏之官。"

《管子·立政九败解》:"人君唯毋听观乐玩好,则败。凡观乐者,宫室、台池,珠玉、声乐也。此皆费财尽力伤国之道也。而以此事君者,皆奸人也。而人君听之,焉得毋败?然则府仓虚,蓄积竭;且奸人在上,则壅遏贤者而不进。然则国适有患,则优倡侏儒起而议国事矣,是驱国而捐之也。故曰:'观乐玩好之说胜,则奸人在上位。'"

《管子·君臣下》:"故能饰大义,审时节,上以礼神明,下以义辅佐者,明君之道也。能据法而不阿,上以匡主之过,下以振民之病者,忠臣之行也。明君在上,忠臣佐之,则齐民以政刑。"

《管子·明法解》:"凡所谓忠臣者,务明法术,日夜佐主,明于度数之理以治天下者也。奸邪之臣,知法术明之必治也,治则奸臣困而法术之士显,是故邪之所务事者,使法无明,主无悟,而己得所欲也。故方正之臣得用,则奸邪之臣困伤矣,是方正之与奸邪不两进之势也。奸邪在主之侧者,不能勿恶也。惟恶之,则必候主间而日夜危之。人主不察而用其言,则忠臣无罪而困死,奸臣无功而富贵。故《明法》曰:'忠臣死于非罪,而邪臣起于非功。'"

按:《孔传》将《孝经》中所言"移孝作忠"的"忠臣"与《管子》中"务明法术"的"忠臣"联系起来。《参疏》引《立政九败解》之文,于此不当,今不取。《参疏》亦未引《形势解》《君臣》《明法解》之文。

事君章第二十一

将顺其美,匡救其恶,

【孔传】将,行也,宜行其法令,顺之而不逆。君有过,臣举言而匡之,救其邪辟之行,使不至于恶,此臣之所以为功也。故明王审言教以清法案,分职以课功,立功者赏,乱政者诛,诛赏之所加各得其宜也。

按:《管子·明法解》:"匡主之过,救主之失,明理义以道其主,主无邪僻之行,蔽欺之患,此臣之所以为功也。故明主之治也,明分职而课功劳,有功者赏,乱治者诛,诛赏之所加,各得其宜,而主不自与焉。故《明法》曰:'使法量功,不自度也。'明主之治也,审是非,察事情,以度量案之。合于法则行,不合于法则止;功充其言则赏,不充其言则诛。故言智能者,必有见功而后举之;言恶败者,必有见过而后废之。如此,则士上通而莫之能妒,不肖者困废而莫之能举。故《明法》曰:'能不可蔽,而败不可饰也。'"

按:《孔传》之说即本于此,将"将顺其美"解释为宜行其法。观其用意,又是在强调法度之重要性,这是《孔传》从始至终所强调的一个维度。

故上下能相亲也。

【孔传】道王以先王之行,拯主于无过之地,君臣并受其福,上下交和,所谓相亲。是故详才量能,讲德而举,上之道下也。尽忠守节,谟明弼谐,下之事上也。为人君而下知臣事,则有司不任。为人臣而上专主行,则上失其威。是以有道之君,务正德以莅下,而下不言知能之术。知能,下所以供上也。所以用知能者,上之道也,故不言知能而政治者,善人举官,人得视听者众也。夫人君,坐万物之源而官诸生之职者也。上有其道,下守其职,上下之分定也。

《管子·君臣上》:"论材量能,谋德而举之,上之道也。专意一心,守职而不劳,下之事也。为人君者,下及官中之事,则有司不任。为人臣者,上共专于上,则人主失威。是故有道之君,正其德以莅民,而不言智能聪明。智能聪明者,下之职也。所以用智能聪明者,上之道也。上之人明其道,下之人守其职。上下之分不同任,而复合为一体。是故知善,人君也。身善,人役也。君身善则不公矣。人君不公,常惠于赏而不忍于刑,是国无法也。治国无法,则民朋党而下比,饰巧以成其私。法制有常,则民不散而上合,竭情以纳其忠。是以不言智能,而顺事治,国患解,大臣之任也。不言于聪明,而善人举,奸伪诛,视听者众也。是以为人君者,坐万物之原,而官诸生之职者也。选贤论材而待之以法,举而得其人,坐而收其福,不可胜收也。官不胜任,奔走而奉,其败事不可胜救也。而国未尝乏于胜任之士,上之明适不足以知之。是以明君审知胜任之臣者也。故曰：主道得，贤材遂，百姓治，治乱在主而已矣。故曰：主身者，正德之本也。官治者，耳目之制也。身立而民化，德正而官治。治官化民，其要在上。是故君子不求于民，是以上及下之事，谓之矫，下及上之事，谓之胜。为上而矫，悖也。为下而胜，逆也。国家有悖逆反连之行，有土主民者失其纪也。是故别交正分之谓理，顺理而不失之谓道，道德定而民有轨矣。"

《管子·明法解》："明主者，使下尽力而守法分，故群臣务尊主而不敢顾其家；臣主之分明，上下之位审，故大臣各处其位而不敢相贵。乱主则不然，法制废而不行，故群臣得务益其家；君臣无分，上下无别，故群臣得务相贵。如此者，非朝臣少也，众不为用也。故《明法》曰：'国无人者，非朝臣衰也，家与家务相益，不务尊君也；大臣务相贵，而不任国也。'"

二、《孝经》诠释的法家化

据上文之对照分析，《古文孝经孔传》在解释《孝经》时，百分之七十的内容都是在化用《管子》。除《古文孝经》的《纪孝行章第十三》《丧亲章第二十二》两章之注未袭用《管子》外，其余二十章的内容都或多或少有本自《管子》之处。而所本《管子》一书者，主要集中于《形势第二》《宙合第十一》《重令第十五》《小匡第二十》《问第二十四》《君臣上第三十》《君臣下第三十一》《白心第三十八》《任法第四十五》《明法第四十六》《形势解第六十四》《版法解第六十六》《明法解第六十七》等，共十三章①。援引最多者，为《形势解》《明法解》。此外，还有一处是引自《左传》所记载的管子之言。此足以显示出，《孔传》作者对于管子之言和《管子》一书的熟悉。

上一节已指出，历史上的孔安国并未为《孝经》作传。但自清代以来，论证《古文孝经孔传》（下文简称《孔传》）为伪之诸家，皆主要通过历史文献的记载，以及就《孔传》之注释语气和风格来推断其并非出自汉人之手，并进而推断其成书年代。这一做法并非不可以，但是从注释风格来判断，这显然仍是在形式上打转，却并不能直接从《孔传》的内容上判断其为伪作。本节即是要通过比对《孔传》与《管子》中的相关内容，进而论证《孔传》之伪。透过分析，我们会发现，《孔传》对《孝经》的注释，很大一部分内容都是

---

① 黎翔凤：《管子校注》，梁运华整理，北京：中华书局，2004 年。

出自《管子》中的《形势解》等篇,这属于典型的援法释儒。孔安国为孔子后人①,以精通《尚书》而为武帝时博士,为当时大儒,定然不会以如此浓厚的法家之说解释《孝经》,而不惜牺牲和歪曲《孝经》本身的义理。且历史文献中也并未有关于孔安国以法家之说解释五经者。故从《孔传》将《孝经》法家化这一点,即可证《孔传》之伪。

《管子》一书的内容比较复杂,有的篇章是儒法相杂的,有的篇章则法家的色彩颇为浓厚。总体而言,"其思想体系在合儒法",是儒法两家融汇后的新法家,然"其根本精神在反对儒家之合道德与政治为一"②。《孔传》以《管子》解释《孝经》,试图将《孝经》纳入法家思想的体系中。从《孔传》来看:第一,未以《管子》作解的《纪孝行章》和《丧亲章》在《孝经》中都是纯粹叙述孝行的具体节目,而《管子》中并无这方面的资源可以用来注释。但是,其余的二十章内容,《孔传》的作者都从《管子》中找到了对应的思想资源,基本实现了《孝经》和《管子》在内容上的对等。第二,《孔传》将《孝经》中以孝治天下的"先王""明王"与《管子》中以法术势治民御臣的"明主""明王"对应起来。如《孝治章》,从《孔传》对"明王"的解释来看,并不符合《孝经》之本意。《孝经》是以"孝"言"明",以孝治天下者,才是明王。但《孔传》则是以"明"言"孝",其所说之"明"是指"照临群下,必得其情"③,然后能够做到赏罚分明,使上下各安其位,忠于君上,这样的王才是"明王",与"孝"并无关系。《孔传》的这段注释,前后两节,明显脱节,"所谓明者……故曰明"之后,突然说"所谓孝者,至德要道也"④,前后却找不到一点关系,生搬硬套,杂凑无理。《孔传·三才章》注中对"示之以好恶"的解释就是化用了《管子·重令》之说,《重令》中说"明王"有"治国之器三,攻而毁之者六",其核心即是要信赏必罚。故《孔传》此处对于"明王之以孝治天下也"的解释,其实是突出或放大了《孝经》上一章末尾"示之以好恶而民知禁"一语的义理,即使显得前后贯通,亦并不合《孝经》之意。从更深一层讲,《孔传》的做法就是将霸主之术纳入对儒家(包括《孝经》)推崇的仁政德治的解释中,这

① 可参《史记·孔子世家》及《汉书·孔光传》。
② 李源澄:《论〈管子〉中之法家思想》,载《李源澄著作集》(三),林庆彰、蒋秋华主编,台北:"中央研究院"中国文哲研究所,2008年,第1318页。
③ 孔安国传,太宰纯音:《古文孝经孔传》,鲍廷博刊刻《知不足斋丛书》本,第7页。
④ 孔安国传,太宰纯音:《古文孝经孔传》,鲍廷博刊刻《知不足斋丛书》本,第8页。

从《天子章》的注释中亦可体现出来。尤为典型的两点就是:《孝经》讲德治,而《孔传》则据《管子》讲信赏必罚;《孝经》讲"移孝作忠",而《孔传》则据《管子》讲任人以能,而非任人以德。第三,即使在有些章节,《孔传》在《管子》中未找到对应的思想资源,也仍会以法家之说进行变通。如《孔传》对《天子章》"一人有庆,兆民赖之"的解释虽以《礼记》为本,但其稍作变通,旨意大变。

《孔传》以法释儒,而《管子·白心》又富道家色彩,故而《孔传》便成了一个儒、法、道三者兼具的驳杂文本,这必然会造成其解释上前后矛盾龃龉,以及与《孝经》本身的不对应。"至德要道"为《孝经》最为核心的词汇,我们可以此来揭示《孔传》传文的内在问题。《孝经》首章"至德要道",《孔传》解释说:"至德,孝德也。孝生于敬,敬者寡而说者众,故谓之要道也。"这段解释看似是在以《孝经·广要道章》"敬者寡而说者众"作解,但是依其"孝生于敬"之说①,则直接可推绎出至德是生于要道。那么,《孔传》的根据何在呢? 其下文即解释说:"道者扶持万物,使各终其性命者也。施于人则变化其行而之正理,故道在身则言自顺,而行自正,事君自忠,事父自孝,与人自信,应物自治,一人用之不闻有余,天下行之不闻不足,小取焉小得福,大取焉大得福,天下行之而天下服。是以总而言之,一谓之要道。别而名之,则谓之孝、弟、仁、谊、礼、忠、信也。"以《管子·白心》"道者,一人用之,不闻有余;天下行之,不闻不足"为据,其意是以孝、弟、忠、信等皆为道之别名。这样一来,"至德"一词的意义也就落空了,其重点是解释"至道"。《孝经》本文是以"至德"居"要道"之前,"要道"本主要指向礼乐教化,"孝,德之本也,教之所由生也",那么教化之道是要以孝为本的。而《孔传》则反之,其解释已经反转了至德和要道的关系。《孔传》以《白心》中道家意味的形而上的"道"取代了《孝经》的教化之道,这样一来,《孝经》的德本论就变成了《孔传》的道本论。但是这个"道"很快就变成了其解释《天子章》时所引《管子》中的"爵授有德""任官以能""刑当其罪"的法家之"道"。《开宗明义章》传文中的"孝、弟、仁、谊、礼、忠、信"七德在《卿大夫章》中也变成了"孝、弟、忠、信、仁、谊、礼、典"八者。所谓"典"即是"典法",也就是刑法。

---

① 《孝治章》传文则直言"孝者,至德要道也",这与首章以道为孝本的解释便是自生歧异。而首章说"孝生于敬",但是《广要道章》传文却说"礼主于敬,敬出于孝弟",究竟是孝生于敬还是敬生于孝弟呢? 此亦是其说自相矛盾之处。

《孔传》中与法相关的词有:"法度""典法""典谊""奉法""违法""离法""越制""违制""枉法""设法""法禁""制法""无法""法令""礼法""绳以法""案以法""生法""守法""从法"等,这些词汇在《孔传》中俯拾即是。《五刑章》传文:"故法者,至道也,圣君之所以为天下仪,存亡治乱之所出也。……夫能生法者明君也,能守法者忠臣也,能从法者良民也。"[1]以"法"为至道,既然如此,那么《孔传》解释《谏诤章》"虽亡道不失天下"所说"无道者,不循先王之至德要道也"究竟是指什么呢?"至德要道"到底指的是"孝"还是礼乐,还是"典法"呢?试问西汉的孔安国会这样注解《孝经》吗?肯定不会,因为这不是在注解《孝经》,而已经是在歪曲《孝经》,假《孝经》之名而另立新义。就传统思想而言,《天子章》恰恰涉及对于治理天下国家最为重要的君主问题,因此,《孔传》对此章的解释正是对《孝经》思想加以歪曲的转捩点。总言之,《孝经》所反映的儒家德主刑辅、明刑弼教思想在《孔传》中成了以刑、法为主,"德"的内涵反而变得暧昧不清。

由此,《古文孝经孔传》已几乎将《孝经》变成了完全法家化的文本,其中,法家之术的色彩已经将儒学几乎完全掩盖住。故《古文孝经孔传》绝非儒家之作品,绝非孔安国之作品,其作者当为推崇法家思想者。作者对《周易》也非常熟悉,其中引《周易》之处有十三次左右。

认识到《古文孝经孔传》与《管子》的密切关系,对于今后《孝经》学的研究和《管子》学的研究都有着一定影响。就《管子》学的研究来说,明晓了《管子》被《孔传》所大量袭用这一事实,那么就应将其视为《管子》在魏晋时期流传的重要一环。就《孝经》学的研究而言,历来论今古文经学之分者,多谓今文经学和古文经学的差别,重在制度;但如果《古文孝经孔传》本就不是在汉代今古文经学相争的背景下产生的,而且根本就不是儒家的作品,如有的学者所言,《孔传》当成书于东晋,那么,又何以论及其代表的是古文经学呢?且与郑玄注相比,《孔传》对很多涉及制度的地方都非常简略,可见其并不重视制度,所重视者为对法家之治国理论的阐发。而一旦知道《古文孝经孔传》其实并非真正的孔安国注,且非儒家之作品,那么我们对于今古文《孝经》的纷争,就应该以新的眼光来审视。

---

[1] 孔安国传,太宰纯音:《古文孝经孔传》,鲍廷博刊刻《知不足斋丛书》本,第14页。

第二节　刘炫《孝经述议》与魏晋南北朝《孝经》学

刘炫撰著《孝经述议》以注解和发明《古文孝经孔传》，从某种程度上说，此书在《孝经》学史上做到了综合南北，是《孝经》学发展的一大转捩点，有其重要价值。透过对刘炫《孝经·五刑章》注解的层层分析，可发现魏晋南北朝时期的忠孝之辨、仁孝之辨都在其中有所展露，刘炫的解释正凸显出历史上对《孝经》的解释呈现出礼仪化和刑法化两种不同的趋向，这实则体现出了法律的儒家化和儒家经学对法家思想的吸收两重面向。《孔传》并非如有些学者所说作于东晋初，而应当作于曹魏时期。

细读《述议》与唐代的《孝经注疏》，即可发现后者中保存有魏晋南北朝时人的《孝经》注文，且疏文中的这些注文多是本于刘炫《述议》。刘炫《述议》作为从汉魏六朝《孝经》学至唐代《孝经》学的过渡，其重要性自不待言。故不论是从文献的保存角度，还是从《孝经》注解与思想的传播角度看，刘炫《述议》都拥有无可替代的重要价值。本节试图透过分析刘炫《述议》对于汉魏六朝人《孝经》注之继承与扬弃，联系当时的社会政治背景，从孝与法、忠与孝之辨的角度揭示汉魏六朝《孝经》学之一隅。

一、《述议》对《孔传》法家化注解的依循与稀释

刘炫推崇《古文孝经孔传》，而非《孝经郑注》，此于《孝经述议》序文中即可见其态度。虽如此，《述议》却并非一味为《孔传》作疏解和辩护，而且往往反驳《孔传》，直言其"非经旨也""非经意也"。刘炫在《述议序》文中道及自己欲针对《孔传》专作一部《孝经稽疑》，专门挑剔《孔传》讹误而核正之。从体例上来说，《述议》总是先在每章章题之下对于经文之意做一总体疏解，然后才依循《孔传》对传文做一一分解，指出其与经文之离合异同，继而断以己意，是典型的"经注并疏"的义疏体，此正是六朝人之义疏体做法，异于汉、唐人所严格遵奉的"疏不破注"之习。

在刘炫《述议》对《孔传》的疏解上，有一点最值得注意，此即：《孔传》对《孝经》的解释颇富法家色彩，而刘炫在《述议》中明显意识到了这一问题，并在自己的疏解中淡化了《孔传》的这一法家化色彩，但却仍然大体继承了《孔传》强调刑法的内容。盖《孔传》作者屡引《管子》《韩非子》以作传，凸显

了《孝经》中本来并不彰然的"道之以政,齐之以刑"的内容。显然,《孔传》是以《孝经》为治世之书,而非侧重在孝亲之书,刘炫亦继承了这一观点。在具体的解释中,刘炫于《述议》中多处指出《孔传》因袭了《管子》《韩非子》,但是刘炫并未对此进行批评或指责,至多是在一定程度上"化解""稀释"了《孔传》过于浓厚的法家思想因素①。以下试举三处显例以窥其要:

《孝经·三才章》谓:"示之以好恶而民知禁。"《孔传》言:"好谓赏也,恶谓罚也。赏罚明而不可欺",并引《管子》"治国有三器:号令也,斧钺也,禄赏也。非号令无以使下,非斧钺无以威众,非禄赏无以劝民"一大段文字以作解。刘炫在疏通此段时,指出《孔传》此处"皆《管子》正文也"②,但他并未直接反驳《孔传》,虽然其解释与《孔传》亦有显著不同。刘炫言:"好谓事之善者,恶谓事之不善。举此二者以示民,民有善则当赏之,不善则当罚之。好恶是可赏可罚之事耳。非独赏为好、罚为恶也。"③末一句正表明刘炫是在修正《孔传》之说法。刘炫意识到《孔传》是引《管子》以立说,很可能正是基于这一意识,刘炫才对其加以修正。在他看来,《孝经》中所谓的"好恶",并非直接以赏罚来示民,而是举事之善者以赏之、事之恶者以罚之以使民知晓。这样一来,就稀释了《孔传》的法家色彩,而劝民为善的儒家道德教化色彩增强。

《孔传》最富法家化色彩之处莫过于对《圣治章》的解释,《孝经》此章经文本是说:周公为圣人,能躬行孝道而宗祀文王,四海之内诸侯皆向风归化,不远万里前来助祭。但《孔传》的解释则不是以行孝立论,而是以法家的权、术、势之说立论:"周公秉人君之权,操必化之道,以治必用之民,处人主之势,以御必服之臣,是以教行而下顺,海内公侯奉其职贡,咸来助祭。圣孝之极也,复何以加之孝乎?"④诸侯之服从与助祭是因为周公的权势,而非周公能行孝。这一解释就将儒家尊为至德之圣的周公幻化成了法家

---

① 据今林秀一复原本《孝经述议》之文,刘炫指出《孔传》有两处是据《韩非子》而成文,有六处是依《管子》而立说。实际上,《孔传》对《管子》的引用还远不止此,刘炫所指出者,仅是其荦荦之大端。

② 林秀一:《孝経述議復原に関する研究》,东京:文求堂书店,1954年,第264页。

③ 林秀一:《孝経述議復原に関する研究》,东京:文求堂书店,1954年,第263页。

④ 孔安国传,太宰纯音:《古文孝经孔传》,鲍廷博刊刻《知不足斋丛书》本,第10页。如本节所论,实则此书并非孔安国所作。

思想中善于运势操术的威权君主,其与《孝经》文本之间无疑存在巨大的意义分裂。且《孔传》引《管子·明法解》和《版法解》解《孝经·圣治章》"明王之以孝治天下",赋予"明王"以信赏必罚、操不蔽之术的"明主"意涵,这与《孝经》以孝弟礼乐治理天下的"明王"意涵亦有天壤之别。刘炫则对《孔传》加以解释:"《传》解来祭之意,由人主以孝道化民,于物无私,则民一心而奉其上,故海内皆来也,非以威烈。以忠爱者,言自感德而来,非以强力服之也。以周公身非正主,故云'秉人君之权,处人主之势'。民所以和,由臣宣其化,故既言……"①刘炫之意是说,《孔传》认为周公乃是摄行政事,并非正主,因此《孔传》才以法家的权势之说作解,而实则周公仍然是以孝德感召臣子来助祭,而非以威烈强力。刘炫为《孔传》所作的委曲辩护式解释完全不是《孔传》之意,但却更契合《孝经》经意。

让人感到奇怪的是,站在儒家的立场来看,刘炫为何并未对《孔传》之以法、术、势内容解释《孝经》加以斥责,即使是在《孔传》引用《韩非子》的地方,他都无严厉之辞,反而为其回护不已呢? 或许答案并不复杂,即刘炫对于《孔传》之说非常认同,于其心有戚戚焉。故而,刘炫《述议》中甚至还出现了一处引用《孙子兵法》以阐发《孔传》的内容。《孔传》解释《孝治章》"故得百姓之欢心以事其先君"之文云:"凡民爱之则亲,利之则至,是以明君之政,设利以致之,明爱以亲之。若徒利而不爱,则众不亲。徒爱而不利,则众不至。爱利俱行,众乃说也。"②"爱利俱施"之说,与孔孟儒学之旨并不吻合,亦乖违于《孝经》以孝感召百姓之意。刘炫在《述议》中已指出这段文字是本于《吕氏春秋》,但是他并未批评《孔传》,反而是延续了《孔传》的这一思路,引用《孙子兵法》以阐发"爱利俱行"之意,谓:"孙子兵书曰:'军无财,士不来;军无赏,士不往。'是无利则民不至也。……"③这就强调了"利"的重要。

透过以上三处分析,可以体会到,《孔传》、刘炫《述议》二书都给人以一种强烈的现实主义印象,强调君主应该有具体的施政安民之措施,有明确的信赏必罚之法律,有以君主为绝对中心的国家纲纪。《孔传》与刘炫《述议》之所以引用《吕氏春秋》《管子》《韩非子》《孙子兵法》《老子》以作解,原

---

① 林秀一:《孝経述議復原に関する研究》,东京:文求堂书店,1954 年,第 121—122 页。
② 孔安国传,太宰纯音:《古文孝经孔传》,鲍廷博刊刻《知不足斋丛书》本,第 9 页。
③ 林秀一:《孝経述議復原に関する研究》,东京:文求堂书店,1954 年,第 268 页。

因即在于此。《孝经》之内容并不涉及具体的施政措施,也不强调君主之以强力刑法而使臣民服从。故要使《孝经》能成为真正的"孝治天下"之典籍,唯有借助其他典籍——哪怕是道家、法家、杂家这种侧重具体治术的典籍——来充实和引申《孝经》,使《孝经》获得更多"言外之意",成为饱含"治术"之书。

但是,刘炫为何对于《孔传》抱有如此强烈的认同感?此方是最关键、最核心之问题,对于这一问题,在刘炫《述议》对于《五刑章》的注解中可找到最能切中肯綮的答案。作为《孝经》中专论刑法的篇章,刘炫的解释中包含了极为丰富的信息,深入剖析其说,足以让我们窥知《孔传》、汉魏六朝士人《孝经》学的内里乾坤。

二、孝还是法:《五刑章》诠释的两极

刘炫在《述议序》中言及前人之《孝经》注时,说道:"肇自许洛,讫于魏齐,各骋胸臆,竞操刀斧,琐言杂议,殆且百家;专门命氏,犹将十室。王肃、韦昭,差为佼佼;刘邵、虞翻,抑又其次。俗称郑氏,秽累尤多,譬彼四族,诬碎更甚。"[1]此序中所提到的四家之说外附《郑注》,正是当时流行的、较有影响的《孝经》注本,刘炫作《述议》,正是以《孔传》为直接对话对象,而以此五家为主要参考对象[2]。据笔者统计,正如刘炫《序》文对于四家之说优劣之排序,复原本《述议》中称引王肃有十多次、韦昭六次。除《序》文中提到的四家之说外,刘炫还引及魏晋南北朝时的刘瓛、谢万、殷仲文、谢安、袁宏、王献之等人之说,尤其是殷仲文,《述议》中出现了四次[3]。此外,《述

---

[1] 林秀一:《孝经述议復原に関する研究》,东京:文求堂书店,1954年,第64页。

[2] 今据林秀一复原本《述议》以观,王肃、韦昭、《郑注》,刘炫都有引及,唯独不见刘邵、虞翻之说。宋王应麟《困学纪闻》即说:"《唐明皇《孝经序》六家同。今考《经典序录》,有孔、郑、王、刘、韦五家,而无虞翻注。"(王应麟:《困学纪闻》卷七,孙通海校点,沈阳:辽宁教育出版社,1998年,第170页)《隋志》《唐志》皆不载。但据刘炫《述议序》可知虞翻定作有《孝经注》。而《隋志》《唐志》均不载,这很可能说明虞翻注在隋以前即已佚。若非如此,则有二种可能:或者林秀一复原的《述议》中本有引刘邵、虞翻之说,但引用的地方恰好已遗失;或者所引二家之说就在刘炫所提及的"或以为""或称"之中。

[3] 袁宏(约328—约376)、谢安(320—385)、王献之(344—386,王羲之第七子。王羲之有手书《孝经》,其子有《孝经注》当不意外)、谢万(320—361),均是清一色的东晋时人。殷仲文(?—407),生年不详,卒于晋安帝义熙三年,从兄殷仲堪。刘瓛,生卒年不详,为南朝齐人。

议》中虽从未提及皇侃之名，但细读之下，可以发现刘炫有称引皇侃之处[①]。此可见，刘炫对于前人注释的参考，是兼包南北。而正如他在《述议序》中所言，在他表彰《孔传》之前，《孔传》蔑尔无闻[②]。大量流传的正是东晋人、南朝人的注解，即"南学"。刘炫之作《述议》，在发明《孔传》精意的同时，势必不能不对"南学"的注释做回应。

首先，刘炫所作《述议》亦沾染了那一时期的玄理风味。最为直观的印象即是，刘炫屡屡使用内外、本末、体用之类的对列范畴，亦屡引《周易》《老子》《庄子》以注经，玄学风味弥漫于其《序》文以及注释中。如《述议序》言："黄道帝化，因事立功；千品万官，随时作则。揖让周旋之仪，去礼已远；洒扫应对之节，离本更遥。泳其末而不践其源，服其道而未臻其极。百行孝为本也，孝迹弗彰；六经孝之流也，孝理更翳。"[③]这段话表明了他对于"礼义""礼之本""孝本"的追寻。以六经为孝之流，即是以《孝经》或孝理为六经之本。刘炫孝礼并奉，正是爱敬合一、孝礼为一之意，换言之，其意是以孝为本、源、理，六经为末、流、迹。其道家意味洋溢满眼，六朝风气跃然纸上。又其解《孝经·开宗明义章》"至德要道"说："孝之所生，生于所敬，故云孝生于敬。是要约之道，故谓之要道也。至谓到彼极处，故以达妙为至。要谓撮持纲领，故以统本为要。至以极远为称，要以最少生名，至则远不可加，要则少不可减。孝者为德之至，则远无加焉。在道之要，则少不减焉。"[④]其"统本达要""至极最少"之言，皆玄远名理之辞。《述议》援玄入

---

① 此处举一例，刘炫《述议》解《孝平章》："或以为始善而终恶，容以后恶灭前善，始恶而终善，当以后善除前恶，终无可以离患，无终始不应及患，斯不然矣。所言患者，岂亏体丧身，倾家覆族，然后谓之患乎？苟其行不成立，名不发扬，于己无荣，于亲无显，未尝不为患。或有无始节及于患，不暇行终者。或有于终虽有所善，追诘前咎者焉。必其终始无僭，乃免悔。圣人欲令人之行孝，无时暂舍，故举患必及之，以为大戒耳。"（林秀一：《孝経述議復原に関する研究》，东京：文求堂书店，1954 年，第 252 页）此处之"或以为"正是指皇侃。元行冲《孝经注疏》在解释这段话时即引皇侃之说，并谓："皇侃曰：'无始有终，谓改悟之善，恶祸何必及之。'则无始之言，已成空设矣。"（李隆基注，元行冲疏：《孝经注疏》，邓洪波整理，钱逊审定，北京：北京大学出版社，1999 年，第 18 页。本章第三节在学界研究基础上指出《孝经注疏》中的疏文当为元行冲所作，并非邢昺，故本书将《孝经注疏》疏作者一律标为元行冲）刘炫所言之"始恶而终善，当以后善除前恶"，似针对皇侃之说"无始有终，谓改悟之善，恶患何必及之"。

② 前人谈及《孔传》的失传时，往往归咎于南北朝时期的战乱，太过夸大战争对经学的影响。《孔传》的失传，与当时时代之好尚、学风有密切关系。

③ 林秀一：《孝経述議復原に関する研究》，东京：文求堂书店，1954 年，第 63 页。

④ 林秀一：《孝経述議復原に関する研究》，东京：文求堂书店，1954 年，第 216 页。

儒,对南北朝时期——尤其是南朝——义疏体的继承,正是经学在走向唐代统一时代前之表征①。

其次,刘炫参酌前代诸家之说,对于前人之注的引用和批评,有着来自自身所处时代的考量。从刘炫对于前人之注的衡量抉择,即可反映出《孝经》学从六朝至隋代的时代变迁。反映这一变迁之最显著者莫过于《五刑章》之注解,刘炫在此处以作为"北学"的《孔传》折中"南学"。《五刑章》言:"五刑之属三千,罪莫大于不孝。"历史上对此章之解释,存在的最大分歧在于不孝之罪是在三千之中,还是三千之外。《孔传》以为在三千之中,《孝经郑注》以为在三千之外。《孔传》云:"言不孝之罪大于三千之刑也。罪者,谓居上而骄、为下而乱、在丑而争之比也。"刘炫疏通其意说:

> 言不孝之罪大于三千之刑,谓三千之中此罪最大。故《传》即云谓骄乱争之比,言骄乱之类,是不孝罪也。王肃云:"三千之刑,不孝之罪甚大。"其意亦以为不孝之罪在三千内矣。江左名臣袁宏、谢安、王献之、殷仲文之徒,皆云五刑之罪可得而名,不孝之罪不可得名,故在三千之外,近世儒生共遵此旨。炫案,上章云"此三者不除,虽日用三牲之(按:原书此处脱却"之"字)养,犹为不孝",此章承之,即云"罪莫大于不孝",则不孝之罪还是骄乱之比。骄乱之罪,岂得在三千外乎?若骄乱之罪不在三千,则三千之条何所诛也。且以上经类之,"人之行莫大于孝",孝者,行在之中矣。"莫大于严父",严父在孝中矣。"严父莫大于配天",配天在严父中矣。此云五刑三千而罪莫大于不孝,则不孝亦当在三千中矣,复安得在三千外也?或以为:《礼记·檀弓》云:'邾娄定公之时,有弑其父者。有司以告。公瞿然失席曰:'是寡人之罪也。'曰:'寡人尝学断斯狱矣。'弑其人,坏其世,洿其官而豬焉。'此事在三千条外。"斯不然矣。三千之条,经典亡灭,安知此事在三千外乎?若三千不载,则法所不传,定公何所咨承而云"学断之乎"?且孝虽事亲之名,乃是百行之本,行乖其道,皆是不孝,岂要击母杀父始为不孝者哉?若行乖孝道,即不在刑,则三千之刑无可刑矣。②

---

① 隋唐间学术风尚的变化呈现出明显的南朝化倾向,经注大量地舍北从南,经学的统一成为以南学为主体的统一。

② 林秀一:《孝经述议复原に関する研究》,东京:文求堂书店,1954年,第156—158页。

乍看《孔传》之说"不孝之罪大于三千之刑",似乎是认为不孝之罪在三千之外,其实不然。《孔传》之说是将《五刑章》"五刑之属三千,罪莫大于不孝"的语序做了倒装,故其意仍显得模棱两可。但刘炫对于《孔传》之意做了详细的厘清,其工作可厘定为四个层次:第一,刘炫认为《孔传》以经证经,以《纪孝行章》所言"骄、乱、争"来比不孝,此显系认为不孝之罪即在三千之内,而非之外。《纪孝行章》之文云"居上而骄则亡,为下而乱则刑,在丑而争则兵",其中就提到了"刑",故而《孔传》以此解释《五刑章》,自然就是认为不孝之罪亦在三千之内,而非之外。因此,刘炫的解释应当是符合《孔传》之意的①。第二,刘炫指出《孔传》的解释并非孤例,王肃亦然。第三,刘炫从文法上证明《孔传》之解符合《孝经》本意。他发现《三才章》"人之行莫大于孝"、《圣治章》"孝莫大于严父,严父莫大于配天"与"五刑之属三千,罪莫大于不孝"在句法上相同,而前两者皆是"……在……中"之意,那么《五刑章》也自然不例外。第四,除却文本上的考虑,刘炫在义理上的解释至为关键。此即可从刘炫对于前人之注的批评中得来。以下详述之。

刘炫谓"近世儒生共遵此旨",所举袁宏、谢安、王献之、殷仲文,皆为东晋时人。四家之说皆以为不孝之罪在三千之外,皆云"五刑之罪可得而名,不孝之罪不可得名"。将五刑之罪视为"可得而名"者,不孝之罪视为"不可得而名"者,此显系依玄理化思维来解释孝与刑罚之关系,不难想见,这一解释根源于对孝与行之关系的理解。《孝经》言:"夫孝,德之本也","人之行莫大于孝",孝与德行便可依本末、体用之关系来理解,本、体不可得而名,而末、用则可得而名。此正是玄学家言,与王弼之言有以无为本、名教以自然为本相似。那么,缘何东晋时人均倾向于认为不孝之罪在三千之外而非之内呢?这一点必须联系当时的时代风气,尤其是在处理孝与法之关系这一点上做探究。简单来说,如果当时人认为对于孝与不孝的认识不能在国家之公法的范围内来看待,则孝即是超越于法律之上或之外的;反之,则是在公法的管辖范围之下或之内。若是前者,则显然不孝之罪当在三千刑法条例之外;若是后者,则不孝之罪便当在三千刑法条例之内。

而考察孝与法之关系,其实质即是忠、孝先后问题。所谓孝是私人家

---

① 陈鸿森在分析《孔传》对《五刑章》的解释时,认为《孔传》之意是认为不孝之罪在三千刑外,批评刘炫对《孔传》之解不合传意。这一说法是错误的,下文第三节详述。

庭或家族内的孝于亲,法则指涉公领域的忠于君。唐长孺先生指出忠与孝、君与亲之先后在汉代至三国之间是容许有所选择的,但自西晋以后,门阀制度的确立,使得"亲先于君"/"孝先于忠"的观念得以确立[①]。这就使得本为门内之私恩的"孝亲"凌驾于作为门外之公义的"国法"之上。孝亲也就不仅仅是私领域的事情,而且也是公领域的事务。孝由私跨界至公,若不加以节制,私亲之行为的泛滥,定然会有损国法之完备、君主之威严与朝廷之纲纪,何况还有仇君问题存在[②]。

鉴于以上分析,刘炫所提及的东晋四家之说以为不孝之罪不在三千条之内,也就容易理解了。而刘炫之所以对此观点强烈排斥,也正是因为世易时移,至隋代一统南北,孝与法之关系已不再是如东晋门阀士族兴盛的时代那样,维护国家的统一安定自然需要重视国家法律建设的完备,尤其是对于刚刚终结了南北分裂的隋朝来说[③]。这也正是刘炫为何会大力排击东晋四家及尊崇此说的"近世儒者"之因。刘炫在《述议序》中极力推崇《孔传》,谓其"述孔旨,本孔心",其意亦在于此。

刘炫在《五刑章》的解释中提及"或以为"的一种观点,正与忠、孝及公、私之辨有关:

> 或以为:"《礼记·檀弓》云:'邾娄定公之时,有弑其父者。有司以告。公惧然失席曰:'是寡人之罪也。'曰:'寡人尝学断斯狱矣。'杀其人,坏其室,洿其宫而豬焉。'此事在三千条外。"[④]

"或以为"之说是引据《礼记》,与《孔传》之喜引法家典籍不同。此处所引《礼记·檀弓》段落不全,原文在"断斯狱矣"之后、"弑其人"之前尚有"臣弑君,凡在官者,杀无赦。子弑父,凡在宫者,杀无赦"二句[⑤]。据此,"或以

---

① 唐长孺:《魏晋南朝的君父先后论》,载唐长孺:《魏晋南北朝史论拾遗》,北京:中华书局,1983年,第238—239页。
② "仇君"涉及复仇问题:若君主杀死了某甲,某甲的儿子是否可以复仇。参看张隆溪:《复仇观的省察与诠释》,台北:台湾大学出版中心,2012年,第50页。
③ 唐长孺先生谓:"孝道的过分发展必然要妨碍到忠节。一到唐代,一统帝国专制君主的威权业已建立,那种有害于君主利益的观点随着门阀制度的衰落而趋于消沉。"(唐长孺:《魏晋南北朝史论拾遗》,北京:中华书局,1983年,第247页)据刘炫之说,孝先于忠之观念衰落,当在隋代已然趋于消沉。
④ 林秀一:《孝经述議復原に関する研究》,东京:文求堂书店,1954年,第158页。
⑤ 郑玄注,孔颖达疏:《礼记正义》,龚抗云整理,王文锦审定,北京:北京大学出版社,1999年,第317—318页。孔颖达在《礼记正义》中指出,这段话涉及"公义"与"私恩"之辨。

为"以《礼记·檀弓》阐发《五刑章》之意,认为子弑父这种不孝之罪不在三千条之刑律管辖范围内。因为按照"凡在宫者,杀无赦"的说法,若有子弑父的事情发生,那么在现场的人可以直接杀死此不孝之子,而不用先经过司法系统士官的审判。这一点正是刘炫所极力驳斥者。在其反驳中,刘炫以"孝为百行之本"为立论依据,从而将人之一切行为都视作与孝相关,他不同意仅仅将"击母杀父"视为不孝的狭隘说法,对"孝行"做了泛化的处理。这样一来,刘炫认为:既然一切行为都与孝有关,那么只要行不合道,就是不孝,而不合道之行皆应受刑法的制裁,也就是说一切不孝之行为皆受刑法的制裁。结论便是不孝之罪在三千条之内。有一点不难体察,经过刘炫的发挥后,他所说的此孝已非彼孝,而是成了包含亲亲、仁民在内的网罗人之所有行为的"仁"。仁是总德,不忠君也自然是不合道,不合仁,亦应受惩罚。因此,刘炫的解释中暗含了仁、孝之辨问题,而他的答案无疑就是"仁大于孝"。而将孝泛化处理后,孝便可以和忠更密切地关联起来,"移孝作忠"的观念亦呼之欲出。暂且不论刘炫对"孝"的泛化处理是否合理,我们需要注意的是,他这样做的意图无非就是欲将不孝之罪纳入刑法之内,以体现"忠先于孝"这一理念。与"或以为"的观点相较,二说之不同正体现出,在历史上对《孝经》的解释有两种趋向,一是引向礼,一是偏向法。正如"或以为"援引《礼记》,而《孔传》与刘炫则喜引法家典籍相应。

接前文所述,魏晋时期流行的君父先后之辨,是以孝先于忠、父先于君为主流的。而袁宏、谢安等人的观点以不孝之罪在三千刑法条例之外,也即是以孝道凌驾于王法之上,这与当时的父先君后、孝先于忠的观念一致。故透过此,便可窥见魏晋时期《孝经》学与当时政治、法律制度之关联。至隋唐之际,结束了南北割据之局面,政治实现了大一统,忠孝先后关系发生了转折。在大一统局面下,又重新回到了忠先于孝、君高于父的论点。唐玄宗御注《孝经》的意图之一是要强调君臣关系,即是显例。实则隋初刘炫的观点即已如此,非必迟至唐代。刘炫在《五刑章》注中强调不孝之罪一定在三千条中,而不能在之外。在《五刑章》部分中,刘炫《述议》还申发《孔传》传文说:"郑玄《诗笺》《论语注》皆云:'发,行也。''君臣上下皆发焉',言共行之也。'存其私,便其亲',皆谓违背公法而曲相阿党也。"[1]此即表明

---

① 林秀一:《孝経述議復原に関する研究》,东京:文求堂书店,1954 年,第 162 页。

刘炫主张以公法制止私亲阿党,自然不会同意将不孝之罪置于三千之外的私亲行为。这也正是为何刘炫对于《孔传》之引据法家思想极为浓厚的《管子》《韩非子》解释《孝经》,丝毫不以为意的原因所在。换句话说,对于《孔传》之说,刘炫颇能认可于心。这就深刻回应了前文所提出的问题。

虽然《孔传》法家化的《孝经》注解正合刘炫心意,但正如前文所论,刘炫《述议》所显露的法家化内容已不是很明显,他稀释了《孔传》的法家意味,在他的解释中礼与法之间的汇合更趋圆融。从整个《孝经》学史来看,《孝经注疏》虽然对于刘炫《述议》多有因袭,但是《注疏》从未引《管子》或《韩非子》作解①。作为《孝经》学史的一个阶段,《孔传》代表了那个时代的《孝经》学特色,刘炫《述议》则代表的是南北朝末隋初的特色。依汤用彤先生之看法,三国时期尤其是曹魏之初,颇重名法之言,其表面是推崇儒家的名教,而其实质却是法家之庆赏必罚的内容②。从《孝经孔传》的内容来看,其正是试图将律法内容注入儒家典籍中的显例。而《孝经》作为汉以来的孝治经典,地位崇高,内中又有《五刑章》,这就使得《孝经》成为当时律家儒者讨论和制订刑法必然会关注的经典。而将律法内容注入《孝经》,其结果则是双向的:一方面律法儒家化了,而另一方面对《孝经》的注解中也必然要吸收刑法方面的内容,出现了沾染法家化色彩的儒家经学。显然,从重视刑名法术的名理之言过渡到纵论三玄的玄理之言,《孔传》代表的这一儒家经学形态是六朝玄学化经学登上历史舞台之前的预演,二者均擅长于义理阐发。而刘炫《孝经述议》则有过之而无不及。尤其是与《孝经郑注》之精简、唐明皇《御注》之约略相较,益发显得如此。

三、再议《孔传》成书当在汉末魏初而非东晋初

《孔传》之成书当在曹魏时期,书中满纸刑名家言,正与曹魏时期的名理之学相合,同时亦与曹魏以重典治国相应。《孔传》中屡屡言“典法”“典谊”“礼典”“法度”,即是明证。近年陈鸿森先生撰写《〈孝经〉孔传与王肃注考证》一文,谓《孔传》成书于王肃之后,又谓《孔传》之注参酌于王肃《注》与郑《注》之间,其说颇有道理。但该文进而推测《孔传》成书于东晋初年,则

---

① 关于此,笔者将另撰文论之。
② 汤用彤:《儒学·佛学·玄学》,南京:江苏文艺出版社,2009年,第218页。

缺乏充分的证据,尚有未发之覆。鉴于此文辗转载录于《文史》《国学学刊》《古文献研究集刊》等多个杂志①,流播甚广,故对陈先生说加以补充和校正,于推进学界关于《古文孝经孔传》的认识和进一步研究应非无益之举。

陈先生进行推测的主要论据见于以下两段话:

> 比观诸注,《孔传》不惟与郑、王《注》繁简判然;其训解形式,非止训释词义,而是隐然以申明或补充旧注为事,类乎六朝讲疏之体。而讲疏除一般语词释义外,尤重在引申发挥,阐发义理,此为《孔传》与郑、王注最大差异之所在②。

> 然则《孝经孔传》晋末盖已传行于世矣,其成书年代当在王肃之后、荀昶《孝经集议》之前。必而求之,余疑其书殆成于东晋初,一则《孔传》多名理之言,正两晋之时代标帜。再者,据《晋书·荀崧传》载元帝践阼,置《周易》王氏,《尚书》郑氏,《古文尚书》孔氏,《毛诗》郑氏,《周官》《礼记》郑氏,《春秋左传》杜氏、服氏,《论语》《孝经》郑氏博士各一人,凡九人。是东晋初《尚书孔传》已与郑注并立学官;而《孝经孔传》默尔无闻。其后该书渐传于民间,为世所重,故荀昶纂集《孝经》诸说,采录其义;经宋与齐,梁代遂与郑注并立于学。此亦犹《尚书孔传》成于魏晋之际,历西晋之世,传播渐广,为世所重,东晋之初乃立于学官尔。③

陈文以《孔传》多参酌郑玄、王肃之说,故认为当作于郑玄、王肃之后,荀昶之前,此一判断大体可接受。但是,他认为“《孔传》多名理之言”,便认定《孔传》成书于两晋时代,则不合理。因为“名理之言”非独两晋时代流行,而是整个魏晋时期都流行。更重要的是,“名理之言”亦有区分,有重视刑名的名理之言,有重视玄理的名理之言。此二者迥然有别,一者偏重法家,紧密结合政治治术,一者偏重道家,希求精神的逍遥,虽然俱是结合儒

---

① 台湾学者陈鸿森《〈孝经〉孔传与王肃注考证》一文,载《文史》2010年第4辑,第5—32页;此文又见于《国学学刊》2010年第3期,以及赵生群主编:《古文献研究集刊》第六辑,南京:凤凰出版社,2012年。本书所引据《文史》所载。陈鸿森先生在《孝经》学领域有极为精深的研究,笔者极为钦佩,相关写作也正受惠于先生的启发,是在其研究基础上加以推进。
② 陈鸿森:《〈孝经〉孔传与王肃注考证》,载《文史》2010年第4辑,第27页。
③ 陈鸿森:《〈孝经〉孔传与王肃注考证》,载《文史》2010年第4辑,第31页。

学而产生。汤用彤先生即指出,曹魏时的王弼、何晏常讲政治①。汤先生解释魏晋"名理"思想之变迁,说:"名理者,名分也,人君臣民各有其职位,此政治之理论也。又为名目之理,识鉴人物,论人物之性也。晋人善谈名理,言玄理也,此非原来之意义。"②今观《孔传》,所言绝非"玄理",而是元初的喜言设官分职、信赏必罚的政治化"名理"。仅此一点,即可判定陈鸿森之断言非是。汤用彤先生亦曾谓:"名理家自称根据孔子正名之说,实取法家之精神,曹氏之重刑名可证。又名理之学混杂有道家之学说,继承了王充以来反传统之运动。"③汤先生此处对于曹魏名理之学的论述,正可用于衡量《孔传》。《孔传》屡引《管子》《老子》等书,正是混杂有道家之学说。故谓《孔传》成书于东晋初,定然不合史实,谓其成书于曹魏时期更契合思想史发展的客观面貌。

另有一点亦可以反衬陈文之误。论者谓:"汉魏以来崇尚'博通'的学者多在北方,而研习今文经学的南方学者依然是固守家学。""东汉魏晋时期,北方地区世人对博与通的追求有愈来愈超出经学范围的倾向。"④《古文孝经孔传》正是出现在曹魏统治的北方。且正如上文所分析,《孔传》之内容特色,早已逸出西汉经学之家法,孔安国绝对不会以如此浓厚的法家思想来歪曲《孝经》,更何况《孝经》在西汉是被视为孔门正典,仅次于六经之书。

《孔传》不大可能作于东晋或南朝。据陆德明《经典释文·序录》自注,《郑注》在东晋时已立学官,南朝齐国时亦然。据《隋书·经籍志》言:"梁代,安国及郑氏二家并立国学。而安国之本亡于梁乱,陈及周、齐,唯传郑氏。"⑤则北朝更是风行《郑注》。与《郑注》之无限风光相比,《孔传》仅在南朝梁代时短暂地立于学官,且是与《郑注》并立学官。又,陆德明《序录》中亦言:"《古文孝经》世既不行,今随俗用郑《注》十八章本。"⑥刘炫《述议序》文中说《孔传》"蔑尔无闻",此皆可作为当时情况之证明。若以《孔传》作于

---

① 汤用彤:《儒学·佛学·玄学》,南京:江苏文艺出版社,2009年,第214页。

② 汤用彤:《儒学·佛学·玄学》,南京:江苏文艺出版社,2009年,第217页。

③ 汤用彤:《儒学·佛学·玄学》,南京:江苏文艺出版社,2009年,第218页。

④ 此处两段内容,见胡宝国《汉晋时期的南北文化》,载陈苏镇主编《中国古代政治文化研究》,北京:北京大学出版社,2009年,第82页。

⑤ 长孙无忌等:《隋书·经籍志》,上海:商务印书馆,1955年,第27页。

⑥ 陆德明:《经典释文》,上海:上海古籍出版社,1985年,第29页。

东晋便无法解释"蔑尔无闻"一语,故《孔传》不大可能作于东晋或南朝。亦且东晋与南朝士人皆玄礼双修,尤其重视礼制,而《孔传》对于《孝经》的解释,恰恰是在礼制方面极为薄弱,其注解《孝经》"严父配天"的明堂和郊祀礼、社稷之神,以及《丧亲章》中涉及丧礼的内容时,皆表露出这一方面的欠缺,刘炫在《述议》中的疏通即指出了这一点。相较来说,《孔传》在言及信赏必罚、德禄相称、设官分职、法象天地的名法方面则极尽敷畅铺陈之能事。

《孔传》亦不大可能作于北朝,一是因为《郑注》风行于大河以北,为世所崇,二是因为刘炫本人即生活在北朝,若是此书作于北朝时期,则当时应有人尊崇《孔传》,刘炫不当谓"蔑尔无闻"。三是因为如果《孔传》作于北朝,则在北朝立于学官之可能性更大,而不应是在南朝梁代立学。

正因陈先生认为《孔传》作于东晋,故在理解《孔传》时就发生了错误。他在分析《孔传》对《五刑章》的解释时,认为《孔传》之意是认为不孝之罪在三千刑之外,并批评刘炫对《孔传》之解不合传意。他说:"余下文推测《孔传》成于东晋之时,则《孔传》此义正用当时通说,所谓'近世儒生,共遵此旨'也。"[1]此处对《孔传》有严重误解,亦错误地使用了刘炫所说的"近世儒生,共遵此旨"。刘炫所言"近世儒生,共遵此旨"者,非对《孔传》而言,而是对他所要批评的东晋人袁宏、谢安辈。刘炫之意是说东晋以来乃至南北朝时的通行观点皆是如此,所以他才言"近世儒生,共遵此旨",以将此说区别于《孔传》。刘炫明明说:"安国之传,蔑尔无闻,以迄于今,莫遵其学",正表明《孔传》之说不同于时人,且无人遵其学。既然如此,又怎么可能说《孔传》与袁宏等人"共遵此旨"呢?陈鸿森之所以认为《孔传》之意亦是以不孝之罪在三千外,可能是因为他看到了《孔传》传文"不孝之罪大于三千之刑"一语,但却忽略了这句话的上下文语境。

因此,正如前述,最大的可能就是《孔传》作于汉末三国的曹魏时期。《孔传》的思想内容与写作风格一方面符合当时汉末以来崇尚博通、重视名理的学术风气,另一方面也符合曹魏时重典任法的施政方略。在重法的时代,以法来规范不孝之行为正是题中应有之义。这也正可以解释,为何刘炫对于《古文孝经孔传》的法家内容不加以反驳,反而还推崇肯定。如刘炫

---

① 陈鸿森:《〈孝经〉孔传与王肃注考证》,载《文史》2010 年第 4 辑,第 191 页。

还引《孙子兵法》以申论《孔传》之意，而《孔传》中从未引及《孙子兵法》，正是因为刘炫所处时代与《古文孝经孔传》作者所处的时代有相似性。而刘炫《述议》在对《五刑章》的注解中已指出，王肃《注》与《孔传》相同，王肃正是魏时人，故二者之相同并非偶然，正是同一时代社会政治在学术思想上反映的一致性。同时，刘炫尊崇古文经学，尤其精于《春秋左传学》，而"左氏学主张君主之权威为绝对……意谓君先于父，忠大于孝"①，其学术背景亦使其对《孔传》有亲切感。顺便点出，刘炫在《述议》中指出《孔传》与《王肃注》有多处相同。但是在《王肃注》十有八九已亡佚的今天，二者之间到底孰先孰后，有着什么样的因袭关系，这一点似亦难论定。据此，《王肃注》与《孔传》均属北学，所谓"德不孤，必有邻"，而随着《郑注》的流传，二书随后即在玄风披靡、南学盛行的时代都归于湮灭无闻。推测其原因，或许正在于二书皆强调名法，《孔传》在解释《孝经》时又有着类似义疏体的大段申发，这显然不利于后来人以玄学再做加工，而简约的《郑注》则无碍于锦上添花的再加工。

余　论

刘炫尊崇《孔传》而作《述议》，从某种程度上说，在《孝经》学史上做到了综合南北，其书对于先前最为重要的、立于学官的《孔传》《郑注》均有指斥辩驳，在批评中立成己说。其力排众家，不主郑氏，独崇《孔传》，亦有"一人谔谔"之势，从这几方面来看，谓《述议》是《孝经》学史上的一大转捩点，亦不为过。正因刘炫之发明《孔传》，使其渐闻朝廷，方有日后唐玄宗朝关于《孔传》《郑注》孰优孰劣之争论。而唐玄宗《御注孝经》兼取孔、郑二家，亦多有本于刘炫《述议》者。元行冲为《御注孝经》作疏，其疏文更是多次称引刘炫之说，甚至屡屡抄袭刘炫之文，化用刘说以为己用，却绝口不提刘炫之名②。这一做法体现出刘炫《述议》之价值与意义自有历久而不灭者存焉。

从刘炫对《孝经·五刑章》的解释可以看出，《孝经》虽言"事亲孝，故忠可移于君"，但孝与法、亲与君之间往往存在难以平衡兼顾的矛盾。古代帝王虽多标榜以孝治天下，但却往往面临着一个困境，即"伦理的概念和法律

---

① 王葆玹：《汉魏经学中的仁孝及忠孝之辨》，载《哲学门》第 16 辑，北京：北京大学出版社，2008 年，第 50 页。

② 《孝经注疏》对于刘炫的因袭，只要对照疏文与刘炫《孝经述议》便一目了然。

的责任常处于矛盾的地位"①,人情与公法、礼与律之间有着难以化解的冲突。无怪乎《孔传》、刘炫皆援引法家典籍以解释《孝经》,这实则体现出与法律儒家化现象相应的另外一种现象——儒家经学对于法家思想的吸收和涵化。"父子之道,天性也",源于血亲之情的"孝",是应当以礼仪化的方式加以导引,还是依法制化的形式加以规范,这似乎正是《孝经》一书本身试图解决的问题。或许可以说,中国古代政治哲学的最核心主题就是这一问题。西方学者在言及西方政治哲学的主题时,往往说一部政治哲学史就是公领域与私领域之间交互进退的历史。衡之于中国古代,又何尝不是如此,只不过中国古代政治哲学的核心问题集中于忠、孝关系,而在处理忠、孝关系时,就与国法、亲恩之关系紧密纠缠。因此,在对于忠、孝关系的处理上,也就自然会出现两种倾向:一是强调孝的儒家化维度,一是侧重以刑律吸纳儒家的孝观念。因此,历史上出现法家化色彩较浓的《孝经》注本,如《古文孝经孔传》,也便不足为怪了。经典诠释与现实政治的关联亦于此有淋漓尽致之体现。

第三节　公天下的隐没与忠君的凸显: 唐《孝经注疏》新探

《新唐书·元行冲传》载:"玄宗自注《孝经》,诏行冲为《疏》,立于学官。"②唐玄宗于开元十年(722)、天宝二年(743)两次注解《孝经》,相应地,元行冲《疏》亦再修。列于《十三经注疏》者即为天宝重注本,开元初注本则见于《古逸丛书》所收日本回传之《覆卷子本唐开元御注孝经》。作为帝王御制的《孝经注》,以及禀帝王之命操作的《疏》,二者为一整体③,共同构成了一部颁行天下的政治教科书,而此教科书的阅读者显然主要是唐玄宗治

① 瞿同祖:《中国法律与中国社会》,北京:中华书局,2003 年,第 85 页。
② 欧阳修、宋祁:《新唐书·列传一百二十五》,北京:中华书局,1975 年,第 5691 页。
③ 群经之注家与疏家多为异代之人,故后来之疏一般对前代之注都有所违异辩驳。而玄宗《注》与元行冲《疏》则与此不同,元氏对玄宗《注》是"发挥"而无违异。可参陈鸿森:《唐玄宗〈孝经序〉"举六家之异同"释疑》,载台湾"中央研究院"历史语言研究所集刊》第 74 本,2003 年 3 月,第 45 页。天宝重注时,元行冲已身殁,但是儒臣所再修之疏文亦基本因袭元《疏》,故而仍冠以元氏之名。更重要的是,再修之疏亦是一禀玄宗之意而为之。下文的分析即涉及此点。

下的臣民，而非唐玄宗本人①。《唐会要》卷三十五载《御注》制成后，"令天下家藏《孝经》一本，精勤教习，学校之中，倍加传授，州县官长，明申劝课焉"②，以此作为天下士庶官长的教本。唐玄宗《序》自言尝三复《孝经》"明王之以孝治天下"之言，"景行先哲，虽无德教加于百姓，庶几广爱形于四海"。元《疏》直白云："此上意思行教也。"③而玄宗不仅仅是以帝王的身份行教，其言"夫子没而微言绝，异端起而大义乖"，故作《孝经注》，欲达到"至当归一，精义无二"，正如元《疏》所发挥："（玄宗）叹夫子没后，遭世陵迟，典籍散亡，传注蹐驳，所以撮其枢要，而自作注也。"④据此，玄宗更是以继承和揭明孔子微言的身份注经与行教，集权位与道业于一身。李齐古《进御注孝经表》言："开元天宝圣神文武皇帝陛下，敦睦孝理，躬亲笔削，以无方之圣讨正旧经，以不测之神改作新注，朗然如日月之照邈矣。"⑤正将玄宗自许的集道、治于一身的教化者身份昭然揭出。开元初注卷首为《元行冲序》，而天宝重注与《石台孝经》中皆代之以玄宗自己的《孝经序》，也正是要为《孝经注》附着一层更高的权威⑥。简言之，为《孝经》作注的玄宗，不是学者的姿态，而是至高无上的圣王姿态。因此，《孝经注疏》也就体现出不

---

① 陈一风认为，玄宗《御注》"最适合用来教化天下臣民"。见氏著《唐玄宗〈孝经御注〉的内容特点》，载《南都学坛》2005 年第 2 期，第 24 页。

② 王溥：《唐会要》卷三十五，《丛书集成初编》本，北京：中华书局，1985 年，第 635 页。

③ 李隆基注，元行冲疏：《孝经注疏》，邓洪波整理，钱逊审定，北京：北京大学出版社，1999 年，第 13 页。据此疏文亦可见，位列《十三经注疏》中署名邢昺的《孝经注疏》并非邢昺所作，而基本是元行冲《疏》原本。阮元《孝经义疏》已据《宋史·邢昺传》等文字指出，邢昺"实为校定，并未为《疏》"（阮元：《孝经义疏》，载四川大学古籍所编：《儒藏·经部》第 27 册《孝经》类，成都：四川大学出版社，2017 年，第 229 页）；简朝亮亦认为邢昺"惟校而已"，于《孝经》"讲经云然，岂释经云然？"（简朝亮：《孝经集注述疏》，周春健校注，上海：华东师范大学出版社，2011 年，第 139 页）而舒大刚谓《宋会要》记载邢昺等"取元行冲《疏》，约而修之"。但即便如此，邢昺所作，至多也是如陈鸿森所分析，"其书多仍天宝旧疏。据此处"上意"之文，难以想象，身在宋代的邢昺仍称唐玄宗为"上"。若元行冲《孝经注疏》确实经过邢昺"约而修之"，那么"上意"这样的话语绝不应出现。陈鸿森断言："邢氏虽奉敕校定，实亦草率从事，其所增益者，盖仅卷首玄宗《孝经序》之疏文而已。"此疏文即"御制序并注"下的疏文。所引时贤讨论，可参陈鸿森：《唐玄宗〈孝经序〉"举六家之异同"释疑》，载台湾"中央研究院"历史语言研究所集刊》第 74 本，2003 年 3 月；以及舒大刚：《〈孝经注疏〉杂考》，载《宋代文化研究》第 18 辑，成都：四川大学出版社，2010 年，第 55 页。

④ 李隆基注，元行冲疏：《孝经注疏》，邓洪波整理，钱逊审定，北京：北京大学出版社，1999 年，第 13 页。

⑤ 周绍良主编：《全唐文新编》，长春：吉林文史出版社，2000 年，第 4350 页。

⑥ 参看长尾秀则：《玄宗〈石台孝经〉成立再考》，载《京都语文》2000 年第 6 期，第 165 页。

同于儒者或经学家注疏的思想特色,显著者有三:一曰引儒归道,尊道德而抑仁礼;二曰摆落古礼,删削《孝经》所含公天下的政治精神;三曰强化尊君,以律法治国。

一、崇道德而抑仁礼

在注解《孝经》的同时,唐玄宗也在注解《道德经》,《御注道德真经》(四卷)约在开元二十至二十一年间成书,《御制道德真经疏》(十卷)则稍晚于此,约在开元二十三年[①]。从时间上看,《道德经》之《注》与《疏》的成书正在两次注《孝经》之间。从形式上看,《道德经》之《注》《疏》互补的模式亦同样见之于《孝经注疏》,即玄宗《孝经序》所言:"具载则文繁,略之又义阙。今存于疏,用广发挥。"[②]玄宗《道德经》注疏与其《孝经注》二者内容必多存相互印证影响之处,这一点在《孝经序》中体现得最为明显,因为此序很可能是玄宗注解《孝经》与《道德经》之前即定下的思想纲领。今人皆见天宝重注《孝经》在天宝二年,便以为玄宗《孝经序》之作亦在此前后,然《孝经序》之作实在开元二年三月[③],早于开元初注的成书。及至天宝重注,玄宗将此《孝经序》置于篇首,取代开元初注开首的元行冲《序》,以增加《孝经注疏》的权威性,而这也说明玄宗对《道德经》与《孝经》思想及二者关系的认识前后并无大异。《唐大诏令集》卷八十一《政事·经史》载开元七年(719)五月《行河郑所注书敕》曰:"朕以全经道丧,大义久乖,浮感之性浸微,流遁之源未息,是用旁求废简,远及缺文,欲使发挥异说,同归要道,永惟一致之用,以开百行之端。"[④]玄宗主张河上公《老子注》与郑玄《孝经注》可"仍旧行永",而王弼《老子注》与《古文孝经孔传》则"宜存继绝之典"。敕文所言与《孝经序》"夫子没而微言绝,异端起而大义乖""五孝之用则别,而百行之

---

① 柳存仁:《道藏本三圣注道德经之得失》,载柳存仁:《和风堂文集》,上海:上海古籍出版社,1991年,第475页;以及董恩林:《道藏四卷本〈唐玄宗御制道德真经疏〉辨误》,载《宗教学研究》2005年第1期,第5页。《道藏》尚收录有《御制道德真经疏》四卷本,董文指出此书非出玄宗。

② 李隆基注,元行冲疏:《孝经注疏》,邓洪波整理,钱逊审定,北京:北京大学出版社,1999年,第18页。

③ 庄兵:《〈御注孝经〉的成立及其背景——以日本见存〈王羲之草书孝经〉为线索》,载台湾《清华学报》新45卷第2期,2015年,第251页。自中土流传日本的《王羲之草书孝经》前有玄宗御笔《赐薛王业敕序》,除却开首以及末尾落款年月三十一字之外,其余内容正是《孝经序》的内容。依此,陈鸿森认为《孝经序》作于天宝重注之后,就是错误的。

④ 宋敏求编:《唐大诏令集》,洪丕谟等点校,北京:学林出版社,1992年,第423页。

源不殊""举六家之异同"等叙述基本一致。这段话也表明在唐玄宗看来，道家《老子》和儒家《孝经》二者可以并存，以达教化之用。玄宗《颁示道德经注孝经疏诏》："道为理本，孝实天经，将阐教以化人，必深究于微旨。"①亦明确将二书作为教化之用②。元行冲受诏为《孝经注》作疏，正是对玄宗思想的推阐和发挥，二者是一整体。清儒简朝亮指出："唐，李氏也，故尊老子而封之，于是乎诸经唐疏皆尊老子矣。《孝经》为唐《御注》、元氏《疏》尤尊老子，其势然也。"③

　　玄宗《序》虽然简约，但元《疏》对注的发挥，钩沉索引，具体揭示出了序文的道家内涵。唐玄宗《孝经序》言："朕闻上古，其风朴略，虽因心之孝已萌，而资敬之礼犹简。及乎仁义既有，亲誉益著。圣人知孝之可以教人也，故'因严以教敬，因亲以教爱'，于是以顺移忠之道昭矣，立身扬名之义彰矣。"④玄宗注《孝经》，多据《孝经郑注》为说，其以十八章今文为定，亦是遵从郑玄。而《序》文开首即发挥儒道兼采、孔老相通之意，也正有本于郑玄《礼运注》，元行冲《疏》直接揭示了玄宗是以"上古"为"五帝以上也"，"仁义既有"为"三王时也"，并举《道德经》"失道而后德"之说，谓"道德当三皇五帝时，则仁义当三王之时"，前者"贵尚道德，其于教化，则质朴疏略也"，后者则"天下为家，各亲其亲，各子其子，亲誉之道，日益著见"⑤。可见，元《疏》正是以《礼运》"大道之行也，天下为公"与"今大道既隐，天下为家"之分别为据，郑玄注解以前者为"五帝时也"，此时尧舜"禅位授圣，不家之"；后者为"用礼义以成治"，是"禹、汤、文、武、成王、周公"之时，特点是"谨于礼"，以礼义为根据确立五伦、设置制度刑法⑥。此注不能不让人联想到《道德经》"失道而后德……失义而后礼"之说，这一联想绝非无据，因为郑玄明确表示"大道既隐"的"礼义以为纪"就是"以其违大道敦朴之本也。教令之稠，

---

① 周绍良主编：《全唐文新编》，长春：吉林文史出版社，2000 年，第 393 页。

② 敦煌文献中，即有卷面为《道经》，卷背为《孝经》者（陈铁凡：《敦煌本孝经类纂》，台北：燕京文化事业公司，1977 年，第 5 页），可见玄宗以二书教化流播之远。

③ 简朝亮：《孝经集注述疏》，周春健校注，上海：华东师范大学出版社，2011 年，第 141 页。

④ 李隆基注，元行冲疏：《孝经注疏》，邓洪波整理，钱逊审定，北京：北京大学出版社，1999 年，第 12 页。

⑤ 李隆基注，元行冲疏：《孝经注疏》，邓洪波整理，钱逊审定，北京：北京大学出版社，1999 年，第 12 页。

⑥ 郑玄注，孔颖达疏：《礼记正义》，龚抗云整理，王文锦审定，北京：北京大学出版社，1999 年，第 660 页。

其弊则然",并不忘加上一句"《老子》曰:法令滋章,盗贼多有"①。因此,元《疏》循郑玄注解《曲礼》"太上贵德"、《礼运》"大道之行"之文,认为此便是《道德经》所言"太上,下知有之",用玄宗自己的话说,大道行的公天下之世是"虽因心之孝已萌,而资敬之礼犹简";三王家天下之世则是"及乎仁义既有,亲誉益著",对应于《道德经》"其次,亲之誉之",即"各亲其亲,各子其子"②。

然元《疏》所论,实则一本玄宗《道德经》注疏为说。《道德经》"太上"一节,玄宗注谓:"太上者,淳古之君也。……逮德下衰,君行善教,仁见故亲之,功高故誉之。"③《道德经》疏:"朴散则亲誉遂作,无为则谓我自然","道德公行,亲誉焉设"④。又《道德经》:"大道废,有仁义。……绝仁弃义,民复孝慈。"《御注》:"浇淳散朴,大道不行,曰仁与义,小成遂作。濡沫生于不足,凋弊起于有为……绝兼爱之仁,弃裁非之义,则人复于大孝慈矣。"⑤元《疏》解"仁义既有"谓"仁者兼爱之名,义者裁非之谓"⑥。正是本此。玄宗解《道德经》屡引庄子"道隐小成""同于大通"之说,此节《御疏》即言:"大道废者,代俗浇漓,人人浮竞,玄晏之风斯泯,穆清之化不存,失至道无为之事,故云废也。废则有兼爱之仁,裁非之义……故庄子曰:道隐于小成。小成谓仁义等,各自其成,不能大通,故谓之小成尔。"⑦以小成、大通分别对应于无为之治与仁义之治。而"道隐小成"一语亦见于《孝经序》。郑玄注《礼运》"人不独亲其亲,不独子其子"谓"孝慈之道广",此为玄宗"复于大孝

---

① 郑玄注,孔颖达疏:《礼记正义》,龚抗云整理,王文锦审定,北京:北京大学出版社,1999年,第660页。关于此,本书第二章已有详细分析。

② 李隆基注,元行冲疏:《孝经注疏》,邓洪波整理,钱逊审定,北京:北京大学出版社,1999年,第12页。对玄宗《孝经序》的道家根柢,元《疏》能阐而广之,其中一个原因是元氏本人精通郑学,《旧唐书·元行冲传》中载其言:"卜商疑圣,纳诲于曾舆;木赐近贤,贻嗤于武叔。自此之后,唯推郑公。王粲称伊、洛已东,淮、汉之北,一人而已,莫不宗焉。"(刘昫等:《旧唐书·列传第五十二》,北京:中华书局,1975年,第3180页)此足可见在元氏心中郑学地位之崇高。

③ 唐玄宗:《太上下知章第十七》,《御注道德真经》(四卷本)卷一,载《道藏》第11册,北京:文物出版社,1988年,第722页。

④ 唐玄宗:《太上下知章第十七》,《御制道德真经疏》(十卷本)卷二,载《道藏》第11册,北京:文物出版社,1988年,第761页。

⑤ 唐玄宗:《大道废章第十八》,《御注道德真经》(四卷本)卷一,载《道藏》第11册,北京:文物出版社,1988年,第723页。

⑥ 李隆基注,元行冲疏:《孝经注疏》,邓洪波整理,钱逊审定,北京:北京大学出版社,1999年,第12页。此正可见,元氏受诏作疏,其疏与玄宗注之连为一体。

⑦ 唐玄宗:《大道废章第十八》,《御制道德真经疏》(十卷本)卷二,载《道藏》第11册,北京:文物出版社,1988年,第762页。

慈"的由来。故其解"绝仁弃义,民复孝慈"谓:"前章云大道废,有仁义,此云绝仁弃义,民复孝慈者,明大道之世,所谓玄同,民无私亲,悉皆慈孝,故理至则迹灭,事当而名去。今六纪废绝则孝慈名彰,若绝兼爱之仁,弃裁非之义,江湖无濡沫之进,慈孝有自然之素,故民复于大孝慈矣。"[①]这意味着自然慈孝或大孝慈正是太古之治的特点。孝慈与仁义不同,"慈孝有自然之素",而兼爱与裁非的仁义则非自然,故前者更为根本。正如《孝经》首章所言"夫孝,德之本也,教之所由生也",孝才是本。故玄宗《孝经序》言"因心之孝",据《孝经·圣治章》"其所因者,本也"为说,元《疏》谓:"上古之人有自然亲爱父母之心。"[②]唐玄宗看重的是《孝经》言孝治所包含的天道自然、简易无为之义,孝治天下即是《道德经》自然无为之治。此点在《三才章》和《圣治章》的注疏中体现最为显著,因为这两章均言"其教不肃而成,其政不严而治",而这两章元《疏》都援引玄宗《孝经制旨》,尤其是前者,《制旨》言:"天无立极之统,无以常其明。地无立极之统,无以常其利。人无立身之本,无以常其德。……夫爱始于和,而敬生于顺。是以因和以教爱,则易知而有亲;因顺以教敬,则易从而有功。爱敬之化行,而礼乐之政备矣。圣人则天之明以为经,因地之利以行义。故能不待严肃而成可久可大之业焉。"[③]玄宗对《系辞传》"乾知大始,坤作成物。乾以易知,坤以简能。易则易知,简则易从。易知则有亲,易从则有功。有亲则可久,有功则可大"的无形化用,使得《周易》易简之理与《孝经》"不严而治,不肃而成"之旨贯通无碍。这正呼应了《孝经序》的叙述——"朕闻上古,其风朴略,虽因心之孝已萌,而资敬之礼犹简……圣人知孝之可以教人也,故'因严以教敬,因亲

---

① 唐玄宗:《绝圣章第十九》,《唐玄宗御制道德真经疏》(十卷本)卷三,载《道藏》第 11 册,北京:文物出版社,1988 年,第 762 页。

② 李隆基注,元行冲疏:《孝经注疏》,邓洪波整理,钱逊审定,北京:北京大学出版社,1999 年,第 12 页。

③ 李隆基注,元行冲疏:《孝经注疏》,邓洪波整理,钱逊审定,北京:北京大学出版社,1999 年,第 19—20 页。元行冲疏解唐注,共 5 次用《孝经制旨》,而这两处的主旨都是针对"不肃而成,不严而治"而发,绝非偶然,显系因为这一思想正与道家无为而治相通。对于《疏》文引《制旨》之处,学界诸多研究者均言共有 4 处,却忽视了《广要道章》亦有 1 处。盖因此处文字有讹,误作"制百口",北大版《孝经注疏》整理者邓洪波、钱逊认为,此处"疑为'制旨曰'",不做断然肯定(李隆基注,元行冲疏:《孝经注疏》,邓洪波整理,钱逊审定,北京:北京大学出版社,1999 年,第 43 页)。实则清末大儒曹元弼《孝经校释》早已指出"当为'制旨曰'"(曹元弼:《孝经校释》,国家图书馆 1935 年活字本,第 28 页)。而总共 5 处,却有 2 处是谈及无为而治,这一点正可透视出玄宗《制旨》的核心思想。

以教爱'。"然而此"圣人"的身份却是十分含混的,在玄宗心中,定然是以道家无为的圣人居多,而作《孝经》的孔子也是与老子思想一致的孔子,其《道德真经疏释题》中即以"孔子问礼老聃"来说明孔子于老子之旨"无间然矣"[1]。由此可见,唐玄宗注解《孝经》背后隐藏的恰是道家的底色。他认为《道德经》主旨是"理身理国,理国则绝矜尚华薄,以无为不言为教"[2],亦与其《孝经序》对上古朴略之风的推崇并无异意。但是不论《礼运》还是郑玄注解,强调的都是以礼治国,孝慈之道恰恰与礼治相辅相成,《礼运》言圣人之所以治人喜怒哀惧等十情,修父慈、子孝、兄良、弟弟等"十义","舍礼何以治之?"以礼成治,可以天下为一家、中国为一人,此仍是公天下的太平之治。玄宗取孝慈之道而摒弃礼制而不言,不合《礼运》之义,亦违背郑玄注解之意。

玄宗在对《道德经》《孝经》注解中都表现出了对太平世的希冀,前者言"道德",后者亦言"至德要道",均为演说道德之经典。他希望清理积弊,返本还淳,其注解二经正是欲究治道之源,内含对于政治统治的隐忧与深思。然而他并不可能做到无为而治,其注解中亦屡见强调君臣尊卑的治术之论[3]。即以其伸张太古无为之治的"太上,下知有之"注文为例观之,《御注》:"下知者,臣下知上有君,尊之如天而无施教有为之迹,故人无德而称焉。"以"下"为"臣下",似是取河上公之说。然河上公《注》言:"下知有之者,下知上有君,而不臣事,质朴也。"[4]并不径以"下"为"臣下",突出的恰恰是"不臣事",相反,玄宗强调臣事君"尊之如天",凸显上下尊卑的绝对之序,大违老庄哲学之精神。他一方面以老庄思想贬抑了儒家的仁义与礼制,另一方面又引入法家式治术而强化尊君观念,此于《孝经注疏》中皆斑斑可见。

---

① 唐玄宗:《御制道德真经疏》(十卷本)释题,载《道藏》第 11 册,北京:文物出版社,1988 年,第749 页。
② 唐玄宗:《御制道德真经疏》(十卷本)释题,载《道藏》第 11 册,北京:文物出版社,1988 年,第749 页。
③ 此点,前揭柳存仁之文已论及,余英时受此启发,作《唐宋明三帝老子注中的治术发微》一文,载余英时:《历史与思想》,台北:联经出版事业公司,1987 年。
④ 河上公:《老子道德经河上公章句》,王卡点校,北京:中华书局,1993 年,第 68 页。

二、摆落古礼与公天下精神的芟除

唐玄宗以老庄之道德贬抑儒家之仁义与礼制，故其注解《孝经》的一大特点即是摆落此前注解中涉及礼制者，一禀玄宗之意的元《疏》亦是如此。皮锡瑞批评说："明皇注于郑引古礼以解经者皆刊落之，专以空言解经，实为宋、明以来作俑。邢疏依阿唐注，排斥古义，是其蔽也。"①刊落郑玄解经的古礼背景，其实非自玄宗始，刘炫《孝经述议》即多采玄理而有摆落古礼之处，然玄宗所为确有过之而无不及。

唐注对礼制的刊落，在《孝经》首章已奠下基调②。郑玄注解言："至德，孝悌也。要道，礼乐也。"③唐玄宗以至德要道同指孝，谓："孝者，德之至，道之要也。"④由此，孝治就基本上脱离了礼制，失却了"先王"之礼法的背景。然而正如上节所论，这种脱离与玄宗深受道家影响有关，《孝经序》区分三王与五帝，玄宗之意图是以五帝道德之治为归宿，而郑玄注《孝经》却是以"先王"为夏商周三王，由此，孝治与《礼运》所述"礼义以为纪"均指的是三王之治，其以至德、要道分属孝悌与礼乐的注解正表明了这一点。因此，玄宗《孝经序》与元《疏》虽以郑玄《礼运注》为据，而其分割孝治与礼治并贬抑后者的做法，从根本上并不合郑玄之意。无怪乎玄宗注《孝经》首章乃至全书最为重要的"先王有至德要道"一语时，置《孝经郑注》于不顾。依其意，五帝时淳朴，并无三王时的礼，其注《孝经》即自然不用考索三王之礼。

唐玄宗摆落礼制最为明显者，是《广至德章》涉及的三老、五更。经文言："教以孝，所以敬天下之为人父者也。教以悌，所以敬天下之为人兄者也。教以臣，所以敬天下之为人君者也。"玄宗《注》："举孝悌以为教，则天下之为人子弟者，无不敬其父兄也。举臣道以为教，则天下之为人臣者，无不敬其君也。"元《疏》举《礼记·祭义》"祀乎明堂，所以教诸侯之孝也。食

----

① 皮锡瑞：《孝经郑注疏》，吴仰湘点校，北京：中华书局，2016 年，第 106 页。皮氏言"邢疏"，实则为"元疏"。

② 此点，可参看陈壁生：《孝经学史》，上海：华东师范大学出版社，2015 年，第 231—234 页。陈书亦详细论及唐玄宗不言三老五更之制的问题，但细究此问题者实首见于朱海《唐玄宗〈御注孝经〉发微》（载《魏晋南北朝隋唐史资料》第 19 辑，2002 年）。但二者均未意识到唐玄宗受道家影响的问题，亦未能结合《感应章》申述此问题，故仍有待发之覆。

③ 皮锡瑞：《孝经郑注疏》，吴仰湘点校，北京：中华书局，2016 年，第 10 页。

④ 李隆基注，元行冲疏：《孝经注疏》，邓洪波整理，钱逊审定，北京：北京大学出版社，1999 年，第 3 页。

三老五更于太学,所以教诸侯之弟也"。又谓:"案旧注用应劭《汉官仪》云'天子无父,父事三老,兄事五更',乃以事父事兄为教孝悌之礼。案礼,教敬自有明文。假令天子事三老,盖同庶人'倍年以长'之敬,本非教孝子之事,今所不取也。"①明确表示不取先儒三老五更之说。此处所谓"旧注"正是指郑玄《注》。而郑玄《注》所言不仅合于应劭,而且与纬书、《白虎通》《公羊传》等一致。这正表明,天子父事三老、兄事五更是两汉时期儒者公认的先圣王所遗礼制,且是"汉代通行仪制"②。而玄宗《注》与元《疏》之说,则表现出唐人已经不能明了或不愿理解三老五更礼制本身的背景。元《疏》据《祭义》指出,郑玄、应劭所言与《祭义》不合,认为应当如《祭义》所言,事三老五更皆是用来教悌,与教孝无关。因为"事三老"最多也就像庶人倍年以长之敬以养,与敬相关,但并非是教孝。元《疏》断章取义之误,实大背郑玄《注》、孔颖达《疏》,此点皮锡瑞已指出③。此处所欲揭示的是,玄宗不取郑玄之说,元《疏》在此基础上更要进一步解释其为何不取,于是咬文嚼字以《祭义》作为借口,恰表明疏文想要维护君主的至高无上地位,因为君主不能以孝事三老,这不合君主的身份。

如果这一意图还不明显的话,下一句的注解就显得明白无疑了。对于"教以臣",元《疏》:"案《祭义》云'朝觐所以教诸侯之臣也'者,诸侯,列国之君也。若朝觐于王,则身行臣礼。言圣人制此朝觐之法,本以教诸侯之为臣也。则诸侯之卿大夫,亦各放象其君,而行事君之礼也。刘炫以为将教为臣之道,固须天子身行者,案《礼运》曰:'故先王患礼之不达于下也,故祭帝于郊。'谓郊祭之礼,册祝称臣,是亦以见天子以身率下之义也。"④细读之下,即会明白此处的疏文其实包含了两种对于"教以臣"的解释,一种是其断章取义,以《祭义》朝觐之说为根据,另外一种是刘炫的观点。元《疏》

---

① 李隆基注,元行冲疏:《孝经注疏》,邓洪波整理,钱逊审定,北京:北京大学出版社,1999年,第45页。此处对原文标点有修改。
② 陈铁凡:《孝经郑注校证》,台北:编译馆,1987年,第180页。
③ 皮锡瑞:《孝经郑注疏》,吴仰湘点校,北京:中华书局,2016年,第106页。元行冲对《礼记》郑玄注解、孔颖达疏文的违背恐不止此,《旧唐书·元行冲传》记载开元年间,玄宗令行冲率其他学者为魏徵所注《类礼》撰写《义疏》,以立于学官,书成,尚书左丞相张说驳奏,谓:"行冲等解徵所注,勒成一家,然与先儒第乖,章句隔绝,若欲行用,窃恐未可。"(刘昫等:《旧唐书·列传第五十二》,北京:中华书局,1975年,第3178页)而玄宗则认可张说。
④ 李隆基注,元行冲疏:《孝经注疏》,邓洪波整理,钱逊审定,北京:北京大学出版社,1999年,第46页。

拘泥于"朝觐"之说，不解《祭义》《孝经》所言不论是"教以孝"还是"教以弟"，皆是就君主或天子己身之示范性行为而言，强调以身率下，而不是就臣子而言，此亦正合儒家反求诸己的思想；因此"教以臣"是说君主或天子也要身行臣道以作示范。故刘炫之说是正确的，而刘炫乃是本自郑玄注解："天子郊则君事天，庙则君事尸，所以教天下臣。"①元《疏》之所以死抠"朝觐"二字而不放，是因为这样方能突出君臣上下的尊卑关系，此正如玄宗之解《道德经》"下知有之"。

与此相关的是，《应感章》亦涉及三老五更礼制问题。为了便于分析，先列出此章经文与玄宗《注》：

> 子曰："昔者明王事父孝，故事天明；事母孝，故事地察。【注】王者父事天，母事地，言能敬事宗庙，则事天地能明察也。长幼顺，故上下治。【注】君能尊诸父，先诸兄，则长幼之道顺，君人之化理。天地明察，神明彰矣。【注】事天地能明察，则神感至诚而降福佑，故曰彰也。故虽天子，必有尊也，言有父也；必有先也，言有兄也。【注】父谓诸父，兄谓诸兄，皆祖考之胤也。礼：君宴族人，与父兄齿也。宗庙致敬，不忘亲也。【注】言能敬事宗庙，则不敢忘其亲也。修身慎行，恐辱先也。【注】天子虽无上于天下，犹修持其身，谨慎其行，恐辱先祖而毁盛业也。宗庙致敬，鬼神著矣。【注】事宗庙能尽敬，则祖考来格，享于克诚，故曰著也。孝悌之至，通于神明，光于四海，无所不通。【注】能敬宗庙，顺长幼，以极孝悌之心，则至性通于神明，光于四海，故曰"无所不通"。②

今观玄宗《注》，知其解释此章多据《古文孝经孔传》为说，其要在于以经文后半节两次出现的"宗庙致敬"一语为中心理解全章，正如《孔传》解释首句所言："孝谓立宗庙，丰祭祀也，王者父事天，母事地……"这一理解不当之处颇多，即使是疏解《孔传》的刘炫亦有驳正，皮锡瑞与简朝亮均认为玄宗注解不合经旨，经文言宗庙是在下半节，上半节是指事生者而言，而非事死者③。正因玄宗注解以敬事宗庙贯穿全章，故而后半节之"有父""有兄"就变成了"诸父""诸兄"，而非"亲父""亲兄"，同理，上半节之"长幼顺"也是指"尊诸父""先

---

① 皮锡瑞：《孝经郑注疏》，吴仰湘点校，北京：中华书局，2016 年，第 105 页。

② 李隆基注，元行冲疏：《孝经注疏》，邓洪波整理，钱逊审定，北京：北京大学出版社，1999 年，第 51—52 页。

③ 皮锡瑞：《孝经郑注疏》，吴仰湘点校，北京：中华书局，2016 年，第 117 页；简朝亮：《孝经集注述疏》，周春健校注，上海：华东师范大学出版社，2011 年，第 209 页。

诸兄"而言。正是因此,玄宗天宝重注时,将上半节"长幼顺"的注文由开元初注的"君能顺于长幼,则下皆效上,无不理也"①改为"君能尊诸父,先诸兄,则长幼之道顺"。这一改动正是为了贯彻敬事宗庙之义,由此,"长幼顺"与"必有尊也""必有先也"就变成了元《疏》所云祭毕之后的"天子宴族人"②。

相较而观,郑玄以三老五更制解"有父""有兄",谓:"虽贵为天子,必有所尊事之若父者,三老是也。必有所先事之若兄者,五更是也。"③"事天明,事地察"指王者之"德合天地",而王者之德性必然体现于具体的政治实践中,此实践即是天子尊事三老五更的养老之礼,此即圣王之孝治天下。唐玄宗于此章依然黜三老五更之说,元《疏》亦完全不提。尤其是元《疏》既然已在《广至德章》中做过辩解,那么《感应章》自然就可以完全弃之不顾了。而玄宗注文"天子虽无上于天下"也就极为鲜明地道出了君主为万人之上的心声,既如此又怎么可以说君主应事三老为父以教孝呢? 最高天子所尊的只能是天子宗族之内的诸父诸兄。玄宗《注》彻底将郑玄注文中的三老五更说这一《礼记》所谓"天下之大教"转变为一家之内的宴饮之礼。郑玄认为"三老五更"是"老人更知三德五事者也",三德、五事本出《尚书·洪范》,故孔颖达疏文谓:"三德,谓正直、刚、柔。五事谓貌、言、视、听、思也。"④父事三老、兄事五更体现的是王者之尊德乐道、不独亲其亲的公天下精神。而刘炫在批评《孔传》时亦明言:"(天子)以孝道接臣民,尊德亲亲,贵老慈幼,使长幼顺叙","孝之为道,义兼万行,明王事父孝,事母孝者,当谓尽力尽心,极爱极敬,德教加于百姓,刑于四海,然后可以动天地,致祯祥,非独立庙丰祀,即能使天地降福,神鬼效灵也"⑤。而唐玄宗注释完全失却这一政教精神,变成了王者宗族内的"私事","公天下"变成了"家天下"甚至是"私天下"。若此,则玄宗注所谓"神感至诚而降福佑"⑥即成为降福于王者自己之宗室。其结果是将《孝经》本身以及《孝经郑注》中所贯穿的儒家公天下的政治精神,一转

---

① 唐玄宗:《覆卷子本唐开元御注孝经》,载黎庶昌所刻《古逸丛书》,光绪十年甲申刊本,第22页。

② 李隆基注,元行冲疏:《孝经注疏》,邓洪波整理,钱逊审定,北京:北京大学出版社,1999年,第53页。

③ 皮锡瑞:《孝经郑注疏》,吴仰湘点校,北京:中华书局,2016年,第118页。

④ 郑玄注,孔颖达疏:《礼记正义》,龚抗云整理,王文锦审定,北京:北京大学出版社,1999年,第1137页。

⑤ 林秀一:《孝経述議復原に関する研究》,东京:文求堂书店,1954年,第271、272页。

⑥ 李隆基注,元行冲疏:《孝经注疏》,邓洪波整理,钱逊审定,北京:北京大学出版社,1999年,第51页。

而为家天下的君主独尊,大违孝治天下之意,何以实现其《孝经序》所言"虽无德教加于百姓,庶几广爱形于四海"①,遑论发明孔子之微言。

三、《孝经注疏》中的"唐律"与尊君的强化

摆落古礼,这并不意味着玄宗就不重视礼法,《诸侯章》"谨度",唐玄宗注谓:"慎行礼法谓之谨度。"②《卿大夫章》"法服"注谓:"卿大夫遵守礼法。""非法不言,非道不行"注谓:'言必守法,行必遵道。'③值得注意的是,开元初注作"言必合法,行必顺道"④,这一改动意味着唐玄宗突出了臣下对君的顺从。而此处"道"即是指"礼法",故下文注云"言行皆遵法道"⑤。《五刑章》"非圣人者无法",玄宗《注》"圣人制作礼法"⑥,亦与此一致。但问题在于《孝经》所言"礼法"并非指现实中帝王所制定的礼法,而是作为圣人的先王之礼法,也即"要道"。在此意义上,后世帝王也要遵守此"礼法",而玄宗既已不采郑玄三王礼法之说,其所言礼法自然就只能落实在现世帝王——他自己——所制定的礼法。玄宗虽以孝治为标榜,但其内里却极为强调律法。《五刑章》中即出现了直接以《唐律》之文作注者,玄宗认为"五刑之属三千,而罪莫大于不孝",是说不孝之罪是在五刑中的,此解释与前人旧注多以不孝之罪在三千条外截然不同,其原因在于《唐律》正是将对不孝的惩罚放置在刑律体系之中⑦。但《五刑章》注疏受《唐律》影响并不止于此,元《疏》还对律法做了非常丰富的论证:《易·序卦》称有天地然后万物生焉。自《屯》《蒙》至《需》《讼》,即争讼之始也。故圣人法雷电以申威

---

① 李隆基注,元行冲疏:《孝经注疏》,邓洪波整理,钱逊审定,北京:北京大学出版社,1999年,第13页。

② 李隆基注,元行冲疏:《孝经注疏》,邓洪波整理,钱逊审定,北京:北京大学出版社,1999年,第9页。

③ 李隆基注,元行冲疏:《孝经注疏》,邓洪波整理,钱逊审定,北京:北京大学出版社,1999年,第11页。

④ 唐玄宗:《覆卷子本唐开元御注孝经》,载黎庶昌所刻《古逸丛书》,光绪十年甲申刊本,《古逸丛书》,第9页。

⑤ 李隆基注,元行冲疏:《孝经注疏》,邓洪波整理,钱逊审定,北京:北京大学出版社,1999年,第11页。

⑥ 李隆基注,元行冲疏:《孝经注疏》,邓洪波整理,钱逊审定,北京:北京大学出版社,1999年,第40页。此处注文,《十三经注疏》本作"圣人制作礼乐",然而开元初注与《石台孝经》俱为"圣人制作礼法",对照以《诸侯章》《卿大夫章》注,可知当以后者为是。

⑦ 陈壁生:《孝经学史》,上海:华东师范大学出版社,2015年,第244页。关于玄宗注与旧注之不同,参看本书关于刘炫《孝经》学的分析。

刑,所兴其来远矣。唐虞以上,《书传》靡详,舜命皋陶有五刑,五刑斯著。案《风俗通》曰:'《皋陶谟》,是虞时造也。及周穆王训夏,里悝师魏,乃著《法经》六篇,而以盗贼为首。贼之大者,有恶逆焉,决断不违时,凡赦不免;又有不孝之罪,并编十恶之条。前世不忘,后世为式。'"①律法、五刑是圣人法天而制,舜时即已显著于世,以此说明不孝之罪在五刑之中。据此,不孝之罪在五刑之中,不仅有形而上的合理性,也有着圣王制作的历史合理性。而这段文字在《唐律疏义》开首的序文中都能找到对应的叙述②。《五刑章》言:"要君者无上,非圣人者无法,非孝者无亲,此大乱之道也。"玄宗《注》:"言人有上三恶,岂唯不孝,乃是大乱之道。"元《疏》言:"卉木无识,尚感君政;禽兽无礼,尚知恋亲。况在人灵? 而敢要君,不孝也。逆乱之道,此为大焉。故曰:此大乱之道也。"③"逆乱"之说,正是本于《唐律》"十恶"之罪的名例:"一曰谋反","二曰谋大逆","四曰恶逆","六曰大不敬","七曰不孝"。在元《疏》的申发中,感君政、顺君命才是孝的核心。卉木、禽兽云云,则颇能说明律典施行的普遍化。

　　而礼法的有效性,正是以礼法施行的普遍性为首要前提。因此,玄宗《孝经注》对孝的强调甚至不分公卿、庶人阶层之别,其显著之例至少有二:

　　第一,《庶人章》"自天子至于庶人,孝无终始,而患不及者,未之有也",《注》曰:"始自天子,终于庶人,尊卑虽殊,孝道同致,而患不能及者,未之有也。"④郑玄以"患"为"患祸",玄宗则以为"忧患",取担忧之意。清严可均、今人陈铁凡认为《孝经》原文作"患不能及己者",玄宗删去"己"字⑤,陈壁生本此进一步说,唐玄宗的删改"对《孝经》经义的改变影响甚巨","把五等之孝的意思,变成作为时王的玄宗,要求社会上不同阶层的人各自勉力行

---

① 李隆基注,元行冲疏:《孝经注疏》,邓洪波整理,钱逊审定,北京:北京大学出版社,1999年,第41—42页。

② 《唐律疏义》卷一即言:"《易》曰:'天垂象,圣人则之。'观雷电而制威刑,睹秋霜而有肃杀。""穆王度时制法,五刑之属三千。周衰刑重,战国异制,魏文侯师里悝,集诸国刑法,造《法经》六篇……"(钱大群:《唐律疏义新注》,南京:南京师范大学出版社,2007年,第1,2页)

③ 李隆基注,元行冲疏:《孝经注疏》,邓洪波整理,钱逊审定,北京:北京大学出版社,1999年,第40页。

④ 李隆基注,元行冲疏:《孝经注疏》,邓洪波整理,钱逊审定,北京:北京大学出版社,1999年,第17页。

⑤ 陈铁凡:《孝经郑注校证》,台北:编译馆,1987年,第71页。

孝"①。这一判断颇值得商榷：首先，即使删去"己"字，也丝毫不影响对"患不及者"文意的理解，对此清末曹元弼早已指出，他申明郑注即云"行孝终始不备而患祸不及者，自古及今，未之有也"②，也就是说，不论是否有"己"字都不影响将"患"理解成"患难"，同样，也不影响理解成"忧患"。文字中是否有"己"字并不影响阅读者体会出文意中有"己"字。其次，《汉书·杜钦传》即云："不孝则事君不忠，莅官不敬，战阵无勇，朋友不信，孔子曰：孝无终始，而患不及者，未之有也。"③20 世纪 70 年代出土的肩水金关汉简中这句话也是写作"不及者未之有也"④。可见，汉代所流传的《孝经》文本中即很可能无"己"字，而非玄宗删削。再次，观玄宗《制旨》所言："朕穷五孝之说，人无贵贱，行无终始，未有不由此道而能立其身者。然则圣人之德，岂云远乎？我欲之而斯至，何患不及于己者哉！"⑤其中未尝无"己"字，这也再次说明是否有"己"字并不影响对经义文句的理解。而《孝经》本即要求不同阶层的人都要行孝，玄宗注解的问题在于：他将"终始"理解为上自天子下至庶人，一方面强调了行孝者的普遍性，如其《制旨》所说，每个人都不用担忧自己不能践行作为圣人之德的孝，人人都可以做到，且必然能做到，清儒于鬯指出"玄宗注义是言孝道之易能"⑥；另一方面由于脱离了《开宗明义章》"始于事亲……终于立身"的语境，"孝无终始"之"孝"就失却了具体的内容，什么才是真正的孝的标准随即变得模糊不清，于鬯谓依其注，"孝无终始一语，究不成义"⑦。这样一来，对于作为教化者的天子的行孝要求就降低了，对于天子统治和教化对象的其他阶层之人的行孝要求就相对提高了。故元《疏》与注文同声相应，批评子夏"有始有卒者，其惟圣人乎"之语，认为若施化惟待有始有终之圣人，那么孝治天下就成了"虚说"，

---

① 陈壁生：《孝经学史》，上海：华东师范大学出版社，2015 年，第 221 页。

② 曹元弼：《孝经郑氏注笺释》卷一，国家图书馆藏 1935 年活字本，第 218 页。

③ 班固：《汉书·杜周传第三十》，颜师古注，北京：中华书局，1962 年，第 2674 页。

④ 此句经文，见黄浩波：《肩水金关汉简所见〈孝经〉经文与解说》，载《中国经学》2019 年第 2 期，第 25 页。

⑤ 李隆基注，元行冲疏：《孝经注疏》，邓洪波整理，钱逊审定，北京：北京大学出版社，1999 年，第 18 页。

⑥ 于鬯：《香草校书》，北京：中华书局，1984 年，第 1026 页。

⑦ 于鬯：《香草校书》，北京：中华书局，1984 年，第 1026 页。

此即明确降低了对教化者的要求①。元《疏》之说也交代了玄宗注解"终始"为何要脱离《开宗明义章》而另立新解的原因。

联系本节开始所举玄宗对诸侯、卿大夫遵守礼法的注解来看,即可发现:当《孝经》所载圣人制法的行孝标准模糊之后,那么,真正发挥作用的行孝标准即是时王所制定的礼法与刑律,简言之,遵守现世的礼法即是行孝。《庶人章》:"谨身节用,以养父母,此庶人之孝也。"玄宗《注》:"身恭谨则远耻辱,用节省则免饥寒,公赋既充则私养不阙。"②玄宗未如郑玄那样紧扣经文作解,而是脱离经旨别立公赋之义,今人朱海指出,其"教化含义甚明"③。显然,玄宗此注体现的恰是公先于私,并未落实在儒家对庶人孝养生活的民本关怀上。换个角度看,若庶人未能充纳公赋,等待他们的是否即是刑法的制裁?

进一步言之,玄宗注《庶人章》"孝无终始"不以《开宗明义章》"始于事亲,中于事君,终于立身"作解,还有另一层效果——架空《孝经》"立身行道"之义。《开宗明义章》言:"立身行道,扬名于后世,以显父母,孝之终也。"玄宗:"言能立身行此孝道,自然名扬后世,光显其亲,故行孝以不毁为先,扬名为后。""始于事亲"一节,玄宗:"言行孝以事亲为始,事君为中。忠孝道著,乃能扬名荣亲,故曰终于立身也。"④此处"忠孝道著"在开元初注中作"孝道著",无"忠"字,这正表明唐玄宗天宝年间第二次注解《孝经》更加突出了忠君的维度。玄宗以孝为"至德要道",故而此处之行道也就是行孝,由此一来,作为孝之终的"立身行道"便和"始于事亲"不存在差别,即注文所言"立身行此孝道",故清儒简朝亮直言玄宗根本就未对"立身"作注⑤。玄宗淡化经文"始于""终于"之别,自然也就突出了"中于事君","立身行道"被他解释为事亲和忠君——"忠孝道著",据此,"立身行道"即被化

---

① 李隆基注,元行冲疏:《孝经注疏》,邓洪波整理,钱逊审定,北京:北京大学出版社,1999 年,第 18 页。元疏之拘泥于文字已为皮锡瑞所批评,见皮锡瑞:《孝经郑注疏》,吴仰湘点校,北京:中华书局,2016 年,第 48—49 页。

② 李隆基注,元行冲疏:《孝经注疏》,邓洪波整理,钱逊审定,北京:北京大学出版社,1999 年,第 16 页。

③ 朱海:《唐玄宗〈御注孝经〉发微》,载《魏晋南北朝隋唐史资料》第 19 辑,2002 年,第 103 页。

④ 李隆基注,元行冲疏:《孝经注疏》,邓洪波整理,钱逊审定,北京:北京大学出版社,1999 年,第 4 页。

⑤ 简朝亮:《孝经集注述疏》,周春健校注,上海:华东师范大学出版社,2011 年,第 12 页。

约为忠孝,经文中作为行孝最高境界的"立身行道"在玄宗注解中已然消失不见。玄宗之不合经旨,参照其他注解可一目了然,比如刘炫所作形上化解释:"道在人身,依道而言,则言自顺也;依道而行,则行自正也;以道事君,则行自忠也;以道事父,则行自孝也……六合之内,无处非道。"[1]简朝亮则直言:"孝子由事亲而事君之道,必以立身之道而行。"并认为孔子"天下有道则见,无道则隐",孟子"进以礼,退以义"即是"立身行道"的典范[2]。二人时代悬隔,但前后呼应,其旨皆以"道"为事亲、事君的标准和基础,行道高于忠君,道高于君。此正可见玄宗隐没"立身行道"之义,是欲使臣民忠顺,以达于其教化目的。究其实,并未如其《孝经序》所言:"以顺移忠之道昭矣,立身扬名之义彰矣。"昭者有之,彰者则未见。

第二,《孝治章》:"治国者……故得百姓之欢心,以事其先君。"玄宗《注》:"诸侯能行孝理,得所统之欢心,则皆恭事助其祭享也。"元《疏》:"一国百姓,皆是君之所统理,故以所统言之。"[3]此处注疏完全违背经旨,简朝亮批评玄宗不察经义,"于百姓而以助祭言邪?则礼无之也"[4]。这再次体现出了玄宗注摆落古礼之谬,而摆落古礼必然影响到对经义的理解,其注解基本不区分五等之孝的分别所在,《孝经》成了一部教人忠孝的伦理书。正因为无视五等之孝的份位差异,才会产生百姓助祭的非礼说辞。

此外,玄宗凸显尊君、忠君,故于专言事君的《事君章》格外留心,经文言:"君子之事上也。"玄宗《注》:"上,谓君也。"元《疏》:"此对《论语》云:'孝悌而好犯上者鲜矣。'彼'上'谓凡在己上者,此'上'惟指君,故云'上,谓君也'。"[5]"上,谓君也"一句,开元初注无,是玄宗天宝重注所增;相应地,此

---

① 林秀一:《孝经述议复原に关する研究》,东京:文求堂书店,1954年,第216—217页。

② 简朝亮:《孝经集注述疏》,周春健校注,上海:华东师范大学出版社,2011年,第153页。刘向《说苑·立节》首章中载:"曾子布衣缊袍未得完,糟糠之食,藜藿之羹未得饱,义不合则辞上卿,不恤贫穷,安能行此!……故夫士欲立义行道,毋论难易而后能行之;立身著名,无顾利害而后能成之。"(刘向撰,向宗鲁校证:《说苑校证》,北京:中华书局,1987年,第77页)这表明刘向亦颇晓《孝经》这一精神。

③ 李隆基注,元行冲疏:《孝经注疏》,邓洪波整理,钱逊审定,北京:北京大学出版社,1999年,第25页。

④ 简朝亮:《孝经集注述疏》,周春健校注,上海:华东师范大学出版社,2011年,第60页。于鬯也注意到此问题,谓:"百官有助君祭享者,若民则无与也。"(于鬯:《香草校书》,北京:中华书局,1984年,第1029页)

⑤ 李隆基注,元行冲疏:《孝经注疏》,邓洪波整理,钱逊审定,北京:北京大学出版社,1999年,第54、55页。

条疏文亦为天宝修疏所增。陈鸿森谓:"本章章名'事君','上'自指君言,其理甚易明也;抑下句'进思尽忠',注已明言'进见于君'云云,天宝本加注'上,谓君也',反为蛇足。"①其说不然。玄宗《注》实在回应《古文孝经孔传》与刘炫《述议》之说,《孔传》谓:"上,谓君父。"②刘炫言:"此章所陈,虽是臣事,但子之于父,匡救亦同。'上'文可以兼之,故云'上谓君父也'。"③《孔传》与刘炫之所以认为"上"指君父,是考虑到《事君章》与前章《谏诤章》之关联,《谏诤章》即兼言君与父的问题,故《孔传》谓"臣子之于君父"云云。然而此为《古文孝经》之章次,玄宗所据《今文孝经》,《事君章》的前章是《应感章》,再前一章方为《谏诤章》。观此,知天宝重注增加此条注文,以及在疏文中明确写"此'上'惟指君",绝非画蛇添足④。玄宗《注》删去"父"字,自然就突出了"君"。

再者,疏文举《论语》有子之言,是在结合《谏诤章》以及《五刑章》"要君者无上"为说。《孔传》区分事父与事君之不同:"父有过则子必安几谏,见志而不从,起敬起孝。""事君之礼,值其有非,必犯严颜以道谏争,三谏不纳,奉身以退,有匡正之忠,无阿顺之从。"⑤刘炫申之:"资父事君,义无以异,而子则微切,臣则犯颜者,父之于子,理无断绝,若使犯颜而争,或发非常之怒,去则不可,居则交恨,骨肉相恶,不可为家,故教使几微……君之于臣,义有离合……故劝其犯颜,许其自退,所以奖直臣,匡暗主,为义重故也。门内门外,恩义不同,微谏、强谏,公私亦异,事势然也。"⑥《孔传》与刘炫以微谏与犯颜而谏分属事父与事君,其根据有二:一是《论语·里仁》"事父母几谏。见志不从,又敬不违,劳而不怨"与《论语·宪问》"子路问事君。子曰:勿欺也,而犯之"两章;二是《礼记·檀弓》"事亲有隐而无犯,事君有

① 陈鸿森:《唐玄宗〈孝经序〉"举六家之异同"释疑》,载台湾《"中央研究院"历史语言研究所集刊》第 74 本,2003 年 3 月,第 54 页。
② 孔安国传,太宰纯音:《古文孝经孔传》,鲍廷博刊刻《知不足斋丛书》本,第 19 页。
③ 林秀一:《孝经述議復原に関する研究》,东京:文求堂书店,1954 年,第 289 页。
④ 与此相类,玄宗在有些地方则删去了"上"字,《谏诤章》:"昔者天子有争臣七人,虽无道,不失其天下。"开元初注:"言上虽无道,为有争臣,则终不至失天下。"天宝重注则删去了注文"上"字。正如陈一风所言:"因'上'字专指君王,言'上'无道,对玄宗来说就比较扎眼,故重注时并不对初注主体做改动,仅将'无道'的主语'上'隐去,弱化君王'无道'的观念。"(陈一风:《〈孝经注疏〉研究》,成都:四川大学出版社,2007 年,第 126 页)
⑤ 孔安国传,太宰纯音:《古文孝经孔传》,鲍廷博刊刻《知不足斋丛书》本,第 18 页。
⑥ 林秀一:《孝经述議復原に関する研究》,东京:文求堂书店,1954 年,第 287—288 页。

犯而无隐"。而玄宗《注》则显得极为微妙,《谏诤章》首句"敢问子从父之令,可谓孝乎?"《注》云:"事父有隐无犯,又敬不违。"元《疏》则言:"臣之谏君,子之谏父,自古攸然。"①并不区分谏父与谏君。元《疏》虽大段援引刘炫《述议》之文,但与玄宗《注》均完全无视关于事父微谏、事君强谏之别的论述,亦完全不提《宪问》《檀弓》之文,显然是有意隐没事父与事君之别;而以"无犯"说事君,其意正在于凸显忠君,臣下不可"犯上"。此即《事君章》疏文特引《论语·学而》"孝悌而好犯上者鲜矣"的根本原因。《注疏》所侧重仍在玄宗《孝经序》所言"以顺移忠"。

小　结

　　玄宗注解《孝经》,借宣尼之口,发教化之令,名为经注,实寓治术。《御注》立于学官,广被天下,而此前传习之《孝经郑注》《古文孝经孔传》则湮灭无闻,乃至在中土彻底亡佚。与儒者经生注经之依文训义不同,玄宗则屡屡强经文以就己意。玄宗摆落古礼,使得《孝经》变成了一部劝善的伦理书,然而其以居高临下之天子口吻进行教化,劝善之核心在于劝忠,伦理书的实质是政治教科书。儒家言政治之一大精义在于德位相称,其意涵大致有二:一者,位愈高,其德行要求愈高,德治首先是对君主自我的要求,故而有圣王之观念;二者,位之高下有赖于礼治秩序,德位相称即德礼相维,故孔子兼举"为政以德"(《论语·为政》)与"为国以礼"(《论语·先进》)。故而儒家虽然强调自天子至于庶人皆应修身行孝,却又有五等之孝之别,不能责庶人以德教加于百姓或富贵不离其身,同理,对于天子、诸侯之孝的要求亦绝不能止于谨身节用以养父母。就儒家义理而言,道德要求若对所有人都一视同仁,不分阶层差异,那么孝治、德政的结果就流于空谈,这样的道德是虚伪的道德;道德的普遍性要落实在现实中,必然有其礼序,有其差异性,这样的道德方为具体的、真实的道德。玄宗《御注孝经》责庶人以助祭,其强调公法,又在很大程度上将软性的道德要求变为强制性的律法规范,最终由其所推崇的道家无为之治滑落到了律法之治。玄宗非常重视《孝经》,且《孝经注疏》在唐代之后有着广泛影响,然而与此形成对照的却

---

① 李隆基注,元行冲疏:《孝经注疏》,邓洪波整理,钱逊审定,北京:北京大学出版社,1999 年,第47、48 页。

是他本人未终其身便遭祸乱,这一反差不能不为后世儒者文士所注目和反思。故宋世儒学蔚兴,不论是司马光、范祖禹,抑或朱熹、吴澄,均不取玄宗《御注》所尊之《今文孝经》,转而发扬包含《闺门章》的《古文孝经》,儒门治《孝经》者屡屡批评玄宗不修闺门之礼而酿成后来的大祸[1]。玄宗注《孝经》隐没"立身行道"之义,而理学扬师道抑君道,乃以作为"孔氏之遗书"[2]的《大学》为内圣外王之典,归本于"修身",于此亦可窥唐宋思想转折之一斑。

---

[1] 此说实亦肇端于朱熹:"唐源流出于夷狄,故闺门失礼之事,不以为异。"黎靖德编:《朱子语类》卷一百三十六,杨绳其、周娴君校点,长沙:岳麓书社,1997年,第2929页。陈寅恪《唐代政治史述论稿》一书即以朱子此语开篇,见陈寅恪:《隋唐制度渊源略论稿　唐代政治史述论稿》,北京:生活·读书·新知三联书店,2001年,第183页。不过朱熹之说当是本于二程:"唐之有天下数百年,自是无纲纪。太宗、肃宗皆篡也,更有甚君臣父子? 其妻则取之不正。又妻杀其夫,篡其位,无不至也。若太宗,言以功业天下,此尤不可,最启僭夺之端。其恶大,是杀兄篡位,又娶元吉之妻。后世以为圣明之主,不可会也。"(程颢、程颐:《二程集》,王孝鱼点校,北京:中华书局,2004年,第405页)

[2] 朱熹:《四书章句集注》,北京:中华书局,1983年,第3页。

第四章 孝理、孝行与本心

——宋元时期的《孝经》学

两宋是中国哲学与思想大放光芒、群星荟萃的时代,程朱理学与陆杨心学交相辉映。二程已对《孝经》中若干叙述表示关注,而程颐尤其关注《孝经》郊祀宗祀之礼制如何施行的问题,从中可见理学家试图调和父子天性与君臣之义之间的冲突,这也体现了理学家以理解经的特点,尤其是程颐的仁体孝用观念,对此后之《孝经》学义理的推阐有着深远影响。南宋朱熹作《孝经刊误》以及理解儒家孝论,即本此而为之。然而陆九渊、杨简的心学则对仁体孝用之说颇有异议,他们以本心、道心说孝弟,开辟出了理解《孝经》义理的另一种范式。然而,不论是程朱以仁为孝之本,还是陆杨以孝弟为道心,都是在强调孝之公共性、普遍性。若要追溯理学仁体孝用之说的源头,却不能不提在理学尚未蔚然而起时的契嵩禅师,他融通佛理与儒门之《中庸》,从而将孝理与孝行分属形而上与形而下,进而以此调和世间孝与出世间孝。契嵩的这一做法,无疑是后世理学家回应佛教义理冲击时必须处理的难题,如何理解形而上与形而下、孝理与孝行,就成了程朱思想的一大重点。

第一节 孝理与孝行:契嵩的佛门《孝经》学

契嵩《孝论》共十二章,分别为:《明孝第一》《孝本第二》《原孝第三》《评孝第四》《必孝第五》《广孝第六》《戒孝第七》《孝出第八》《德报第九》《孝略第十》《孝行第十一》《终孝第十二》。就章名之取义来说,"明孝"即对应于《孝经》的《开宗明义章》,"孝行"对应于《孝经》的《纪孝行章》,"终孝"则对应于《孝经》的《丧亲章》。此外,"孝本"亦显然是出自《开宗明义章》的"夫孝,德之本,教之所由生也"。其实,《孝经》的这句话堪称契嵩孝思想乃至整体思想的核心,至少从其最重要的著作《辅教编》来看即是如此。《孝论》本属《辅教编》中的一卷,而《辅教编》的序目则是《原教》《劝书》《广原教》

《孝论》《〈坛经〉赞》，其意图是辅教，也即辅正佛教，其自言："逮探儒之所以为，盖务通二教圣人之心，亦欲以文辅之吾道，以从乎世俗之宜"①；劝则是劝善，也即劝人行德；但是，教与德皆要以孝为本。由此来看，此书之编排正与其受《孝经》影响有密切关联。契嵩撰成《孝论》是在皇祐五年(1053)，当时正栖居杭州石壁山②，《孝论》是《辅教编》中最早撰成的篇章；至嘉祐二年，编成《辅教编》。于此，亦可见其以孝为本之意。这也意味着，要理解契嵩的孝思想，探究其《孝论》，必须结合《辅教编》全书来考察。契嵩在《与石门月禅师》书中言及"近著《孝论》十二章，拟儒《孝经》，发明佛意，亦似可观。吾虽不贤，其为僧为人，亦可谓志在《原教》，而行在《孝论》也"③。《孝论》拟仿《孝经》，而他本人则是拟仿孔子，故化用汉儒所习称之"志在《春秋》，行在《孝经》"一语。而此语亦体现出了契嵩浓烈的现实关怀，正如钱穆所言，"契嵩以一僧人，关心治道，尤为不可及"④；但此治道关怀仍然是在其世出世法圆融的佛教思想体系中成立的。契嵩《孝论》的特色和贡献，也正在于能通过理与行的二分，在佛教体系中为儒家之孝保留位置。此位置即是在"行"上确立的，而同时又在"理"的层面上为佛教出世间之大孝做了论证，正如他所说："教有世间教，有出世间教，其教字虽同，而为义则异。"⑤同样，孝亦有佛教之孝与儒家之孝的不同。在汉末以降的三教辩争中，佛教已经明确讲到此问题。契嵩以孝汇通儒佛二教，也并不意味着其中就没有判教的立场。唐以降的《孝经》学，真正将"孝"提高到"理"的层面上，以及将孝分为孝理与孝行两方面观察，契嵩禅师当是第一人。这一点对宋代理学亦影响深远，值得认真体会。

一、孝为大戒之所以先

自汉代以来，孝就是儒佛两家争论的焦点。而契嵩截然主张，孝是佛

---

① 契嵩：《与章潘二秘书书》，载契嵩：《镡津文集》，钟东、江晖点校，上海：上海古籍出版社，2016年，第192页。《原教》中言："辅者，毗也，弼也，所谓辅弼吾佛出世之教也。"(契嵩著，邱小毛校译：《夹注辅教编校译》，成都：西南交通大学出版社，2011年，第2页)

② 契嵩著，邱小毛校译：《夹注辅教编校译》前言，成都：西南交通大学出版社，2011年，第2页。

③ 契嵩：《与石门月禅师》，载契嵩：《镡津文集》，钟东、江晖点校，上海：上海古籍出版社，2016年，第206页。

④ 钱穆：《读契嵩〈镡津集〉》，载钱穆：《中国学术思想史论丛》(五)，北京：生活·读书·新知三联书店，2009年，第38页。

⑤ 契嵩著，邱小毛校译：《夹注辅教编校译》，成都：西南交通大学出版社，2011年，第2页。

门必修，直接承认了孝之合理性与必要性，显示出了非凡的理论魄力与创新力。因为自唐末韩愈《原道》问世以来，宋初欧阳修又作《本论》，前后相继，辟佛排佛之浪潮一再高涨，对佛教毁弃人伦的指责愈益蔓延。佛教中人已然不可能再固执原先的论调，而必须进一步在理论上进行佛教的中国化。就此而言，契嵩无疑是站在了时代的转捩点上，并做出了前人未能做到的成就。

契嵩对孝之合理性与必然性做了充分的论证，首先，是在第一章《明孝章》中，他就以佛教经典《梵网经》的"孝名为戒"为据，指出："吾先圣人其始振也，为大戒，即曰'孝名为戒'。盖以孝而为戒之端也。子与戒而欲亡孝，非戒也。夫孝也者，大戒之所以先也。戒也者，众善之所以生也。为善微戒，善何生耶？为戒微孝，戒何自耶？故经曰：'使我疾成于无上正真之道者，由孝德也。'"①以此说明欲做佛则不可离孝，尤其是孝为大戒之所以先的说法，无疑是化用了《孝经·开宗明义章》所言"夫孝，德之本也，教之所由生也"。当然，《明孝》的章名也正是与此有关。

关于戒与孝的具体关联，他则是在第七章《戒孝章》中做了申述：

五戒，始一曰不杀，次二曰不盗，次三曰不邪淫，次四曰不妄言，次五曰不饮酒。夫不杀，仁也；不盗，义也；不邪淫，礼也；不饮酒，智也；不妄言，信也。是五者修，则成其人，显其亲，不亦孝乎？是五者有一不修，则弃其身，辱其亲，不亦不孝乎？夫五戒有孝之蕴，而世俗不睹，忽之而未始谅也。故天下福不臻而孝不劝也。大戒曰："孝名为戒。"盖存乎此也。今夫天下欲福不若笃孝；笃孝不若修戒。戒也者，大圣人正胜之法也。以清净意守之，其福若取诸左右也。儒者其《礼》岂不曰："'我战则克，祭则受福。'盖得其道矣。"其《诗》岂不曰："恺悌君子，求福不回。"是皆言以其正也。夫世之正者犹然，况其出世之正者乎？②

将五戒对应于儒家的五常，而五常可以统括万善，当然也就意味着五戒可以统括万善，五戒十善与儒家"所谓五常仁义者异号而一体"③。修五戒而不弃身辱亲的说法，正对应于《孝经》首章"身体发肤，受之父母，不敢毁

①　契嵩著，邱小毛校译：《夹注辅教编校译》，成都：西南交通大学出版社，2011年，第116页。
②　契嵩著，邱小毛校译：《夹注辅教编校译》，成都：西南交通大学出版社，2011年，第125—126页。
③　契嵩著，邱小毛校译：《夹注辅教编校译》，成都：西南交通大学出版社，2011年，第11页。

伤,孝之始也""立身行道,扬名于后世,以显父母,孝之终也"。但是契嵩转而对"孝名为戒"做了解释,认为其意是说"笃孝不若修戒",持戒是佛教圣人之正胜法,这意味着持戒可以包括孝亲,持戒高于孝亲。正如他所引《礼记》《诗经》之言所示,儒家之孝所言者为世间法,而非出世间法。持戒方可通于出世间的至道之法,其中隐含的佛儒高下之意已十分明了。

以孝为戒之端,还包含着更深刻的含义:第一,契嵩对汉代经学观念有深刻的理解与吸收。《夹注辅教编》契嵩解释"原教"之名义说:

> 孔子以周末王道凌迟、礼义废坏,悯道德之不行,自卫反鲁,知必无用于世,乃追定五经。以人情有五性,怀五常,不能自成,是以象天五常之道,著经而明之,教人以成其德也。故《经解》曰:"温柔敦厚,诗教也;疏通知远,书教也;广博易良,乐教也;洁静精微,易教也;恭俭庄敬,礼教也;属辞比事,春秋教也。"夫道教与儒同源,一出于三皇五帝之道也。[1]

这意味着,对于汉唐人将五经、五性、五常相匹配的观念,契嵩是认同的。据契嵩之意,这意味着五戒就对应于儒家圣人之五经,而郑玄以《孝经》为六经之总会之说,也正可以对应于契嵩以孝为戒之端的观念。第二,五戒对应五常,但是,五戒在契嵩看来仅仅是渐教法门,是佛教圣人随顺世间所制,主要是劝善,而非体道,故而并不具有究极意义。与此相类,儒家的仁义礼智信,在他看来,并非佛教所言觉性,而仅仅是"情之善者"[2]。也就是说,契嵩所言之"善"是在情的层面上说,若佛性之觉则不可以善恶言,孝自然也是情之善者。

在直接论述孝之必然性的《孝论》第五章《必孝章》中,他就对道与善做了区分:

> 圣人之道,以善为用;圣人之善,以孝为端。为善而不先其端,无善也;为道而不在其用,无道也。用,所以验道也;端,所以行善也。行善而其善未行乎父母,能溥善乎?验道而不见其道之溥善,能为道乎?

---

① 契嵩著,邱小毛校译:《夹注辅教编校译》,成都:西南交通大学出版社,2011 年,第 2—3 页。此处对原文标点有修改。
② 契嵩:《非韩》,载契嵩:《镡津文集》,钟东、江晖点校,上海:上海古籍出版社,2016 年,第 289 页。

是故圣人之为道也，无所不善；圣人之为善也，未始遗亲。亲也者，形生之大本也，人道之大恩也。唯大圣人为能重其大本也，报其大恩也。①

此处"圣人之善，以孝为端。为善而不先其端，无善也"的说法也即其首章所言为善不可无孝之意。以孝为善之端，正是化用《孝经》"孝为德本"之说，但是，这一章需要注意的是，他区分了"道"和"用"，善仍然是在用的层次，也就是说，善并不就等于道。参以《孝经》之说，则善是德，而非道。而所谓"道"，则显然受到了老庄道论的影响，他注意到《弘明集》所载牟子《理惑论》中言："道之为物也，居家可以事亲，宰国可以治民，独立可以治身，履而行之则充乎天地。"依契嵩之意，这句话是说"世道者资佛道而为其根本者也"②。儒家要以佛教为根本，世道要以佛教为根本。在此意义上，我们也可以推测，对于《孝经》"至德要道"的解释，契嵩肯定不会认同孝既是至德也是要道的观点。从根本上来说，佛教的觉性之道才是至道，佛教的善才是大善，因为善的普遍性意味着不仅涵括世间法，也要涵括出世间法。反过来讲，既然佛教亦是劝人行善，那么，善的普遍性——"溥善"——必然意味着善要行乎父母，为善不可遗亲，这就是孝的必然性的证明。故此章下文又言："夫出家者，将以道而溥善也。溥善而不善其父母，岂曰道邪？不唯不见其心，抑亦辜于圣人之法也。经谓父母与一生补处菩萨等，故应承事供养。故律教其弟子，得减衣钵之资而养其父母。"③《增一阿含经》云："孝顺供养父母功德果报，与一生补处菩萨功德一等。"此为契嵩所据。契嵩在佛门三本说中定位父母，而此处又以父母为补处菩萨，皆是意图在佛教义理中安顿孝的义理位置，安顿孝自然就要在佛教经典寻找父母的位置。"唯大圣人为能重其大本也，报其大恩也"则是化用《中庸》"惟圣人为能经纶天下之大经，立天下之大本"，郑玄认为"大本"就是指《孝经》，契嵩可能正是有鉴于此才这样看重《中庸》与孝的关联。若提领契嵩论述的要点，则是他对道和用、性与情的分疏，而这其实正是他为何要区分孝理和孝行的缘由所在。

① 契嵩著，邱小毛校译：《夹注辅教编校译》，成都：西南交通大学出版社，2011年，第121—122页。
② 契嵩著，邱小毛校译：《夹注辅教编校译》，成都：西南交通大学出版社，2011年，第35页。
③ 契嵩著，邱小毛校译：《夹注辅教编校译》，成都：西南交通大学出版社，2011年，第123页。

二、理为孝之所以出

契嵩区分善与道,这一区分正对应于他对孝理和孝行的区分,在第三章《原孝章》中他明确地提出了这一说法:

> 孝有可见也,有不可见也。不可见者孝之理也,可见者孝之行也。理也者,孝之所以出也;行也者,孝之所以形容也。修其形容而其中不修,则事父母不笃,惠人不诚。修其中,而形容亦修,岂唯事父母而惠人,是亦振天地而感鬼神也。天地与孝同理也,鬼神与孝同灵也。故天地鬼神,不可以不孝求,不可以诈孝欺。佛曰:"孝顺至道之法。"儒曰:"夫孝,置之而塞乎天地;溥之而横乎四海;施之后世而无朝夕。"故曰:"夫孝,天之经也,地之义也,民之行也。"至哉大矣,孝之为道也夫!是故吾之圣人欲人为善也,必先诚其性,而然后发诸其行也。①

以理说孝,提出"孝之理"一词,在契嵩之前便已出现,如南朝刘勰撰《灭惑论》,批评道教对于佛教入国破国、入家破家、入身破身的指责,内云"孝理至极,道俗同贯",认为世俗所养孝是"瞬息尽养,则无济幽灵",而佛教是"学道拔亲,则冥苦永灭"②,其意即以为佛教方得孝之理。本书第三章所涉及的刘炫亦提出过"孝迹"与"孝理"的区分,但却是受玄学影响的泛泛之论。依契嵩之说,孝理与孝行,二者是一内一外的关系,更是一本一末的关系,前者是孝之所以然,后者则是孝之形容表现。而且,既然有普遍性的"孝理"存在,那么,孝就不仅仅是对人而言,亦是对天地万物而言。也即"天地与孝同理,鬼神与孝同灵"。而他所提出的文本经典依据即是《梵网经》中的"孝顺至道之法"、《礼记》所载曾子之语,以及《孝经》的天经地义说。关于什么是理,他在《劝书》中有说明,"大理也者,固常道之主也"。"大理者,本始二觉之道也。如此大理者,故是世间常用之道之主宰也。"③此即表明,大理是超越于儒家五常之道的更高的本源和主宰。"性即理也……情即事也"④,故其所言"理"也就是觉性。而孝理的提出还有汉代

---

① 契嵩著,邱小毛校译:《夹注辅教编校译》,成都:西南交通大学出版社,2011年,第118—119页。
② 僧祐撰,李小荣校笺:《弘明集校笺》,北京:中华书局,2013年,第419页。
③ 契嵩著,邱小毛校译:《夹注辅教编校译》,成都:西南交通大学出版社,2011年,第34页。
④ 契嵩著,邱小毛校译:《夹注辅教编校译》,成都:西南交通大学出版社,2011年,第15页。

儒学的背景，他说：

> 然孝之为物，其来远矣。《孝经援神契》曰："元气混沌，孝在其中。"其说未详。《老子》曰："有物混成，先天地生，寂兮寥兮，独立而不改，周行而不殆，可以为天下母。吾不知其名，字之曰道，强为之名曰大。"《庄子》曰："南海之帝为儵，北海之帝为忽，中央之帝为混沌。……"此明混沌有至神之理也，何只乎气而已矣。气非有知，岂别善恶而能含孕乎孝欤？有孝父母之善习，必在其神理耳。其谓"元气混沌，孝在其中"者，岂非言孝自神理所出？则神理乃孝之本也。虽二气未分，三才未有，而神气混沌，含孕乎孝，素在其中，如此可以为尽孝在混沌之中之理道也。夫孝先于天地，乃天地之所禀，孝实大哉远矣。庄老所谓混沌者，可望吾教大乘诸经所说之空义。①

汉代纬书学盛行，契嵩注意到了纬书所说孝与混沌的关联。但是，纬书所言混沌主要是指气而言，所以他不认同以气说混沌的解释，而认为混沌当如庄子所言为"至神之理"。因此"元气混沌，孝在其中"的意思就变成了"神理乃孝之本"。显然，契嵩以"神理"解混沌，"醉翁之意不在酒"，他正是想去除汉代儒学的气化本体论②，从而为佛教以"空"为本做铺垫，"神理"无疑更富有"空"的意味。

《原孝章》中诚其性而发诸行的说法无疑是借鉴了《中庸》，"诚其性"意味着对孝理、至道的体认。他紧接着就化用《中庸》"不诚无物"之文谓：

> 孝行者，养亲之谓也。行不以诚，则其养有时而匮也。夫以诚而孝之，其事亲也全，其惠人恤物也均。孝也者，效也；诚也者，成也。成者，成其道也；效者，效其孝也。为孝而无效，非孝也；为诚而无成，非诚也。是故圣人之孝，以诚为贵也。儒不曰乎："君子诚之为贵。"③

他明确地说，孝行指的就是养亲事亲，这显然与《孝经》将孝分为三个层次的叙述是不同的。以诚而孝，大致对应于儒家所强调的以敬而孝，但是契

---

① 契嵩著，邱小毛校译：《夹注辅教编校译》，成都：西南交通大学出版社，2011 年，第 112 页。
② 契嵩仅仅说"混沌"是"神理"，但他并未对"元气"做具体的解释，因此，这就遗留下一个问题——理和气的关系，而这一问题正是宋代理学家一直在试图解决的核心话题。此亦可见契嵩对理学影响之深。
③ 契嵩著，邱小毛校译：《夹注辅教编校译》，成都：西南交通大学出版社，2011 年，第 119—120 页。

嵩显然更为重视的是"诚",这样做,至少有两方面的理论效用:其一,通过文字的训释,以诚为成,这样的话,诚就意味着成道,而此成道可通于佛教的证道成佛。其二,以《中庸》为据,可以更方便地进行儒佛判教,因为在他看来,《中庸》一书是儒家言性命之最①。这就意味着仅仅行孝事亲是远远不够的,还应当进于成就至道之法的境界。而前者主要是儒家,至道之法则是佛教。而"至道"又与《孝出章》所引用《中庸》"苟非至德,至道不凝焉"中的"至道"构成了格义式的对应,他还特意做了注解谓:"凝者,成也。"②简言之,《中庸》言:"诚者物之终始,不诚无物,是故君子诚之为贵。"这是契嵩援儒入佛、判分佛高于儒的一个既明确而又隐晦的依据。在此基础上,他认为佛才是真正的"大诚"——"推其性而自同群生,岂不谓大诚乎? 推其怀而尽在万物,岂不谓大慈乎?"③所谓"君子诚之为贵"的意思是说"贵其能知道而识理也",所谓道、理就是"佛大妙之道、远奥之理"④。儒家《中庸》言诚明虽与佛经"实性一相"类似,但是"《中庸》但道其诚,未始尽其所以诚也。及乎佛氏演其所以诚者,则所谓弥法界、遍万有、形天地、幽鬼神而常示"⑤。

故而在《德报章》中,契嵩将孝行与孝理分别对应于德与道:

> 养不足以报父母,而圣人以德报之;德不足以达父母,而圣人以道达之。道也者,非世之所谓道也;妙神明,出死生,圣人之至道者也。德也者,非世之所谓德也;备万善,被幽被明,圣人之至德者也。⑥

他认为世人所称之德非至德,世人自然包含了儒家在内,儒家所言之道亦非至道。真正的道和德是妙神明而出死生,含万善而被幽明。因为孝意味着报恩,而佛教之孝才能真正做到报父母无极之恩,此自然仍与三世说有关。另外,契嵩的叙述难免让人联想到《易传》。契嵩正是以《易传》和《中庸》这两部儒者最为重视的颇富形上哲理色彩的典籍为其孝论作论证。

---

① 参看拙作《真心与皇极——北宋契嵩禅师三教论视域中的〈洪范〉学及其意义》,载《中国哲学史》2018 年第 3 期。
② 契嵩著,邱小毛校译:《夹注辅教编校译》,成都:西南交通大学出版社,2011 年,第 126 页。
③ 契嵩著,邱小毛校译:《夹注辅教编校译》,成都:西南交通大学出版社,2011 年,第 15 页。
④ 契嵩著,邱小毛校译:《夹注辅教编校译》,成都:西南交通大学出版社,2011 年,第 21 页。
⑤ 契嵩:《万言书上仁宗皇帝》,载契嵩:《镡津文集》,钟东、江晖点校,上海:上海古籍出版社,2016 年,第 157 页。
⑥ 契嵩著,邱小毛校译:《夹注辅教编校译》,成都:西南交通大学出版社,2011 年,第 127 页。

这表明,他是欲通过凸显孝之形上层面,以彰明佛教之孝为"纯孝"(《德报章》)。但他所说的,"妙神明,出死生"绝非《易传》原始反终之论,而是有着佛教的意涵:"佛之为道也,先乎神而次乎人",佛教是以神道设教,"先推故神明之理"①。而"妙"则是佛教的妙道,"妙道也者,清净寂灭之谓也,谓其灭尽众累,纯其清净本然者也"②。

他又以儒家所言经权观念为孝理作论证,其《孝略章》中言:

> 善天下,道为大;显其亲,德为优。告则不得其道德,不告则得道而成德,是故圣人辄遁于山林。逮其以道而返也,德被乎上下,天下称之,曰有子若此,尊其父母,曰大圣人之父母也。圣人可谓略始而图终,善行权也。古之君子有所为而如此者,吴泰伯其人也。……圣人推胜德于人天,显至正于九向,故圣人之法不顾乎世嗣。古之君子,有所为而如此者,伯夷、叔齐其人也。

> 道固尊于人,故道虽在子,而父母可以拜之,冠义近之矣。《礼》曰:"已冠而字之,成人之道也。见于母,母拜之。"俗固本于真。其真已修,则虽僧可以与王侯抗礼也,而武事近之矣。《礼》曰:"介者不拜,为其拜而蒌拜也。"不拜,重节也;母拜,重礼也。礼节而先王犹重,大道乌可不重乎? 俗曰圣人无父,固哉,小人之好毁也! 彼眊然而岂见圣人为孝之深渺也哉!③

契嵩的论述极具叙述的技巧性,"告"与"不告"、遁迹山林之说,一方面是指涉《孟子》中所载大舜不告而娶以及居于深山的典故④,另一方面又指涉的是释迦牟尼证道成佛的经历。当然,此处的圣人最终肯定是指佛。他一再强调,佛就是圣人,佛教就是"大圣人出世之教"⑤,比如:"圣人谓佛也。……佛极大道,得大通,具一切种智,冠一切圣人,故谓之圣也。"⑥孟子以孔子为集大成之圣,而契嵩则以佛为集大成之圣。由此,他就在儒家

① 契嵩著,邱小毛校译:《夹注辅教编校译》,成都:西南交通大学出版社,2011年,第21页。
② 契嵩著,邱小毛校译:《夹注辅教编校译》,成都:西南交通大学出版社,2011年,第22页。
③ 契嵩著,邱小毛校译:《夹注辅教编校译》,成都:西南交通大学出版社,2011年,第128—130页。
④ 此点,可以契嵩《坛经赞》的相关论述为证,见契嵩著,邱小毛校译:《夹注辅教编校译》,成都:西南交通大学出版社,2011年,第137页。
⑤ 契嵩著,邱小毛校译:《夹注辅教编校译》,成都:西南交通大学出版社,2011年,第3页。
⑥ 契嵩著,邱小毛校译:《夹注辅教编校译》,成都:西南交通大学出版社,2011年,第5页。

经权观念的系统中为圣人"略始而图终"做了辩护,也就是说,出家为僧是行权之举,并不违背孝理。而泰伯让国的例子也正可以说明不顾世嗣而行权的合理性。第二段话则直言"道尊于人",这意味着孝顺父母的实质是孝顺至道,在此意义上,便不可固守拜父母之礼,而应行权达变。若为子者出家为僧以追寻至道,则道在子,父母亦应拜子,就像冠礼中母亲拜子的例子一样。这实际上是在为佛教存在的合理性做辩护,批评那些排佛者如韩愈认为佛教无父无君的观点。契嵩的论证,是出于佛门的立场,故他无疑混淆了礼仪的特殊性和普遍性,用儒家特殊性的冠礼中的母拜子,为普遍性的佛教僧徒的存在做辩护。他在《原教》中说:"佛非人,非不人。现预三才之数,示入父子人常之法,故谓之人也。"①若如此,则孝恰恰是"权宜",而非普遍,故可以说其援儒入佛的论证是一种理论的错置,不能成立。当然,他的思想洞察力和对儒佛融通的努力亦不能被截然否定。

而之所以说孝才是权宜,而非常道,是因为契嵩所言之道是佛教的至道,也就是佛性。在此意义上,儒家所言孝德仅仅相当于佛教思想中的情识。也就是说,契嵩以佛教内部的性情之辨来解释理与孝之关系。他说:"性乃素有之理也,情感而有之也。"②"性者寂然不动……亦其本觉者也;情者感而遂动,人之欲者也,亦其不觉者也。不动出动,本觉出不觉耳。……就吾出世教论之,则本觉真性亦都是万法所依之体也。""性亦本觉之真性也,情亦不觉之妄情也。"③世情胶着,不可遽去,故而才"就其情而制之",使世人修五戒十善之法④。这是佛教圣人随顺世法而为的治世俗之法,也就是佛教与儒术相同的地方。契嵩曾以权论述性情,谓:"情而为之,而其势近权;不情而为之,而其势近理。""情望于性,情是虚假","理望于性,即是纯真至宝也"⑤。仁义礼智信以及孝,都是"情而为之",从觉性的意义上讲都是虚假,而性、理才是真实。儒家是有情,而佛教则是"行情而不情耳"⑥,佛教高于儒家。不仅如此,情出于性,那么,儒家所言二帝

① 契嵩著,邱小毛校译:《夹注辅教编校译》,成都:西南交通大学出版社,2011年,第5页。
② 契嵩:《中庸解》,载契嵩:《镡津文集》,钟东、江晖点校,上海:上海古籍出版社,2016年,第75页。
③ 契嵩著,邱小毛校译:《夹注辅教编校译》,成都:西南交通大学出版社,2011年,第4页。
④ 契嵩著,邱小毛校译:《夹注辅教编校译》,成都:西南交通大学出版社,2011年,第7页。
⑤ 契嵩著,邱小毛校译:《夹注辅教编校译》,成都:西南交通大学出版社,2011年,第15页。
⑥ 契嵩著,邱小毛校译:《夹注辅教编校译》,成都:西南交通大学出版社,2011年,第14页。

三王之治教不正是当以佛教为本嘛！①

三、世间孝与出世间孝的融通

契嵩在经权之辨的意义上，已经为世间孝和出世间孝的融通奠定了根基。《孝论》第四章《评孝章》说：

> 圣人以精神乘变化而交为人畜，更古今混然茫乎，而世俗未始自觉。故其视今牛羊，唯恐其是昔之父母精神之所来也，故戒于杀，不使暴一微物，笃于怀亲也。谕今父母则必于其道，唯恐其更生而陷神乎异类也。故其追父母于既往，则逮乎七世；为父母虑其未然，则逮乎更生。虽谲然骇世，而在道然也。天下苟以其不杀劝，则好生恶杀之训，犹可以移风易俗也；天下苟以其陷神为父母虑，犹可以广乎孝子慎终追远之心也；况其于变化，而得其实者也？校夫世之谓孝者，局一世而暗玄览，求于人而不求于神，是不为远而孰为远乎？是不为大而孰为大乎？经曰："应生孝顺心，爱护一切众生。"斯之谓也。②

值得注意的是，此处表现出契嵩对于道家思想的吸收，所谓"以精神乘变化""混然茫乎"以及"玄览"之说，皆是受老庄影响的文字。强调精神之变化，意味着契嵩是认为精神或灵魂不灭的③，正与他所说"妙神明"相应，由此方可以证成六道轮回、因果报应说。"佛教以灵识不绝，依身而现其身，虽生而复灭，灭而复生，世复一世，生生前后相续，浩然无有穷尽，则其生生育己者皆其父母，至于鬼神亦有父母，必致孝其生生父母。生生世数积多，不可得而遍匝，且指七世为限，故佛以七世之孝为宗也。"④依此说，则现前的牛羊等畜类动物很可能是前生父母轮回所变，故戒杀其实就包含了孝亲。因此，佛教之孝与儒门之孝的相同处在于，二者均可以移风易俗，劝人为善，起到慎终追远的作用。而其差异在于，佛教之孝并非局限于现时之一世，而犹远涉七世，涵括天地万物众生，故佛教的孝方是立意高远的大孝。《孝出章》中也说："佛之为道也，视人之亲犹己之亲也，卫物之生犹

---

① 契嵩：《万言书上仁宗皇帝》，载契嵩：《镡津文集》，钟东、江晖点校，上海：上海古籍出版社，2016年，第152页。
② 契嵩著，邱小毛校译：《夹注辅教编校译》，成都：西南交通大学出版社，2011年，第120—121页。
③ 契嵩著，邱小毛校译：《夹注辅教编校译》，成都：西南交通大学出版社，2011年，第13页。
④ 契嵩著，邱小毛校译：《夹注辅教编校译》，成都：西南交通大学出版社，2011年，第113页。

己之生也,故其为善则昆虫悉怀,为孝则鬼神皆劝。资其孝而处世,则与世和平而忘忿争也;资其善而出世,则与世大慈而劝其世也。"①所以《梵网经》所言"应生孝顺心,爱护一切众生"就成为契嵩论佛教大孝的经典依据。高远的极致即是证道,契嵩言:

> 勉人孝顺,近则其所免离王法不孝刑戮之苦,远则其所免离三涂冥罚之苦,是苦谛也。既行孝顺所断其五逆十恶不孝聚集之种者,是集谛也。既依法孝顺三尊一切,则已断其苦集,见其清净寂灭之理,是灭谛也。证理以修,近则人天声闻之道,远则佛无上涅槃之道,是道谛也。②

据此可见,契嵩在对佛门孝论的构建中,将佛教的三世、果报、四谛等等都很好地融和起来,以实现世出世法的圆融。在《孝论》第二章《孝本章》中,契嵩又借鉴儒家的礼有三本说,提出了佛门的三本说,也体现出了融汇世出世法的态度:

> 天下之有为者,莫盛于生也;吾资父母以生,故先于父母也。天下之明德者,莫善于教也;吾资师以教,故先于师也。天下之妙事者,莫妙于道也;吾资道以用,故先于道也。夫道也者,神用之本也;师也者,教诰之本也;父母也者,形生之本也。是三本者,天下之大本也。……大戒曰:"孝顺父母师僧三宝,孝顺至道之法。"不其然哉! 不其然哉!③

佛门三本说,无疑脱胎于佛法僧三宝说。这意味着孝是有本的,强调"生",就必须强调"孝",此处体现了契嵩的入世关怀。他将父母、师僧、至道三者并列,应该说已经在佛门义理中将父母放到了很高的位置。正如钱穆所指出的,"亲之一本,则实为释氏所不言"④。此处至道之内涵自然仍是指佛法。三者并称,并不意味着佛法的地位就降低了,其意在说明"释迦亦重孝道"⑤。至此,则不能不提及契嵩《孝论》的序文:

---

① 契嵩著,邱小毛校译:《夹注辅教编校译》,成都:西南交通大学出版社,2011年,第126页。
② 契嵩著,邱小毛校译:《夹注辅教编校译》,成都:西南交通大学出版社,2011年,第113—114页。
③ 契嵩著,邱小毛校译:《夹注辅教编校译》,成都:西南交通大学出版社,2011年,第117页。
④ 钱穆:《读契嵩〈镡津集〉》,载钱穆:《中国学术思想史论丛》(五),北京:生活·读书·新知三联书店,2009年,第45页。
⑤ 钱穆:《读契嵩〈镡津集〉》,载钱穆:《中国学术思想史论丛》(五),北京:生活·读书·新知三联书店,2009年,第45页。

夫孝，三教皆尊之，而佛教殊尊也。虽然，其说不甚著明于天下，盖亦吾徒不能张之，而吾尝慨然甚愧。念七龄之时，吾先子方启手足，即命之出家。稍长，诸兄以孺子可教，将夺其志，独吾母曰："此父命，不可易也。"遂摄衣将访道于四方，族人留之，亦吾母曰："汝已从佛，务其道，宜也，岂以爱滞汝？汝其行矣。"呜呼！生我父母也，育我父母也，吾母又成我之道也。昊天罔极，何以报其大德？①

所谓诸教皆尊之，主要是就儒佛道三教而言，他说："儒、道、佛三圣之教皆尊崇之者，犹《论语》曰'孝悌者人②之本与'，《道经》曰'绝仁弃义，民复孝慈'，《戒经》曰'孝名为戒'者也，独佛教甚尤尊之也。"③但他认为道家和儒家同源，皆是世法，故皆不及佛教尊孝。慧能出家之前先安顿母亲的典故常为人所称道，亦为契嵩《孝论》第十一章《孝行章》所提及。但是契嵩的这段序文无疑更让人印象深刻，他将父亲临终之命、母子情深与自己出家学道的经历紧密结合，水乳交融，读来不禁让人感动！此外，他还言及，离乡二十七载，想要返家修葺父母之坟庐，担心为大盗所坏，一想到这里就"涟然泣下"，而其《孝论》也正是在此情境写下的。因此，《孝论》不仅仅是契嵩辅教、为佛教辩护之作，同时也是他思亲念亲、尽孝报恩之作，这才是《孝论》的殊胜之处。诚如钱穆所说："契嵩明白提出孝道，又明白提出一情字，皆见契嵩在僧人中之特出处。"④

契嵩不惟言孝为特出，其言僧人之居丧亦为特出。《孝论》的最后一章《终孝章》言及僧人居丧之礼：

父母之丧亦哀，缞绖则非其所宜，以僧服大布可也。凡处必与俗之子异位，过敛则以时往其家，送葬或扶或导。三年必心丧，静居修我法，赞父母之冥。过丧期，唯父母忌日、孟秋之既望，必营斋讲诵，如兰盆法。是可谓孝之终也。……佛子在父母之丧，哀慕可如目犍连也，心丧可酌大圣人也。居师之丧，必如丧其父母；而十师丧期，则有降杀

---

① 契嵩著，邱小毛校译：《夹注辅教编校译》，成都：西南交通大学出版社，2011年，第114—115页。
② 契嵩在其他地方，又将此"人"写作"仁"，此处当误。
③ 契嵩著，邱小毛校译：《夹注辅教编校译》，成都：西南交通大学出版社，2011年，第114页。
④ 钱穆：《读契嵩〈镡津集〉》，载钱穆：《中国学术思想史论丛》（五），北京：生活·读书·新知三联书店，2009年，第46页。

也，唯禀法得戒之师，心丧三年可也。①

所谓"哀""心丧三年"，皆是取法于儒家之礼制。但正如他所说，"丧制哭泣，虽我教略之，盖欲其泯爱恶，而趋清净也"②。虽仍是"略始而图终"之意，但他对宋以前儒佛争辩所聚焦的孝论中发生的分歧已经做了充分的化解，并深化至丧祭之礼的层面，这无疑正是对世间法和出世间法融合的典型，也是极致。

小　结

《孝经》"夫孝，德之本，教之所由生也"一语，是契嵩在行善修戒层面上展开其孝论的基本理据。若要完整理解其孝论，当然仍要回到他的理迹之说："夫仁义者，先王一世之治迹也。以迹议之而未始不异也，以理推之而未始不同也。迹出于理，而理祖乎迹；迹末也，理本也，君子求本而措末可也。"③这正是契嵩对佛儒二教的判分，也是其理解孝的基本思路。从上文的论述可以看出，契嵩《孝论》与儒家经典《中庸》密切相关，契嵩有专门的《〈中庸〉解》，其中认为"中庸，道也。道也者，出万物也，入万物也，故以道为中也"④。"中庸……天下之至道也。"⑤又谓："中庸者，盖理之极，而仁义之原也。礼乐刑政、仁义智信，其八者一于中庸者也。"⑥这一说法，显然正与其《孝论》以至道、大理为仁义之所出的观点一致。而契嵩以《中庸》为据申发孝论，回击唐末以来以韩愈为代表的辟佛之论，才是其更为重要的目的，而《中庸》正是入室操戈、反驳韩愈的不二之选。韩愈以继承孟子自任，在《原道》中非常重视孟子关于孔子作《春秋》的论述，以夷夏之辨来辟佛，另外，则是言及《大学》八条目，以批评佛教之遗弃天下国家。韩愈真正忽视的经典正是《中庸》，而契嵩恰恰是以韩愈不重视的《中庸》为佛教代言。

① 契嵩著，邱小毛校译：《夹注辅教编校译》，成都：西南交通大学出版社，2011年，第132—134页。
② 契嵩著，邱小毛校译：《夹注辅教编校译》，成都：西南交通大学出版社，2011年，第134页。
③ 契嵩著，邱小毛校译：《夹注辅教编校译》，成都：西南交通大学出版社，2011年，第11页。
④ 契嵩：《中庸解》，载契嵩：《镡津文集》，钟东、江晖点校，上海：上海古籍出版社，2016年，第74页。
⑤ 契嵩：《中庸解》，载契嵩：《镡津文集》，钟东、江晖点校，上海：上海古籍出版社，2016年，第77页。
⑥ 契嵩：《中庸解》，载契嵩：《镡津文集》，钟东、江晖点校，上海：上海古籍出版社，2016年，第72页。

契嵩《非韩》中说：

> 韩子议论拘且浅，不及儒之至道可辩。予始见其目曰"原道"，徐视其所谓"仁与义为定名，道与德为虚位"，考其意，正以仁义人事必有，乃曰"仁与义为定名"；道德本无，缘仁义致尔，乃曰"道与德为虚位"。此说特韩子思之不精也。夫缘仁义而致道德，苟非仁义自无道德，焉得其虚位？果有仁义以由以足，道德岂为虚耶？道德既为虚位，是道不可原也，何必曰"原道"？《舜典》曰："敬敷五教。"盖仁义五常之谓也。韩子果专仁义，目其书曰"原教"可也。是亦韩子之不知考经也。[①]

契嵩批评韩愈所谓"原道"名不副实，名曰原道，实则是"原教"，因为韩愈所言者皆是就人事行为、就社会教化而言的仁义。韩愈批评佛教遗弃人伦，而契嵩恰恰批评韩愈仅仅在人事上言仁义，根本不知真正的道德。其实，仁义由道德而有，而非道德缘仁义而致。否则，道和德就成了虚位，而非本原。而《中庸》言天道，言诚，言天命，恰恰是在所谓的"教"和人事之前立一形而上的性天本体。由此，契嵩便可以《中庸》为借阶，敷衍其佛教的性理之论，说明佛教所言才是真正圆满的至道，比《中庸》还要极致高远。那么，仁义本于道德，就意味着儒家要以佛教为本。而契嵩将仁义置于情之善的层面上讲，这一观点自然是不能被韩愈所认同的，当然也不可能被后来的理学诸儒所认同。后来的理学发展史中，我们可以看到，程朱将仁视为"性"，"性即理"，仁就是天理，恰恰是将仁置于本体的层面上来定位，而将孝视为情，仁与孝是本末、体用关系[②]。朱熹"仁者，爱之理，心之德"[③]一语，就意味着对契嵩以仁为情感惠爱的反驳。而契嵩谨守《论语》有子之言"孝弟也者，其为仁之本与"之说[④]，也被程朱理学扭转为孝弟为"行仁"之始，仁才是孝弟之本[⑤]。契嵩对孝理和孝行的分疏也就黯然落幕了。至此，不难看出，程朱理学天理观的提出与仁论的建立，或者说早期道学话语的形成，受契嵩之影响因素当为不小。此外，契嵩不从孝治的意义上说孝，

---

① 契嵩：《非韩》，载契嵩：《镡津文集》，钟东、江晖点校，上海：上海古籍出版社，2016 年，第 286—287 页。
② 黎靖德编：《朱子语类》卷一百三十七，杨绳其、周娴君校点，长沙：岳麓书社，1997 年，第 2952 页。
③ 朱熹：《四书章句集注》，北京：中华书局，1983 年，第 48 页。
④ 契嵩著，邱小毛校译：《夹注辅教编校译》，成都：西南交通大学出版社，2011 年，第 113 页。
⑤ 朱熹：《四书章句集注》，北京：中华书局，1983 年，第 48 页。

也与唐代受玄宗《御注孝经》支配的《孝经》学形成截然差异。盖宋初儒者批评佛教本即直指佛教之毁家败国,于民生无益,职是之故,契嵩自然不会直接从治国平天下的意义上说孝或者解释《孝经》,而是从形而上的孝理或者更加贴近个人的修身层面来开辟新的路径,而这一点与宋代理学强调"以修身为本"无疑是相通的。即此而言,契嵩对宋代新的《孝经》学话语之形成也是有功的。

第二节　程颐的《孝经》学

程颐并无专门的《孝经》学著作,但他也非常关注《孝经》,不仅对《孝经》所载郊祀宗祀两大礼制有自己的一整套看法,并参与到当时的政治实践和制礼活动中(此即北宋英宗时期的"濮议"),并在上书仁宗皇帝时明确以《孝经》"立身行道,扬名于后世"之大孝做劝勉①。此外,他也从儒学的角度回应了当时佛教界对于儒家仁孝观念认识的偏颇。以往的研究包括对程颐礼学的研究,以及众多关于"濮议"的研究,基本未注意到程颐的礼制思想和其理学的关联或一贯,而研究其理学思想者则大多不关心其礼说,这不能不说是一人缺憾。若进入程颐思想的内部,可以发现,其关于郊祀宗祀和严父配天的礼说,与其"父子之爱本是公"的仁孝论有着一贯的理路,孔门之学有仁、礼二维,而程颐在理学视域中打通了二者。

一、郊祀宗祀与严父配天

《孝经·圣治章》言:"孝莫大于严父,严父莫大于配天,则周公其人也。昔者周公郊祀后稷以配天,宗祀文王于明堂,以配上帝。是以四海之内,各以其职来祭。夫圣人之德,又何以加于孝乎?……父子之道,天性也,君臣之义也。"这段话历来是儒者讨论郊祀、宗祀两大礼制的重要经典依据。

程颐有《禘说》一文,基本上表达了他对此二礼的完整想法,同时也是他对《孝经》这段话的解释,为便于分析,兹列其文于下:

> "禘其祖之所自出",始受姓者也;"其祖配之",以始祖配也。文、武必以稷配,后世必以文王配,所出之祖无庙,于太祖之庙禘之而已。

---

① 程颢、程颐:《二程集》,王孝鱼点校,北京:中华书局,2004年,第514页。

万物本乎天,人本乎祖,故以所出之祖配天也。周之后稷生于姜嫄,姜嫄以上更推不去也。文、武之功起于后稷,故配天者须以后稷。"严父莫大于配天","宗祀文王于明堂以配上帝",帝即天也。聚天之神而言之,则谓之上帝。此武王祀文王,推父以配上帝,须以父也。

曰"昔者周公郊祀后稷以配天,宗祀文王于明堂以配上帝"。不曰武王者,以周之礼乐出于周公制作,故以其作礼乐者言之。犹言"鲁之郊禘非礼,周公其衰",是周公之法坏也。若是成王祭上帝,则须配以武王。配天之祖则不易,虽百世惟以后稷。配上帝则必以父,若宣王祭上帝,则亦以厉王。虽圣如尧、舜,不可以为父;虽恶如幽、厉,不害其为所生也。故《祭法》言"有虞氏宗尧",非也。如此则须舜是尧之子。苟非其子,虽授舜以天下之重,不可谓之父也。如此,则是尧养舜以为养男也,禅让之事蔑然矣。

以始祖配天,须在冬至,一阳始生,万物之始,祭用圜丘,器用陶匏藁秸,服用大裘。而祭宗祀九月,万物之成,父者我之所自生,帝者生物之祖,故推以为配,而祭于明堂也。

本朝以太祖配于圜丘,以祢配于明堂,自介甫此议方正。先此祭五帝,又祭昊天上帝,并配者六位。自介甫议,惟祭昊天上帝,以祢配之。太祖而上,有僖、顺、翼、宣。先尝以僖祧之矣,介甫议以为不当祧,顺以下祧可也。何者? 本朝推僖祖为始,已上不可得而推也。或难以僖祖无功业,亦当祧。以是言之,则英雄以得天下自己力为之,并不得与祖德。或谓:灵芝无根,醴泉无源,物岂有无本而生者? 今日天下基本,盖出于此人,安得为无功业? 故朝廷复立僖祖庙为得礼。介甫所见,终是高于世俗之儒。①

首先,"禘其祖之所自出,其祖配之"是《礼记·丧服小记》之语。据程颐此文可知,他肯定地认为此处的禘祭就是《孝经》的郊祀,而郊祀也就是圜丘之祭。其说与郑玄异,而与王肃同,后者王肃正是认为圜丘与郊为一,而郑玄则以为二。第三段话中的叙述正表明了这一点,尤其是提到王安石对祭祀的改革,不再祭祀五帝,而仅祭昊天上帝,正是从王肃之说,而不采

---

① 程颢、程颐:《二程集》,王孝鱼点校,北京:中华书局,2004 年,第 669—670 页。此处对原文标点有修改。

郑玄之意。郑玄仅仅是以禘为大祭,所谓大小是相对来说,比如圜丘之祭大于郊祀,则圜丘之祭即是禘,如此一来,郊祀之祭相对于其他小的祭祀来说也可以称作是禘。程颐皆置此不论,而直以禘为郊祀,简洁明了。郑玄以感生帝言天,结合五德理论,由此有五感生帝,故有六天之说[1],而程颐则明确言"帝即天也","郊祀配天,宗祀配上帝,天与上帝一也"[2]。认为六天之说"起于《谶书》,郑玄之徒从而广之,甚可笑也。……岂有上帝而别有五帝之理?"[3]凡此,均明确体现出理学在礼制建构上的简约化特点。

　　其次,第一段话中言"文、武必以稷配,后世必以文王配,所出之祖无庙,于太祖之庙禘之而已",似乎与第二段话"配天之祖则不易,虽百世惟以后稷"相冲突,其实不然。孔颖达解释《毛诗·生民》时言:"周始祖后稷也。周以后稷为始祖,文王为太祖。'《雍》,禘太祖',谓文王也。后稷以初始感生,谓之始祖。又以祖之尊大,亦谓之太祖,《周语》曰:'我太祖后稷之所经纬'是也。若文王,以受命之大,唯得称太祖,不得言始祖也。"[4]程颐"于太祖之庙禘之而已"的说法即与此有关。然依据郑玄、孔颖达之说,《雍》禘和郊祀之禘并不同,程颐却将二说混而为一,这样一来就出现了一个问题:郊祀配天或禘礼应当是在圜丘,为何却是在文王庙中进行呢?程颐给出的回答便是"所出之祖无庙,于太祖之庙禘之而已",其意谓,郊祀本应以始祖配,即周人以后稷配,但由于始祖后稷并无庙,故而后世往往在文王之庙中行禘礼。他在另一处说:"天子曰禘,诸侯曰祫,其理皆是合祭之义。禘从帝,禘其祖之所自出之帝,以所出之帝为东向之尊,其余合食于其前,是为禘也。诸侯无所出之帝,只是于太祖庙。群庙之主合食,是为祫。鲁所以有禘者,只为得用天子礼乐,故于《春秋》之中,不见言祫,只言禘,言大事者即是祫。言'大事于太庙,跻僖公',即是合食闵、僖二公之义。若时祭当言有事。吉禘于庄公,只是禘祭,言吉者以其行之太早也。四时之祭,有禘之名,只是礼文交错。"[5]他以《春秋》所载为据,认为天子所行合祭之礼为禘,

[1]　此处关于郑玄对禘礼和感生帝的看法,可参看皮锡瑞:《孝经郑注疏》,吴仰湘点校,北京:中华书局,2016年,第77页。
[2]　程颢、程颐:《二程集》,王孝鱼点校,北京:中华书局,2004年,第168页。
[3]　程颢、程颐:《二程集》,王孝鱼点校,北京:中华书局,2004年,第287页。
[4]　毛亨传,郑玄笺,孔颖达疏:《毛诗注疏》,朱杰人、李慧玲整理,上海:上海古籍出版社,2013年,第1525页。
[5]　程颢、程颐:《二程集》,王孝鱼点校,北京:中华书局,2004年,第167页。

诸侯则为祫,据此,则禘于文王之庙也就是合食于太祖之庙。这显然又是将合食之祭与郊祀之祭混同为一了。程颐又加以佐证,认为四时之祭中的禘和合祭之禘在经典中出现的不一致,也仅仅是"礼文交错",凡此之说,皆与郑玄不合,"礼文交错"一语尤显牵强。依郑玄《禘祫志》,周公进行了礼制改革,自殷以上,四时之祭名为禴、禘、尝、烝,而周代则是祠、禴、尝、烝,改而以禘为大祭之名①。两相比较之下,程颐礼说仍体现出精简的特点。

第三,程颐强调,"宗祀文王于明堂以配上帝",一定是指以父配。但"宗祀"的主语是周公,程颐则颇有疑虑:

> 郊祀配天,宗祀配上帝,天与上帝一也。在郊言天,以其冬至生物之始,故祭于圆丘,而配以祖,陶匏稿鞂,埽地而祭。宗祀言上帝,以季秋成物之时,故祭于明堂,而配以父,其礼必以宗庙之礼享之。此义甚彰灼。但《孝经》之文,有可疑处。周公祭祀,当推成王为主人,则当推武王以配上帝,不当言文王配。若文王配,则周公自当祭祀矣。周公必不如此。②

他怀疑《孝经》之文有误,应当写作:成王宗祀武王于明堂以配上帝。如果是配以文王,则是周公僭越而自行祭祀。这一疑虑在《禘说》一文中仍然存在,但是他意识到了一点,"不曰武王者,以周之礼乐出于周公制作,故以其作礼乐者言之"③。而这样的话就与他所强调的"推父以配上帝"的原则相悖了。除却此自相悖谬的问题之外,尚存另一大问题:若宗祀的帝王是暴乱恶戾之君怎么办? 比如周厉王、周幽王是不是也可以配上帝? 程颐坚定地认为答案是肯定的,"虽恶如幽、厉,不害其为所生也"。但这样的话,儒家自始以来所推崇的以德配天的观念就失去了意义。或者说,恶人配上帝,上帝能接受吗? 宗祀难道就仅仅成了一个以父配天的形式化礼仪吗? 其中就没有表彰有德之君的意义吗? 这无疑是程颐宗祀说中存留的最严重的问题。

---

① 毛亨传,郑玄笺,孔颖达疏:《毛诗注疏》,朱杰人、李慧玲整理,上海:上海古籍出版社,2013年,第831页。
② 程颢、程颐:《二程集》,王孝鱼点校,北京:中华书局,2004年,第168页。
③ 《二程集》卷十八亦载其说:"问:严父配天,称'周公其人',何不称武王? 曰:大抵周家制作,皆周公为之,故言礼乐者必归之周公焉。"(程颢、程颐:《二程集》,王孝鱼点校,北京:中华书局,2004年,第230页)

　　而程颐由此质疑《礼记·祭法》之文,认为《祭法》言"有虞氏宗尧"是错误的。舜并非尧之子,岂可说舜宗祀上帝?故他说:"苟非其子,虽授舜以天下之重,不可谓之父也。如此,则是尧养舜以为养男也,禅让之事蔑然矣。"意谓如果舜宗祀尧的话,那就意味着尧是舜的养父,舜是尧的养子,如此一来,这就不是尧舜授受禅让的公天下,而是传子的家天下了。程颐本就认为《礼记》多为汉儒杂纂之书,故有此怀疑也并不奇怪。但关于《祭法》"有虞氏宗尧"之说,汉唐儒者已有清晰的解释。《礼记·礼运》中言"选贤与能",郑注言"禅位授圣"。孔颖达疏言:

　　　　"禅位授圣",谓尧授舜也。不家之者,谓不以天位为己家之有授子也。天位尚不为己有,诸侯公卿大夫之位灼然与天下共之,故选贤与能也。己子不才,可舍子立他人之子,则废朱均而禅舜禹是也。然己亲不贤,岂可废己亲而事他人之亲?但位是天位,子是卑下,可以舍子立他人之子。亲是尊高,未必有位,无容废己之亲,而事他亲。但事他亲有德,与己亲同也。案《祭法》:"有虞氏禘黄帝而郊喾,祖颛顼而宗尧。"配天事重,不以瞽叟为祖宗。此亦不独亲之义也。[①]

　　孔颖达的疏通非常重要,包含了两层重要义理:第一,天位的授受是最重要的,这意味着,相较于父子之亲而言,尊贤更为重要。第二,公天下的时代是"不独亲其亲,不独子其子",故而禅位授圣,"事他亲有德,与己亲同也",正是公天下时代所应施行的。"有虞氏宗尧"之意正是如此。由此,孔颖达就揭示出了"礼以时为大"的意涵,天下大同的时代和小康礼制的时代显然是不同的,因此也就不可以后来的小康时代礼制来衡量大同时代圣人之所为。那么,程颐以舜之宗尧为非礼的观点,也就不成立了。从汉宋之别的角度来看,程颐坚持宗祀是推父以配天,其意重在亲亲,而孔颖达强调天位和"配天事重",则意在尊尊,尊贤就意味着尊尊,且是尊尊中之大者。程颐有"吾儒本天,释氏本心"之说,但在这一问题上,相对于孔颖达的"配天事重",则未能做到"本天"以论礼制,有拘泥迂腐之嫌。

　　在此基础上,我们再讨论程颐对周公摄政问题的理解:

　　　　问:"世传成王幼,周公摄政,荀卿亦曰:'履天下之籍,听天下之

_____

① 郑玄注,孔颖达疏:《礼记正义》,龚抗云整理,王文锦审定,北京:北京大学出版社,1999年,第660页。

断.'周公果践天子之位,行天子之事乎?"曰:"非也。周公位冢宰,百官总己以听之而已,安得践天子之位?"又问:"君薨,百官听于冢宰者三年尔,周公至于七年,何也?"曰:"三年,谓嗣王居忧之时也。七年,为成王幼故也。"又问:"赐周公以天子之礼乐,当否?"曰:"始乱周公之法度者,是赐也。人臣安得用天子之礼乐哉?成王之赐,伯禽之受,皆不能无过。《记》曰:'鲁郊非礼也,其周公之衰乎!'圣人尝讥之矣。说者乃云:周公有人臣不能为之功业,因赐以人臣所不得用之礼乐,则妄也。人臣岂有不能为之功业哉?借使功业有大于周公,亦是人臣所当为尔。人臣而不当为,其谁为之?岂不见孟子言'事亲若曾子可也',曾子之孝亦大矣,孟子才言可也。盖曰:子之事父,其孝虽过于曾子,毕竟是以父母之身做出来,岂是分外事?若曾子者,仅可以免责尔。臣之于君,犹子之于父也。臣之能立功业者,以君之人民也,以君之势位也。假如功业大于周公,亦是以君之人民势位做出来,而谓人臣所不能为可乎?使人臣恃功而怀怏怏之心者,必此言矣。……"①

"鲁郊非礼也,其周公之衰"亦见于程颐《禘说》,此语源出《礼运》。依其说,鲁国本是诸侯国,不应举行天子所行的郊禘之礼。"周公有人臣不能为之功业,因赐以人臣所不得用之礼乐",则是王安石《淮南杂说》中的说法,认为人臣可行非常之礼。这在程颐看来自然就是僭越和非礼。故而程颐坚持周公并未僭越,导致鲁国僭越礼制的是周成王和周公之子伯禽。为什么人臣不能用非常之礼?他以君臣一体、父子一体之理作答:即使人臣之功业再大也是人臣所当为,就像子之孝父即使有过于父亲者,亦是子之所当为,岂可以此为功要求使用非常之礼甚至心安理得地接受呢!值得注意的是,程颐对"鲁郊非礼"的解释与郑玄不同。郑注:"非,犹失也。鲁之郊,牛口伤,鼷鼠食其角,又有四卜郊不从,是周公之道衰矣。言子孙不能奉行兴之。"②孔颖达疏:"鲁合郊禘也,非,是非礼。但郊失礼,则牛口伤,禘失礼,跻僖公。"③鲁合郊禘,也即鲁国可以行郊禘之礼,所谓的"非礼"是

① 程颢、程颐:《二程集》,王孝鱼点校,北京:中华书局,2004年,第235—236页。
② 郑玄注,孔颖达疏:《礼记正义》,龚抗云整理,王文锦审定,北京:北京大学出版社,1999年,第678页。
③ 郑玄注,孔颖达疏:《礼记正义》,龚抗云整理,王文锦审定,北京:北京大学出版社,1999年,第679页。

指礼有所失,未能将此礼施行完备,并非如程颐所说鲁国不应进行此礼。比观而说,可见程颐非常强调君臣之分。

第四,北宋英宗年间发生的濮议即涉及明堂宗祀的问题,程颐撰写《代彭思永上英宗皇帝论濮王典礼疏》,这无疑是程颐本人礼制思想的一次重要实践。宋仁宗无子嗣,去世后由英宗继承大统,而濮王为英宗生父,故英宗欲将濮王改称"亲"或"父"。程颐认为这样做是不合礼的。"此天地大义,生人大伦,如乾坤定位,不可得而变易者也。固非人意所能推移,苟乱大伦,人理灭矣。"英宗只能称仁宗为亲或考,若更称濮王为亲,"则有二亲"①,二亲之说无疑正与程颐对墨家为二本的批评一致。但他也并不忽视英宗对生父的至孝之情,"臣以为所生之义,至尊至大。虽当专意于正统,岂得尽绝于私恩?故所继主于大义,所生存乎至情。至诚一心,尽父子之道,大义也;不忘本宗,尽其恩义,至情也。先王制礼,本缘人情。既明大义以正统绪,复存至情以尽人心。是故在丧服,恩义别其所生,盖明至重与伯叔不同也。此乃人情之顺,义理之正,行于父母之前,亦无嫌间。至于名称,统绪所系,若其无别,斯乱大伦"②。这是以继承仁宗之统为大义,以尽对于濮王之孝为私恩。尽孝可以从丧服上"为人后者为其本生父母服齐衰期"③以示分别,这已经是体现私恩了。显然,程颐仍然是强调大义高于私恩,有着以天理大伦抑制亲亲之私的意涵。程颐最后据《孝经》之义,从民心所向和"天下公论"的意义上指出,天下人之所以倾心爱戴英宗,正是因为英宗是仁庙之子,如果天下人复闻其以濮王为亲,则会以为英宗不义,"深怀疑虑,谓濮王既复称亲,则仁庙不言自绝,群情汹惧,异论喧嚣"④。而事实上,孝有小孝、大孝之别,对于濮王的孝仅仅是小孝,而作为天子,不能止于此,因为"王者之孝,在乎得四海之欢心",而非仅仅一人之欢心,若能去称亲之文,公告天下,则"天下化德,人伦自正,大孝之名光于万世矣"⑤。据此可见,程颐并非仅仅是从大义和私恩的角度劝说英宗,还有小孝和大孝之分别的角度。《孝经·孝治章》载孔子之言谓,"昔者明王之以

---

① 程颢、程颐:《二程集》,王孝鱼点校,北京:中华书局,2004 年,第 516 页。
② 程颢、程颐:《二程集》,王孝鱼点校,北京:中华书局,2004 年,第 516 页。
③ 刘丰:《北宋礼学研究》,北京:中国社会科学出版社,2016 年,第 607 页。
④ 程颢、程颐:《二程集》,王孝鱼点校,北京:中华书局,2004 年,第 517 页。
⑤ 程颢、程颐:《二程集》,王孝鱼点校,北京:中华书局,2004 年,第 518 页。

孝治天下也",能得"万国之欢心""百姓之欢心",此即程颐之所据。

而英宗欲称本生之父濮王为"皇考""皇亲",还有着更进一步的意图,此即为其立庙,进而配享明堂。因为依照当时普遍流行的一种看法,配享明堂者即是在位皇帝之"考"。反对者如司马光就指出了此一问题:"孔子以周公有圣人之德,成太平之业,制礼作乐,而文王适其父,故引以证'圣人之德莫大于孝'答曾子,非谓凡有天下者皆当尊其父以配天,然后为孝也。近代祀明堂者,皆以其父配上帝,此乃误释《孝经》之义,而违先王之礼也。"①认为配享者当是对王朝之奠基有崇高功德者。不过英宗在位仅四年,故"濮议"最后并没有发展到配享明堂的地步,甚至连谥号都未厘定。而程颐对明堂配享的看法显然不同于司马光,因为他认为明堂配享者只能是"父"。当然,程颐所言之"父"是《春秋公羊传》"为人后者为之子"的"所后者",就当时而言也应当是"仁宗",而非濮王②。"为人后者为之子"是宗法制中维护大宗的重要内容,故程颐之说似乎显得比司马光更为强调亲亲,然而程颐又认为亲亲不能凌驾于大义之上,试图要在大义和私亲、尊尊和亲亲之间寻找一个平衡,换言之,在天理和人情之间寻找其一贯性。但天理高于人情则是无疑问的,因为天理才是本。

二、"立宗子法亦是天理"

程颐混同合食之祭与郊祀之祭包含着一个意图:提倡祭始祖与重建宗子法。既然禘祭是可以在文王或太祖之庙中进行的,而之所以在文王庙中进行,是因为所出之祖——也即始祖——是无庙的,那么后世就可以变通礼制,礼以义起,建立始祖庙。《禘说》第四段话对于王安石礼议的认同③,已表明了此意图,所以,北宋在宋太祖之庙外,另建了始祖僖宗庙,为程颐所赞同。建始祖庙以祭祀,正是复兴宗子法最为重要的一点,所谓"凡言宗者,以祭祀为主,言人宗于此而祭祀也"④,这才能体现礼之报本反始的特点。程颐说:

---

① 脱脱等:《宋史·志第五十四》,北京:中华书局,1977 年,第 2470 页。
② 程颢、程颐:《二程集》,王孝鱼点校,北京:中华书局,2004 年,第 47 页。
③ 程颐对王安石的孝行也非常赞赏:"介甫平居事亲最孝,观其言如此,其事亲之际,想亦洋洋自得,以为孝有余也。"(程颢、程颐:《二程集》,王孝鱼点校,北京:中华书局,2004 年,第 281 页)
④ 程颢、程颐:《二程集》,王孝鱼点校,北京:中华书局,2004 年,第 242 页。

今无宗子法,故朝廷无世臣。若立宗子法,则人知尊祖重本。人既重本,则朝廷之势自尊。古者子弟从父兄,今父兄从子弟,由不知本也。且如汉高祖欲下沛时,只是以帛书与沛父老,其父老便能率子弟从之。又如相如使蜀,亦移书责父老,然后子弟皆听其命而从之。只有一个尊卑上下之分,然后顺从而不乱也。若无法以联属之,安可?且立宗子法,亦是天理。譬如木,必从根直上一干,亦必有旁枝。又如水,虽远,必有正源,亦必有分派处,自然之势也。然又有旁枝达而为干者。①

这一说法,无疑会让人想到张载《西铭》之语:"乾称父,坤称母;予兹藐焉,乃混然中处。故天地之塞,吾其体;天地之帅,吾其性。民吾同胞,物吾与也。大君者,吾父母宗子;其大臣,宗子之家相也。尊高年,所以长其长;慈孤弱,所以幼其幼。圣其合德,贤其秀也。凡天下疲癃残疾、茕独鳏寡,皆吾兄弟之颠连而无告者也。"②程颐所举汉高祖故事,正是持以君主为父母之宗子之意!换言之,民胞物与这一天下秩序的达成,需要通过宗子法这一路径,尊祖重本,才能使天下人联为一体,而另一方面又有根干枝叶、尊卑上下之分,这一礼制的建构,正是程颐"理一分殊"理学观念的应用。难怪程颐评价张载《西铭》会说:"《西铭》明理一而分殊,墨氏则二本而无分。"③程颐在解释《孝经》"孝,天之经"时说:"天地之常,莫不反本。人之孝,亦反本之谓也"④,与此呼应。程颢亦评价谓:"仁孝之理备于此,须臾而不于此,则便不仁不孝也。"⑤认为《西铭》所发挥者是孟子"万物皆备于我"之意,也即"仁者浑然与物同体"之意⑥。

与"立宗子法为天理"之说相应的是"祭先本天性",《二程集》载:

又问:"祭起于圣人制作以教人否?"曰:"非也。祭先本天性,如豺有祭,獭有祭,鹰有祭,皆是天性,岂有人不如物乎?圣人因而裁成礼法以教人耳。"又问:"今人不祭高祖,如何?"曰:"高祖自有服,不祭甚

---

① 程颢、程颐:《二程集》,王孝鱼点校,北京:中华书局,2004 年,第 242 页。

② 张载:《张载集》,章锡琛点校,北京:中华书局,1978 年,第 62 页。

③ 程颢、程颐:《二程集》,王孝鱼点校,北京:中华书局,2004 年,第 609 页。

④ 程颢、程颐:《二程集》,王孝鱼点校,北京:中华书局,2004 年,第 413 页。

⑤ 程颢、程颐:《二程集》,王孝鱼点校,北京:中华书局,2004 年,第 39 页。

⑥ 程颢、程颐:《二程集》,王孝鱼点校,北京:中华书局,2004 年,第 16 页。

非。某家却祭高祖。"又问："天子七庙，诸侯五，大夫三，士二，如何？"曰："此亦只是礼家如此说。"又问："今士庶家不可立庙，当如何也？"庶人祭于寝，今之正厅是也。凡礼，以义起之可也。……"①

> 凡物，知母而不知父，走兽是也；知父而不知祖，飞鸟是也。惟人则能知祖，若不严于祭祀，殆与鸟兽无异矣。②

显然，程颐的论述并不止于说禽兽不知礼仪，在他看来，禽兽亦知祭礼，这一说法，也正与程颐一草一木皆禀天理的说法一致。他解释《孝经》"安上治民莫善于礼，移风易俗莫善于乐"说："此固是礼乐之大用也，然推本而言，礼只是一个序，乐只是一个和。只此两字，含蓄多少义理。""天下无一物无礼乐。且置两只椅子，才不正便是无序，无序便乖，乖便不和。"③无一物不禀受天理，故"礼乐无处无之"④。而人和禽兽的差异在于，人知祭先祖。"若止祭祢，只为知母而不知父，禽兽道也。祭祢而不及祖，非人道也。"⑤所以，祭高祖不是天子、诸侯的专属，而是庶人亦应施行的。因此，虽言"礼以义起"，但其实却是合乎人性，合乎天理。其《礼序》即言："礼经三百，威仪三千，皆出于性。"⑥而性即理也。程颐从人禽之别和天理论的意义上论证了庶人祭祀先祖的合理性和必要性。

不仅仅是祭高祖，始祖亦应当祭，程颐言：

> 时祭之外，更有三祭：冬至祭始祖，立春祭先祖，季秋祭祢。他则不祭。……先祖者，自始祖而下，高祖而上，非一人也……常祭止于高祖而下。⑦

程颐之意是将祭祀分为常祭和祭始祖⑧，此说正与《禘说》末段所言宋代立始祖僖宗庙一致。据此以观，程颐依据天理之公共性，突出强调了祭祀之

---

① 程颢、程颐：《二程集》，王孝鱼点校，北京：中华书局，2004 年，第 285—286 页。
② 程颢、程颐：《二程集》，王孝鱼点校，北京：中华书局，2004 年，第 241 页。
③ 程颢、程颐：《二程集》，王孝鱼点校，北京：中华书局，2004 年，第 225 页。
④ 程颢、程颐：《二程集》，王孝鱼点校，北京：中华书局，2004 年，第 225 页。
⑤ 程颢、程颐：《二程集》，王孝鱼点校，北京：中华书局，2004 年，第 167 页。
⑥ 程颢、程颐：《二程集》，王孝鱼点校，北京：中华书局，2004 年，第 668 页。《礼序》一文是否程颐所作仍然存疑，但此观点与其礼说是相合的。
⑦ 程颢、程颐：《二程集》，王孝鱼点校，北京：中华书局，2004 年，第 240 页。
⑧ 参看游彪：《宋代的宗族祠堂、祭祀及其它》，载《安徽师范大学学报》（人文社会科学版）2006 年第 3 期，第 323 页。

礼的公共性。祭高祖、始祖之礼通行于天下,才能实现万物一体、天下一家的社会至治理想。

三、仁体孝用:"父子之爱本是公"

强调理一,并不意味着不言分殊;强调祭祀的公共性,并不意味不同阶层的祭祀就没有差别。比如天子有庙,而庶人则祭于寝。二程对《西铭》的评价中已经对仁、孝关系做了定位,程颢认为《西铭》是言仁体,而程颐也并不反对,故有仁体孝用之论:

> 问:"'孝弟为仁之本',此是由孝弟可以至仁否?"曰:"非也。谓行仁自孝弟始。盖孝弟是仁之一事,谓之行仁之本则可,谓之是仁之本则不可。盖仁是性也,孝弟是用也。性中只有仁义礼智四者,几曾有孝弟来?仁主于爱,爱莫大于爱亲。故曰:'孝弟也者,其为仁之本欤!'"①

仁是性,是天理。仁义礼智是人之性,而孝弟则是情。程颐曾引《孝经》以解有子之言,谓:"夫子曰:'敬亲者不敢慢于人,爱亲者不敢恶于人。'不敢慢于人,不敢恶于人,便是孝弟。尽得仁,斯尽得孝弟,尽得孝弟,便是仁。"弟子询问:"为仁先从爱物上推来,如何?"程颐说:"'不敬其亲而敬他人者,谓之悖礼,不爱其亲而爱他人者,谓之悖德',故君子'亲亲而仁民,仁民而爱物'。能亲亲,岂不仁民?能仁民,岂不爱物?若以爱物之心推而亲亲,却是墨子也。"②这仍然是强调行仁要有其序,要从孝亲开始,而不能从爱物上推。程颐一方面强调行仁在实践过程中的差序性,另一方面则强调仁之普遍性和公共性,谓"仁者公也"③。他非常重视"仁爱"的公共性维度,正如其强调祭祀的普遍性一样。也正因此,他会强调父子之孝的普遍性,而以天理来说孝,而非以孝为自然情感,不惟如此,程颐言:

---

① 程颢、程颐:《二程集》,王孝鱼点校,北京:中华书局,2004 年,第 183 页。

② 程颢、程颐:《二程集》,王孝鱼点校,北京:中华书局,2004 年,第 309 页。此处对原文标点有修改。

③ 程颢、程颐:《二程集》,王孝鱼点校,北京:中华书局,2004 年,第 105 页。再如:"问:'如何是仁?'曰:'只是一个公字。学者问仁,则常教他将公字思量。'"(《二程集》,王孝鱼点校,北京:中华书局,2004 年,第 285 页)参看陈来:《仁学视野中的"万物一体"论(下)》,载《河北学刊》2016 年第 4 期。

　　问："第五伦视其子之疾,与兄子之疾不同,自谓之私,如何?"曰:
"不特安寝与不安寝,只不起与十起,便是私也。父子之爱本是公,才
着些心做,便是私也。"又问:"视己子与兄子有间否?"曰:"圣人立法
曰:'兄弟之子犹子也。'是欲视之犹子也。"又问:"天性自有轻重,疑若
有间然。"曰:"只为今人以私心看了。孔子曰:'父子之道天性也。'此
只就孝上说,故言父子天性。若君臣兄弟宾主朋友之类,亦岂不是天
性?只为今人小看,却不推其本所由来故尔。己之子与兄之子,所争
几何?是同出于父者也。只为兄弟异形,故以兄弟为手足。人多以异
形故,亲己之子,异于兄弟之子,甚不是也。"①

　　"推其本所由来",则父子之爱皆是天理,故说"本是公"。所以他认为
《孝经》所言"父子之道天性也"的"天性",并非仅仅适用于父子之间,也适
用于君臣兄弟②。程颐此解前无古人,相当于否定了父子关系在五伦之中
的独特性。就濮议而言,程颐的解决路径既不同于欧阳修重父子之情一
派,亦不同于司马光重君臣之义一派,而是跳出二者的对立关系,从更为根
本的天理出发,化解了二者的紧张。联系上节所引"古者子弟从父兄,今父
兄从子弟,子弟为强,由不知本也"之论可知,所谓推其本所由来,正意味
着,超越现世生活中家庭内部的兄弟之别,而上溯至宗子法的始祖。从宗
族的共同始祖来看,兄弟之子当然也就是"犹子"了,不可以异形而否认其
同出一源,不可以分殊而忽视其本来的理一。因此,程颐以仁为孝之体,行
仁自孝弟始,其实意味着以本源的公爱消解现实生活中的人出于私心之
爱;倡导立宗子法,也正是要破除小家庭的自私意识,以成就一同体之爱的
良善社会。

　　正因此,他才强调尊贤在亲亲和尊贤二者间的优先性:

　　"克明峻德",只是说能明峻德之人。"凡为天下国家有九经,曰修
身也,尊贤也,亲亲也。"盖先尊贤,然后能亲亲。夫亲亲固所当先,然
不先尊贤,则不能知亲亲之道。《礼记》言"克明峻德,顾諟天之明命,

---

① 程颢、程颐:《二程集》,王孝鱼点校,北京:中华书局,2004年,第234页。
② 唐玄宗注《孝经》强调父子之道与君臣之义的一贯,是为了强调忠也是天性,以突显尊君。而程
　颐之说则呈现出了理解父子之道与君臣之义相通的另一种思路——以天理贯通二者。

皆自明也"者,皆由于明也。①

　　且如《中庸》九经,"修身也,尊贤也,亲亲也"。《尧典》"克明峻德,以亲九族"。亲亲本合在尊贤上,何故却在下? 须是知所以亲亲之道方得。未致知,便欲诚意,是躐等也。学者固当勉强,然不致知,怎生行得? 勉强行者,安能持久? 除非烛理明,自然乐循理。②

他将《尚书·尧典》和《中庸》所言联系起来,以说明尊贤的重要。君主治国,首先要选任有德的贤者,能明峻德的人就是贤人,同时,这一说法与《大学》三纲领以明明德为首构成了呼应。而"明峻德"意指明天理,强调"明"之于人行为的优先性,此即理学的知先行后说。知天理在亲亲之先,也就同样意味着,要以天理之公来节制人之私爱。契嵩以儒家的仁为情感惠爱,认为佛教的慈悲才是真正的大爱,而程颐对仁孝的分辨恰恰构成了对契嵩的回应,说公最近仁,正是突出了仁才是真正的大爱。当然,程颐以仁为理为体而孝为仁之发用的观点,无疑又与契嵩对孝理和孝行的分辨,在思路上是一致的。

　　此外,程颐对《孝经》"天地明察,神明彰矣""孝弟之至,通于神明"二语颇有体认,《二程集》载:

　　问:"天地明察,神明彰矣。"曰:"事天地之义,事天地之诚,既明察昭著,则神明自彰矣。"问:"神明感格否?"曰:"感格固在其中矣。孝弟之至,通于神明。神明孝弟,不是两般事,只孝弟便是神明之理。"又问:"王祥孝感事,是通神明否?"曰:"此亦是通神明一事。此感格便是王祥诚中来,非王祥孝于此而物来于彼也。"③

这可以视作理学家对汉儒感应说的驳正。汉儒言灾异感应,必定是孝于此而物来于彼。而理学家则反对这样的说法,不仅程朱反对,陆象山也一样反对。神明并不在孝弟之外,神明就是人本性之诚,孝弟之至也是诚,故他说《中庸》言诚便是神④。正如孔子"未知生,焉知死"说是以生制死一

① 程颢、程颐:《二程集》,王孝鱼点校,北京:中华书局,2004 年,第 257—258 页。类似论述在《二程集》中至少有三处。此处对原文标点有修改。
② 程颢、程颐:《二程集》,王孝鱼点校,北京:中华书局,2004 年,第 187 页。此处对原文标点有修改。
③ 程颢、程颐:《二程集》,王孝鱼点校,北京:中华书局,2004 年,第 224 页。
④ 程颢、程颐:《二程集》,王孝鱼点校,北京:中华书局,2004 年,第 119 页。

样,程颐亦是落在人之心性上谈神明、鬼神。这也就以"体用一源,显微无间"反驳了汉儒外在化的、人格化的天和神明的观念。在程颐这里,神明并非某个实体,而是功用化的,比如他非常喜欢《易传》所言"圣人以此齐戒,以神明其德夫!"①神明其德,正说明了德与神明的相即统一。所以,他言及郊祀祭天之礼时会说:"以形体言之谓之天,以主宰言之谓之帝,以功用言之谓之鬼神,以妙用言之谓之神,以性情言之谓之乾。"②我们知道《易传》言"阴阳不测之谓神",而程颐亦据此引申之,谓"《易》说鬼神,便是造化也"③。不论是造化,还是妙用、功用,都指向了鬼神、神明并非实体,而是功能性或功用性的名称。易言之,鬼神、神明就是"德"的表现和发用,究其本论之,皆是天理的表现。

又,程颐还提出性命孝弟是"一统底事"的说法:

> 问:《行状》云:'尽性至命,必本于孝弟。'不识孝弟何以能尽性至命也?"曰:"后人便将性命别作一般事说了;性命孝弟只是一统底事,就孝弟中便可尽性至命。至如洒扫应对与尽性至命,亦是一统底事,无有本末,无有精粗,却被后来人言性命者别作一般高远说。故举孝弟,是于人切近者言之。然今时非无孝弟之人,而不能尽性至命者,由之而不知也。"④

此处的"无有本末,无有精粗",也就是程颐所言"体用一源,显微无间",而这正是对儒学特质的揭示,在他看来,圣门之学是下学与上达一贯的,而非上下脱节、精粗分离的。"理则极高明,行之只是中庸也。"⑤佛老之学则非也。《二程粹言》记载:"子曰:佛氏之道,一务上达而无下学,本末间断,非道也。"⑥程颐又言:

> 世之言道者,以性命为高远,孝弟为切近,而不知其一统。道无本末精粗之别,洒扫应对,形而上者在焉。世岂无孝弟之人,而不能尽心至命者,亦由之而弗知也。人见礼乐坏崩,则曰礼乐亡矣,……礼乐无

---

① 程颢、程颐:《二程集》,王孝鱼点校,北京:中华书局,2004年,第117页。
② 程颢、程颐:《二程集》,王孝鱼点校,北京:中华书局,2004年,第288页。
③ 程颢、程颐:《二程集》,王孝鱼点校,北京:中华书局,2004年,第288页。
④ 程颢、程颐:《二程集》,王孝鱼点校,北京:中华书局,2004年,第224—225页。
⑤ 程颢、程颐:《二程集》,王孝鱼点校,北京:中华书局,2004年,第119页。
⑥ 程颢、程颐:《二程集》,王孝鱼点校,北京:中华书局,2004年,第1179页。

所不在，而未尝亡也，则于穷神知化乎何有？①

忽视了下学和上达的一贯，不知孝弟和性命的一贯，就会产生偏颇，如果仅仅截取下学一节则是常人，如果仅仅截取上达一节则是佛教。问题是孝弟之人很多，为何能够上达以至命者却很少呢？人人皆洒扫应对，为何未成为圣人呢？程颐解释的核心即是两个字——"弗知"，百姓日用而不知。就像人们总是说礼乐崩坏，但是其实礼乐从来不会彻底消亡，因为礼乐无所不在，且无一日不在。承接上节所论，天下无一物无礼乐，天理就遍在于天地万物，因此，尽性至命，穷神知化，其关键在于能否知天理、格致天理。强调尊贤在亲亲之先，其意涵亦在于此。

小　结

程颐对郊祀宗祀的理解，与郑玄以及孔颖达差异显著，显得更加简洁明快。他坚持《孝经》"严父配天"之意，主宗祀为以父配，凸显父子之亲，以此为据，对《礼记》之文多所怀疑，又体现出理学疑经惑传的特点。然而其礼制建构拘泥于《孝经》字义，片面强调周公不得僭越君臣之礼，使他在一定程度上遗失了郊祀宗祀的德性意义。一方面强调父子之亲，另一方面严守君臣之义，这一做法正与他对濮议的看法完全一致，而其协调父子、君臣二伦的办法即是立足于天理本体。他以郊祀为合食之祭，从而突出了祭始祖与宗子法的必要性与合理性。以祭祀为天性，从理论上说明礼乐之公共性，更是极大地彰显了祭祀之礼的普遍性，为宋代以降之庶民礼制提供了理论依据，其最重要意义则指向儒家公天下一体政治理想之实现。

宋代以降理学家对儒家公天下理念的阐发，尤以张载《西铭》为代表，其影响既深且远。自程颐对《西铭》言理一分殊的评价来看，正是看到了公共之理的意涵，而这一定位其实正是程颐以及后来的朱熹对《中庸》内容的定位。据此可见，程朱并不认为张载《西铭》是继《孝经》而作。但《西铭》言仁孝之理备至，却又是显见的事实，故明清时期屡有学人谓《西铭》为《孝经》之传②，如清人张叙说："周子《太极图说》、张子《西铭》尤抉《孝经》之精蕴焉，则皆得其传者尔。然未及反之此书以立教，无乃得其传而日不暇给

---

① 程颢、程颐：《二程集》，王孝鱼点校，北京：中华书局，2004年，第1257页。

② 如径直援《西铭》解《孝经》，或以张载"天地之性"说解释《孝经》"天地之性人为贵"。

也与。"①其从道统论的脉络揭示《孝经》与理学家思想的关联,尤其看重周敦颐和张载,然《太极图说》并未言及孝,则可见其仍然是从形而上的孝之理意义上来说的。就《西铭》而言,其重要意义正在于革新了汉唐以来的孝论,从"天地之塞"和"天地之性"的意义上重新理解天人关系,去除了汉代以来孝观念的天人感应理论背景,后者包含了过重的君民之分的人性不平等色彩,当然这也就和程颐一样,消解了唐代官方《孝经》学所塑造的移孝作忠的忠孝关系。

第三节　朱熹《孝经》学探微

理学硕儒朱熹作有《孝经刊误》一书,此书流传广泛,但在《孝经刊误》题识中提及的《孝经考异》一书则未见有流传,且未见有后人言及。后者实即存于宋末元初朱申所作《孝经句解》中,其所本《晦庵先生所定古文孝经》便是《孝经考异》。但是,关于朱熹《孝经》学的研究仍然存有需要澄清的重要问题:朱熹《孝经考异》与《孝经刊误》之关系如何?这二者是否代表了朱熹关于《古文孝经》前后两个阶段的不同看法?朱熹在《孝经刊误》中为何未对《孝经》作注?是来不及作注还是他本就不打算作注?本节即对朱熹的《孝经》学著作及其版本源流进行考述,并对这几个重要问题予以分析,加以澄清。

一、《孝经刊误》与《孝经考异》

如所周知,朱熹作《孝经刊误》,是以含有《闺门章》的二十二章本《古文孝经》为底本。《朱子全书》第 23 册《晦庵先生朱文公文集》卷第六十六即收录朱熹《孝经刊误》,此《文集》的祖本是宋刊本《晦庵先生文集》一百卷,编者为朱熹之子朱在②。此本在《孝经刊误》标题之下的题识中说:"古今文有不同者,别见《考异》。"③既然此书为朱熹之子所编印,其文当可信。

---

① 张叙:《孝经精义》,载《续修四库全书》第 152 册,上海:上海古籍出版社,2002 年,第 369—370 页。
② 参看马德洪、陈莉:《〈朱文公文集〉版本源流考》,载《图书情报知识》2005 年第 1 期,第 56—57 页。
③ 朱熹:《孝经刊误》,载朱熹:《朱子全书》第 23 册《晦庵先生朱文公文集》卷第六十六,朱杰人、严佐之、刘永翔主编,上海、合肥:上海古籍出版社、安徽教育出版社,2002 年,第 3204 页。

《孝经刊误》作于淳熙十三年丙午(1186),据此,则朱熹在此之前,或已有对《古文孝经》和《今文孝经》进行比较的《考异》一书,此书全名当为《孝经考异》或《古今文孝经考异》。由此,则朱熹关于《孝经》之著作当有二书,一为《孝经刊误》,一为《孝经考异》。

就今传《孝经刊误》的版本来看,元末人熊大年《养蒙大训》中所收录的《孝经刊误》(以下简称熊本《孝经刊误》)内容与宋刊本全同①。而收入《文渊阁四库全书》的《孝经刊误》(以下简称《四库》本)却与这二者有微小差别,如:宋刊本与熊本均作"自天子已下至于庶人",而《四库》本之"已下"作"以下",当以前者为是②。在宋刊本、《四库》本之外,《孝经刊误》至少还有另外的三个版本:一是源自熊本《孝经刊误》的明人余本(1482—1529)所作《孝经更定章次大义》中的《孝经刊误》(以下简称余本《孝经刊误》);一是董鼎所作《孝经大义》中的《孝经刊误》(以下简称董本《孝经刊误》);一是清代《通志堂经解》中所收录的宋末元初朱申所作《晦庵先生所定古文孝经句解》中的《孝经刊误》(以下简称通志堂朱申本《孝经刊误》)③。

在余本《孝经刊误》中,朱熹刊误之辞都用显著的不同于正文的小号字体刻印,且在刊误之辞前先写上"刊误"二字,并用长方框框起来,以将朱熹刊误之辞与正文之间明确划分开来。更为特别的是,《孝经刊误》的标题下

---

① 熊大年:《养蒙大训》,载《丛书集成续编》第61册,台北:新文丰出版公司,1989年。

② 为便于分析,本书所引《孝经刊误》之文者,皆据今人整理的《朱子全书》本。

③ 此处之所以要强调此本为《通志堂经解》本,是因为朱申所作《晦庵先生所定古文孝经句解》今传有二版本,一者收录于朱鸿所编《孝经总类》寅集(载《续修四库全书》第151册,上海:上海古籍出版社,2002年,第55—61页)。但此本颇为粗糙,《五刑章》之下的《广要道章》《感应章》皆内容不全,另缺《广至德章》全章。另一者收录于《通志堂经解》本,此本后收录于《四库全书存目丛书》经部第146册中,其中亦有阙文,《感应章》缺末尾"光于四海,无所不通。《诗》云:'自东自西,自南自北,无思不服'"一段(朱申:《晦庵先生所定古文孝经句解》,载《四库全书存目丛书》经部第146册,济南:齐鲁书社,1997年,第8页),又缺《闺门章》全章,仅存朱申的两句注文。此二本所录《孝经》在具体的内容字句上有一致性,如皆有"言之不通也"五字。此二版本的最大差别在于,《孝经总类》中的朱申本仅在每章之后书"右今文以为某章"的字样,而通志堂朱申本则在此后还对应地加上了朱熹刊误和怀疑《孝经》之辞,在结尾处也加上了朱熹的后跋。故朱鸿《孝经总类》所收录的朱申《孝经句解》中并没有朱熹《孝经刊误》的内容,而《通志堂经解》本中却有。四库馆臣在《孝经类存目》中评价说:"书中以今文章次标列其间,其字句又不从朱子《刊误》本,亦殊糅杂无绪。《通志堂经解》刻之,盖姑以备数而已。"(纪昀总纂:《四库全书总目提要》,孟蓬生等点校,石家庄:河北人民出版社,2000年,第847页)故而四库馆臣所见亦为《通志堂经解》本,而非朱鸿《孝经总类》本。

还特意标示"朱子原本"的字样①。余本言：

> 朱子取《古文孝经》刊其误者，考正其章次，定为经一章、传十四章，其原本止曰：此一节当为某章云云，仍留古文旧编也。前所书是已。今传本文右经一章、右传之首章之类，皆后人因朱子所定而移易之，加之此言也。今不敢，但仿熊大年《养蒙大训》本，用其删定章次，以便学者观览。②

据此，则余本《孝经刊误》源自熊本，虽刊印格式不同，但内容完全一致。当然，也就与宋刊本在内容上完全一致。故余本《孝经刊误》绝不能算是"朱子原本"，就时间先后来说，宋刊本才是"朱子原本"。

董鼎本《孝经刊误》，显然更非朱熹《孝经刊误》原本。在宋刊本中，朱熹虽有怀疑和删改《孝经》之辞，欲将《孝经》分经列传。但是他并没有真正删除这些内容，而只是在每章之后加上自己的删改、怀疑之辞。对于分经传，朱熹也仅仅是说"当为传之某章"，并没有将《古文孝经》的章次按照他自己所说的顺序改移。而董鼎本则将朱熹的观点付诸实践，删除了朱熹所说应该删除的内容，同时将章次按照朱熹所说做了调整。就内容来说，董鼎对《古文孝经》进行删除后的内容在字句上与宋刊本完全一致，而朱申本与宋刊本则有较大差别。

通志堂朱申本《孝经刊误》在字句上与宋刊本的差别有五处：一是宋刊本作"夫孝，德之本也，教之所由生"，而通志堂朱申本作"德之本"，无"也"字；二是宋刊本作"故能成其德教而行政令"，通志堂朱申本作"行其政令"，多"其"字；三是宋刊本作"自西自东，自南自北，无思不服"，唯通志堂朱申本作"自东自西"；四是宋刊本作"子曰：不爱其亲而爱他人者"，而通志堂朱申本作"子故曰……"；五是宋刊本中无"言之不通也"五字，而通志堂朱申本中却有。抛开字句的差异，二本的最大不同在于朱熹《孝经刊误》后跋的内容。通志堂朱申本为："熹旧见衡山胡侍郎……乃知前辈读书精审，其论固已及此，而区区进越之罪，亦庶乎可幸免矣。因悉数所疑而记二公

---

① 余时英师从阳明弟子邹守益。其所著《孝经集义》有山东大学图书馆藏本，笔者所见正是此本。见《孝经集义》，山东大学图书馆藏明天启四年刻本，第1页。

② 余本：《孝经更定章次大义》，载余时英：《孝经集义》，山东大学图书馆藏明天启四年刻本，第1页。

之言以为质云。"此下以小字注明："一本'幸免矣'下云：'因欲掇取他书之言可发此经之旨者别为外传，如冬温夏清、昏定晨省之类，即附始于事亲之传。顾未敢耳。'"①"一本"所言正同于宋刊本。而宋刊本"其论固已及此"之下作"又窃自幸有所因述而得免于凿空妄言之罪也"，也与朱申本不同，虽然二者文意并无差别②。由后跋内容之不同，可以推测，朱熹《孝经刊误》在朱申所生活的元代，并非仅仅只有宋刊本这一个版本在流传。

既然宋刊本是朱子原本，董鼎本则是改编本，那么需要讨论的就是朱申本《孝经刊误》了。上文言，朱熹作有《孝经考异》一书，但今天却不见传本，清人朱彝尊《经义考》中亦未著录，且他在《孝经刊误》之下所收录的黄震和陆秀夫等人对于《孝经刊误》之评价，亦从未言及《考异》③。黄震为宋代人，尚未见《考异》，则此书很可能并未流传于世，至少不如《孝经刊误》流传之广，以至于后来人都不知道朱熹有《考异》一书。但是，自称以朱熹所定《古文孝经》为底本的朱申《孝经句解》，其中却似乎透露出了朱熹《考异》一书的蛛丝马迹。此本虽然在字句上与宋刊本有差别，但是，除却"言之不通也"五字与后跋内容之外，其他的差别是很微小的。"言之不通也"五字本是司马光《孝经指解》中《谏诤章》注文，杨简刊刻时误注为经。故有无"言之不通也"五字正可作为判断标准，既然朱熹《孝经刊误》无此五字，而朱申本中却有，那么二者所据《孝经》底本就显然是不同的两本④。但是朱申又为何称自己所据为朱熹所定《古文孝经》呢？笔者以为，因为宋代流传有其他的包含有"言之不通也"五字的《古文孝经》，故而很有可能这两个版

---

① 朱申：《晦庵先生所定古文孝经句解》，载《四库全书存目丛书》经部第 146 册，济南：齐鲁书社，1997 年，第 9 页。

② 朱熹：《孝经刊误》，载朱熹：《朱子全书》第 23 册，朱杰人、严佐之、刘永翔主编，上海、合肥：上海古籍出版社、安徽教育出版社，2002 年，第 3212 页。

③ 朱彝尊：《经义考》卷二百二十六，北京：中华书局，1998 年，第 1149 页。

④ 关于"言之不通也"五字的问题，可参看舒大刚：《司马光指解本〈古文孝经〉的源流与演变》，载《烟台师范学院学报》（哲学社会科学版）2003 年第 1 期，第 25—27 页。他由此指出，在宋代有两个《古文孝经》的流传系统，其分判标准正是"言之不通也"五字。学界对日本回传《古文孝经孔传》的研究，大多忽视了"言之不通也"五字的问题，遽然判定日本回传《古文孝经孔传》为真。舒大刚先生在其研究中指出了这一判定的缺失。判定日本回传《古文孝经孔传》为真者，如胡平生：《日本〈古文孝经〉孔传的真伪问题——经学史上一件积案的清理》，载《文史》第 23 辑，北京：中华书局，1984 年，第 287—299 页；李学勤：《日本胆泽城遗址出土〈古文孝经〉论介》，载《孔子研究》1988 年第 4 期，第 95—98 页。

本的《古文孝经》朱申都有接触；由于两本的差别本即非常微小，朱申并没有意识到这两个本子的差别，所以自认为自己作《孝经句解》所据底本为朱熹所定《古文孝经》。唯有如此，才能解释通朱申《孝经句解》的分章为何正与朱熹《孝经刊误》的分章一致。四库馆臣评价朱申《孝经句解》说："卷首题《晦庵先生所定古文孝经句解》，而书中以今文章次标列其间，其字句又不从朱子《刊误》本，亦殊糅杂无绪。"①其中所论"字句不从朱子《刊误》本"正准确指出了朱申所据《古文孝经》与朱熹《孝经刊误》本的差别。但四库馆臣"糅杂无绪"的评价并不正确，其谓"书中以今文章次标列其间"，是看到了朱申《孝经句解》本应以朱熹所定《古文孝经》为底本进行句解，但是在《孝经句解》中每一章之后都有"右今文以为某章"的字样，其中有一处为"右古文为二章，今文为庶人章"，另有一处涉及《今文孝经》所无的《闺门章》，写为"右今文无此一节"②。于是，误以为朱申是按照《今文孝经》的章次来分章的，但其实不然，不论是朱鸿《孝经总类》还是《通志堂经解》中收录的《孝经句解》，其中分章都是与朱熹《孝经刊误》一致的。《孝经刊误》分章的最大特点，一是在经的部分中，将《古文孝经》的前七章（即《今文孝经》的前六章）合为一章；一是在传的部分中，将《古文孝经》的第十一章《父母生绩章》和第十二章《孝优劣章》并为一章，作为传之六章。除此之外，其他皆与《古文孝经》分章同。今观朱申《孝经句解》，其分章也正是如此。由于朱申《孝经句解》每一章之后都写有"右今文以为某章"的字样，故而《孝经句解》的内容虽然是以《古文孝经》为底本，但其分章却必须按照《今文孝经》的分章来排列，否则就无法与章后的"右今文以为某章"的说法相对应。所以，在《孝经句解》中，《孝经刊误》中作为经的部分的前七章是按照《今文孝经》分为六章。而涉及《父母生绩章》和《孝优劣章》时，在《孝经句解》中，《父母生绩章》的开首"子曰：父子之道，天性，君臣之义"另起一行，《孝优劣章》的开首则没有另起一行，二者并为一段，正是依循了朱熹《孝经刊误》中的分章。而在《今文孝经》中，《父母生绩章》《孝优劣章》二章都是属于《圣治章》的一部分。这正表明朱申是按照朱熹所定《古文孝经》为依据来分章的。所以，四库馆臣看到《孝经句解》"以今文章次标列其间"便谓其"亦殊

---

① 纪昀总纂：《四库全书总目提要》，孟蓬生等点校，石家庄：河北人民出版社，2000年，第847页。

② 朱申：《孝经句解》，载朱鸿编：《孝经总类》寅集，载《续修四库全书》第151册，上海：上海古籍出版社，2002年，第56页。这些内容很可能并不是朱申所写，而是朱熹所写，下文详述。

糅杂无绪"的说法,是不正确的。何况其中的"右今文以为某章"的字样很可能就是出自朱熹之手,而非朱申。

其中关键就在于,《孝经句解》为何要在文本内容上依循《古文孝经》,且是朱熹所定《古文孝经》,但却在分章上又按照《今文孝经》呢?显然,《孝经句解》是对朱熹所定《古文孝经》与《今文孝经》进行了比较。但是这似乎又不正确,因为朱申此书标题明明说是"晦庵先生所定古文孝经",而他做的工作仅仅是进行"句解",而非"比较"《古文孝经》和《今文孝经》。所以,《孝经句解》中的"右今文以为某章"的字样很可能正是出自朱熹之手,而非朱申。也就是说,对《古文孝经》和《今文孝经》做了"比较"异同工作的是朱熹,而非朱申。由此即可以推测,《孝经句解》所本《晦庵先生所定古文孝经》很可能指的正是朱熹的《孝经考异》一书。我们可以对朱熹《孝经考异》的样貌进行推测,一种可能是:将二十二章本《古文孝经》和十八章本《今文孝经》的内容逐字逐段作对比,指出二者的差别,尤其是分章差别;另一种是:将他自己所定经一章传十四章的《古文孝经》和十八章本的《今文孝经》作对比,指出二者的差异。显然,后一种的可能性更大,因为在朱熹看来,经他编订后的《古文孝经》才是"经文之旧"①。所以,他定然不会拿二十二章本的《古文孝经》和《今文孝经》来比较。而《今文孝经》和《古文孝经》的差别主要在分章起讫,除了有无《闺门章》外,在具体文句上的差别本就很微小,故而在比较二者之时,就主要在指出分章的不同。而朱熹崇信《古文孝经》,故而其在比较二者时,肯定是先列自己所编订的《古文孝经》的内容,再于文后指出"右今文以为某章"。涉及《闺门章》时,自然就是"右今文无此一节"了。这又是朱申《孝经句解》所据为朱熹《孝经考异》一书的有力证明。

行文至此,即可以此为理据辨明朱申《孝经句解》两个版本的流变问题。朱鸿为明代中后期人,其所见《孝经句解》显然应当比《通志堂经解》本《孝经句解》更为原始,更近于《孝经句解》原貌。《通志堂经解》本《孝经句解》在每一章之后的"右今文以为某章"之后又添加上了朱熹刊误《孝经》之辞,这其实是将《孝经刊误》与《考异》合二为一了。一个很明显的证据是,

① 朱熹:《孝经刊误》,载朱熹:《朱子全书》第23册,朱杰人、严佐之、刘永翔主编,上海、合肥:上海古籍出版社、安徽教育出版社,2002年,第3206页。

朱申对《孝经》的每一段话都逐句作了句解,如果其《孝经句解》中本即有朱熹《孝经刊误》中刊误《孝经》之辞的话,那么他必然也应对这些内容也作句解。但是,在《通志堂经解》本中,恰恰是没有对朱熹刊误之辞作句解。这正表明这些内容是后来人在刊印《孝经句解》时加上去的。由此即可判定朱鸿《孝经总类》中所收录的《孝经句解》才是朱申原本。

　　综上所述,朱熹作有《孝经刊误》和《孝经考异》二书,从朱熹"古今文有不同者,别见考异"的说法来看,《孝经刊误》的作成时间当晚于《孝经考异》。《孝经考异》就保存在宋末元初人朱申所作《孝经句解》中。而《通志堂经解》本朱申《孝经句解》中所含《孝经刊误》在后跋内容上与宋刊本存在着明显的差异,表明朱熹《孝经刊误》至少有两个在内容上具有差异的版本。相对来说,宋刊本《孝经刊误》在宋元明清流传更为广泛。那么,《通志堂经解》中的《孝经刊误》本到底是源自何处? 这仍然是一个有待考索的问题。

二、朱熹考定《古文孝经》二阶段说的考察

　　此说为明代后期的儒者朱鸿(约 1510—1591)所创发。他认为朱熹关于《古文孝经》的考定经历了前后不同的两个阶段,由此形成了他关于《古文孝经》的两种不同处理,前一阶段的成果便是朱申《孝经句解》中所载朱熹所定《古文孝经》,后一阶段的成果便是《孝经刊误》。由此,他认为《孝经刊误》并非朱熹之定笔,朱熹很有可能再次对《孝经》进行更订或者作注。就朱鸿所见,他亲眼看到了关于朱熹所定《古文孝经》的三个版本,这三个版本:一是宋末元初朱申所作《晦庵先生所定古文孝经句解》中的《古文孝经》本[①],二是元人董鼎《孝经大义》中的《孝经刊误》本(以下简称董本《孝经刊误》),三是董鼎之前的元人熊大年《养蒙大训》中收录的《孝经刊误》本。据朱鸿之说,明代时流行的是董鼎所刊刻的《孝经大义》,也就是说当时流传广泛的《孝经刊误》本是已经对《孝经》章次进行改易过的本子,此本是明宪宗成化年间所刊刻,朱鸿所编《孝经总类》收录了这一本子,刊刻者为成化二十二年淳安人徐贯[②]。但是朱鸿后来得到了更早的元人熊大年

---

① 朱申所作《晦庵先生所定古文孝经句解》今传有二版本,见本节第一部分脚注所述。

② 徐贯:《孝经大义识》,载朱鸿编:《孝经总类》卯集,载《续修四库全书》第 151 册,上海:上海古籍出版社,2002 年,第 77 页。

本的《孝经刊误》，他认为这是朱熹《刊误》之原本，说："今幸得朱子原本，始知朱子之意原非记者笔也。"①由朱鸿此言可以推测，他所见到的本子并非熊大年原本，而是经过余本加工的《孝经刊误》，也只有此《孝经刊误》版本才在标题之下标有"朱子原本"四字。这样，从宋版的《朱文公定古文孝经》到元版《养蒙大训》本《孝经刊误》，再到《孝经大义》本《孝经刊误》，这一版本的流变，在朱鸿看来：一方面正表明朱熹对于《孝经》之看法前后是不同的；另一方面则表明后人对朱熹关于《孝经》的看法有误解。在他看来，董本《孝经刊误》并不符合朱熹原意，不能算是朱熹对《古文孝经》的刊误本，这正与上文的讨论一致。由此，朱鸿认为朱熹对《古文孝经》的刊误经历了两个阶段，第一阶段的想法反映在《孝经句解》本中，第二阶段的想法则反映在熊大年本中。

朱鸿认为，朱熹起初仅仅是考定了《古文孝经》：

> 文公定《古文孝经》……原本止有"右今文以为某章"，章下并无疑语。②

"右今文以为某章"的说法并不见于《孝经刊误》中。按朱鸿的这种说法，这意味着朱熹起初关于《孝经》的看法仅仅是通过比较古今文《孝经》，而更定了《古文孝经》。而熊本《孝经刊误》中所有朱熹怀疑《孝经》之语、分经列传之语、删《孝经》引《诗》《书》之语等等，皆不是朱熹最初的想法。这是朱鸿根据朱申《孝经句解》而得出的结论。那么，朱熹后来作《孝经刊误》，是因为什么呢？朱鸿说：

> 后信胡衡山引《诗》之疑，程可久述汪端明傅会之说，遂专重事亲一事，不重事君立身等旨，始更定《刊误》，乃悉数所疑，凡不切事亲旨、载《左传》、语治道者，共删去二百一十字，然章下亦止有"此一节释至德以顺天下意，当为传之首章"，"此一节释要道意，当为传之二章"，亦未敢遽分经传，此文公未定笔也。③

---

① 朱鸿：《文公刊误古文孝经原本式》，载朱鸿编：《孝经总类》卯集，载《续修四库全书》第 151 册，上海：上海古籍出版社，2002 年，第 64 页。

② 朱鸿：《重刻朱文公定古文孝经原本》，载朱鸿编：《孝经总类》寅集，载《续修四库全书》第 151 册，上海：上海古籍出版社，2002 年，第 54 页。

③ 朱鸿：《重刻朱文公定古文孝经原本》，载朱鸿编：《孝经总类》寅集，载《续修四库全书》第 151 册，上海：上海古籍出版社，2002 年，第 54 页。

朱鸿此说是本自余本所作《孝经更定章次大义》，他所说的"未敢遽分经传"即是余本所说的"仍留古文旧编"。依朱鸿之说，朱熹以事亲而非孝治为《孝经》大旨的说法，以及删除"语治道者""不切事亲旨者"的做法，都是因为受了胡衡山、汪端明的影响。不仅如此，朱鸿还为朱熹对《孝经》分经传的做法进行辩解，他在另一处对朱子《孝经刊误》原本有更为具体的叙述：

> 朱子取《古文孝经》，刊其误者，考正其章次，定为经一章，传十四章，其原本止曰："此一节夫子曾子问答之言，而曾子门人之所记也。疑所谓《孝经》者其本文止如此，其下则或者杂引传记以释经文，乃《孝经》之传也"，"此以下皆传文"。原本"此一节释要道之意，当为传之首章"，"此一节释至德以顺天下之意，当为传之首章"，"此一节释要道之意，当为传之二章"，"此一节盖释以顺天下之意，当为传之三章"，下仿此。而今失其次，仍留古文旧编示训。今传本云："右经一章""右传之首章"之类，皆后人因朱子所定而移易之，加以此言也。[①]

根据朱鸿的这一说法，则朱熹在这时一改原先的看法，开始对《古文孝经》分经传了，但朱熹虽然有分经传的想法，却仅仅是在《古文孝经》的相应段落下标示出"此一节释……，当为传之某章"，并没有真的移改《孝经》。熊本《孝经刊误》（或《四库》本）正是如此。故而董鼎本《孝经刊误》中所含的"右经一章""右传之首章……"之类，则是董鼎所加。在朱鸿看来，后人误认朱熹之《刊误》为"至精至当之书"，"反疑孔壁所藏为未真"，故在注释和刊行《孝经刊误》时，直接按照朱熹未定之说改移了孔壁本《古文孝经》的章次，并标示为"右经一章"等字样，故而已非朱熹原本。他说：朱熹之"《论语注》尚更数四，岂《刊误》本一遍遽定耶？若使公再订详明，必自加注释……是知朱申《句解》、董鼎注释未必尽合文公本意"[②]。也即是说，董鼎《孝经大义》中的《孝经刊误》并不是朱熹《孝经刊误》原本，未移改章次、删改经文的熊大年本才是《孝经刊误》原本。而朱申《孝经句解》中的《朱文公定古文

---

① 朱鸿：《文公刊误古文孝经原本式》，载朱鸿编：《孝经总类》卯集，载《续修四库全书》第151册，上海：上海古籍出版社，2002年，第64页。

② 朱鸿：《重刻朱文公定古文孝经原本》，载朱鸿编：《孝经总类》寅集，载《续修四库全书》第151册，上海：上海古籍出版社，2002年，第54页。

孝经》则代表了朱熹在《孝经刊误》之前的看法。

由此看，朱鸿是根据自己对《孝经句解》《孝经刊误》等文本的判断，将朱熹关于《古文孝经》的认识视为一个动态的变化过程，从而推断《孝经刊误》非朱熹之定笔。对于他的这一观点需要具体分析：

1. 朱鸿将朱熹的《孝经刊误》原本跟董鼎等人的《孝经刊误》本区分开，这是正确的，他准确地指出了什么是朱熹说过的和未说过的。从《孝经总类》来看，朱鸿并未见到宋刊本《朱文公文集》中的《孝经刊误》本，他所见到的是熊大年本《孝经刊误》，故他以熊本为朱熹原本。但是他对董鼎本与原本的区分，并不能改变朱熹《孝经刊误》对《古文孝经》分经传的事实。朱熹在《刊误》中明明已指出哪一部分属于经，哪一部分"当为传之某章"，其论甚明，而董鼎及后来者仅仅是遵循和实践了朱熹的这种说法，对《孝经》文本加以移改。而朱鸿不归罪于朱熹，反将罪责全部推到董鼎等人误解朱熹之意，这就显得无理而可笑。

2. 朱鸿认为朱熹是深受胡衡山、汪端明影响才作《孝经刊误》，所以如此认为，这是本于朱熹《孝经刊误》后跋中的自我陈述。朱熹说，在他之前，胡衡山就已认为《孝经》引《诗》非其本文，程可久、汪端明二人则认为《孝经》"多出后人附会"，故而他自己删改《孝经》并非"凿空妄言"[1]。胡衡山等三人关于《孝经》的态度是否真如朱熹所说？事实未必如此，舒大刚以文献为依据，指出："（胡衡山）还是承认《孝经》思想源自孔子，而笔录于曾子之弟子的。""现存的程、汪二人著作，也不见有怀疑《孝经》'多出后人附会'之语。……（汪端明）推崇《孝经》之教，从中看不出半点否定《孝经》的意思。"所以，舒大刚同意四库馆臣之说，朱熹"特不欲自居于改经，故托之胡宏（当作胡寅）、汪应辰耳"[2]。

3. 朱鸿将朱申《孝经句解》中的朱熹所定《古文孝经》视为代表了朱熹在《孝经刊误》之前的看法，将这一看法与朱熹在《孝经刊误》中对《孝经》的看法视为截然分离的，这是有问题的。正如上文所说，《孝经句解》所依据

① 朱熹：《孝经刊误》，载朱熹：《朱子全书》第23册，朱杰人、严佐之、刘永翔主编，上海、合肥：上海古籍出版社、安徽教育出版社，2002年，第3212页。
② 舒大刚：《朱熹的〈孝经〉学论析》，载《国际儒学研究》第17辑，北京：九州出版社，2010年，第163—164页。四库馆臣之说，见纪昀总纂：《四库全书总目提要》，孟蓬生等点校，石家庄：河北人民出版社，2000年，第841页。

者为朱熹的《孝经考异》，故换句话说就是，朱鸿将《孝经考异》与《孝经刊误》视为历时性的两部著作，这是不对的。从《孝经刊误》标题下的题识来看，朱熹的《孝经刊误》与《孝经考异》虽然有着写作时间的先后问题，《孝经考异》在先，《孝经刊误》在后，但是二者并不是截然分离的，朱熹说："古今文有不同者，别见《考异》。"①故而二书正好是互补的。《孝经刊误》是专门对《古文孝经》进行刊误，以恢复《古文孝经》之原貌。《孝经考异》则是对《今文孝经》和《古文孝经》进行比较。这二者是并行不悖的，不能将二者分离开来，当作分别代表了朱熹考订《古文孝经》前后二阶段的代表作，并进而认为朱熹还有再次作注的意愿。

既然朱鸿用以论证其二阶段说的主要证据在于将《孝经考异》《孝经刊误》视为朱熹所定《古文孝经》前后两阶段的成果，而事实并非如此，那么，他的二阶段说也就无法成立。而且值得注意的是，朱鸿论证朱熹的《孝经》观前后不同，甚至认为朱熹所作《孝经刊误》亦非定笔，其目的并非单纯为朱熹之疑改《孝经》作辩护，而是在于通过论证《孝经刊误》非朱熹定笔，为自己重新改编《孝经》找到了正当的理由——接续朱熹之遗志，重新改订《孝经》。朱鸿所作《家塾孝经》正是对《孝经》进行了改编，其序言谓："鸿历考古今《孝经》诸本，序次不一，条理未融，未尽协圣人之旨，故复冒昧僭述。"②所谓"古今《孝经》诸本"，其中最重要的便是朱熹《孝经刊误》。故而朱鸿凭己意推测朱熹之《孝经刊误》非定笔，这只能是一种猜测，不能成立。他认为朱熹有多个《孝经》刊误本的说法，也是不能成立的。降至清代，有诸多儒者亦认为《孝经刊误》为朱熹未定之笔，以此维护朱熹之形象，自然也是不能成立的。

三、从"不理会《孝经》"到"理会《孝经》"：理学化《孝经》阐释的发生

朱熹作《孝经刊误》，但未对经文进行注释。后来学者多谓朱熹无暇为《孝经》作注，如四库馆臣谓："朱子作《孝经刊误》，但为厘定经传，删削字

---

① 朱熹：《孝经刊误》，载朱熹：《朱子全书》第 23 册，朱杰人、严佐之、刘永翔主编，上海、合肥：上海古籍出版社、安徽教育出版社，2002 年，第 3204 页。

② 朱鸿：《家塾孝经》，载朱鸿编：《孝经总类》巳集，载《续修四库全书》第 151 册，上海：上海古籍出版社，2002 年，第 96 页。

句,而未及为之训释。"①明人朱鸿亦言:"若使公再订详明,必自加注释。"②
清代官方意识形态正是朱子学,四库馆臣自然需要持守政治正确的态度,
而朱鸿的解释则更多的是在曲意维护。不论何因,这种观点都是不成立
的。首先,朱熹于淳熙十三年(1186)八月作《孝经刊误》成,庆元六年
(1200)三月方卒,其间有十四年时间。故谓朱子未暇对《孝经》作注,颇显
牵强。其次,朱熹未对《孝经》作注,这很可能与其对《孝经》的看法有关。
他将《孝经》看作事亲之书、小学训蒙之书,故而本即不打算为其作注。这
一点可以从朱熹与弟子的谈话中显露出来。《朱子语类》记载:"问:《孝经》
一书,文字不多,先生何故不为理会过?曰:此亦难说。据此书,只是前面
一段是当时曾子闻于孔子者,后面皆是后人缀缉而成。"③据此可见,朱熹
"理会"《孝经》的意图并不很强烈。当然,朱熹不理会《孝经》与本人思想密
切相关,《语类》记载其言:"且如'先王有至德要道',此是说得好处。然下
面都不曾说得切要处著,但说得孝之效如此。"④其意谓《孝经》全书所言基
本都是在说"孝之效",却不曾言此"效"之所以然。此所以然即是指向如何
才是真正的孝,如何理解孝之理,而不仅仅是看"孝之效"。上一章章末已
指出宋儒解《孝经》以古文为尊,内含对于玄宗将《孝经》极端政治化的批
评。在朱熹这里,孝的政治效应必须要以如何修身养德为前提,程朱理学
注重《大学》,正是看中了其"以修身为本"的思想。

但是,朱熹不为《孝经》作注,并不能阻挡其身后之人为《孝经》作注的
不懈努力。宋末元初的朱申,元儒董鼎、吴澄都分别为《孝经》作注,且都不
同程度地参考了朱熹的意见。其中,尤以董鼎之注得朱子理学之精髓。他
揣摩朱熹的文本意图,对《孝经》作了理学化的注释:

首先,董鼎使用程朱理学的天理思想解释《孝经》首章中的"至德要
道",由此将孝解释为天理分殊之体现。他说:"德者,人心所得于天之理,
仁义礼智信是也。此五者皆谓之德,而此独举其德之至。道者,事物当然
之理皆是,而其大目则父子也,君臣也,夫妇也,昆弟也,朋友之交也。此五

① 纪昀总纂:《四库全书总目提要》,孟蓬生等点校,石家庄:河北人民出版社,2000年,第842页。
② 朱鸿:《重刻朱文公定古文孝经原本》,载朱鸿编:《孝经总类》寅集,载《续修四库全书》第151册,上海:上海古籍出版社,2002年,第54页。
③ 黎靖德编:《朱子语类》卷八十二,杨绳其、周娴君校点,长沙:岳麓书社,1997年,第1921页。
④ 黎靖德编:《朱子语类》卷八十二,杨绳其、周娴君校点,长沙:岳麓书社,1997年,第1922页。

者即仁义礼智之性率而行之,以为天下之达道者也,皆谓之道,而此独举其道之要也。道也,德也,一理也。见于通行者谓之道,本于自得者谓之德,德之至即所以为道之要。"天理为得之于天而具之于心。在心为德,施行之则为五伦或《中庸》中所说的"五达道",而五伦也是天理分殊之表现。因此,不论是道,还是德,都是天理之体现。故而他解释"先王有至德要道以顺天下",便说"顺"是"因人心天理所固有而非有所强拂为之也"。顺,便是依循天理而行。与此相对的便是,董鼎解释《谏诤章》"从父之令焉得为孝",认为"见非而从",这是陷父于不义,"有害于孝,理所不可"。那么此至德要道究竟是什么呢? 便是孝。为何? 董鼎言:"仁义礼智虽谓之德,而仁为本心之全德。仁主于爱,爱莫大于爱亲,故孝为德之至。"①同样的道理,父子之亲最先,故孝又为道之要。在这一解释中,道与德是内外关系,二者是一而二、二而一的,而天理与道德的关系则是本与末、体与用的关系。以天理为至德要道之本,便将理学的"天理"二字加入对《孝经》的解释中。

其次,董鼎将理学天地之性与气质之性的人性论引入对《孝经》的解释,解"天地之性人为贵"之"性"为"性理"之"性"。"性"即"生"也,故董鼎的解释并非此句本意。但一字之改,义理阐发的空间大大增加了。他认为"天地之性人为贵,人之行莫大于孝"是说:"天以阳生万物,地以阴成万物。天地之生成万物者,虽以阴阳之气,然气以成形,而理亦赋焉。故夫子言人所禀受于天地之性,则比万物为最贵,以能与天地参为三才也。以天地之性言之,则人为贵;以人之行言之,则孝为大,何也? 人禀天地之性不过仁义礼智信五者而已。……仁主于爱,爱莫先于爱亲,故仁之发见,如水之流行,亲亲为第一坎,仁民为第二坎,爱物为第三坎。"②此即是依照朱熹之说。朱熹注释《孟子》"生之谓性"时说:"性者,人之所得于天之理也;生者,人之所得于天之气也。性,形而上者也;气,形而下者也。人物之生,莫不有是性,亦莫不有是气。然以气言之,则知觉运动,人与物若不异也;以理言之,则仁义礼智之禀,岂物之所得而全哉? 此人之性所以无不善,而为万物之灵也。告子不知性之为理,而以所谓气者当之,……所以然者,盖徒知

---

① 董鼎:《孝经大义》,载《文渊阁四库全书》第 182 册,台北:台湾商务印书馆,1982 年,第 114 页。
② 董鼎:《孝经大义》,载《文渊阁四库全书》第 182 册,台北:台湾商务印书馆,1982 年,第 119—120 页。

知觉运动之蠢然者,人与物同;而不知仁义礼智之粹然者,人与物异也。"①
理学从张载以来,便区分了天地之性与气质之性,朱熹、董鼎便是以此框架
来解释"天地之性人为贵"的。而"性即理",仁义礼智信皆是人性所具有。
朱熹就说:"在我者,谓仁义礼智,凡性之所有者。"②"仁义礼智,性之四德
也。"③在程朱理学的视域中,仁是全德、兼德,可以包具其他德目,即所谓
"义礼智信皆仁也"。而不论是亲亲,还是仁民、爱物,都是"爱",这都是
"仁"的体现。仁为性之所有,故而是更为根本的。程颐言:"论性,则以仁
为孝弟之本。""盖仁是性也,孝弟是用也,性中只有个仁、义、礼、智四者而
已,曷尝有孝弟来。然仁主于爱,爱莫大于爱亲,故曰孝弟也者,其为仁之
本与!"④董鼎之说便是本此而来。他在解释"夫孝,德之本,教之所由生
也"时也是据此而言,谓"行仁必自孝始",强调仁为性、为体,孝为爱、为用。

　　再者,董鼎将理学的诚敬工夫论贯穿于对《孝经》的理解中。《孝经》言
及事亲的五种孝行:"孝子之事亲,居则致其敬,养则致其乐,病则致其忧,
丧则致其哀,祭则致其严。五者备矣,然后能事亲。"在该叙述中,五种孝行
是并列的,"致其敬"并不具有特殊性。但是董鼎却强调敬是贯穿五种行为
的"本",他说:

　　　　致者,推之而至其极也。敬者,常存恭敬,不敢慢易也。养,谓饮
　　食奉养之时。乐者,欢乐悦亲之志也。病者,谓父母有疾,疾甚而病。
　　忧,忧虑不遑宁处也。丧,谓不幸亲死,服其丧也。哀,哀戚追念痛切
　　也。祭,谓亲没而祭祀之。严,谓精洁肃敬,谨畏将事也。人有一身,
　　心为之主;士有百行,孝为之大。为人子者诚以爱亲为心,而不忘事亲
　　之孝。平居无事,常有以致其敬,则敬存而心存。一敬既立,遇养则
　　乐,遇病则忧,遇丧则哀,遇祭则严。五者有一不备,不可谓能,然皆以
　　敬为本。⑤

此处鲜明地体现了理学主敬存心之旨。依其意,"事亲五致"的"致"其实意
味着"主敬穷理至乎极","居则致其敬"正对应于理学"居敬""主敬涵养"的

---

① 朱熹:《四书章句集注》,北京:中华书局,1983年,第326页。
② 朱熹:《四书章句集注》,北京:中华书局,1983年,第350页。
③ 朱熹:《四书章句集注》,北京:中华书局,1983年,第355页。
④ 朱熹:《四书章句集注》,北京:中华书局,1983年,第48页。
⑤ 董鼎:《孝经大义》,载《文渊阁四库全书》第182册,台北:台湾商务印书馆,1982年,第121页。

工夫论，而以"致"为"推之而至其极"也正是程朱对于"致知"的理解。

　　不可否认，《孝经》本即非常强调"敬"，如"礼者，敬而已矣""敬天下之为人父者也"等等，此外，还有"敬君""敬兄"之说，但董鼎认为《孝经》既然言"孝悌礼乐"而下文却主要讲"礼"与"敬"，正是因为孝、悌、乐三者"未有不本于敬而能之也"①。这一解释正与"不可谓能，然皆以敬为本"之说前后呼应。在他看来，《孝经》一书"极推广敬之功用，盖此心之敬随寓而见，以此之敬而敬人之父，则凡为之子者莫不悦矣。以此之敬而敬人之兄，则凡为之弟者莫不悦矣。以此之敬而敬人之君，则凡为之臣者莫不悦矣"②。突出敬之功用的普遍性，也即是突出了敬之工夫的根本性。朱熹强调敬是圣学成始成终、彻上彻下功夫。董鼎之说即本于此，一言以蔽之，"以敬为主"③。

　　既如此，主敬就不仅是对家庭中孝子的要求，亦是对政治生活中君臣的要求，理学的格正君心思想即与此有关。《孝经》言"昔者明王之以孝治天下也，不敢遗小国之臣，而况于公侯伯子男乎？故得万国之欢心，以事其先王。治国者，不敢侮于鳏寡，而况于士民乎？故得百姓之欢心，以事其先君"，在董鼎看来，"不敢"即是"敬"。以孝治天下说明孝道的效用极为美善，那么为何后世君主却未能做到呢？他回答说："后世之君乃不皆然，则以不明不诚故也。明足以有见而知事理之必然，诚足以有行而不忘于微贱，则万国归心，先王世享矣。夫子所以首称明王，而继言其不敢，盖不敢之心则祗惧之诚也，即经言天子之孝不敢恶慢于人是也。"④此即是采理学主敬穷理之说以作解，批评后世君主不能做到明诚以存心。这一格正君心的理念在对《事君章》的解释中体现得尤为明显，《事君章》言："君子事上，进思尽忠，退思补过，将顺其美，匡救其恶，故上下能相亲。"董鼎释曰：

　　　　父子主恩，君臣主敬，故夫子言君子之事君上也，进见于君，己有善道则思竭尽其忠，极言无隐；及其既退，君有阙失，则思补塞其过，进

---

①　董鼎：《孝经大义》，载《文渊阁四库全书》第182册，台北：台湾商务印书馆，1982年，第117页。
②　董鼎：《孝经大义》，载《文渊阁四库全书》第182册，台北：台湾商务印书馆，1982年，第117—118页。
③　董鼎：《孝经大义》，载《文渊阁四库全书》第182册，台北：台湾商务印书馆，1982年，第122页。
④　董鼎：《孝经大义》，载《文渊阁四库全书》第182册，台北：台湾商务印书馆，1982年，第118—119页。

则复言。至于君有美意，则将顺其美，助而成之，惟恐不及。君有恶
念，则匡救其恶，谏而止之，惟恐或形。盖忠臣之事君，如孝子之事亲，
先其意，承其志，迎其几而致其力，一念之善则助成之，无使优游不决，
沮遏而中止也。一念之恶，则谏止之，无使昏蔽不明，遂成而莫救也。
陈善闭邪，虑之以早，防之以豫，戒于未然，止于无迹。①

　　作为朝廷之臣的君子以"善道"辅佐君主，君主是受教化的对象。匡救
和谏止君主之恶念，使恶念止于无迹，以免发而为恶政，即是君子忠臣之职
责。"一念"之说，正是以理学的修养功夫来指导君主正心诚意。故而董鼎
直言"君有阙失"，此解释体现的正是理学的政治观念。在这一语境中，他
就决然不会将"退思补过"的"补过"解释为臣子自己弥补自己所犯的过错。
这一点，吴澄《孝经定本》即不同意，他援引朱熹、元行冲之说，认为《孝经》
此处文字与《左传·宣公十二年》文类似，其意应指"自补其过，非谓补君之
过"②。董鼎注中言"进见于君"，正是本于《孝经注疏》。但是，他并没有一
味遵从唐玄宗注，而是转而强调君子的事君之道。换言之，董鼎的解释实
则是扭转了唐明皇注突出君权的这一倾向。相较来说，董鼎之说更合于汉
人旧注，比如郑玄即以"待放三年，服思其过"③作解，虽然从字面上来说是
自思己过，但其内在之意则是臣为君讳，待放是希冀君能信用臣下之言。
由此，过错仍然是在君，而非臣。吴澄未能见及此意。

　　概括说来，董鼎《孝经大义》是完全秉承了程朱理学家的核心理论，以
理学的体用、本末的思维模式对《孝经》的义理内涵进行了深刻阐发，堪称
是以理学注解《孝经》的典范。这一做法也延续至明代，明初重视程朱理
学，明太祖时的项霦所作《孝经述注》便是以程朱理学诠释《孝经》的又一作
品。项霦注解《孝经》，旨在发明宋代理学道统之说。其言"圣人顺中正以
制礼"（第十八章注），"圣王建中立极，使贤者俯而就之，不肖者跂而及之"
（同上），"君王……尽人伦之至，可以建皇极"（第二章注），以及批评"后世
治家国者不达絜矩之道"，皆在发明"允执厥中"；其言"本乎人心自有之道
德"，"发明道心之至和"（第十章注），以及"圣王道心纯一通明，素与天合"，

① 董鼎：《孝经大义》，载《文渊阁四库全书》第182册，台北：台湾商务印书馆，1982年，第122页。
② 吴澄：《孝经定本》，载《文渊阁四库全书》第182册，台北：台湾商务印书馆，1982年，第136页。
③ 陈铁凡：《孝经郑注校证》，台北：编译馆，1987年，第213页。

"道心周流如四时之错行,如日月之代明"(第十六章注),皆在阐明以"道心"胜"人心"。故而,这实际上是在以《孝经》阐发理学家的道统说。理学家津津乐道的"十六字箴言",在《孝经述注》字里行间处处可见其意。而其解《孝经》,即在于让人体悟"道心纯一贯通之神妙!"①

对《孝经》的理学化注解与诠释,固然与朱熹理学的广泛影响有关。但是,正如上文所论,将《孝经》看作浅显的事亲之书的朱熹,本即不打算为《孝经》作注。就宋代理学的发展而论,理学最为倚重的经典是《周易》与四书,理学理论的建构便主要是以对这些经典的解释为基础。而《孝经》显白易懂,文字短小,并不是义理发挥的佳选。且不论是程颐还是朱熹,对《孝经》的内容都多有怀疑,尤其是对于"严父莫大于配天。昔者周公郊祀后稷以配天,宗祀文王于明堂以配上帝"一段,二人都对此深表疑虑,认为非圣人之言②。故宋代理学家包括朱熹在内,不甚重视《孝经》亦在情理之中。显然,程朱将理学之义理体系建立在他们持怀疑态度的经典上,是绝对不可能的。但这并不能阻挡后来者以理学来阐解《孝经》,相反,随着程朱理学被确立为官方意识形态,将尽可能多的经典纳入程朱理学思想体系中,以程朱理学来阐解儒家经典,是必然的。董鼎等人以理学话语来诠释《孝经》,即是其体现。然而,站在尊朱立场上极力将《孝经》纳入理学话语与义理的含括范围之内,虽然丰富了《孝经》的义理,却大大超出了朱熹"不理会"《孝经》之本意,抬升了《孝经》的位置,将理学对《孝经》的态度从"不理会"变成了"理会",从"不作注释"变成了"作注释"。如项霦以十六字心传来解释《孝经》,这显然已将《孝经》拔高了很多。从诠释学的角度来看,"作者已死",后来者对原文本的理解未必符合原作者的本意,后来者甚至会认为自己对原文本的理解更符合作者的本意,董鼎或许正认为自己的解释就是朱熹原意。这正反映出了由宋代朱熹《孝经》学向明代《孝经》学演变的吊诡之处。

---

① 项霦:《孝经述注》,载《文渊阁四库全书》第 182 册,台北:台湾商务印书馆,1982 年,第 143—154 页。项霦《孝经述注》中不列《孝经》章名,故而此处仅注明是"某某章注"。

② 程颐之说,见程颢、程颐:《二程集》,王孝鱼点校,北京:中华书局,2004 年,第 168 页。朱熹之说,见黎靖德编:《朱子语类》卷八十二,杨绳其、周娴君校点,长沙:岳麓书社,1997 年,第 1922 页。

小　结

综上所述,朱熹的《孝经》学著述有《孝经考异》《孝经刊误》,二书正好互补。《孝经考异》未佚,就保存在朱申《孝经句解》中。明人朱鸿所主的朱熹考定《古文孝经》经历前后二阶段说并不能成立,他关于《孝经刊误》非朱熹定笔的论证也不可靠。朱熹本即不打算为《孝经》作注,非如四库馆臣所谓"未及为之训释",这与朱熹将《孝经》视为事亲训蒙之书的看法有关。但随着朱熹理学被立为官学,其思想影响深远,这又吊诡式地促使后来学者以理学来注解和诠释《孝经》。

第四节　程朱一脉《孝经》学之侧面：
项安世、童伯羽与黄震

据前文所论,程颐、朱熹之《孝经》学都有疑经甚至改经的特点,那么服膺程朱理学的学人如何对待《孝经》便是非常值得考察的问题。北宋吕惠卿著有《孝经义》一书,其中有云:"是曾子力所不能问,故孔子以其未晓而尽告之。"[1]这是联系《论语》所言"参也鲁"理解《孝经》之孔曾问答。对此,程颐弟子杨时直接以两个反问驳之:"岂有人未之晓而可以尽告之乎?……今《孝经》所论,上自天子,下至庶人,无不及者。若其力有未至而尽告之,在孔子为失言,于曾子为无益,岂圣贤教与学之道哉?"[2]批评吕氏之独断。且杨时明确以理学道统论讨论《孝经》的意义,认为"参也鲁"是在曾子为学之初,而后来则有"一以贯之"之说,曾子于此默契心得,"观《论语》所载曾子将死之言,孟子推明不事有若之意,又详考子思、孟子传道之所自",则曾子绝非以"鲁"终身[3]。简言之,在杨时对孔子、曾子、子思、孟子之道统传承的衡量中,《孝经》据有一席之地。显然,这一态度与朱熹在谈论道统文本时完全不提《孝经》不可同日而语。这反映出朱熹《孝经刊误》之作确实具有特异性。

就南宋理学家而言,童伯羽为朱熹弟子,然而其对《孝经》的理解和朱

① 杨时:《杨时集》,林海权校理,北京:中华书局,2018 年,第 281 页。
② 杨时:《杨时集》,林海权校理,北京:中华书局,2018 年,第 282 页。
③ 杨时:《杨时集》,林海权校理,北京:中华书局,2018 年,第 282 页。

熹没有丝毫的关联；项安世服膺二程之学，但并不受朱熹思想影响；黄震则深受朱熹影响，但却又对程朱理学有着异见。在此意义上，对此三人的《孝经》学加以揭示，可以展现南宋时期存在的"不同"的《孝经》学景观。尤其是考虑到，以往的《孝经》学史研究中并未对这三人加以特别重视，那么此节的研究便不无重要意义。

一、童伯羽《孝经衍义》

童伯羽，生于 1144 年，卒年不详。《宋元学案》记载："童伯羽，字蜚卿，瓯宁人。师事朱文公，文公尝造访之，名其堂曰'敬义'。先生以道自任，化行乡里，时人以敬义先生称之。著有《四书训解》。"[①]童氏为朱熹之重要弟子，《朱子语类》中很多条目的记录即出于其手。其《孝经衍义》一书似乎流传不广，不仅仅是今人未有注意者，即使是宋明清时代也罕有提及者。但很幸运的是，此书被清人郑杰收录于其《郑氏注韩居七种》，其中第二部著作便是童氏《孝经衍义》。

今观童伯羽《孝经衍义》一书，以石台本《今文孝经》十八章为尊，而非如朱熹之以《古文孝经》为本且去除章名，合经分传。而且他对章名还有非常独到的理解，如解释《开宗明义章》章名谓："万物本乎天，人本乎祖，宗之为义抑大矣哉。夫宗者何？如水之有源，源深则流长。木之有本，本固则末盛。为人子者曷可无水源木本之思，……人不报本，反禽兽不若，故经以'开宗明义'冠之首章，真孔圣吃紧示人至意。"[②]唐代《孝经注疏》疏文解此章章名谓"开张一经之宗本，显明五孝之义理"[③]，而童伯羽则是将"宗"与儒家报本反始之义相结合，虽然这一解释颇富理致，且在《孝经》学史上也是独此一家，但是《孝经》之章名本为后起，故而童氏这一解释的勉强是显然的，但这足以反映出他对《孝经》的理解与朱熹迥异。

童伯羽以《孝经》为孔曾授受之经典，"圣门之孝独称闵子，愚则曰曾之好学不亚于颜，何以征之？经曰'身体发肤，受之父母，不敢毁伤，孝之始

---

① 黄宗羲：《宋元学案》卷六十九，载黄宗羲：《黄宗羲全集》第五册，沈善洪主编，方祖猷、陈敦伟校点，杭州：浙江古籍出版社，1992 年，第 793 页。

② 童伯羽：《孝经衍义》，载郑杰编著：《郑氏注韩居七种》，国家图书馆藏清代刻本，第 2 页。

③ 李隆基注，元行冲疏：《孝经注疏》，邓洪波整理，钱逊审定，北京：北京大学出版社，1999 年，第 1 页。

也。立身行道,扬名于后世,以显父母,孝之终也'。今观曾子'启手启足'之言,临深履薄之警,其不敢毁伤父母身体何如。功加三省,学本一贯,又传《大学》一书,以示千万世为人君治平之要,其立身行道显扬其亲于后世何如,其孝若此,其学可知。故后世第圣门之士,一曰颜曾,又曰曾闵,盖有以也"①。也就是说,《孝经》所体现的曾子之学可与《论语》《大学》相互印证,其为曾子传道之征无疑。故其屡屡会通《孝经》与四书之义,如《庶人章》谓:"自天子至于庶人,孝无终始",童氏以《大学》衍其义,谓:"《大学》曰'自天子以至于庶人,一是皆以修身为本'。则天子以天下为一身,诸侯卿大夫以国以家为一身,能修身即能治平,能治平乃为能修身,一修身而天下能事毕矣。瞽瞍厎豫而天下化,此修身之明验也。孰谓以孝治天下者不本于修身也哉。"②至于《三才章》其谓圣人之教人治人是"因性以牖之,发其自有之良,不虑而知,不学而能,自然亲亲而长长,故其教不肃而成,不严而治也"③,则是以《孟子》衍发《孝经》天经地义。这两处颇能发明儒家孝治之精义。

童氏又颇能以《周易》义理发明《孝经》,如《广至德章》"非至德其孰能顺民如此其大者乎",其《衍义》解释"孝"既然是人心所同可达于天下,何以被称为"至德"而非《中庸》所言"达德","盖坤,顺德也,至哉坤元,固称至矣。夫坤,地道也,臣道也,亦子道也。为子者患不顺耳。天地以顺动,故日月如之,况子顺而天母不悦乎。一顺所感,人皆悦服"④,阐发《孝经》"顺天下"之义颇精彩。

二、项安世《孝经说》

项安世(1153—约1210),字平父,一作平甫,号平庵,浙江括苍(今丽水)人⑤,其学宗程颐,代表作有《项氏家说》。项安世的生活年代基本与朱熹同时,但又并不受朱熹学术思想之影响,故其对于《孝经》的解释可以代表南宋除朱子学之外的"另外"一种观念,虽然这"另外"一种观念未必就与

---

① 童伯羽:《孝经衍义》,载郑杰编著:《郑氏注韩居七种》,国家图书馆藏清代刻本,第2—3页。
② 童伯羽:《孝经衍义》,载郑杰编著:《郑氏注韩居七种》,国家图书馆藏清代刻本,第8页。
③ 童伯羽:《孝经衍义》,载郑杰编著:《郑氏注韩居七种》,国家图书馆藏清代刻本,第9页。
④ 童伯羽:《孝经衍义》,载郑杰编著:《郑氏注韩居七种》,国家图书馆藏清代刻本,第18页。
⑤ 关于项安世的生卒年与生平履历,可参看辛更儒:《〈宋史·项安世传〉补正》,载《中国典籍与文化》2013年第4期。

朱熹相左。

《宋史·项安世传》载，宋光宗不再任用朱熹为侍讲，项安世上书谏言："夫人主患不知贤尔，明知其贤而明去之，是示天下以不复用贤也。人主患不闻公议尔，明知公议之不可而明犯之，是示天下以不复顾公议也。且朱熹本一庶官，在二千里外，陛下即位未数日，即加号召，畀以从官，俾侍经幄，天下皆以为初政之美。供职甫四十日，即以内批逐之，举朝惊愕，不知所措。臣愿陛下谨守纪纲，毋忽公议，复留朱熹，使辅圣学，则人主无失，公议尚存。"①这自然与二人之学同宗程颐有关。项安世强调公议的重要性而直言进谏，亦与朱子理学格君心之非的理路一致。而项安世谏诤之士大夫精神正是与《孝经》有关。我们可以看《宋史·项安世传》的另一段记载：

> 光宗以疾不过重华宫，安世上书言："陛下仁足以覆天下，而不能施爱于庭闱之间；量足以容群臣，而不能忍于父子之际。以一身寄于六军、万姓之上，有父子然后有君臣。愿陛下自入思虑，父子之情，终无可断之理；爱敬之念，必有油然之时。圣心一回，何用择日，早往则谓之省，暮往则谓之定。即日就驾，旋乾转坤，在返掌间尔。"②

他直接批评宋光宗不能做到孝，于父子之际有亏，其所据者正是《孝经》"父子之道，天性也"之理。而《孝经》中，他极为看重的一章正是《谏争章》，《项氏家说》卷十记载其言：

> 天子必有谏官，今世牧守遂无谏者，天子不得自行一事，而牧守皆擅喜怒，无敢问者，录事参军，自汉至唐，专掌弹劾，此职可复修也。
>
> 吾侪改过乐善之意不素明白，异时年长官高，则人皆敬而远之，置之度外，谁复与吾切磋者。今略计一岁中逆耳之言，至于吾耳者有几，可不惧哉！父有争子，何以谓之争？"事父母几谏，见志不从，又敬不违，劳而不怨"，此争子之法也。《礼》曰："与其得罪于乡党州闾，宁熟谏。"事之至此者，亦鲜矣。③

此处言及争子之法和争臣之法，强调自省自修的重要性。他呼吁恢复汉唐之间的谏官，而他本人也正是这样身体力行的。类似论述亦见于其《孝经

---

① 脱脱等：《宋史·列传第一百五十六》，北京：中华书局，1977 年，第 12090 页。
② 脱脱等：《宋史·列传第一百五十六》，北京：中华书局，1977 年，第 12088 页。
③ 项安世：《项氏家说　附录》卷十，《丛书集成初编》本，北京：中华书局，1985 年，第 114—115 页。

说》中①。

就《孝经》文本来说，项安世与朱熹一样，亦是尊《古文孝经》，他认为就章次的排列而言，"《应感》接《至德》章后，《闺门》接《扬名》章后，《事君》接《谏争》章后，文义皆贯，则古文近是，今从之"②。对《孝经》具体内容的看法也与朱熹接近，不过未像朱熹那样分列经传：

> 《孝经》文体，其发端结趋，创问置答，皆与《小戴礼》《礼运》《燕居》《闲居》《哀公问》《儒行》等篇相类。《孔子家语》乃专用此格成书，虽其中多圣贤格言，然其出也，必在孔门七十子之后。邹鲁诸儒记诵师说，言孝言礼，各以其类荟萃成篇。恐人之不尊也，故每篇皆假设夫子与人问答以贯穿之，必使众说群义同出于一口之中。一人之问，其有辞义太远者，则别为问端，必使上承前说，下起后义，如文士作文之法而后已。如《谏争章》所谓"若夫慈爱恭敬、安亲扬名则闻命矣，敢问子从父之令，可谓孝乎"，此其上承下接，牵和粘缀，最为明白者。至于终篇，复结之曰"生民之本尽矣，死生之义备矣，孝子之事亲终矣"，则又若问答之初，先已默定为破题、原题、讲腹、结尾之成模，而后言之者。此一格必近下诸儒所撰，不若《缁衣》《表记》等篇，汇载圣言，各出"子曰"。既不失当时之实，而又不妨次第其说，使浅深先后以序相承也。《论语》与《家语》之异，盖亦如此，非谓《家语》皆非圣人之言也。但其论载无法，反以杂乱圣言，为可惜耳。大概战国诸生所著之书，其体皆然，如《素问》之书本自精奥，而必假之黄帝、岐伯之问答，《六韬》言兵具，亦为详实，而以为一一尽出于武王之问、太公之对，则陋矣。③

据此以观，项安世认为《孝经》的文体是假设孔子与他人的问答，言外之意也就是说，实际上并非如此。进一步说，《孝经》又与《缁衣》《表记》不同，后者是每段话都有子曰冠首，而《孝经》则非，故而《孝经》的成书写作当是在《缁衣》《表记》之后。举《论语》和《家语》的例子做对比，恰说明他认为《孝经》有杂乱圣言的嫌疑。也正是因为他并不认为《孝经》必然发生在孔子和

---

① 项安世：《项氏家说　附录》附录卷一，《丛书集成初编》本，北京：中华书局，1985年，第8页。
② 项安世：《项氏家说　附录》附录卷一，《丛书集成初编》本，北京：中华书局，1985年，第1页。
③ 项安世：《项氏家说　附录》附录卷一，《丛书集成初编》本，北京：中华书局，1985年，第8—9页。

弟子曾子之间，所以，他批评汉儒那种凿实的解释，认为"郑氏《孝经》，以先王为大禹，公羊氏《春秋》以王者为文王，汉儒之泥，往往类此"①。对汉儒这一解释的反驳，意味着将汉儒思想中的孔子"尊王"之义消解掉，而将《孝经》在德性层面的意涵彰显出来，而这也是宋明儒《孝经》解释的共通特点。

不过，项安世对《孝经》文本抱有怀疑，并不表示他就不重视孝，如他说："仁义礼智，礼乐之实，皆起于事亲从兄，故为德之本。因亲以教爱，因严以教敬，是以其教不肃而成，故为教之所由生，在己为德，率人为教。"②此是依《孟子·离娄上》"仁之实，事亲是也。义之实，从兄是也"一段为据，以申发《孝经》以孝为德教之本的意义。不宁唯是，其《中庸说》解释"武王周公达孝"时亦有以孝为实之说："孝者，人心之所发也，天下之实者莫加焉。"③孝为人心之所发这一解释已富含了程颐以孝为爱、为仁之所发的思想。若进一步看项安世对《中庸》"为政在人，取人以身，修身以道，修道以仁。仁者人也，亲亲为大"的解释，则可看到他对仁孝二者关系的贯通性处理：

> 修身事亲，仁之事也。知人知天，仁之理也。欲为其事，不可不知其理也。生曰人，死曰鬼。人之所以为人者，以其生也。仁者，人也。仁者，天地之心，圣贤之德也。有人之形，即有仁之理。此形此理，皆受之父母者也。知此则知人之贵，而亲之为大矣。故曰"思事亲，不可以不知人"，然而此形此理，父母孰从而得之……此即天地生物之心，流行而不已者也。此仁之大本也。故曰"思知人，不可以不知天"，此《中庸》之言道，所以必自天命之性言之也。④

此处，项安世至少提及仁的两种含义，一是"仁者，人也"，源于《中庸》和《孟子》，二是"仁者，天地之心，圣贤之德也"，此说为北宋理学解仁之新说。但这二者之间显然存在歧义，第一种含义似乎是说仁是每个人都具有的德性，而第二种含义则直接指明仁是圣贤之德，因为只有圣贤才能与天合一，

---

① 项安世：《项氏家说　附录》附录卷一，《丛书集成初编》本，北京：中华书局，1985年，第9页。
② 项安世：《项氏家说　附录》附录卷一，《丛书集成初编》本，北京：中华书局，1985年，第1页。
③ 项安世：《项氏家说　附录》附录卷二，《丛书集成初编》本，北京：中华书局，1985年，第19页。
④ 项安世：《项氏家说　附录》附录卷二，《丛书集成初编》本，北京：中华书局，1985年，第20页。

体认天地生物之心。如何化解这一歧义？他的做法即是区分"仁之事"和"仁之理"，强调修身和事亲之孝皆是"仁之事"，非仁之理，这一理事二分的框架自然是出自二程。他强调人之形体与所具仁之理是一体的，皆禀受自父母。但若进一步推原其由来，则即是"天地生物之心"，可见他也继承了二程以生言仁之观念。

除此之外，项安世还进一步直接道出了《中庸》与《孝经》之关联。《中庸》言："凡为天下国家有九经，曰：修身也，尊贤也，亲亲也，敬大臣也，体群臣也。子庶民也，来百工也，柔远人也，怀诸侯也。修身则道立，尊贤则不惑，亲亲则诸父昆弟不怨，敬大臣则不眩，体群臣则士之报礼重，子庶民则百姓劝，来百工则财用足，柔远人则四方归之，怀诸侯则天下畏之。齐明盛服，非礼不动。所以修身也；去谗远色，贱货而贵德，所以劝贤也；尊其位，重其禄，同其好恶，所以劝亲亲也；官盛任使，所以劝大臣也；忠信重禄，所以劝士也；时使薄敛，所以劝百姓也；日省月试，既禀称事，所以劝百工也；送往迎来，嘉善而矜不能，所以柔远人也；继绝世，举废国，治乱持危。朝聘以时，厚往而薄来，所以怀诸侯也。凡为天下国家有九经，所以行之者一也。"他解释说："贤也，亲也，大臣也，士也，民也，工也，皆言劝者，皆同舟共济之人，必有以兴起其欢心而后可也。《孝经·孝治章》言治天下治国治家，皆欲得人之欢心，即此意也。"[1]认为《中庸》"九经"之说与《孝经·孝治章》理途相通[2]。

此外，项安世还有两处论述体现出其致思之深刻与超胜。一是他对《孝经》"至德要道"的理解。《古文孝经孔传》、唐玄宗《御注孝经》等皆以孝为至德要道，但项安世并不采取这种观点，他在解释《广至德》《广要道》二章时说：

> 言孝悌礼乐，皆归于礼者，自其德言之，谓之孝悌；自其事言之，谓之礼乐。循而行之之谓礼，行而乐之之谓乐，观《孟子》事亲从兄章可见。

---

① 项安世：《项氏家说　附录》附录卷二，《丛书集成初编》本，北京：中华书局，1985年，第22页。

② 《孝经·孝治章》："昔者明王之以孝治天下也，不敢遗小国之臣，而况于公侯伯子男乎？故得万国之欢心，以事其先王。治国者，不敢侮于鳏寡，而况于士民乎？故得百姓之欢心，以事其先君。治家者，不敢失于臣妾，而况于妻子乎？故得人之欢心，以事其亲。夫然，故生则亲安之，祭则鬼享之。是以天下和平，灾害不生，祸乱不作。故明王之以孝治天下也如此。"

> 孝主于爱，而《要道》《至德》二章皆主敬为言者，敬则爱心存，不敬则爱心亡。敬者，行孝之纲领也。颜渊问仁，仁主于爱，而其目皆曰礼，即是此意。使天下之臣、子、弟皆乐其道，谓之要道。使天下之君、父、兄皆被其德，谓之至德。要道言其操术之约，至德言其流化之妙。要言其发端，至言其极效也。①

他敏锐地意识到，孝悌与礼乐的关系是德性与行事的关系，一内一外。这一理解又仍然是受启于《孟子·离娄上》之文。孝悌是爱，是至德，而礼乐则是敬，是要道。易言之，敬是行孝之方法与途径。这一解释与东汉郑玄、明末黄道周之说异代同辙，但他本人并未见及郑玄之注，且其言"主敬"，以敬为工夫、方法之说又似受二程理学之影响。可见，从理学的义理脉络去解释《孝经》，亦可以得到汉代经学如郑玄所持的理论命题。

二是他对《礼记·祭义》"至孝近乎王，至弟近乎霸"一语的发明，项安世超越前人，给出深刻的判断：

> 《礼记》之文多若此类，虽似可疑，然皆古之遗言。先儒口以相授，其中多古之义训，不可忽也。此章亦当以古训解之。古人谓事亲为仁，敬长为义。王者以仁覆天下，故至孝者近之，君之道主于仁也。霸者以义尊王室，故至弟者近之，臣之道主于敬也。不曰君臣而曰王霸者，极其至者而言之也。王者君位之极，霸者臣位之极也。古之所谓霸者，即伯字也，诸侯之长也。自孟子、荀子推明王霸之辨，而后学者以伯为羞，故此章遂不可通，殊不知孟、荀所谓春秋时五伯尔。由桓文以前，尧舜之四岳，夏商之二伯，文武时周召为二伯，成王时太公为侯伯，康王时召公、毕公为二伯，是亦可羞乎？学者考古不精，多据后说以破前言，不可不谨也。②

这段话主张跳出后人王霸对立的观念，回到先秦时的本来语境理解王霸关系，表明他对宋代理学的王霸观念有所反思。

三、黄震《读〈孝经〉》

黄震（1213—1281），字东发，浙江慈溪人，南宋儒者，为学宗朱熹。其

---

① 项安世：《项氏家说　附录》附录卷一，《丛书集成初编》本，北京：中华书局，1985年，第6—7页。
② 项安世：《项氏家说　附录》卷六，《丛书集成初编》本，北京：中华书局，1985年，第77—78页。

最重要著作是《黄氏日钞》,也正是此书的卷一即为《读〈孝经〉》,而他对《孝经》的基本态度与朱熹一致:

> 《孝经》视《论语》虽有衍文,其每章引《诗》为断,虽与刘向《说苑》《新序》《列女传》文法相类,而孝为百行之本,孔门发明孝之为义,自是万世学者所当拳拳服膺。他皆文义之细而不容不考,至晦庵疏剔了然矣。"严父配天"一章,晦庵谓"孝之所以为大者,本自有亲切处,使为人臣子者,皆有今将之心,反陷于大不孝",此非天下通训,而戒学者详之,其义为尤精。愚按:《中庸》以追王太王、王季为达孝,亦与此"严父配天"之孝同旨。古人发言,义各有主,学者宜审所躬行焉。若夫推其事之至极,至于非其分之当言,如晦庵所云者,则不可不知也。"今将"事见《公羊传》昭元年。①

自南北朝王俭《七志》将《孝经》列为六经之首后,黄震这样将《孝经》列在六经之前,与王俭相似,亦显得非常特别。《东发日钞》这种列序法,当然和朱熹卑视《孝经》有关,但也与其所尊的朱子学有着密切关系。依照朱子学的四书学体系,四书要优先于六经,依朱子之说,四书是六经之阶梯。黄震《日钞》一书卷一列《孝经》,卷二列《论语》,卷三列《孟子》,实则正是四书学影响下的产物。故黄震以《论语》《中庸》《孟子》之义会通《孝经》,以《孝经》为先正是要强调躬行孝德的重要性。黄震言:

> 人生而知爱其亲,是良心莫先于孝也;亲亲而后能仁民,仁民而后能爱物,是百行莫先于孝也;孩提之童即授之以《孝经》之书,是讲学莫先于孝也。孝无一日而可忘,则《孝经》亦岂容一日忘?②

此即是以《孟子》良知良能论来说明百行以孝为先。黄氏于《论语》言孝之处亦颇多关注,谓"弟子入则孝,出则弟,谨而信,泛爱众而亲仁,行有余力则以学文"章是:

> 教人为学以躬行为本,躬行以孝弟为先,文则行有余力而后学之。所谓文者,又礼乐射御书数之谓,非言语文字之末。今之学者,乃或反

---

① 黄震:《读〈孝经〉》,载黄震:《黄震全集》第一册,张伟、何忠礼主编,杭州:浙江大学出版社,2013年,第4页。

② 黄震:《刘养晦孝经解序》,载黄震:《黄震全集》第七册,张伟、何忠礼主编,杭州:浙江大学出版社,2013年,第2391页。

是,岂因讲造化性命之高远,反忘孝弟谨信之切近乎? 然尝思之,二者本无异旨也。造化流行,赋于万物,是之谓性,而人得其至粹;善性发见,始于事亲,是之谓孝,而推之为百行。是孝也者,其体源于造化流行之粹,其用达为天下国家之仁,本末一贯,皆此物也。①

此处重在阐明性命之学与孝弟之行的关联,在他看来,"善性发见,始于事亲,是之谓孝",因此不可将形而上的"性"与卑近的"孝"截断开来,否则即是形上形下两橛,体用不一。黄氏此说直承二程"性命孝弟是一统底事"②之论而来,但是这并不意味着对于程颐的孝论他就完全认同,《东发日钞》卷二《读论语》中,黄氏在解释《论语·学而》"有子曰:其为人也孝弟,而好犯上者,鲜矣;不好犯上,而好作乱者,未之有也。君子务本,本立而道生。孝弟也者,其为仁之本与"一章时说:

> (程子)"性中曷尝有孝弟来"之语,后学乍见,亦或以为疑。盖实则父子之道天性,而其说微觉求多于本文之外也。……因尝思:理一而已,圣贤发明,则愈久愈备。……孔子说仁,又多与智对说;至孟子方说仁义礼智四者,而理益大备。程子谓曷尝有孝弟,盖以孟子之说释有子之说尔。要之,有子时未有四者之说,亦未专主于说性。孝弟为仁之本,理脉固自浑融,且孟子虽分仁义礼智为四端,他日又尝谓"仁之实,事亲是也"。圣贤立论,惟理是务,亦未尝拘一端;其言仁义,亦未尝不根于孝弟。③

"性中曷尝有孝弟来"一语亦为朱熹所认同,但是,黄氏意识到了程颐论孝与论性之间的冲突,一方面说孝弟性命是一统底事,另一方面却又认为性中只有仁义礼智四者。对于这一冲突,黄氏试图做一回答,此即圣贤立言不拘于一端的说法。但终究说来,他仍然是以孝弟为本、为重,与程朱之重仁有明显差异,故可以看到他评述《论语》说:《论语》二十篇,拳拳训诂,惟

---

① 黄震:《抚州辛未冬至讲义》,载黄震:《黄震全集》第七册,张伟、何忠礼主编,杭州:浙江大学出版社,2013年,第2259页。
② 程颢、程颐:《二程集》,王孝鱼点校,北京:中华书局,2004年,第224—225页。
③ 黄震:《读〈论语〉》,载黄震:《黄震全集》第一册,张伟、何忠礼主编,杭州:浙江大学出版社,2013年,第6—7页。

以学问躬行,惟以孝弟忠信。"①据此观之,黄震虽服膺理学,但他对理学理气心性的名理辨析并不钦慕,而是尤重躬行实践。正是以此为出发点,才形成其思想中以《孝经》为首的经典系统。

第五节 陆杨心学派的《孝经》学

南宋理学,朱熹与陆九渊双峰并峙,朱熹作有《孝经刊误》,影响深远。而陆九渊并无专门的《孝经》学著作,他对《孝经》之看法亦罕为后儒所道②。但是这并不代表陆九渊便不关注《孝经》,相反,陆氏哲学以"本心"为宗旨,在此基础上,对《孝经》的理解也呈现出新意,其弟子杨简以及杨门弟子袁甫③、钱时等亦能绍述其说,并敷衍发扬之,终成心学一脉之《孝经》学。朱熹卑视《孝经》而推重《大学》,而陆杨则视《孝经》为孔曾授受之典,并提出"孝之外无他道"的道统论。朱熹以仁为天理的重要意涵,仁统四德,并以体、用分属性、情,在此意义上,孝弟为性之发用,为情感之流露。而在陆杨心学看来,仁、孝从本心的意义上来看并无分别,必欲以体用分别仁孝,乃是支离之学,不合孔孟之旨。在朱熹思想中,情有正邪公私之别,爱亲之孝与仁不同,而陆杨则从孝之自然性、本心之普遍性上来说明孝之大公无私。据此可见,基于对孝弟的不同理解,朱子理学与陆杨心学对人心、人性的看法也呈现出了巨大差异。下文即分别述之。

一、陆九渊的"传曾子则有《孝经》"论

陆九渊虽著述无多,但他对于《孝经》极为重视,形成了与程朱理学不同的《孝经》学。其《孝经》学大旨有二:一是以孝弟良知来指点人之本心,

---

① 黄震:《抚州辛未冬至讲义》,载黄震:《黄震全集》第七册,张伟、何忠礼主编,杭州:浙江大学出版社,2013 年,第 2260 页。
② 今之研究者亦多略而不言。
③ 钱时著有《融堂四书管见》。袁甫著有《孝经说》三卷,《中兴艺文志》等有著录,此书已佚,然据元儒戴表元《剡源文集》卷十八:"前一卷已刊……余二卷引《论语》《孟子》而发者,余未之见也。"(戴表元:《剡源文集》,载《文渊阁四库全书》第 1194 册,第 227 页)其说正与《文献通考》所引陈氏之言"广微为鄱宪日,为诸生说《孝经》,旁及诸子"相互印证(马端临:《文献通考·经籍考》,华东师大古籍研究所标校,上海:华东师范大学出版社,1985 年,第 309 页)。可见《孝经说》的一个特点是引《论语》《孟子》等诸子典籍阐发《孝经》旨意。

理解人之本性；二是以《孝经》为孔曾授受之经典，而非像程朱那样强调《大学》的无上地位，在道统论上有着差异。历来研习《孝经》的学者在涉及心学之《孝经》学时，都直接从杨简入手，而忽视了其思想出于陆九渊这一事实。掘发陆氏之《孝经》学，是理解杨简以及明代阳明学派《孝经》学的必要前提。

《陆九渊年谱》记载："先生事继母，与诸兄曲尽孝道。尝闻孝宗皇帝圣语：'陆九渊满门孝弟者也。'"①在朱陆鹅湖之会中，陆九渊之兄陆九龄《鹅湖示同志》云："孩提知爱长知钦，古圣相传只此心。大抵有基方筑室，未闻无址忽成岑。留情传注翻蓁塞，着意精微转陆沉。珍重友朋相切琢，须知至乐在于今。"②此即是以孟子孩提知爱长知敬之说为据，古圣相传之心即是孝弟爱敬之心。陆九渊亦言："墟墓兴哀宗庙钦，斯人千古不磨心。……欲知自下升高处，真伪先须辨只今。"③不论是哀戚还是钦敬都可体现出人之本心。与此相应，陆九渊尚有一首《题达本庵诗》，此诗是赠时人梁光，以赞美其结庐亲茔之孝举，故"敬赋是诗，以助孝德。诗云：'孩提无不爱其亲，不失其心即大人。从此劝均休外慕，悦亲端的在诚身。'"④凡此皆与陆九龄之诗相互印证。关于陆九渊的季兄陆九韶，修于同治年间的《金溪县志》称："性宽和凝重，读书必优游讽咏，学问渊粹。尝曰：学之要，孝弟之外无余道。"⑤此即可见所谓"满门孝弟"并非虚说。

陆九渊自谓其学是读《孟子》而自得之，其自得于心者当即不离孟子所重之孝弟爱敬。故其言良知、本心即以此为说："彝伦在人，维天所命，良知之端，形于爱敬，扩而充之，圣哲之所以为圣哲也。先知者，知此而已；先觉者，觉此而已。"⑥既然如此，那么先王设教化民，也是不离爱敬之道，《大学》所谓"格物致知"⑦、《孟子》之"尽心知性"也同样不离此⑧。

正是基于对本心、孝弟的这一理解，在道统论上他也认为曾子得孔子

---

① 陆九渊：《陆九渊集》，钟哲点校，北京：中华书局，1980年，第491页。

② 陆九渊：《陆九渊集》，钟哲点校，北京：中华书局，1980年，第427页。

③ 陆九渊：《陆九渊集》，钟哲点校，北京：中华书局，1980年，第301页。

④ 陆九渊：《陆九渊集》，钟哲点校，北京：中华书局，1980年，第506页。

⑤ 程芳修等：《江西府县志·金溪县志》卷十九，清同治九年刻本，无页码。

⑥ 陆九渊：《陆九渊集》，钟哲点校，北京：中华书局，1980年，第238页。

⑦ 就《大学》与《孟子》两个文本而言，陆九渊显然更重后者，但他也并不否认《大学》为儒门之书，不过其弟子杨简则认为《大学》非孔门之书。

⑧ 陆九渊：《陆九渊集》，钟哲点校，北京：中华书局，1980年，第238页。

之传,以《孝经》为孔曾相传之经典。"《孝经》十八章,孔子于曾子践履实地中说出来,非虚言也。"[①]"后世所同信其为夫子之言而无疑者,惟《春秋》《十翼》《论语》《孝经》与《戴记·中庸》《大学》等篇。"[②]"夫子生于周末,自谓:'文王既没,文不在兹乎?'当时从之游者三千,门人高弟如宰我子贡有若之徒,所以推尊之者,至谓'贤于尧舜';谓'自生民以来未之有';谓'百世之后,等百世之王,莫之能违也'。千载之后,未有以其言为过者。古圣人固多,至推以为斯道主,则惟夫子。苟有志于斯道者,孰不愿学?夫子删《诗》定《书》,系《周易》,作《春秋》,传曾子则有《孝经》,子思所传则有《中庸》,门人所记则有《论语》。"[③]可见,与朱熹之怀疑《孝经》、分经列传不同,陆九渊则十分尊信《孝经》,当然,此尊信自然与其对《孟子》的体贴有关系。而朱熹虽然也认为曾子传道,却主要是以《大学》一篇为据,陆九渊则是以《孝经》为据,此亦为二者差异之一。

《经德堂记》一文即体现出陆九渊以孝弟为道统内容的观点,其中云:

> 武王缵太王、王季、文王之绪,以有天下;周公成文武之业,追王太王、王季,宗祀文王于明堂,尽继述之善,为天下达孝;曾子受经于仲尼,以孝闻天下而名后世,皆是德也。舜小杖则受,大杖则走,妻帝二女,不待瞽瞍之命,缮廪而焚,捐笠以下,浚井而掩,凿旁以出;太伯虞仲将致位乎季历,断发文身,逃之荆蛮;太子申生使人辞于狐突,再拜稽首而死,同是德也。[④]

"追王"之说出自《中庸》,而"宗祀"之说则出于《孝经》,"曾子受经于仲尼",亦显系就《孝经》为说。从大舜到武王、周公,再到孔子、曾子,"皆是德也",此德即孝弟之德,正所谓先圣后圣,其揆一也。

关于《孝经》的具体内容,他指出:《孝经》首章所言"立身行道",与《论语》首章"学而时习之"、《孟子》首章"何必曰利,亦有仁义而已"有着一贯的

---

① 陆九渊:《陆九渊集》,钟哲点校,北京:中华书局,1980年,第432页。吕维祺《孝经大全》注意到陆九渊此语,见氏著《孝经大全》卷二,载《续修四库全书》第151册,上海:上海古籍出版社,2002年,第382页。
② 陆九渊:《陆九渊集》,钟哲点校,北京:中华书局,1980年,第288页。
③ 陆九渊:《陆九渊集》,钟哲点校,北京:中华书局,1980年,第289—290页。
④ 陆九渊:《陆九渊集》,钟哲点校,北京:中华书局,1980年,第235页。

义理①。《孝经》言："事父孝,故事天明,事母孝,故事地察",他解释说:
"(此)是学已到田地,自然如此,非是欲去明此而察此也。'明于庶物,察于
人伦'亦然。"②这是强调学之自然性,而非强求力索,明察是学到一定境界
时的自然效应。另外,他还以《孝经·事君章》"将顺其美,匡救其恶"来说
明事君之道,批评汉代晁错为"逢君之恶"者③。

　　陆九渊有《天地之性人为贵论》一文,是专门阐发《孝经》义理的文字。
但此文不单单是阐明《孝经》"天地之性人为贵"之义,更重要的目的是发明
圣学,尤其是儒家的人性论思想。宋世理学,自张载以来都强调有"天地之
性"和"气质之性"的二分,但是陆九渊并不采取这样的说法,其言:"(吾)独
以为古之性说约,而性之存焉者类多;后之性说费,而性之存焉者类
寡。……今而未有笃敬之心,践履之实,拾孟子性善之遗说,与夫近世先达
之绪言,以盗名干泽者,岂可与二子同日道哉?"④这其中无疑正有批评时
人众说纷纭的人性论之意味,与其不断提出花样翻新的人性理论,不如直
探其本,回到孔子、曾子、孟子所说的孝弟。他说,《孟子》言尽心知性而知
天,《中庸》言"赞天地之化育"与"能尽人之性",这与《孝经》言天地之性相
通,"自夫子告曾子以孝曰:'事父孝,故事天明,事母孝,故事地察。'举所以
事天地者,而必之于事父母之间,盖至此益切而益明,截然无辞说议论之蹊
径"⑤。文章末尾言:"呜呼!循顶至踵,皆父母之遗体,俯仰乎天地之闯,
惕然朝夕,求寡乎愧怍而惧弗能,傥可以庶几于孟子之'塞乎天地',而与闻
吾夫子'人为贵'之说乎?"⑥将孟子的浩然之气说与《孝经》的事父母之说
相结合,一方面表明他很可能是认同张载《西铭》思想的,另一方面则说明
他并不取程朱理学的二元人性论,而是将对人性的理解落实在孝弟践履
上。朱熹、董鼎却都是以张载的"天地之性"说来解释《孝经》的"天地之性
人为贵",陆九渊则非也。

　　另外,陆九渊对《孝经》的理解与汉儒也有较大差异。《论语·学而》第
二章记载有子之言"孝悌也者,其为仁之本与",汉儒往往将其视为孔子之

---

① 陆九渊:《陆九渊集》,钟哲点校,北京:中华书局,1980年,第297页。
② 陆九渊:《陆九渊集》,钟哲点校,北京:中华书局,1980年,第474页。
③ 陆九渊:《陆九渊集》,钟哲点校,北京:中华书局,1980年,第346页。
④ 陆九渊:《陆九渊集》,钟哲点校,北京:中华书局,1980年,第347—348页。
⑤ 陆九渊:《陆九渊集》,钟哲点校,北京:中华书局,1980年,第347页。
⑥ 陆九渊:《陆九渊集》,钟哲点校,北京:中华书局,1980年,第348页。

语。但陆九渊说:"夫子平生所言,岂止如《论语》所载,特当时弟子所载止此尔。今观有子曾子独称子,或多是有若曾子门人。然吾读《论语》,至夫子、曾子之言便无疑,至有子之言便不喜。"①又曾言:"此有子之言,非夫子之言。……夫子之言简易,有子之言支离。"②那么,为何说有子之言支离呢?其因即在于有子之言分别孝、仁,又分别仁孝与事君之忠。在他看来,"'诚者自诚也,而道自道也。''君子以自昭明德。'……圣贤道一个'自'字煞好"③。人能存得自心,不失其本心,自能做到孝,做到仁,做到事君之忠,何须做此分别。这一点,在杨简思想中得到了详尽的发挥。

二、"孝之外无他道":杨简的《孝经》学

　　杨简(1141—1226),字敬仲,谥文元,世称慈湖先生,南宋著名的思想家,他是陆九渊弟子中最为秀异者,其思想在南宋中后期以及明代后期都产生了广泛的影响。朱彝尊《经义考》著录杨简有《古文孝经解》,但此书已佚,幸运的是,杨简《论〈孝经〉》一文尚存,另外,其论学语录以及其他著述中亦多有涉及《孝经》义理之处,据此可一窥其《孝经》学思想之面貌。对此学界已有相关研究④,然仍多存未发之覆,此节继以明之。身处朱子理学影响的时代,杨简之学被时人讥为禅学,如《中兴艺文志》就认为《古文孝经解》中有"德性无生,何从有死"之语,判定其"近于禅"⑤,然若平观其学,实有可称道者。

　　《孝经》为杨简阐发心学理论的重要经典基础,一言以蔽之,"孝之外无他道"⑥。杨简心学以"不起意"为宗,认为"意"是对人之本心的遮蔽。而《孝经》言:"父子之道,天性也。"《孟子》以孝弟为不学而能、不虑而知的良能良知,则孝即是本心,循孝而为即是"不起意"。钱时在《行状》中记载慈

---

① 陆九渊:《陆九渊集》,钟哲点校,北京:中华书局,1980 年,第 401 页。
② 陆九渊:《陆九渊集》,钟哲点校,北京:中华书局,1980 年,第 427 页。
③ 陆九渊:《陆九渊集》,钟哲点校,北京:中华书局,1980 年,第 427 页。
④ 关于杨简《孝经》学的详细研究,可参看舒大刚:《中国孝经学史》,福州:福建人民出版社,2013 年,第 317—322 页。陈壁生:《孝经学史》,上海:华东师范大学出版社,2015 年,第 321—328 页。陈铁凡《孝经学源流》一书则对陆杨心学之《孝经》学不置一词。
⑤ 马端临:《文献通考·经籍考》,华东师大古籍研究所标校,上海:华东师范大学出版社,1985 年第 308 页。
⑥ 杨简:《慈湖先生遗书》卷十九,载杨简:《杨简全集》第九册,董平校点,杭州:浙江大学出版社,2016 年,第 2292 页。

湖在主簿富阳期间，"日讽咏《鲁论》《孝经》，堂上不动声色，民自化孚"①，可见他对《孝经》的喜爱。其论先秦儒学多据《孝经》《大戴礼记》以及《孟子》中之孝论阐发孔门心学之义。关于《孝经》文本，他说："章句陋儒取孔子所与曾子之书，妄以己意增益之，曰'开宗明义章'，曰'天子章'，曰'诸侯章'，取混然一贯之旨而分裂之，又刊落古文'闺门'一节，破碎大道，相与妄论于迷惑之中而不自知。此惟心通内明，乃克决择。"②这表明，他推重的是包含《闺门章》的《古文孝经》，而非《今文孝经》，故而他曾手书孔壁《古文孝经》。但是他所视为孔曾授受的《古文孝经》亦非汉唐间流传的《古文孝经》，因为汉唐之《古文孝经》分为二十二章，且各标章名。在此意义上，慈湖是反对将《孝经》分章以及标示章名的。分裂经文和标示章名，皆是"以己意增益"，非"不起意"。钱时谓其师"始传《古文孝经》，传《鲁论》，而厘正其篇次"③，所谓"厘正"盖即去除章名之类。这一对《孝经》文本的看法反映出杨简力图追寻《孝经》原貌的经典观念。朱子刊误《孝经》，而杨简则继承陆九渊六经注我之精神，厘正《孝经》。二人均同尊古文，亦皆主张去除旧传《孝经》之章名，于此可见南宋理学家之《孝经》学的共通处。

而以《孝经》化民，则体现出他非常重视《孝经》的政治性内容，此点与朱熹不同。其著述中屡屡以《洪范》为据说明公天下、大同之意，并将其与"不起意"的思想宗旨相连接，以心学演绎儒家政治哲学，要言之，即是以天下太平或天下为公为标的。《孝经》载"明王之以孝治天下……是以天下和平，灾害不生，祸乱不作"，杨简认为："此章发明道心之至和，何其深切著明也！此心虚明变化，至和至顺，为孝为弟，为博爱，无一点己私置其中，如春风，如和气，如箫《韶》九成之音，可言而不可尽，呜呼至矣！某每诵此章，每每乐生，亦如春风和气，油然动于中而自不能喻，如身在唐虞三代之盛世，

---

① 杨简：《慈湖先生遗书》卷十八，载杨简：《杨简全集》第九册，董平校点，杭州：浙江大学出版社，2016 年，第 2267 页。

② 杨简：《慈湖先生遗书》卷十二，载杨简：《杨简全集》第八册，董平校点，杭州：浙江大学出版社，2016 年，第 2149 页。

③ 杨简：《慈湖先生遗书》卷十五，载杨简：《杨简全集》第九册，董平校点，杭州：浙江大学出版社，2016 年，第 2285 页。可参看舒大刚：《中国孝经学史》，福州：福建人民出版社，2013 年，第 321 页。

其亲安鬼享,天下和平,灾害不生,祸乱不作,灼知其可致,圣人非虚言。"①
强调本心之和为天下和平之本体论根基。

正因《孝经》通于其心学义理以及政治思想,故杨简以《孝经》为孔门传
道之典。"自孔子殁而大道不明,自曾子殁而道滋不明。"②但他注意到了
汉代纬书所载"吾行在《孝经》"③,认为孔曾授受的经典是《孝经》,而非《大
学》。他不以《大学》理解孔门之学,而是以孝为孔门之学的核心内容,其
文云:

> 按:"学",古字为斅,斅即今孝字,一字而两音固多。盖古所以斅
> 为孝音,又为学音,于以见古始造字意,以谓学者孝而已矣,自孝之外
> 无他道也。时有古今,道无古今;时有古今,性无古今;时有古今,学无
> 古今。于孝之外复求学,是有二道、有二性也,无乃不可乎!"夫孝,天
> 之经,地之义,民之行",推而放诸南海而准,推而放诸东海而准,推而放
> 诸西海而准,推而放诸北海而准。以孝事君则忠,以孝事长则顺,朋友不
> 信非孝,战陈无勇非孝,断一木、斩一兽不以其时非孝。仁者仁此,义者
> 宜此,礼者履此,信者信此,乐自顺而生,刑自反而作。夫道,一而已矣,
> 名虽不同,学则无二。德惟一,动罔不吉;德二三,动罔不凶。"孝弟之
> 至,通于神明,光于四海,无所不通。"斯乃先圣一贯之道也。④

据此,"一贯之道"的传授即在《孝经》。其中引及《礼记·祭义》《孟子》之
语,予以说明"自孝之外,无他道"的道理。他慨叹:"自古罕知孝之即道。
奚止不知孝之即道,亦不知日用庸常之即道。圣人患斯道之不明,曰:'夫
孝,天之经,地之义。'可谓昭白,而学者习读天经地义之言,犹罕达天经地
义之旨。"⑤此后晚明《孝经》学士人提出传道即传孝的理论,便遥启于杨简。

---

① 杨简:《慈湖先生遗书》卷十二,载杨简:《杨简全集》第八册,董平校点,杭州:浙江大学出版社,
2016年,第2150—2151页。

② 杨简:《慈湖先生遗书》卷十四,载杨简:《杨简全集》第八册,董平校点,杭州:浙江大学出版社,
2016年,第2174页。

③ 杨简:《慈湖先生遗书》卷十九,载杨简:《杨简全集》第九册,董平校点,杭州:浙江大学出版社,
2016年,第2319页。

④ 杨简:《慈湖先生遗书》卷十九,载杨简:《杨简全集》第九册,董平校点,杭州:浙江大学出版社,
2016年,第2292页。此处对原文标点有修改。

⑤ 杨简:《慈湖先生遗书》卷十九,载杨简:《杨简全集》第九册,董平校点,杭州:浙江大学出版社,
2016年,第2318页。

　　由是以观,在杨简思想中,出现了抑黜《大学》、推重《孝经》的倾向。朱子理学的四书系统在他这里是不成立的,以《孝经》取代《大学》,即成为新的四书系统——《论语》《孝经》《中庸》《孟子》。他在《论〈大学〉》中开首即直言《大学》"似是而非,似深而浅,似精而粗,足以深入学者之意,其流毒沦肌肤、浃骨髓"①。阅此不难想到朱熹在批评佛老时所说"弥近理而大乱真"②。于杨简而言,《大学》乃是近理乱真之书。其于篇末又做一总结:"《大学》非圣人之言,益可验者,篇端无'子曰'二字。"③从思想体察和文本分析两个层面对《大学》的儒家经典地位进行了解构。这一解构釜底抽薪式地批判了程朱理学,其言:

　　　　自近世二程尊信《大学》之书,而学者靡然从之。伊川固出明道下,明道入德矣,而尤不能无阻。惟不能无阻,故无以识是书之疵。《大学》曰:"欲治其国者先齐其家,欲齐其家者先修其身,欲修其身者先正其心。"判身与心而离之,病已露矣,犹未著白。至于又曰:"欲正其心者先诚其意,欲诚其意者先致其知,致知在格物。"噫,何其支也!孔子无此言,颜、曾亦无此言,孟子亦无此言。孔子曰"忠信",曾子曰"忠恕",孟子亦曰"天下之本在国,国之本在家,家之本在身"而已。他日,又曰:"仁,人心也。"未尝于心之外起故作意也。又曰:"人之所不学而能者,其良能也;所不虑而知者,其良知也。"又曰:"而勿正心。"岂于心之外必诚其意,诚意之外又欲致知,致知之外又欲格物哉?取人大中至正之心,纷然而凿之,岂不为毒?④

　　程朱理学调和孟子"勿正心"与《大学》"正心"二者之意,而杨简则据《孟子》而质疑《大学》,他批评《大学》分裂身心,分判心、意、知、物,纯属支离。不难推测的是,杨简如此批评《大学》,正与其思想以"不起意"为宗有关联。陆杨心学主张本心说,本心为至善,而《大学》则言"心有所忿懥则不

---

①　杨简:《慈湖先生遗书》卷十三,载杨简:《杨简全集》第八册,董平校点,杭州:浙江大学出版社,2016 年,第 2153 页。

②　朱熹:《四书章句集注》,北京:中华书局,1983 年,第 15 页。

③　杨简:《慈湖先生遗书》卷十三,载杨简:《杨简全集》第八册,董平校点,杭州:浙江大学出版社,2016 年,第 2156 页。

④　杨简:《慈湖先生遗书》卷十三,载杨简:《杨简全集》第八册,董平校点,杭州:浙江大学出版社,2016 年,第 2153—2154 页。

得其正",故其以《洪范》"无有作好,无有作恶"为参照,认为:"《大学》之书则不然……曰'必正其心',曰'必诚其意',反以作意为善,反蔽人心本有之善,似是而非也,似深而浅也,似精而粗也。"[1]《大学》非圣人之言,则理学所言格物、致知、诚意、正心以及以穷理解格物等皆为谬说[2]。

以孝为道心,则需要说明孝弟之非私心。《孝经》首章:"身体发肤,受之父母,不敢毁伤,孝之始也。立身行道,扬名于后世,以显父母,孝之终也。"他对此做了颇有新意的解释:

> 人咸以身体发肤为己,不知受之于父母,孔子于是破其私有之窟宅,而复其本心之大公。人莫切于己,莫爱于己,因其爱己而启之以受之父母,则爱出于公;因其不肯毁伤而转曰不敢,则公而不私,因而不拂。圣人循循善诱,发明人心本有之道德,行之以立其身,则身为公器而不私;名扬于后以显父母,则名为公名而不私。夫人之所以失其道者,私而已矣。以此大公至孝之心而事君,无二道也。[3]

简言之,杨简强调孝不是私爱,而是公爱,是超越关爱一己身体的大公之爱,爱己之爱亦是出自本心之大公。也正是通过"孝",人之身成为"公器",人之名为"公名",其在现实政治中的"事君"也是大公之事,而不会流于恶。孝与忠无二心,无二道,故其批评《庄子》"天下有大戒二:其一命也,其一义也。子之爱亲,命也;臣之事君,义也。事其亲者不择地而安之,孝之至也;事其君者不择事而安之,忠之盛也"之论,认为:"庄子以一命一义而分忠孝,以为圣人语,诚难取信。"与《孝经》"以孝事君则忠"的"忠孝一

---

① 杨简:《慈湖先生遗书》卷十三,载杨简:《杨简全集》第八册,董平校点,杭州:浙江大学出版社,2016年,第2155页。

② 如其批评穷理说,言:"惟近世学者沉溺乎义理之意说,胸中常存一理不能忘舍,舍是则惝焉无所依凭,故必置'理'字于其中。不知圣人胸中初无如许意度。"(杨简:《慈湖先生遗书》卷十一,载杨简:《杨简全集》第八册,董平校点,杭州:浙江大学出版社,2016年,第2116页)"格物而动于思虑,是其为物愈纷纷耳,尚何以为格?若曰'今日格一物,明日又格一物,穷尽万理乃能知至',吾知其不可也。程氏自穷理有得,遂以为必穷理而后可,不知其不可以律天下也。"(杨简:《慈湖先生遗书》卷十,载杨简:《杨简全集》第八册,董平校点,杭州:浙江大学出版社,2016年,第2098页)对于《说卦传》"穷理尽性以至于命",他也认为:"未尝系之'子曰',则知非孔子之言也。"(杨简:《慈湖先生遗书》卷十四,载杨简:《杨简全集》第八册,董平校点,杭州:浙江大学出版社,2016年,第2175页)

③ 杨简:《慈湖先生遗书》卷十二,载杨简:《杨简全集》第八册,董平校点,杭州:浙江大学出版社,2016年,第2150页。

心"之论不合①。从本心之大公意义上对孝、忠关系的调和,虽然与程颐天理论有着不同的本体论依据,但与其对孝、忠关系的看法确是一致的,超越了汉唐思想在忠孝之间孰轻孰重、孰先孰后的徘徊进路,反映了理学知识群体所持的共同思路②。

此外,他又从孝为"自然""天则"的意义上说明孝非人为。程朱皆喜道《诗经》"天生烝民,有物有则,民之秉彝,好是懿德"一语,以天理解释"物则"之义。然杨简所注意者则是《孝经》"夫孝,天之经,地之义,民之行。天地之经而民是则之"。他认为"民则"意味着"民则,不惟圣贤,凡民皆在其中",圣凡皆具此天则③。《孝经》所言"居则致其敬,养则致其乐,病则致其忧,丧则致其哀,祭则致其严"即是人效法天则的体现。而人"自膝下嬉嬉,皆知爱其亲,爱其亲之心曰孝。是爱其亲之心,吾不知其所自来也。穷之而无原,执之而无体,用之而不可既"④。此"不知其所自来"的、自然生起的爱亲之心,即是道心,道心无方无体。

他以《礼记》"无声之乐,无体之礼"以及《礼运》"礼本于太一"来说明礼乐即是"天之经,地之义,民之行"。既然道一以贯之,三才同贯,故民则即是天则,也即是地则。《孔子闲居》:"天有四时,春秋冬夏,风雨霜露,无非教也。地载神气,神气风霆,风霆流形,庶物露生,无非教也。"这段话即说明了天经地义与人世教化的上下贯通。故而杨简解释五等之孝言:"'不敢恶于人'者,此也;'不敢慢于人'者,此也;'在上不骄'者,此也;'制节谨度'者,此也;'不敢服非先王之法服'者,此也;'不敢道非法之言'者,此也;'不敢行非法之行'者,此也;爱于母、敬于君而兼敬爱于父者,此也;'因天之道,因地之利,谨身节用,以养父母'者,此也。是三才之所同也,人性之所

---

① 杨简:《慈湖先生遗书》卷九,载杨简:《杨简全集》第八册,董平校点,杭州:浙江大学出版社,2016年,第2036页。

② 郑玄注解《孝经》"父子之道,天性也,君臣之义也"一句言:"性,常也。君臣非有天性,但义合耳。"皮锡瑞指出,郑分父子、君臣为二,即是本《庄子》分别命、义的观点。见皮锡瑞:《孝经郑注疏》,吴仰湘点校,北京:中华书局,2016年,第87页。

③ 杨简:《慈湖先生遗书》卷十二,载杨简:《杨简全集》第八册,董平校点,杭州:浙江大学出版社,2016年,第2147页。他曾说:"天人一致,圣愚一性。"(杨简:《慈湖先生遗书》卷十九,载杨简:《杨简全集》第九册,董平校点,杭州:浙江大学出版社,2016年,第2302页)

④ 杨简:《慈湖先生遗书》卷十二,载杨简:《杨简全集》第八册,董平校点,杭州:浙江大学出版社,2016年,第2147页。

自有也。"①由此，就说明了孝的普遍性、公共性。正因人行即是天则，故事父母之孝，也即是事天地之孝。他解释《孝经·感应章》"昔者明王事父孝，故事天明；事母孝，故事地察……《诗》云：'自西自东，自南自北，无思不服'"言：

> 爱敬父母之心，即天地之心，天地之变化。……明，犹察也，谓晓达也。明王之事父母孝，异乎未明者之孝。未明者之孝，虽孝而未通，故于事天不明其天，事地不明其地。不特不明其天地，亦不明其父母。虽知父母之情意，不知父母之正性。人惟不自明己之正性，故亦不明父母之正性，亦不明天地之性。人皆曰"我惟知父母，不知天地"，此不知道者之言。明者观之，父母即天地。人生而执己私，起意彼此，牢不可解，一日醒觉，吾性清明广大，无际无畔，诚不见其有天地之殊。苟未明通，则事父母，实不识父母，况能事天地？孝子之心，即天地之道，惟不自知，故《易》曰"百姓日用而不知"。于天地明察，则神明彰著，融一无间，不可度思，矧可射思！……道心见诸事亲谓之孝，见诸事长谓之弟。浑然神明，本无间隔，如日月之光，光于四海，而非思非为，无所不通。引《诗》为证，所以"无思不服"者，以东西南北之心同此道心，故默感而应也。有道则应，无道则离。《易》曰："圣人以神道设教而天下服矣。"以此道至神，无所不通故也。②

他将其师陆九渊的"东海西海，心同理同"之说与《孝经》"无思不服"联系起来，以说明道心之无所不在。一己之正性，即父母之正性，也即天地之正性。这段论述与张载《西铭》有着同样的理致。不同之处在于，张载以气言三才之贯通，而杨简以本心言贯通。另外，他也批评程颐所言"性中只有仁义礼智四者，几曾有孝弟来？"认为："正叔之蔽，一至于此！孝弟、仁义，名不同耳。强立藩篱，固守名意，陷溺于分裂之学，障塞圣人坦夷之道。孟子……发明孩提爱亲、及长敬兄为不学而能、不虑而知，而正叔分裂体用而

---

① 杨简：《慈湖先生遗书》卷十二，载杨简：《杨简全集》第八册，董平校点，杭州：浙江大学出版社，2016年，第2148—2149页。
② 杨简：《慈湖先生遗书》卷十二，载杨简：《杨简全集》第八册，董平校点，杭州：浙江大学出版社，2016年，第2151—2152页。

言之,不可以为训也。"①对程朱理学以体用分判性、孝表示难以理解。"此
心之中,孝弟、忠信、仁义、礼智,万善毕备,惟所欲用,无非大道。其见于事
亲则谓之孝,见于从兄则谓之弟,见于事君则谓之忠,见于朋友则谓之信,
居家而见于夫妇则谓倡随,居乡而见于长幼则为有序。是心之发,虽纷纭
万殊,而非万殊也。"②因此,孝弟、仁义并无体、用的差别,虽然名异,而皆
是本于一心,虽然万殊,实则不殊。若依程朱之说,则是一人而有二心,此
乃异端邪说。这一批评被晚明时期的罗汝芳、管志道等所继承。

　　杨简阐发《孝经》义理的另一大贡献即是以本心、道心之一贯言鬼神,
从而对"孝悌之至,通于神明"做出了新的解释,他说:

　　夫孝,人心之所同,天地之所同,鬼神之所同。……际天所覆,凡
在人伦中者,有所不知,知则孰不敬而奉之! 呜呼至矣! 是谓至德,是
谓要道,是谓人心之所同。……永保所自有之本心,以对越明神,以对
越上帝。③

　　道心大同,孝弟无所不通。④

　　正因本心是一,"无二心也,无二道也"⑤,人心之所同的"孝"即是至德
要道。而道心贯通三才,故人心所同,也即是鬼神所同。他注意到《孔丛
子》中所记孔子之言"心之精神是谓圣",认为此"精神"之说最能发明《论
语》"鬼神"之义:

　　孔子曰:"未能事人,焉能事鬼?"盖曰知人则知鬼矣。以形观人,
则人固可见;以神观人,则人固不可见也。神者,人之精;形者,人之
粗。孔子曰:"心之精神是谓圣。"神无方无体,范围天地,发育万物,无
所不通,无所不在,故孔子之祭,知鬼神之实在。而群弟子观孔子祭时

① 杨简:《慈湖先生遗书》卷十五,载杨简:《杨简全集》第九册,董平校点,杭州:浙江大学出版社,2016年,第2185页。
② 杨简:《慈湖先生遗书》卷十四,载杨简:《杨简全集》第八册,董平校点,杭州:浙江大学出版社,2016年,第2177页。
③ 杨简:《慈湖先生遗书》卷十九,载杨简:《杨简全集》第九册,董平校点,杭州:浙江大学出版社,2016年,第2296页。
④ 杨简:《慈湖先生遗书》卷十九,载杨简:《杨简全集》第九册,董平校点,杭州:浙江大学出版社,2016年,第2319页。
⑤ 杨简:《慈湖先生遗书》卷十二,载杨简:《杨简全集》第八册,董平校点,杭州:浙江大学出版社,2016年,第2148页。

之精神,以为如在也。①

本心无方无体,神无方无体,不可以其不可见便谓其不存在。因此与程朱理学以气之屈伸论鬼神不同,杨简明确肯定"鬼神之实在",也将"心"之功用发挥至极。其以本心言说鬼神的思想也为后来的王阳明所继承。《孝经》"孝悌之至,通于神明"一语,在杨简之前,二程已对此语有过注意,认为"神明孝弟,不是两般事,只孝弟便是神明之理"。又问:"王祥孝感事,是通神明否?"②但二程将神明做了虚化的处理,认为不是神明感格,而是孝子自身的感格,这样一来,神明是否存在就被悬搁起来。故杨简从心之精神的意义上说鬼神,肯定鬼神之存在,实为理学诸儒所未发。

小　结

朱熹之四书学体系内部贯穿着一条道统脉络:孔子—曾子—子思—孟子,其中体现曾子之学的代表作是《大学》。但是若从"尧舜之道,孝弟而已"的角度考量,从《论语》《孝经》《中庸》《孟子》中亦可以梳理出一条以孝为主线的道统传承脉络,此点尤其与以郑玄为代表的汉儒对《中庸》的理解有关。而我们可以看到不论是程颐弟子杨时,还是朱熹弟子童伯羽,都在从道统论的视域看待《孝经》,将其作为曾子传道之经典。大致可以说,就曾子之学而言,理学更重《大学》,而汉儒更重《孝经》。但这一判断可能唯有对朱熹而言是恰当的,至少朱熹《四书章句集注》中无一处引《孝经》之语,此足以彰显出朱熹对《孝经》文本的有意疏离③。而朱熹本人的弟子童伯羽,南宋陆象山、杨简、钱时心学一脉,皆迥异于朱熹的这一态度,而是在融汇《孝经》与四书之义理,两派并无二致。清人翁方纲曾在质疑朱熹《孝经刊误》时指出:"朱子一言出,学者所但奉为师范者也,顾何以朱子《孝经刊误》之书卷帙不繁,而自南宋以至于今,朝廷未尝颁布于学校,家塾未尝人奉为定本,即以最尊心朱子莫若黄震,而《黄氏日钞》仍以《孝经》列于诸经之首,则可见朱子疑《孝经》之说,未能深餍服于人心非一日矣。"④此段

---

① 杨简:《慈湖先生遗书》卷九,载杨简:《杨简全集》第八册,董平校点,杭州:浙江大学出版社,2016年,第2040页。
② 程颢、程颐:《二程集》,王孝鱼点校,北京:中华书局,2004年,第224页。
③ 比较朱熹之注《孟子》与赵岐之注《孟子》,以及朱熹之注《中庸》与郑玄之注《中庸》,此点显而易见。
④ 翁方纲:《孝经附记》,陈鸿森校录,载《中国经学》总第15辑,2015年,第22页。

文字道尽《孝经刊误》在后世的尴尬命运。《孝经》之学在朱熹身后的重大发展正是以道统论为羽翼,如元儒熊禾在给董鼎所著绍述朱熹《孝经刊误》旨意的《孝经大义》作序时,说:

> 孔门之学,惟曾氏得其宗。曾氏之书有二:曰《大学》,曰《孝经》……学以《大学》为本,行以《孝经》为先,自天子至庶人一也。《尧典》一篇,《大学》《孝经》之准也。自克明峻德以至亲睦九族,极而百姓之昭明,万邦之于变,《大学》之序也。孝之为道,盖已具于亲睦九族之中矣。何也? 一本故也。自是舜以克孝而徽五典,禹以致孝而叙彝伦,伊尹述成汤之德,一则曰立爱惟亲,二则曰奉先思孝。人纪之修,孰大乎是? 文武周公,帅是而行,备见于记《礼》所载,上而宗庙之享,下而子孙之保,其为孝蔑有加焉。功化之盛,至使四海之内人人亲其亲长其长,一鳞毛一芽甲之微无不得所。呜呼! 二帝三王之教可谓大矣!《孝经》一书,即其遗法也。世入春秋,皇纲纽解,孔子伤之,三复昔者明王孝治之言,思之深,望之切矣。诚使天子公卿躬行其上,凡礼乐刑政之具,一是以孝为本,则斯道也,固天性之自然,人心之固有,一转移间,王道顾不易乎![①]

这段话提供了理解曾子之学的另一个角度,以孝为道,历叙尧、舜禹、汤、文、武、周公、孔子,兼具学、治而言,将传道即传孝的论旨揭示无余。在此之前,陆九渊学派传人、杨简弟子钱时著《四书管见》,其所言四书为《论语》《孝经》《大学》《中庸》,此亦是不同于朱熹理学的对《孝经》与四书关系的另一种处理,体现的是心学的思路。至近代,余杭章太炎有"四小经"之论,首列《孝经》,次之《大学》《儒行》《丧服》,以《孝经》为救济时艰之首要经典,但仍强调《大学》之重要。观此,可见四书体系亦变动不已,生生不息。

---

① 熊禾:《孝经大义》序,载朱鸿编:《孝经总类》卯集,载《续修四库全书》第 151 册,上海:上海古籍出版社,2002 年,第 62 页。《四库全书总目提要》中提及此序,但是并未收录。

第五章 孝即良知与汉宋兼采

——明代的《孝经》学

有明一代《孝经》学,受朱熹理学及其《孝经刊误》影响甚大,不论是在文本层面上刊改《孝经》,还是在义理层面以理气心性等范畴解释《孝经》,都深浸于朱子理学之润泽中。但元儒董鼎《孝经大义》已将理学与《孝经》之融合做到极致,故接踵之后儒并无大的空间以做进一步的创造性诠释①。创造性《孝经》注解的出现需要突破朱子理学之限制方有可能。明初代表性的理学化《孝经》著作是被誉为"明初理学之冠"的曹端所作《孝经述解》一书,此书完全不取朱熹《孝经刊误》②,但其义理亦不能外于程朱之说,如谓"仁者,孝所由生;而孝者,仁所由行者也。是故君子莫大乎尽性,尽性莫大乎为仁,为仁莫大乎行孝"③,便仍是程朱仁体孝用之说。但他说:"孝云者,至德要道之总名也。经云者,垂世立教之大典也。然则《孝经》者,其六经之精义奥旨与!"④"'夫孝,天之经,地之义,民之行',而圣帝明王所以中天地而立人极,能以天下为一家、中国为一人者无他,孝而已。"⑤其中蕴含以《孝经》为六经之总会,以及以孝为内容的道统论意味,这与朱熹思想有着截然差异。但曹端此书似流传不广,明代之后的儒者罕有提及者,在思想史上并未发生影响。

明中叶阳明心学的出现是《孝经》学发展的一大转关。程朱理学以仁体孝用说防止孝亲会流于私爱,然陆杨心学已对此表示不满,王阳明一方面继承了程朱仁体孝用之说,另一方面却又主张孝为良知之真诚恻怛处,

---

① 关于明代前期《孝经》学以及董鼎《孝经大义》之思想,可参看刘增光:《晚明〈孝经〉学研究》第二章,上海:上海古籍出版社,2015年。董鼎之说,另可详参陈壁生《孝经学史》一书之第六章。

② 此书已佚,《曹月川先生年谱》《明史·艺文志》著录此书。据《年谱》,此书之作是"取唐玄宗、许鲁斋二解述其精当者",再"释以己意"(曹端:《曹端集》,王秉伦点校,北京:中华书局,2003年,第299页)。从其《夜行烛》中所引多处《孝经》之文来看,《孝经述解》是以石台本《今文孝经》为尊。

③ 曹端:《曹端集》,王秉伦点校,北京:中华书局,2003年,第299页。

④ 曹端:《曹端集》,王秉伦点校,北京:中华书局,2003年,第299—300页。

⑤ 曹端:《曹端集》,王秉伦点校,北京:中华书局,2003年,第224页。此处对原文标点有修改。

强调孝亲之爱的真切性,体现出与程朱不同的致思方向。沿此方向发展,罗汝芳、杨起元、虞淳熙即是以良知学疏解《孝经》的重要代表。及至明末,出现了黄道周《孝经集传》、吕维祺《孝经大全》两部集大成式著作,二者均体现出兼采汉宋、和会朱陆的思想特质。尤其是黄道周之学,发扬《孝经》三微义、五著义,与汉儒董仲舒、郑玄遥遥相契。

第一节　从良知学到《孝经》学

明代中叶之后,阳明学的发展呈蔚然之势,这也影响到阳明后学以及认肯阳明学的学者对于《孝经》的理解和诠释,最终的结果是,出现了如虞淳熙[①]《孝经迩言》这样以良知学来注解和诠释《孝经》的著作。分析这一演变的根源与历程,可以发现,王阳明在与弟子论学过程中就常常循着即用显体的思路以事亲之孝、从兄之弟来指点弟子体认良知,发明本心之理,这影响了其后学对孝与良知的理解。而阳明的致良知说从文本依据上来说是发自对《大学》的理解,故而阳明后学逐渐地以《孝经》中的内容来诠释《大学》,采取以经解经的方式印证良知之说。随之,以王阳明良知学来诠释《孝经》就成为必然。故而,阳明学最初的以孝之用显发良知本体、以《孝经》诠释《大学》,就变成了以良知学来诠释《孝经》,呈现出一个双向的诠释循环。

一、体用与生意:王阳明良知学论域中的孝论

清代朱彝尊《经义考·孝经类》著录,王阳明著有《孝经大义》一卷,并云"未见"[②]。今检《王阳明全集》,《传习录》上记载有阳明与弟子陆澄论学的一段文字,其中涉及《孝经》:

> 澄在鸿胪寺仓居,忽家信至,言儿病危。澄心甚忧闷不能堪。先生曰:"此时正宜用功。若此时放过,闲时讲学何用?人正要在此等时

---

① 虞淳熙(1553—1621),字长孺,一字澹然,学者尊称其为德园先生,浙江钱塘人,明神宗万历十一年(1583)中进士,曾受戒于晚明四大高僧之首云栖袾宏。逝世后,其子广编成《虞德园先生集》三十三卷,从中可观其悠游三教、禅净兼修的思想概貌。虞淳熙关于《孝经》的著作有《全孝图说》《孝经集灵》《孝经迩言》《宗传图》《孝字释》《全孝心法》等多种,今俱存。下文详述。

② 朱彝尊:《经义考》卷二百二十八,北京:中华书局,1998年,第1160页。

磨炼。父之爱子，自是至情。然天理亦自有个中和处，过即是私意。人于此处多认做天理当忧，则一向忧苦，不知已是有所忧患，不得其正。大抵七情所感，多只是过，少不及者。才过便非心之本体，必须调停适中始得。就如父母之丧，人子岂不欲一哭便死，方快于心。然却曰'毁不灭性'，非圣人强制之也，天理本体自有分限，不可过也。人但要识得心体，自然增减分毫不得。"①

这段话中"'毁不灭性'，非圣人强制之也"的说法即出自《孝经·丧亲章》，《孝经》言："孝子之丧亲也，哭不偯，礼无容，言不文，服美不安，闻乐不乐，食旨不甘：此哀戚之情也。三日而食，教民无以死伤生，毁不灭性：此圣人之政也。丧不过三年，示民有终也。"而这一亲丧之礼，自宋元以来，都被解释成非圣人强制，而是顺人之爱亲之心而制作的②。上引这段话涉及王阳明心学的工夫论问题。宋明理学的工夫论内容包摄动静，王阳明亦主张工夫之动静兼备。动时，即于事上用功，于事上磨炼。这便是他对陆澄所讲的"闲时讲学何用？人正要在此等时磨炼"。因为无事时或静时工夫，与人伦物理无接触，有流入枯槁之病。一旦遇事接物，反而不知所措。有弟子向阳明询问："静坐时亦觉意思好，才遇事便不同，如何？"王阳明回答说："是徒知静养而不用克己工夫也。如此临事，便要倾倒。人须在事上磨，方立得住；方能静亦定、动亦定。"③静坐工夫不能解决人在遇事时其心对于现实的应付问题。王阳明要弟子不能忽视克己工夫，因为克己工夫是兼该动静、涵括有事无事的工夫。他与陆澄所讲的又一段为学功夫便说：

> 教人为学，不可执一偏：初学时心猿意马，拴缚不定，其所思虑多是人欲一边，故且教之静坐、息思虑。久之，俟其心意稍定，只悬空静守如槁木死灰，亦无用，须教他省察克治。省察克治之功，则无时而可间，如去盗贼，须有个扫除廓清之意。无事时将好色好货好名等私逐一追究，搜寻出来，定要拔去病根，永不复起，方始为快。常如猫之捕鼠，一眼看着，一耳听着，才有一念萌动，即与克去，斩钉截铁，不可姑

---

① 王守仁：《王阳明全集》卷一，吴光、钱明、董平、姚延福编校，上海：上海古籍出版社，1992年，第17页。

② 可参看上一章董鼎《孝经大义》对这段话的解释。

③ 王守仁：《王阳明全集》卷一，吴光、钱明、董平、姚延福编校，上海：上海古籍出版社，1992年，第12页。

容与他方便,不可窝藏,不可放他出路,方是真实用功,方能扫除廓清。到得无私可克,自有端拱时在。虽曰何思何虑,非初学时事。初学必须思省察克治,即是思诚,只思一个天理。到得天理纯全,便是何思何虑矣。①

"省察克治之功"是"无时而可间"的,不论是静时还是动时都同样重要。他强调动时、遇事时的克治己私工夫对于体认天理、达到此心纯然天理的重要性。故而父子情深、父为子忧是应该的,但情之有节亦是理之当然,"一哭便死"的做法便不符合此心之本然天理了。由此,王阳明以"天理自有分限"而非礼制所宜来解释《孝经》之"毁不灭性"。

从王阳明之论"毁不灭性",或可窥其《孝经大义》之一端,"六经注我",盖以《孝经》内容诠释其于心上用功以呈现本心天理的工夫论。此外,王阳明在讲学中,亦屡屡言及"见父知孝,见兄知弟",以此为指点学生领略其学问门径、体认心体、验证良知效用的权法②。如其论"心即理",谓不论事父之孝、事君之忠、交友之信、治民之仁,都各有理,但其理皆"只在此心,心即理也","以此纯乎天理之心,发之事父便是孝,发之事君便是忠,发之交友治民便是信与仁。只在此心去人欲、存天理上用功便是"③。与弟子讲论"格物致知"时,王阳明之说便涉及良知与孝弟的关系,他说:

> 知是心之本体,心自然会知:见父自然知孝,见兄自然知弟,见孺子入井自然知恻隐,此便是良知不假外求。若良知之发,更无私意障碍,即所谓"充其恻隐之心,而仁不可胜用矣"。然在常人不能无私意障碍,所以须用致知格物之功胜私复理。即心之良知更无障碍,得以充塞流行,便是致其知。知致则意诚。④

在阳明看来,"心即理",故而事父之孝、从兄之弟,各有其理,此理即在

---

① 王守仁:《王阳明全集》卷一,吴光、钱明、董平、姚延福编校,上海:上海古籍出版社,1992年,第16页。

② 西方学者狄百瑞(Wm. Theodore De Bary)即注意到了这一点,他说:"我们发现王阳明屡屡用孝德来描述良知之原则。"(Wm. Theodore de Bary, *Learning for One's Self: Essays on the Individual in Neo-Confucian Thought*, New York: Columbia University Press, p. 131)

③ 王守仁:《王阳明全集》卷一,吴光、钱明、董平、姚延福编校,上海:上海古籍出版社,1992年,第2页。

④ 王守仁:《王阳明全集》卷一,吴光、钱明、董平、姚延福编校,上海:上海古籍出版社,1992年,第6页。

心中。若良知无私意遮蔽,便可以充塞流行,无所隔碍。对于常人来说,则需要去除私欲的对治工夫,克去己私,回复本心良知。而"见父自然知孝,见兄自然知弟,见孺子入井自然知恻隐"正是内有良知作为主宰,常明常照,外则于人伦社会中应事接物,流行无碍。这便是"致良知"的见道境界。显然,这是依体以达用的思路,即先发明本心,使本心纯是天理,便可以向外扩发,由此应事接物而毫无私意障碍。与此相对应,阳明也指点学生由用以显体。他说:"要此心纯是天理,须就理之发见处用功。如发见于事亲时,就在事亲上学存此天理;发见于事君时,就在事君上学存此天理……"①这便是要学生在事亲之孝、事君之忠的人伦事物上存养此心之理,最后达到使此心纯是天理的境地。

　　但是王阳明的这种教法在其弟子的理解中发生了偏差,出现了侧重孝弟之用、轻视良知本体的倾向。王阳明便曾写信纠正其弟子聂豹(字文蔚,号双江,1486—1563)的这种倾向。聂豹在《启阳明先生》书信中说:"某尝反求诸心,虚灵之用,固自灿然,出有入无,超乎茫荡,若无凑泊。近来求之于事亲从长之间,便觉有所持循。"②由此可见,他所关心的是工夫论的入路问题,即工夫从何做起、以何为着手点的问题。在他看来,直接反求诸本心,固然可以体认本体,体会到本心虚灵明觉之灿然景象,但却与本体之发用相隔较远。所谓"出有入无",即是超脱于"用"的层面,进入"体"的层面。但是在王阳明的良知学体系中,良知是有无、内外贯通的,动静一贯的。聂双江寻找不到使内外、体用、有无合一无碍的途径,故而觉得"超乎茫荡,若无凑泊"。他转而认为"良知之用,莫有切于孝弟焉者"③,以事亲从兄之孝弟为工夫,方觉有实益。对于聂双江的问题,阳明在回信中说:

　　　　文蔚谓"致知之说,求之事亲从兄之间,便觉有所持循"者,此段最见近来真切笃实之功。但以此自为,不妨自有得力处;以此遂为定说教人,却未免又有因药发病之患,亦不可不一讲也。盖良知只是一个

① 王守仁:《王阳明全集》卷一,吴光、钱明、董平、姚延福编校,上海:上海古籍出版社,1992 年,第7 页。
② 聂豹:《双江聂先生文集》卷八《启阳明先生》,载《四库全书存目丛书》集部第 72 册,济南:齐鲁书社,1997 年,第 386 页。
③ 聂豹:《双江聂先生文集》卷八《启阳明先生》,载《四库全书存目丛书》集部第 72 册,济南:齐鲁书社,1997 年,第 386 页。

天理，自然明觉发见处，只是一个真诚恻怛，便是他本体。故致此良知之真诚恻怛，以事亲便是孝；致此良知之真诚恻怛，以从兄便是弟；致此良知之真诚恻怛，以事君便是忠：只是一个良知，一个真诚恻怛。……良知只是一个。随他发见流行处当下具足，更无去求，不须假借。然其发见流行处却自有轻重厚薄，毫发不容增减者，所谓天然自有之中也。……孟氏"尧、舜之道，孝弟而已"者，是就人之良知发见得最真切笃厚、不容蔽昧处提省人，使人于事君处友仁民爱物，与凡动静语默间，皆只是致他那一念事亲从兄真诚恻怛的良知，即自然无不是道。盖天下之事虽千变万化，至于不可穷诘，而但惟致此事亲从兄、一念真诚恻怛之良知以应之，则更无有遗缺渗漏者，正谓其只有此一个良知故也。……

文蔚云："欲于事亲从兄之间，而求所谓良知之学。"就自己用工得力处如此说，亦无不可；若曰"致其良知之真诚恻怛，以求尽夫事亲从兄之道焉"，亦无不可也。明道云："行仁自孝弟始，孝弟是仁之一事，谓之行仁之本则可，谓是仁之本则不可。"其说是矣。①

王阳明引用程颢之言以教双江，是以仁指代良知本体，以仁与孝弟之本末关系指代良知与孝弟之本末关系。他担心聂双江本末倒置，以孝弟为本，而以良知或仁为末。正如上文所言，就体认良知或天理而言，自然可以从用以显体。而反过来讲，也同样可以通过立体以达用。阳明担心聂双江太过强调从用以显体，反倒离却了本体，故而提醒他绝对不可将孝弟与良知等同，或者是认孝弟为本体。在他看来，良知本体，本是真诚恻怛的，处在无遮无蔽的状态，那么只要顺此良知以事亲便是孝，顺此良知以从兄便是弟。本心良知是一，但其发用流行，却能应变无穷，触物无累，其间也自然有条理，不假安排与穷索。而孝弟，只能说是良知发见得最真切笃厚、不容遮蔽处。事亲之孝、从兄之弟仅仅是良知发用之二事，并不是全部。故而，阳明指出由事亲从兄以体认良知的工夫不能视为"定说"，"天下事千变万化，不可穷诘"，他担心聂双江若以孝弟为良知发用之全部，那就相当于在良知和孝弟之间画上了等号，如此一来就不能体认良知之真意，亦会导致遗漏孝弟之

---

① 王守仁：《王阳明全集》卷二，吴光、钱明、董平、姚延福编校，上海：上海古籍出版社，1992年，第84—85页。

外的其他人伦事物。体认良知之"全体"不明，良知之发用也就自然不能充塞流行，无法显其"大用"。当然，聂豹从用以显体，而非直接透显先天本体的进路，也符合阳明的教法，并不违背阳明之教旨。但若执孝弟为良知发用的全部，就相当于执用以为体，这失之偏颇，王阳明的担心就在于此。

归结言之，在王阳明的良知学论域中，良知与孝是体和用、本与末的关系，良知本体之发用于事亲便是孝，但孝仅仅是良知发用中之一事，远非全部。就为学工夫与体认良知而言，存在着依体以达用和从用以显体两种思路。而王阳明更为赞成的是前者，而后者如聂双江所持，容易产生认用为体、体认良知不真的危险。

但我们似乎还可以在阳明的论述中找到关于仁孝关系的另一种表述，《传习录上》记载：

> 问："程子云'仁者以天地万物为一体'，何墨氏'兼爱'反不得谓之仁？"先生曰："此亦甚难言，须是诸君自体认出来始得。仁是造化生生不息之理，虽弥漫周遍，无处不是，然其流行发生，亦只有个渐，所以生生不息。如冬至一阳生，必自一阳生，而后渐渐至于六阳，若无一阳之生，岂有六阳？阴亦然。惟其渐，所以便有个发端处；惟其有个发端处，所以生；惟其生，所以不息。譬之木，其始抽芽，便是木之生意发端处；抽芽然后发干，发干然后生枝生叶，然后是生生不息。若无芽，何以有干有枝叶？能抽芽，必是下面有个根在。有根方生，无根便死。无根何从抽芽？父子兄弟之爱，便是人心生意发端处，如木之抽芽。自此而仁民，而爱物，便是发干生枝生叶。墨氏兼爱无差等，将自家父子兄弟与途人一般看，便自没了发端处；不抽芽便知得他无根，便不是生生不息，安得谓之仁？孝弟为仁之本，却是仁理从里面发生出来。"[1]

阳明此论对于理解理学之体用关系有重要意义。也就是说，当我们将仁和孝视作体、用关系时，这样的体和用究竟是何种体用？阳明在区分儒家与墨家之爱时，强调"仁是造化生生不息之理"，但是生则必有"渐"，若不"渐"则仁理息矣。渐则有发端处，正如树木有根干，有枝叶，其生长必然是先抽芽。按照这一譬喻，阳明是将"芽"比于孝，将"根"比于仁理。如前所论，孝

---

[1] 王守仁：《王阳明全集》卷一，吴光、钱明、董平、姚延福编校，上海：上海古籍出版社，1992年，第26页。

是良知发用之最为真诚恻怛处,孝也就是仁理的生意发端处。因此,末句的"孝弟为仁之本"仍须理解为孝弟是为仁之本,此处的为仁所指便是仁民、爱物,而非作为本体的"仁理",而孝弟正是仁理所生发。阳明以树木之抽芽生长来解释仁孝关系,也正是回到了《论语》原文的语境——"为仁之本","本"的本意即是树根,故西贤在翻译此语时往往译为"root"。

观阳明此说,与东汉延笃之《仁孝论》有异曲同工之妙,差别在于延笃并未区分"仁理"与"行仁"二者,因此并不具备真正的本体论视域。另外,可以注意的是,阳明论学好友湛若水所持看法与其基本一致,反映出明代心学的共通立场:

> 徐世礼问:"孝弟为仁之本,何谓也?"甘泉子曰:"仁也者,吾心之生意也。孝弟也者,又生意之最初者也。察识培养,推其爱以达于其所不爱,推其敬以达于其所不敬,而仁洽天下矣,而谓有子之支离。异哉!象山之惑也。"①

上一章提到,陆九渊批评有子之言分别仁、孝,为支离之辞,与孔子之简易不同,湛若水对此做了反驳。今观湛氏之论,将仁与孝皆视为"生意",则已然是在合并二者,与阳明之以仁为生理有所差别。但反观阳明,又未尝无此端倪,阳明与弟子陆澄还有这样一段对话见于《传习录》上:

> 澄问:"仁、义、礼、智之名,因已发而有?"曰:"然。"他日,澄曰:"恻隐、羞恶、辞让、是非,是性之表德邪?"曰:"仁、义、礼、智,也是表德。性一而已:自其形体也谓之天,主宰也谓之帝,流行也谓之命,赋于人也谓之性,主于身也谓之心;心之发也,遇父便谓之孝,遇君便谓之忠,自此以往,名至于无穷,只一性而已。犹人一而已:对父谓之子,对子谓之父,自此以往,至于无穷,只一人而已。人只要在性上用功,看得一性字分明,即万理灿然。"②

阳明直言仁、义、礼、智为已发之名,是"表德",而非性本身,因为"性一而已",又怎么可能有"四性",四者之分只能是性之发露后的名称。可见,虽然阳明在仁孝体用关系的理解上与程朱一致,但是他并不像程朱那

---

① 湛若水:《泉翁大全集》第一册,钟彩钧、游腾达点校,台北:中国文哲研究所,2017年,第136页。
② 王守仁:《王阳明全集》卷一,吴光、钱明、董平、姚延福编校,上海:上海古籍出版社,1992年,第15页。

样,将仁、义、礼、智视为"性中所固有",而将孝排斥在外,相反,在已发的层面上来说,仁、义、礼、智与孝、忠之名并无差别,皆是"心之发",是性体之呈露。

二、以《孝经》诠释《大学》:阳明后学的以经解经

《大学》一篇,在宋明理学家的思想建构中占有极为重要的地位,对王阳明而言亦是如此,故有学者说:"在理论的形式方面,由于受宋代以来程朱学派的影响,阳明思想的结构自始至终是从《大学》提供的思想材料和理论范畴出发的。"[1]明后期,王门弟子几遍天下,阳明心学也在弟子的一再阐发中日益丰富。其中,便有后学引用其他典籍以解释《大学》,印证阳明良知之说者,《孝经》亦在此引用范围之内。《大学》的三纲领八条目中本即含有明德亲民、修身齐家的内容,其中论述"治国必齐其家者""平天下在治其国者",都是以孝立论。而《孝经》一书论述上自天子下至庶人皆当修身以行孝、爱敬他人以显亲扬名,故二书的内容多有相合处,这就构成了阳明后学引《孝经》诠释《大学》、印证良知说的前提。

晚明时期的虞淳熙曾述及阳明良知学在当时的变化,说:"东越倡起良知,一变而为廓翁,以经解经。再变而朱先生,以《孝经》解《大学》,斯善学阳明先生者哉。"[2]这段话明确指出阳明后学中存在以《孝经》诠释《大学》的动象。朱先生指朱鸿(约 1510—1591)[3]。廓翁,即是邹守益(1491—1562),号东廓,为王阳明大弟子。从上下文意来看,"以经解经"当是指邹东廓对于《大学》内容的解释是从《大学》本身寻找论据,这是"以本经解本经",而虞淳熙谓朱鸿以《孝经》解《大学》,则是以"他经解此经",皆是"以经解经"。虞淳熙之言,正指出了在晚明思想界的一条发展线索——从《大学》之学到《孝经》之学的发展,而这其实也同时蕴含了从良知学到《孝经》学的发展线索。虞淳熙将朱鸿放在邹东廓之后而讨论,由此可推测,朱鸿的学术渊源很可能就是本自邹东廓。当时人叙述朱鸿的师承就说:"朱君

---

① 陈来:《有无之境——王阳明哲学的精神》,北京:北京大学出版社,2006 年,第 148 页。
② 虞淳熙:《虞德园先生集》,载《四库禁毁书丛刊》集部第 43 册,北京:北京出版社,1997 年,第 477—478 页。
③ 朱鸿,字子渐,浙江仁和人,著有《孝经总类》。参看拙著《晚明〈孝经〉学研究》第四章,上海:上海古籍出版社,2015 年。

昔尝讲阳明之学，从游于东廓、绪山、龙溪三先生之门。"①据此，朱鸿曾游学于邹东廓无疑，将朱鸿视为王阳明的再传弟子亦不为无据。

对于这种以《孝经》解《大学》的以经解经做法，我们可以通过分析止修学派的创立者李材的思想来揭示。李材（字孟诚，号见罗，生卒年均不详，约公元1575年前后在世）著有《孝经疏义》，此书已佚，今存有张维枢②为李材《孝经疏义》所作《后序》：

> 乙未冬，谒见罗先生于东山之麓，见先生教后学如大地挹泉，随分而满，自《孝经疏义》出，而信愚夫愚妇、孩提赤子，人人皆可为孔、曾也。书列十八章，于前疏为"敬养、慎终、敬享、慎行"四局，于后著《小序》以会归。采经传以摭实，细而盥漱抑搔，巨而至于通神明，塞天地，横四海，盖一开卷而性命之奥，修身为本，跃如也。学者诚即疏明义，反身立本，无形而僾然如见，无声而忾然如闻，举足跬步而兢兢然如临履，姑胥张公曰"《疏义》一出，宜与《大学》并立学官"，张公可谓知言者也。③

由此来看，李材《孝经疏义》的中心义理，是以愚夫愚妇本具的良知、孩提赤子所具有的爱亲敬长之心来论证人人皆可为孔曾。从其所据《孝经》文本"书列十八章"的说法来看，当即十八章本《今文孝经》。书中所列"敬养、慎终、敬享、慎行"四局，皆是就孝亲与修身而言。而据《后序》所说，李材择取经传中相关文字以疏，其中定有采自三《礼》者。《孝经》首章即言"夫孝，德之本，教之所由生也"，李材必定发挥了其中修身养德的内容，此或即"一开卷而性命之奥，修身为本，跃如也"之意。概括来说，李材《孝经疏义》的主旨是论述"修身反本"。正因此，时人阅读其书，才会加以"宜与《大学》并立学官"的美誉，因为《大学》亦言"以修身为本"。李材之学以"止修"为宗旨，"止"即出自《大学》"止于至善"，"修"即出自《大学》"以修身为本"。李材《大学古义》开卷即揭示以修身为本的"知本义"，故其中心正是《大学》的修身思想④。

---

① 沈淮：《曾子孝实》序，载朱鸿编：《孝经总类》戌集，载《续修四库全书》第151册，上海：上海古籍出版社，2002年，第264页。
② 张维枢，万历二十六年（1598）进士，福建泉州人，生卒年不详。
③ 朱彝尊：《经义考》卷二百二十九，北京：中华书局，1998年，第1163页。
④ 李材：《见罗先生书》卷一《大学古义》，载《四库全书存目丛书》子部第11册，济南：齐鲁书社，1997年，第679页。

受其影响的高攀龙便说：“李见老揭修身为本，于学者甚有益。”①可以想见，李材的《孝经疏义》，其目的本不在阐明《孝经》之义，而是在发明和疏通《大学》反本修身之义理，以及指点修身明德的具体行为工夫。一言以蔽之，是以《孝经》诠释《大学》。

　　这种以《孝经》诠释《大学》的趋势，正是与以孝诠释和证成良知的趋势并列而行的。这一点在泰州学派罗汝芳的思想中就体现得尤为明显。罗汝芳（字惟德，号近溪，1515—1588）标举孝弟慈之学，此“孝弟慈”宗旨是从对《大学》与《孟子》的“大人之学”的解释中拈出②。他认为孝弟慈才是孔孟所言仁义的实质和核心精神，“盖天下最大的道理，只是仁义。殊不知仁义是个虚名，而孝弟乃是其名之实也”，故而当“以孝弟为王道”，“以孝弟为圣学”，内圣外王统归于孝弟③。在罗汝芳看来，“吾辈今日之讲明良知，求亲亲长长而达之天下……正是了结孔子公案”④。良知学是接续了孔子之旨的，但是当下讲良知则是要“求亲亲长长而天下平”，“亲亲长长而天下平”才是良知学的落实处。他说：“致良知，则家齐、国治而天下平。夫良知者，不虑不学，而能亲其亲，能敬其长也。故《大学》虽有许多工夫，然实落处，只是上老老而民兴孝，上长长而民兴悌……”⑤这就显示出了罗汝芳以孝弟诠释和证成良知的思想脉络。由此，标举“孝悌”也就成了罗汝芳学问的创获所在，甚至是其超越王阳明良知学所在。故后世便有人评价罗汝芳之学，说：“揭孝悌为良知本体，……当得起尧舜事业，于是人人皆直见本来面目，在在可保养赤子之心，盖直接孔氏之传，翼颜、曾、思、孟之统而大有功于学者也。”⑥

　　与标举孝弟慈以证成良知的思路相应，罗汝芳也在以《孝经》诠释《大学》，以《孝经》作为其阐发孝弟慈之学的经典依据。在罗汝芳看来，《大学》

---

① 叶茂才：《高景逸先生行状》，载胡廷琦：《东林书院志》卷七，天津图书馆藏清光绪七年重刻本，第51页。

② 吴震：《泰州学派研究》，北京：中国人民大学出版社，2009年，第336—337页。

③ 罗汝芳：《罗汝芳集》，方祖猷、梁一群、李庆龙等编校整理，南京：凤凰出版社，2007年，第135页。

④ 罗汝芳：《罗汝芳集》，方祖猷、梁一群、李庆龙等编校整理，南京：凤凰出版社，2007年，第84页。

⑤ 罗汝芳：《罗汝芳集》，方祖猷、梁一群、李庆龙等编校整理，南京：凤凰出版社，2007年，第188页。

⑥ 张恒：《建昌府册乡贤传》，载《四库全书存目丛书》集部第130册，济南：齐鲁书社，1997年，240页。

与《孝经》皆是孔曾授受之经典,他说:"又如孔子,只因一本《孝经》,得一个曾子英才,曾子、子思传至孟子,却把《大学》《中庸》孝、弟、慈的家风手段,演说成七篇仁义之言……"①"惟此《大学》一书,则孔、曾师弟,信好古先,敏求直述……"②依此,则《大学》和《孝经》皆是曾子传孔子之道的体现。罗汝芳之所以如此认为,显然与他标举孝弟慈之学密切相关。既然《大学》和《孝经》皆是孔曾师弟之言,那么就可以拿来互释。举例来说,罗汝芳引《孝经·开宗明义章》"先王有至德要道,以顺天下,民用和睦,上下无怨"解释《大学》之孝、弟、慈,认为后者便是《孝经》所说"至善之德"。这是将《孝经》中的"至德"视为《大学》中"止于至善"的"至善"了。他说:"大学者,大人之学,大人者,不失其赤子之心者也。今观赤子之心却只是个孝弟,而保赤子则便是个慈也。人无所不至,唯天不容伪,世间言德,皆是虑而知、学而能,惟此三德,方是天然自明之德矣。……故《孝经》首言:'先王有至德要道,以治平天下。'然则至善,又岂外此三德也哉?"③这便将《孝经》首章"先王有至德要道以顺天下"与《大学》通过修身以至于平治天下的说法完美地结合了起来,为其孝弟慈之学做了论证。而其中又处处渗透着《孟子》思想的痕迹,民国李源澄即极看重罗汝芳对儒家孝弟义的这一阐发,谓:"善发孟子孝弟之义者,无过于罗近溪,从心性之发见处立根,推之扩之,为尧舜事业。舍此而言道德,皆无根本……《孝经》曰:'夫孝,德之本也,教之所由生也。'……此不徒为历史之陈迹,亦人类道德之根基也。"④此语对心学孝弟义之概括,可谓精当。

　　以上论述表明,在阳明后学中存在着以《孝经》诠释《大学》、以《大学》和《孝经》互释的以经解经现象。通过这种方式,一方面就扩大了用来印证阳明良知学经典的范围,将《孝经》纳入良知学的话语体系内。王阳明曾

---

① 罗汝芳:《罗汝芳集》,方祖猷、梁一群、李庆龙等编校整理,南京:凤凰出版社,2007年,第159页。

② 罗汝芳:《罗汝芳集》,方祖猷、梁一群、李庆龙等编校整理,南京:凤凰出版社,2007年,第215页。

③ 罗汝芳:《罗汝芳集》,方祖猷、梁一群、李庆龙等编校整理,南京:凤凰出版社,2007年,第216—217页。

④ 李源澄:《从儒学史上言孝弟义》,载《李源澄著作集》(三),林庆彰、蒋秋华主编,台北:"中央研究院"中国文哲研究所,2008年,第1144页。

言:"六经者,吾心之记籍也,而六经之实则具于吾心。"①由此,则《孝经》亦成了印证吾心之记籍,而且是极为重要的记籍。另一方面则是大大丰富和发展了阳明的良知学。如李材以《孝经》论证其止修学说,罗汝芳以孝弟慈证成良知,以《孝经》论证其孝弟慈之学,这都是对阳明心学的丰富和发展。阳明学派之理论转益多变,王阳明本人曾论自己的"致良知"宗旨,说:"良知即是易,其为道也屡迁,变动不居,周流六虚,上下无常,刚柔相易,不可为典要,惟变所适。"②这正可作为其学派多变之写照。阳明后学虽根本不离"良知",但纷纷然改立宗旨,如邹守益主戒惧慎独,罗洪先主静无欲,李材主止静,王畿主无善无恶,等等③。而从阳明学到《孝经》学,也可视为阳明良知学多变之一新证,此亦从一个侧面凸显出了王阳明心学强劲的生命力。

三、孝即良知:虞淳熙以良知学注解《孝经》的《孝经迩言》

上文所谈及的以《孝经》解《大学》的朱鸿,作为阳明后学,他也正是以良知学阐发《孝经》的代表。虞淳熙谈及朱鸿的《孝经》学,说:"学绝既久,心画日湮,慈湖杨子首倡学即孝字之说,不足发矇,而皓皓良知,东越标其独见于是,子渐之孝遂名朱氏之学矣。"④即认为朱鸿的《孝经》学是承王阳明良知学一脉而来。而朱鸿本人也曾向他人表达自己欲以良知学诠释《孝经》的想法:"文成良知之教欲人反求天性,而孝之大旨冥会无遗,鸿将据吾知以质经之疑,会本文以求说之正。"⑤朱鸿的这一自我表白正透露出了一个信息,在他看来,王阳明教人反求天性的良知学,正是在讲"孝"之旨意。这一信息非常重要,依照这样的思路演进,以阳明良知学来阐发《孝经》,就是势所必至。在阳明思想中,良知为体,孝弟为用。但在罗汝芳的思想中,

---

① 王守仁:《王阳明全集》卷七,吴光、钱明、董平、姚延福编校,上海:上海古籍出版社,1992年,第254页。
② 王守仁:《王阳明全集》卷三,吴光、钱明、董平、姚延福编校,上海:上海古籍出版社,1992年,第125页。
③ 盛朗西:《中国书院制度》,上海:中华书局,1934年,第125—128页。
④ 虞淳熙:《孝经后序》,载朱鸿:《孝经总类》酉集,载《续修四库全书》第151册,上海:上海古籍出版社,2002年,第236页。
⑤ 褚相:《家塾孝经》序,载朱鸿编:《孝经总类》巳集,载《续修四库全书》第151册,上海:上海古籍出版社,2002年,第93页。

是以孝弟为良知本体,如此,则在其思想中孝与良知都是极为重要的范畴,且良知相对于孝弟而言反处在了次要位置上,二者的位置反转了。这意味着,王阳明以孝弟为体认良知的途径,在其后学的演变中,变成了以良知来阐明孝。与此相应,那就是以良知学来诠释《孝经》了。

虞淳熙与罗汝芳为忘年之交,受罗汝芳思想影响甚深,其《孝经迩言》中亦采取了与罗汝芳一致的以孝证成良知的理路。他解释《孝经》"夫孝,天之经也……是以其教不肃而成,其政不严而治"一段时,就说:"(孝)总来是天地经常不易、无始无终的大法,人人同禀的良知。这个良知虽暂时昏蔽,本体之明终未尝息,所以先王出来不费纤毫气力,但只法这天明,因这地利,把这众人本明本利爱亲的良知顺着众人……"①而很明显,这一以孝证成良知的理路与以良知学来阐解《孝经》,正是一体之两面。如虞淳熙将通过敬而致良知、体认"良知"之明的理论拿来解释《孝经》"昔者明王事父孝,故事天明……天地明察,神明彰矣",说:

> 孔夫子……'祭则致其严',大凡祭祀必交神明,这神明极灵极通,言语解说他不得,思虑揣摩他不得,人人自有神明,只因不肯反本,不肯齐严,一向迷失在幽暗处所,此时我的神明、他的神明却是一川清水,中间被土来隔着。又似一片日光,中间被屋来隔着。你但除了这壅滞的,两水自然交通……此是交神明之义也。为人君的只恐不明,不明则良知未致。……昔者明哲的君王其良知炯然不昧,事父事天只此良知。遇父叫做孝,遇天叫做明。……此知即是神明。但人专在骨肉上寻讨,未见得他神明。若直看到天明地察处,其神明便昭彰显露矣。然致这良知要得斋戒的工夫。②

这段解释是借鉴了王阳明所说:"盖良知只是一个天理,自然明觉发见处,只是一个真诚恻怛,便是他本体。故致此良知之真诚恻怛,以事亲便是孝;致此良知之真诚恻怛,以从兄便是弟;致此良知之真诚恻怛,以事君便是

---

① 虞淳熙:《孝经迩言》,载朱鸿编:《孝经总类》申集,载《续修四库全书》第 151 册,上海:上海古籍出版社,2002 年,第 175 页。

② 虞淳熙:《孝经迩言》,载朱鸿编:《孝经总类》申集,载《续修四库全书》第 151 册,上海:上海古籍出版社,2002 年,第 181—182 页。

忠：只是一个良知，一个真诚恻怛。"①在虞淳熙看来，"此知即是神明"，良知与神明是一而二、二而一的。所谓"反本"，也就是要致良知，去除良知之昏蔽，使吾之神明不会迷失在幽暗处。他强调的是先以斋戒之敬的工夫葆养本心，使良知炯然不昧，然后才能应物而不失其准绳和条理，达到"遇父孝，遇天明"的效果。经过虞淳熙的解释，王阳明所讲的"良知"之明就成了《孝经》"神明"之"明"，而《孝经》"明王"之"明"的涵义就是为君者能够反本，此本便是"本明本利爱亲的良知"。

　　而且，虞淳熙还进一步对良知学进行了发挥，将王阳明的万物一体义引向了对孝感神应的解释上。《传习录》记载："朱本思问：'人有虚灵，方有良知。若草木瓦石之类，亦有良知否？'先生曰：'人的良知，就是草木瓦石的良知。若草木瓦石无人的良知，不可以为草木瓦石矣。岂惟草木瓦石为然，天地无人的良知，亦不可为天地矣。盖天地万物与人原是一体，其发窍之最精处，是人心一点灵明。风、雨、露、雷、日、月、星、辰、禽、兽、草、木、山、川、土、石，与人原只一体。故五谷禽兽之类，皆可以养人；药石之类，皆可以疗疾：只为同此一气，故能相通耳。'"②阳明以虚灵、灵明来描述良知本体，以良知为天地万物的发窍最精处，由此而论万物一体。但他并未认为万物之相通一体是人心灵明的感应所致。而虞淳熙则说："武王孝顺文王……当时，西海、东海、南海、北海无有一念所到之处不服王化，可见只是一念灵通，而夷蛮戎狄、禽兽豚鱼、金石草木，无不融为一念矣。盖睿思入微，声臭俱泯，神无方应亦无方也。"对此，他还加按语进一步申论："夫子这说话，人都把来看做奇怪的，不知母啮指而子心动，父膺疾而子汗流，至于甘露灵泉，神人织女，日乌月兔，地金水鲤，芝草异木，种种感通，种种难测。"③按照虞淳熙之说，武王孝顺文王，而此孝感通天地万物，使天地万物融为一念，这正与王阳明通过良知灵明来论述万物与人原是一体的思路一致。在虞淳熙看来，这种种的孝感神应事件，都是先王或明王通过斋戒洗心之后所达到的"大感应"。这就对良知学作了很大的引申。上文言及，虞

---

① 王守仁：《王阳明全集》卷二，吴光、钱明、董平、姚延福编校，上海：上海古籍出版社，1992年，第84页。
② 王守仁：《王阳明全集》卷三，吴光、钱明、董平、姚延福编校，上海：上海古籍出版社，1992年，第107页。
③ 虞淳熙：《孝经迩言》，载朱鸿编：《孝经总类》申集，载《续修四库全书》第151册，上海：上海古籍出版社，2002年，第182页。

淳熙认为："（孝）总来是天地经常不易、无始无终的大法，人人同禀的良知。"他还说："孝在混沌之中，生出天来，天就是这个道理。生出地来，地就是这个道理。生出人来，人就是这个道理。"①孝、弟、慈在罗汝芳思想中，正是极为重要的三件大道理②。罗汝芳亦言："（良知）在天为天，在地为地，在人为人，无归，无所不归也。"③虞淳熙即吸收了这一思想，将孝与良知打通，视为贯通天地人的大道理。王阳明所说的良知之灵明成了他所讲的孝之"一念灵通"。在王阳明看来，只有良知本体明，良知的发用，才可以塞乎天地，横乎四海，达于万物，此即是与万物同体。而在虞淳熙这里，则成了天地人物"无不融为一念"的孝感神应了。

显然，虞淳熙对阳明良知学的理解有值得商榷之处，他对阳明良知学的运用属于"六经注我"式的运用。但可以确定的是，他在注解《孝经》时，完全是在使用阳明良知学的思想资源。就晚明《孝经》学而言，若欲寻找一以王阳明良知学诠释《孝经》的典范，当首推虞淳熙。如果说，罗汝芳是在以《孝经》发明良知学的话，那么虞淳熙则是以良知学来发明《孝经》之意。

小　结

就上文所述，从阳明良知学发展到以良知学注解《孝经》的《孝经》学，这是晚明学界一条非常明显的思想演进轨迹。这反映出，阳明学在其发展演进中影响日益扩展，影响到了时人对于《孝经》的诠释，此可为明代心学影响经学之一证。而之所以能够以良知学注解和诠释《孝经》，这其中的关键就是如何在理论上将孝与良知贯通起来。这一关键工作正是由以孝弟证成良知、以孝弟为良知本体的罗汝芳来完成的。至此，以良知学诠释《孝经》的理论准备已发酵成熟，而虞淳熙所做的工作就是将良知学拿来注解《孝经》，由此写就了以良知学诠释《孝经》的典范之作——《孝经迩言》。

第二节　泰州学派杨起元《孝经》学考论

杨起元（1547—1599），字贞复，号复所，明代广东省归善县（今属惠州）

---

① 虞淳熙：《孝经迩言》，载朱鸿编：《孝经总类》申集，载《续修四库全书》第151册，上海：上海古籍出版社，2002年，第175页。
② 参看吴震：《泰州学派研究》，北京：中国人民大学出版社，2009年，第338页。
③ 罗汝芳：《罗汝芳集》，方祖猷、梁一群、李庆龙等编校整理，南京：凤凰出版社，2007年，第115页。

人,为晚明时期一位颇有影响的思想家、政治家。就前者来说,他是阳明后学泰州学派罗汝芳(1515—1588)之首座高弟,为同门所推崇,是泰州学派最后一位具有广泛影响力的儒者。就后者来说,他一生官至礼部尚书、吏部右侍郎,目睹明朝江河日下,时局难以挽回,晚年屡屡乞休事母养老,终得偿所愿,可谓事君与事亲两尽。

晚明时期,《孝经》学著述迭出不穷,士人用力于发明《孝经》以通经致用者所在多有,杨起元亦是其中阐述《孝经》精义之翘楚。他不仅将罗汝芳与《孝经》相关之言辑为《孝经宗旨》一书,自己也有多种《孝经》学著述传世,包括:《孝经集灵节略》、《孝经注》、《诵孝经观》(又名《诵经威仪》)、《孝经引证》等。此外,杨起元尚有《孝经序》《书孝经宗旨》《仁孝训序》《誓戒编序》等单篇文字,其中亦多阐发《孝经》之深蕴,甚至借路葱岭以明儒家之孝论。在明代《孝经》学史上,杨起元的重要性和特殊性就在于他以融合三教的思想形式来注解《孝经》。关于此,《晚明〈孝经〉学研究》一书中已经对其《孝经》学思想做了深入全面的探究[①],唯一的遗憾是当时未能阅及其《孝经注》一书。上节论及阳明学派中朱鸿、虞淳熙的《孝经》学著作,但是虞淳熙居士并非纯粹的阳明学传人,而朱鸿之名亦不显,在心学理论上并无大的造诣。因此,阳明学一脉关于《孝经》学的代表性著作便属罗汝芳《孝经宗旨》,但此著作却也是其弟子杨起元所辑成。这样看来,真正能代表阳明学一脉《孝经》学著作之典范的必然不能不提杨起元的《孝经注》。但后人关于其《孝经》学著述的著录、称名上却多有不当甚至错误之处。这一“名实不合”的现象早在明代便已发生,如陈继儒《宝颜堂秘籍》中便有错误。而后人不察,导致以讹传讹,如《续修四库全书总目提要·经部孝经类》(以下简称《续提要》)中的著录亦有所疏漏。本节欲作一番探本“正名”的工作,使名称其实,并加以必要的补充。在此基础上,进一步申述其《孝经》学义理。

一、《说孝三书》当为《孝经五书》

上所列杨起元《孝经》学著述,《诵孝经观》《孝经序》《仁孝训序》《书孝经宗旨》《誓戒编序》均载于《太史杨复所先生证学编》卷四,《证学编》一书

---

① 刘增光:《晚明〈孝经〉学研究》第五章,上海:上海古籍出版社,2015年。

被先后收入《四库全书存目丛书》子部杂家类第 90 册、《续修四库全书》第 1129 册子部杂家类中。《孝经宗旨》《孝经引证》《孝经集灵节略》又与《孝经序》《诵孝经观》共载于明人陈继儒(1558—1639)于万历年间所编刻的《宝颜堂秘籍》第 30 册普集第六、第 31 册普集第七中。据陈继儒《宝颜堂秘籍》总目录所言:"《孝经》一卷;《孝经集灵节略》一卷,明虞淳熙;《孝经引证》一卷,明杨起元;《孝经宗旨》一卷。"①考之普集第六,在《孝经》一卷之前,尚有《孝经序》与《诵经威仪》,《孝经序》末署"万历庚寅(1590)季夏之吉归善杨起元书"。在《孝经》一卷之后有刊刻者聂鈜所撰《刻孝经后序》,末署"万历庚寅孟冬既望知宿迁县事豫章古建武门人聂鈜顿首书于节爱堂",据此可知,聂鈜为杨起元弟子,时任淮安府宿迁县知县。在《刻孝经后序》之后则为《虞子集灵节略》。普集第六之后的普集第七开首便是《孝经引证》,然后是《孝经宗旨》。

　　查国家图书馆所藏陈继儒《宝颜堂秘籍》,将以上所列《孝经》类著述统称为《说孝三书》,此显系指《虞子集灵节略》《孝经引证》《孝经宗旨》三书而言。但是这种称呼看似恰当,实则不然:首先,陈继儒《宝颜堂秘籍》中从未使用"说孝三书"的字样;其次,《说孝三书》并不能含括其中的《诵经威仪》与《孝经》一卷。尤其是,其中的《孝经》一卷有别于通行的《孝经》文本。众所周知,《孝经》有今文、古文之分,今文十八章,古文二十二章,但在朱熹《孝经刊误》将《古文孝经》分为经一章、传十四章后,元儒吴澄继之而作《孝经定本》,将《今文孝经》分为经一章、传十二章,洎乎明代,《孝经》改本层出不穷,皆以恢复圣经原本为标榜,实为自逞己意。此"《孝经》一卷"正是十八章本《孝经》的又一改本,其中在《事君章第十六》章题下写道"此章旧在十七,虞淳熙氏更定于此,今从之"。依《今文孝经》,《事君章》为第十七章,《感应章》为第十六章,但虞淳熙则颠换了这两章的次序。因此,与其称其为《说孝三书》,不如定名为《孝经五书》更加恰当。

　　此外需澄清的一大问题是这几部书的作者归属问题。《孝经宗旨》是杨起元所辑,但其著作权可归于其师罗汝芳;《孝经引证》为杨起元所自作,此亦无疑。但陈继儒谓《孝经集灵节略》为虞淳熙所作则不准确。虞淳熙所作《孝经集灵》载于明儒朱鸿于万历庚寅(1590)所编刻的《孝经总类》亥集中①,但在《宝颜堂秘籍》普集第六中,《虞子集灵节略》的名称则显示出有人对《集灵节略》进行了删节,因此此书虽可说是虞淳熙之作,但亦不能忽视其节略者,此节略者正是杨起元。杨起元《孝经序》便尽发个中原委:

> 自古及今,孝感之事,史不胜书,武林虞淳熙氏独采其持经者为《集灵》,已至数百事矣。孰谓是经文句不多而可忽哉? ……不知孝之为德,一切天地山川鬼神万灵莫不率由,故是经所在,必皆拥护诵之,出口必皆欣悦持之,在身必皆瞻仰,何则? 生生之大本在是也……予是以取《集灵》略节之,附著是经之后,至于孔曾言孝见之他书及他圣哲之训足以与是经相发明者,采之为《引证》。若吾罗子所说孝道,直究根原,本之不学不虑……故罗子(即罗汝芳)之说,真《孝经》之宗旨也,附著《引证》之后,连缀成编,自便持诵云尔……南城聂鈜氏暨新安吴际可氏……闻予之有是编也,请而梓之,故为序。②

依此,则知上文所言《孝经五书》实为杨起元所编,由其门人聂鈜、吴际可等人所刊刻。且杨起元编写此书的目的,重在树立一"持诵"《孝经》之标准文本与法程。正因此,在《宝颜堂秘籍》中,我们可以看到《孝经序》之后紧接着的便是《孝经》一卷与《诵经威仪》。而此后的《虞子集灵节略》《孝经引证》《孝经宗旨》则是"附著"。这一点更表明将此书称为《说孝三书》不啻轻重不分,本末倒置。但是,杨起元所编此书之原貌已不可得见,我们只能通过陈继儒《宝颜堂秘籍》来揣测。一个显然的事实是,陈继儒在收入时对文本的次序作了调动,将聂鈜的《刻孝经后序》列在了《诵经威仪》之后,《虞子集灵节略》之前。而此《后序》理当在全书的末尾,即应在《孝经宗旨》之后。这样一来,依照常识,好像杨起元所编之书至此便结束了,后面的《虞子集灵节略》等都与此无关,而其实并非如此。正因为陈继儒的这一调动,导致今人在对于这几部书进行著录时犯了一连串错误。《续提要》条目的撰述者伦明谓:"《孝经集灵》一卷,明朱鸿撰。""《孝经集灵节略》一卷,《宝颜堂秘籍》本,是本系就《孝经集灵》而删节之者,题曰《虞子集灵节略》,则

---

① 虞淳熙:《孝经集灵》,载朱鸿编:《孝经总类》亥集,载《续修四库全书》第151册,上海:上海古籍出版社,2002年,第275页。

② 杨起元:《太史杨复所先生证学编》,载《续修四库全书》第1129册,上海:上海古籍出版社,2002年,第448页。

节之者陈继儒也。"①将《孝经集灵》视为朱鸿所作,乃是误以编者为作者,若然,则《虞子集灵节略》当为"朱子(指朱鸿)集灵节略",何以称为"虞子"?而节之者是杨起元,亦非陈继儒。伦明氏显然未审慎阅读《宝颜堂秘籍》中的《孝经序》一文,乃发此误说,错漏百出。

伦明又谓:"《孝经》一卷,《宝颜堂秘籍》本,明陈继儒订正。"②上文已指出此《孝经》一卷之文本原自虞淳熙。《事君章》下的"此章旧在十七,虞淳熙氏更定于此,今从之"为《孝经五书》的编者杨起元所道,此当无疑。那么,杨起元是从何处见得虞淳熙的这一改本呢?考虞淳熙尚著有《孝经迩言》,此书遵从《今文孝经》,但不列章名,不次章第,仅分段落,每段之下以语录体作解,文辞通俗。而其中正如杨起元所道,以原为《事君章第十七》的内容作为其书的第十六段③。杨起元所编《孝经五书》中的《孝经》一卷虽本自虞淳熙《孝经迩言》,但他所列的《孝经》文本却有章名章第,此又与虞淳熙不同。此差异关涉非小,决定了此二本是不同的《孝经》改本。明人有多种《孝经》改本,其中一种流行的改本便是去除章第,不列章名,如沈淮《孝经会通》即是:"不立经传,不分章第,止列先后次序,为一十五条,以复孔曾之旧……以正秦汉以后之讹。"④在沈淮看来,不分章第的《孝经》才是孔曾旧本,才是圣经原貌,而秦汉以来分列章第、宋元以分经列传的《孝经》文本,皆有违圣人之意。虞淳熙的《孝经迩言》改本正与沈淮有一致处。对于他们来说,既然《孝经》无章第之分,那么杨起元所说"此章旧在十七"便无从谈起。也即是说,是否主张《孝经》应分章第,正是杨起元与沈淮、虞淳熙之间的最大不同。故杨起元编刻自己的《孝经》改本,正可以显示与时人的区别。此点亦再度证明,杨起元之书宜称为《孝经五书》。

二、《孝经注》的谜团

目前,在杨起元的众多《孝经》学著述中,唯《孝经注》一书为坊间所难见。此书深藏于国内极少数的图书馆,罕为人知。就历史上的记载来说,

---

① 中国科学院图书馆整理:《续修四库全书总目提要·经部》,北京:中华书局,1993年,第819页。
② 中国科学院图书馆整理:《续修四库全书总目提要·经部》,北京:中华书局,1993年,第819页。
③ 虞淳熙:《孝经迩言》,载朱鸿编《孝经总类》申集,载《续修四库全书》第151册,上海:上海古籍出版社,2002年,第175页。
④ 沈淮:《孝经会通》,载朱鸿编《孝经总类》酉集,载《续修四库全书》第151册,上海:上海古籍出版社,2002年,第192页。

不仅《明史·艺文志》《明史·杨起元本传》不见提及,且朱彝尊《经义考》、黄虞稷《千顷堂书目》亦均未记载。可见,此书在明清之际流传不广。更为奇怪的是,今存杨起元著作中也从未提及此书①。但《孝经注》一书的存在又是客观事实,关于此书,伦明在《续提要》中说:

> 刊本无年月。明杨起元撰……是书删除章名,屏绝一切旧注,本肫挚之情,达显浅之理,亦自可取。如谓:"至德者,良知良能之出于天,而无复可加也。""要道者,在迩而非远,在易而非难也。"说"身体发肤"一节尤警切,谓:"始者初也,乃于婴儿验之。婴儿或屈其手足则哑然啼,便是其身体不敢毁伤处。或为之剃发辄啼,或稍损其肌肤辄啼,又是其发肤不肯毁伤处。人情虽至愚不肖,无不爱其身体发肤者,亦无一人敢于毁伤者,水火知避,刑宪知远,疾病知畏,俱从婴儿一啼来,但人率以常情视之,不知此便是孝之发端处。"如此立说,方不致使人视经文为空廓。开首录《诵经威仪》一则,亦他本所无。②

台湾学者陈鸿森教授据《续修四库全书总目提要》以补《经义考》之缺,他专作《经义考〈孝经〉类别录》一文,其中谓:

> 杨氏起元《孝经注》,一卷,未见。
>
> 森按:《续修四库提要》著录,云"刊本,无年月"。伦明氏所撰《提要》言"是书删除章名,屏绝一切旧注……亦自可取"。《中国丛书综录》载此书有《端溪丛书》本,其书未见,不知与《续提要》著录者同属一本否?③

陈鸿森提到的《端溪丛书》本即指光绪年间广州端溪书院所刊刻的《孝经注》。今国家图书馆、上海图书馆所藏《孝经注》皆为光绪二十五年(1899)刻本,此本当即是《端溪丛书》本。将此本与伦明所述加以比较,发现:此本并未如伦明所说"开首录《诵经威仪》一则""是书删除章名"。除此之外,伦明所说皆能从《孝经注》中获得对应,在具体内容上一字不差。但既然有这两点小差异,那么此《端溪丛书》本便绝非伦明所见《孝经注》本。如伦明所

---

① 杨起元著作极为丰富,失传者亦不少,除今天所见著作外,他尚有《四书时义》《经学证义》,均佚,或许在已佚的著作中提到了《孝经注》。
② 中国科学院图书馆整理:《续修四库全书总目提要·经部》,北京:中华书局,1993年,第821页。
③ 陈鸿森:《〈经义考〉孝经类别录(下)》,载台湾《书目季刊》第34卷,2000年第2期,第14页。

言,其所见《孝经注》无刊本年月,我们无从得知其祖本之时代。但是《端溪丛书》本则有着更早的渊源。上海图书馆尚藏有另一《孝经注》版本,此书名为《孝经广义》,署名杨起元撰,郭世杰刊刻。其刊刻时间在康熙庚辰年(1700)十二月末,其时间远早于国家图书馆、上海图书馆所藏版本,是笔者所见最早的《孝经注》版本。刊刻者郭世杰在序文中说:

> 皇上孝治天下,命词臣纂修《孝经》,汇诸儒之说而折中之,颁赐学官……余以樗栎庸材谬司教铎,敢不宣布德意、激扬孝治耶?……因念垂髫时从父师,曾援复所杨先生所著《孝经广义》,其言坦易而统性命,切近而苞化神,即"不敢毁伤"一语推而至于"立身扬名""乾父坤母""民胞物与"之全,量能使读者憬然以悟,油然以兴。至壮其颜先生《迪功录》则又推人情所以不克尽孝之故,深切著明以为鉴介,虽悖德之夫,亦不自知其颡之泚,而惭悚战栗矣。此二书者,固《孝经》之筌蹄而尽孝之梯航也。……学者能由是书而身体力行之,则所称"资父事君""移孝作忠"者将在乎是焉。①

复所杨先生即杨起元,而壮其颜先生即颜茂猷(1578—1637)。序文中说杨起元著有《孝经广义》,颜茂猷著有《迪功录》(当作《迪吉录》)。查郭世杰所刻此书,书名为《孝经广义》,书之上卷为杨起元《孝经注》,下卷为颜茂猷的《孝弟论》。据此,则上卷与下卷合而名之方为《孝经广义》。且从杨起元与颜茂猷的今存著作和二人的生活时间来看,二人并无交往。故郭世杰在序文中说杨起元著有《孝经广义》,当属误说。值得注意的是,《孝经广义》所录《孝经注》与上海图书馆、国家图书馆所藏本在内容、版式上完全一致,显系据同一底本,且亦未提及《诵经威仪》。这一方面表明,光绪年间所刊《孝经注》亦有着很早的渊源,至少可上溯至康熙年间。另一方面也表明,此本仍非伦明《续提要》中所说之《孝经注》。

伦明所述与笔者所见《孝经注》之间为何会有差异?是否伦明所见有误?《孝经注》到底是否"删除章名"?若无其他文献证据出现,这些问题的答案,或许我们永远无法得知。但不论如何,《孝经注》中的孝论与杨起元其他著作中的思想是一以贯之的,故杨起元作有《孝经注》当是事实。从此

① 郭世杰刊刻:《孝经广义》,清康熙庚辰年郭世杰序本,第1—2页。

书中颇可窥见杨起元以良知学为基调，同时融汇佛道二教思想的特色。

三、融汇良知学与佛道二教

　　杨起元的《孝经》学，上承王阳明良知学、罗汝芳的孝弟慈之学，可说是极为典型的以良知学注解《孝经》学之著作。可能正是因此，其著述在明清时期流传广泛，屡被后人刊刻出版。如上文提及其《孝经注》便从清初传至清末。而收录其《孝经五书》的陈继儒《宝颜堂秘籍》，在清初亦有《尚白斋镌陈眉公订正秘籍本》。

　　《孝经》首章言："子曰：先王有至德要道以顺天下，民用和睦……夫孝德之本，教之所由生也……身体发肤，受之父母，不敢毁伤，孝之始也。立身行道，扬名于后世，以显父母，孝之终也。夫孝始于事亲，中于事君，终于立身。"杨起元解释说："德即明德，天命之性也。道即率性之道也。至德者，言其良知良能乃出于天而无复可加也。要道者，言其在迩而非远，在易而非难也。此人人之所同有，然百姓日用而不知，……故孝子莫大乎立身，立身者求其所以主此身者而立之也。主此身者何？性是也。性非他，即此不敢毁伤之良知也……身既立，然后道可行焉。"①众所周知，四书为宋明理学家最为重视的经典。显而易见，杨起元此处正是以四书解《孝经》，以《孝经》之"德"为《大学》之"明德"、《中庸》之"天命之性"，以《孝经》之"道"为《中庸》"率性之道"。如此一来，"至德要道以顺天下"也就成了《大学》的"明明德于天下"，这正是在以王阳明的明德亲民合一论解《孝经》。而对于"至德"杨起元则是以《孟子》"不学而知""不虑而能"的良知良能作解，不学不虑即是出于天。这样一来，也就将"至德"解释为阳明学的"良知"。杨起元在《孝经注》中屡言及"不敢毁伤之良知"，此说是继承了其师罗汝芳以孝弟证成良知的思路。在罗汝芳看来，人人同具的孝弟慈之心才是良知之本，因此只有"以孝弟慈吃紧提掇良知性体"②，才是真正的孔孟仁学，故杨起元便径直称良知为"不敢毁伤之良知"。作为"事亲之始"的不敢毁伤与对身体的爱护有关，由此杨起元便在对《孝经》"立身行道"的解释中塞入了阳明学的身心观。王阳明主张身心不离，"耳目口鼻四肢，身也。非心安能

---

① 郭世杰刊刻：《孝经广义》，清康熙庚辰年郭世杰序本，第2页。
② 罗汝芳：《罗汝芳集》，方祖猷、梁一群、李庆龙等编校整理，南京：凤凰出版社，2007年，第309页。

视听言动？心欲视听言动，无耳目口鼻四肢，亦不能。故无心则无身，无身则无心。但指其充塞处言之谓之身，指其主宰处言之谓之心"①。杨起元所说"主此身者何？性是也。性非他，即此不敢毁伤之良知也"，"人之灵知属天，体肤属地，知运则体从，故知不敢毁伤则体肤全，知所以主此身者，则身立"②，即本于此。杨起元在解释《大学》时也曾明言："心不在身外，亦不在身内，浑身皆知，即浑身皆心。"③这正与《孝经注》吻合。杨起元此处对于"身"的重视，也是出于罗汝芳"万物一体，万世一心"④的说法，他本人也主张《大学》之"知本"就是要"知以身为本"，而此身便是与天地万物为一体之大身⑤。

杨起元在对《孝经》的注解中，亦掺入了佛、道二教的因素。如他说："若夫轻视此不敢之心，而失之，是无孝之始也……孝无终始，患必及之，盖未有敢于毁伤而不受其毁伤之报者。"⑥认为人若不能够做到"身体发肤，不敢毁伤"，灾患便会降临，这是不孝之报应。又说："明王明乎孝为天下之同心，故其治天下……皆从不敢毁伤之良知中养出来，想此气象，浑是一团太和元气，氤氲化醇……不然……若一毫杂以智数法术之私，岂能致此福应之盛哉。"⑦认为当以孝治天下，方能使天下一团太和元气，若以刑名法术治理天下，则不能有此"福应之盛"。

以福报之说解儒家经典，这在放生戒杀等劝善运动流行的晚明已是较为普遍的做法，不足为怪。杨起元援佛门之说以解《孝经》之最著者，当属他所提出的人、物性同说——人与物在本性上并无差异。他解《孝经·圣治章》"天地之性人为贵"言："圣人明无不通……孔子言孝根于性而命于天，非圣人之通明不能尽也。人物之生，同得天地之性以为性，而人为最贵，盖物有爱母之性，而无严父之性，以故有率性之知，而无知性之知。人有严父之性，故有知性之知，然仁智之见与百姓日用而不知同归于迷，则亦

---

① 王阳明著，邓艾民注：《传习录注疏》，上海：上海古籍出版社，2012年，第180页。
② 郭世杰刊刻：《孝经广义》，清康熙庚辰年郭世杰序本，第3、7页。
③ 杨起元：《重刻太史杨复所先生家藏文集》，载《四库禁毁书丛刊》集部第63册，北京：北京出版社，1999年，第700页。
④ 罗汝芳：《罗汝芳集》，方祖猷、梁一群、李庆龙等编校整理，南京：凤凰出版社，2007年，第53页。
⑤ 杨起元：《太史杨复所先生证学编》，载《续修四库全书》第1129册，上海：上海古籍出版社，2002年，第357页。
⑥ 郭世杰刊刻：《孝经广义》，清康熙庚辰年郭世杰序本，第6页。
⑦ 郭世杰刊刻：《孝经广义》，清康熙庚辰年郭世杰序本，第8页。

无以异于物者。"①"经自严父配天以下，多以敬言孝，盖爱亲之心，人与物同，而敬亲之心，人与物异，至于能尽其敬者，又圣人之所以与人异者也。"②杨起元的这段话涉及人禽之辨。一般说来，禽兽知母而不知父，故说"人有严父之性"。正是在此意义上，杨起元区分"率性之知"与"知性之知"，率性者，自然也，这是"爱母之性"，禽兽亦如此。人之异于物者在于是否有"严父之性"，在杨起元看来，这才是真正的人性，当然此人性就主要与爱敬之"敬"相对应。而之所以以"严父之性"为真正的性，自然与《孝经》所说"资于事父以事母而爱同，资于事父以事君而敬同"有关，按照《孝经》之说，"敬"可以包得爱，而"爱"不能包含敬。

以是否能尽爱敬之心作为标准，对物、人、圣人三者做了一个从低到高的层次排列。三者皆是禀天地之性以为性，故人与物皆具天命之性，所不同者仅仅在于人能"敬"，而物仅知爱，不知敬，而圣人则是能兼尽爱敬之心者。物仅有率性之知，人则有知性之知。但人若不能知此知性之知，亦与物同。毋庸置疑，此处的"知"正是从爱亲敬亲意义上讲的良知。"知性之知"似乎能让我们想到阳明学的"良知自知"。因此，杨起元所言"人物之生，同得天地之性以为性"这一命题，便等同于"人物同具良知"。杨起元在《证学编》中也持有同样的论点："天地之间，混然一气，生天生地，生人生物，自古及今，未之有易，故不独夫妇与其知能，鸢鱼草木以及顽然无知之物亦此知能也。"③这无疑是化用了佛教天台一脉的"无情有性"说。

通过对杨起元《孝经注》内容的具体分析，我们发现此书以良知学为基调，掺杂佛道思想内容以解《孝经》，其论述与杨起元其他著作中的思想并不相悖，而是同出一辙。这可以作为《孝经注》为杨起元所作的一个有力证据。

余　论

细究晚明《孝经》学之脉络条理，会发现其与王学的发展有着密切关联。二者的关联，尤其突出地表现在泰州学派一脉上，而泰州学派中，又以罗汝芳的孝弟慈之学与《孝经》之义理最为融通。而事实上，虞淳熙与杨起

---

① 郭世杰刊刻:《孝经广义》，清康熙庚辰年郭世杰序本，第9—10页。
② 郭世杰刊刻:《孝经广义》，清康熙庚辰年郭世杰序本，第14页。
③ 杨起元:《太史杨复所先生证学编》，载《续修四库全书》第1129册，上海:上海古籍出版社，2002年，第389页。

元这两位出入三教的晚明著名学者,其《孝经》学便是直承罗汝芳的孝弟慈之学而来①。论者谓阳明学派之理论转益多变②,王阳明本人曾论自己的"致良知"宗旨,说:"良知即是易,其为道也屡迁,变动不居,周流六虚,上下无常,刚柔相易,不可为典要,惟变所适。"③这正是其学派多变之写照。阳明后学虽根本不离"良知",但纷纷然改立宗旨。有学者言:"明儒则一家有一家之宗旨,……阳明之宗旨曰致良知,又曰知行合一。其后邹守益主戒惧慎独,罗洪先主静无欲,李材主止静,王畿、周汝登主无善无恶,高攀龙主静坐,刘宗周主慎独,纷然如禅宗之传授衣钵、标举宗风者。"④而从阳明学到《孝经》学,也可视为阳明良知学多变之一新证。

　　杨起元之师罗汝芳学问的最大特色也就在于以孝悌证良知。他说:"致良知,则家齐、国治而天下平。夫良知者,不虑不学,而能亲其亲,能敬其长也。故《大学》虽有许多工夫,然实落处,只是上老老而民兴孝,上长长而民兴悌……"⑤标举"孝悌"就是罗汝芳学的创获所在,甚至是其超越王阳明的所在。所以罗汝芳的弟子认为其学直承孔孟,上接尧舜。后世亦评价其"揭孝悌为良知本体,……当得起尧舜事业,于是人人皆直见本来面目,在在可保养赤子之心,盖直接孔氏之传,翼颜曾思孟之统而大有功于学者也"⑥。罗汝芳对宋明理学的两大代表人物朱熹与王阳明,有一评价:

　　　　孔子一生求仁……竭心思而继以先王之道,于是取夫六经之中,至善之旨,集为《大学》一章,……其旨趣,自孟子以后知者甚少,宋有晦庵先生见得当求诸六经,而未专以孝、弟、慈为本;明有阳明先生见得当求诸良心,亦未先以古圣贤为法。⑦

也就是说,罗汝芳认为,不论是朱子学,还是王阳明的良知学,都未能探究至孔门血脉之根本,尚不足以了结孔子公案。而孝弟才是孔门最根本的易

---

① 关于虞淳熙的《孝经》学,可参本章第一节以及拙著《晚明〈孝经〉学研究》第四章、第五章。

② 参看钱明:《阳明学的形成与发展》,南京:江苏古籍出版社,2002 年,第 43—44 页。

③ 王守仁:《王阳明全集》卷三,吴光、钱明、董平、姚延福编校,上海:上海古籍出版社,1992 年,第 125 页。

④ 盛朗西编:《中国书院制度》,上海:中华书局,1934 年,第 125—128 页。

⑤ 罗汝芳:《罗汝芳集》,方祖猷等点校,南京:凤凰出版社,2007 年,第 188 页。

⑥ 张恒:《建昌府册乡贤传》,载《四库全书存目丛书》集部第 130 册,济南:齐鲁书社,1997 年,240 页。

⑦ 罗汝芳:《罗汝芳集》,方祖猷、梁一群、李庆龙等编校整理,南京:凤凰出版社,2007 年,第 5 页。

简之道,亦即宗旨。所以罗汝芳以孝悌为良知本体,就从理论的深度上,对良知作了新的诠释,即以孝悌解释良知,而不仅仅是王阳明说的"知是知非之心"或者"知善知恶之本体"。

上节指出,之所以能够以良知学注解和诠释《孝经》,这其中的关键就是如何在理论上将孝与良知贯通起来。这一关键工作正是由以孝弟证成良知、以孝弟为良知本体的罗汝芳来完成的。从本节的分析来看,杨起元的《孝经注》无疑亦是以良知学诠释《孝经》的著作,与虞淳熙《孝经迩言》相类,二者均可视作以良知学诠释《孝经》的典范之作。

以往学术界以汉学为评判标准,对义理之学主导的宋明时期经学贬抑良多,因此,对宋明时期经学的发展研究得很不充分。如皮锡瑞《经学历史》中分中国经学史为十期,以元明为经学积衰时代,他说:"论经学,宋以后为积衰时代","论宋、元、明三朝之经学,元不及宋,明又不及元"。"明人又株守元人之书,于宋儒亦少研究。"①后来的很多经学史论著都因袭了这一说法,如民国时期蒋伯潜《经与经学》、马宗霍《中国经学史》,皆以此为"每况愈下"②。对此,有学者辨析道:"宋、元、明学术思想,在中国哲学史上有其特殊的地位,而在经学史上却不甚了了。以宋为'变古',尚可理解;以元、明为'积衰',则值得商榷。"③辨析有理,儒学在元代并不受推崇,其经学成绩有限。"元儒解经,不能出朱子之范。"④而明代后期,阳明心学风动一时,解经之风也为之一变,且汉学自明代中期开始复兴,下开清学,自有其独立位置和重要价值,远逾于元代,不应以"积衰"和"明又不及元"视之,否则清代经学之"复盛"便无从谈起。

蒙文通先生早已指出:"明代中叶,在学术思想所发生的巨大变化……发生了反对传统的'宋学'的新学术,而下开清代的考据、训诂之学。"⑤嵇文甫的研究已表明,晚明的考据学等方面都高度发展,露出了古学复兴的

① 皮锡瑞:《经学历史》,周予同注释,北京:中华书局,1981年,第275、283页。
② 马宗霍:《中国经学史》,上海:上海书店出版社,1984年,第134页;蒋伯潜:《经与经学》,上海:世界书局,1941年,第209页。
③ 张志哲:《中国经学史分期意见述评》,载《史学月刊》1988年第3期,第4页。
④ 马宗霍:《中国经学史》,上海:上海书店出版社,1984年,第129页。
⑤ 蒙文通:《中国史学史》,上海:上海人民出版社,2006年,第192页。

曙光①。林庆彰《明末清初经学研究中的回归原典运动》一文②,虽未涉及当时的《孝经》学,但是其立论与论证却颇富启发意义。所谓原典,对儒家来说主要就是十三经,经典具有神圣性、权威性。根据他的界定,明末清初时期的回归原典运动,是指倾向汉学的学者为厘清宋明理学程朱、陆王义理纷争,而以群经辩伪作为表现方式的回归原典运动。而这一说法,实与余英时对明清学术变迁的看法不谋而合,即从思想的内在理路来说,为了解决义理的纷争,必然要回到原典,以原典文本为依据,这就走向了"道问学",而清代汉学的生发就与此有关。晚明《孝经》学也具有这样的"回归原典"的特点。就《孝经》的作者来说,颜钧和罗汝芳早已认为《大学》《中庸》皆非圣人不能作,罗汝芳亦曾言《孝经》是孔子传于曾子、孟子。而晚明《孝经》学士人的观点即是认为《孝经》为孔曾授受之经典;就《孝经》文本而言,晚明士人反对朱熹之《刊误》模式——强分经传,以为是汉儒杂纂之书,他们的主题正是想要探寻《孝经》作为经典之原貌,故而有当时《孝经》改本纷纷然而起的景象。从诠释学的角度来看,探寻圣人所作经典的原意,正是尊经崇圣的一种表现,所以他们大多认为《孝经》并非简单限于一家之内的孝亲之书,而是圣王以孝治天下的经典。他们对《孝经》今古文问题的详细梳理,也显示出古学复兴的意味。如此等等,皆足证晚明《孝经》学的丰富性、原创性和重要性。据晚明时期阳明学派《孝经》学发展之盛,即可以窥见明代经学发展之价值所在。对于明代思想史、哲学史的理解,不能脱离当时经学的发展,这一环正需要加强。

第三节　吕维祺《孝经大全》和会朱陆的注释特色
与以经解经的解经原则

　　程朱理学和陆王心学的和会,在元代就已开始。降至明代,和会朱陆的趋势更加明显,尤其是在阳明心学兴起之后的晚明。理学思想的变动必然也会反映在经学的发展中,通过对晚明《孝经》学的考察,即可知当时儒者在对《孝经》的注解上,亦呈现出和会朱陆、兼取两派论述的特点。吕维祺(1587—

---

① 稽文甫:《晚明思想史论》,北京:东方出版社,1996年,第144—156页。
② 林庆彰:《明末清初经学研究的回归原典运动》,载《孔子研究》1989年第2期。此文后收录于其所著《明代经学研究论集》,台北:文史哲出版社,1994年。

1641)的《孝经大全》便是晚明《孝经》学著述中集中体现了此特点的一部书①。

宋元两代以及明前期，朱熹《孝经刊误》所奠定的《孝经》文本及其诠释范式，随着朱子理学的传播而被广泛接受，不亚于唐玄宗《御注孝经》对于唐代的影响。研究者谓："士子放论，宁妄斥孔孟之误，而不敢轻言程朱之非。《孝经刊误》既凌《孝经》而上，士林奉为圭臬，亦且远被遐荒……影响之广远深巨，殆亦不亚于'石台'矣。"②虽然如此，南宋之后的《孝经》学并非独行朱子一家，就南宋而言，陆九渊的弟子杨简便著有《古文孝经解》，杨简的弟子钱时亦有《古文孝经管见》③，其所用《孝经》文本即非经朱熹刊误而分列经传的《孝经》，而是以司马光的《古文孝经指解》本《孝经》为依据④。而就明代而言，王阳明及其弟子亦多有关于《孝经》的著作，如王阳明的《孝经大义》、止修学派李见罗的《孝经疏义》、罗汝芳的《孝经宗旨》，此外，深受罗汝芳思想影响的虞淳熙还作有《孝经迩言》⑤。前人的积淀构成了晚明《孝经》学士人和会朱陆两家思想资源注解、诠释《孝经》的基础。吕维祺的《孝经大全》中即充分调用了陆王一脉关于《孝经》和孝的思想资源。

纵观宋明《孝经》学发展史，吕维祺《孝经大全》的特点和贡献在于：第一，在文本的选择上，他没有采用朱熹所据的含有《闺门章》的二十二章本《古文孝经》，而是使用了十八章本《今文孝经》，并对朱熹删改《孝经》、分列经传的做法一一做了驳斥。而前人都未曾对朱熹《孝经刊误》进行过如此完整的清理和反驳工作。第二，他和会程朱理学、陆王心学的思想资源注解《孝经》，在某种程度上呈现出《孝经》注解上的"集大成"特点。第三，他

---

① 《续修四库全书总目提要》谓其学"兼有程朱陆王"（中国科学院图书馆整理：《续修四库全书总目提要·经部》，北京：中华书局，1993 年，第 820 页）。

② 陈铁凡：《孝经学源流》，台北：编译馆，1986 年，第 225—226 页。

③ 杨简此书已佚，钱时之书则为其《融堂四书管见》之一种。但在保存下来的杨简著作中，留有大量丰富的关于《孝经》和孝的论述，其中最重要的便是《慈湖先生遗书》卷十二所载《论〈孝经〉》一文。参看本书第四章的分析。

④ 参看舒大刚：《论宋代的〈古文孝经〉学》，载《四川大学学报》（哲学社会科学版）2004 年第 3 期，第 102 页。

⑤ 王阳明《孝经大义》、李见罗《孝经疏义》均已佚，但李见罗书今尚存有他人所写序言，略可窥其大义。罗汝芳《孝经宗旨》今存，载《罗汝芳集》，方祖猷、梁一群、李庆龙等编校整理，南京：凤凰出版社，2007 年，第 430—437 页。虞淳熙《孝经迩言》，载朱鸿编《孝经总类》申集，载《续修四库全书》第 151 册，上海：上海古籍出版社，2002 年，第 171—184 页。

在对《孝经》的注解和诠释上，回归到《孝经》文本自身，自觉地采用了"以经解经"的方式，呈现出与理学"以理解经"方式的不同。他对"以经解经"方法的自觉选择，已露出了清代汉学的端倪。下文便就后两点进行分析，以揭示吕维祺《孝经》学的面貌①。

一、《孝经大全》和会朱陆、互存就质的注释特色

吕维祺，字介孺，号豫石，河南新安人，死后谥忠节。因讲学于洛阳，建明德堂，从学者众，学者称明德先生②。吕维祺私淑晚明著名儒者孟化鲤（1545—1597 年，字叔龙，号云浦），而孟化鲤则为北方王门尤时熙（1503—1580 年，字季美，号西川）之弟子③。但从吕维祺的思想来看，他并不专主一家，对程朱和陆王都有批评和吸收，故黄宗羲《明儒学案》将吕维祺列入《诸儒学案》，而非北方王门，当是十分合理的④。其《孝经大全》广引宋代以来诸儒之言，上自北宋五子，下至王阳明及其后学，囊括了程朱理学、湖湘性学、陆王心学等多家，这也正体现了其不分门户的学术特点。吕维祺尝自言："一生精神，结聚在《孝经》，二十年潜玩躬行，未尝少息。曾子示门人曰：'吾知免夫！'非谓免于毁伤，盖战兢之心，死而后已也。"⑤后世亦评价其治《孝经》云："先生手注《孝经》，以道归孝，以孝归敬，明德教之本原，振千古之绝学。……先生晚年力学独得宗旨，即谓直接孔曾可也！"⑥其《孝经》学著作今存有《孝经本义》《孝经或问》《孝经大全》等。

面对《孝经》学界的今古纷争，以及删改《孝经》的种种现象，吕维祺颇感不满，他慨叹道："秦焰既灰，诸儒羽翼《孝经》者殆数百家，而今古分垒，

① 关于第一点，此处不欲做讨论，可参看拙文《朱熹〈孝经刊误〉在明代的流传与反响》，载《朱子文化》2011 年第 3 期。
② 施化远等：《吕明德先生年谱》卷一，载《北京图书馆藏珍本年谱丛刊》第 59 册，北京：北京图书馆出版社，1999 年，第 532 页。《吕明德先生年谱》共四卷，卷首至卷二载《北京图书馆藏珍本年谱丛刊》第 59 册；卷三至卷四载该书第 60 册。
③ 参看吕维祺：《明德先生文集》卷十一，载《四库存目丛书》集部第 185 册，济南：齐鲁书社，1997年，第 178—179 页。
④ 黄宗羲：《明儒学案》卷第五十五，载黄宗羲《黄宗羲全集》第五册，沈善洪主编，方祖猷、桂心仪、陈敦伟校点，杭州：浙江古籍出版社，1992 年，第 649 页。
⑤ 黄宗羲：《明儒学案》卷第五十五，载黄宗羲《黄宗羲全集》第八册，沈善洪主编，夏瑰琦、洪波校点，杭州：浙江古籍出版社，1992 年，第 650 页。
⑥ 施化远等：《吕明德先生年谱》姚庚唐跋，载《北京图书馆藏珍本年谱丛刊》第 59 册，北京：北京图书馆出版社，1999 年，第 517—518 页。

争胜如雠。尝考今古所异不过隶书蝌蚪、字句多寡,于大义奚损?且夫正缘互异,愈征真传。苟能体认,皆存至理。而诸儒多以其意见自为家,卑者袭讹舛,高者执胸臆……或是古非今,分经列传,牵合附会,改易增减,亦失厥旨……然诸儒之说亦有雅正渊闳,可发圣蕴,可裨治理,可互存就质者,皆取节焉。"①吕维祺既批评了删改《孝经》、分经列传者,也批评了执着于今古纷争者,同时也不满意前代之注释。而他的《孝经大全》则要避免这些弊端,以《今文孝经》十八章为尊,不分经传,一字不敢移易。在对《孝经》义理的诠释上,则以经文为本,参考诸家之说。"互存就质"的说法,正体现出吕维祺《孝经大全》和会不同思想的特色。如此,方成"大全"。

但如何将思想各异的诸家之说都收归于自己的注释中,这是个难题。为了解决这一问题,吕维祺《孝经大全》采取了"己注"与"他注"的二重注释体例:自己先对《孝经》经文作注,以小于经文的字体来标示,在注释中有时也将经史子籍及先儒之言符合己说者引入,这可以称为"己注";在自己的注释之下,再引古往今来相关的经史子籍、先儒之言作进一步的申释,所引之言以更小的字体进行标示,这可以称为"他注"。在"他注"的末段,吕维祺又常常下以案语,或对前人之说是否得当进行评议,或对《孝经》经文之大意进行总结。故而这一部分案语的内容虽属于"他注",但又与"他注"内容不同,起着补充说明的作用,实则也是一种"己注"。在这二重注释中,第一重为吕维祺自己的注释,第二重注释是对第一重注释的展开。通过对第一重"己注"的分析,可以直接把握吕维祺的注释是遵循了程朱之说还是陆王之说。第二重的"他注"中因为存在大量的引用,所以内容非常丰富,他在序文中所说的"互存就质",就主要是将他认为可发明《孝经》义理的旧注放在第二重注释中。而从吕维祺注释中引用先儒之说的内容以及他所下案语,就可以窥知其注释的倾向性和选择性,判断他在这一条注释中是接近程朱理学还是陆王心学。以下,即举例对吕维祺所着重阐发的《孝经》义理进行分析,以观其和会朱陆的注释特色。

1. 至德要道——以朱涵陆之例

《孝经》首章《开宗明义章》言:"先王有至德要道以顺天下……夫孝,德

---

① 吕维祺:《孝经大全》序,载《续修四库全书》第151册,上海:上海古籍出版社,2002年,第344—346页。

之本也，教之所由生也"，吕维祺注云："至，极也。要，切要也。德者，人心所得于天之性。道者，事物当然之理。"①故此处第一重注释是本自程朱理学。如朱熹说："道者，日用事物当行之理，皆性之德而具于心，无物不有，无时不然。"②"道，则人伦日用之间所当行者是也。""德者，得也，得其道于心而不失之谓也。"③在朱熹看来，"性者，人之所得于天之理也"，天道即是天理，性是人之所得于天之理，即在天为理，在人为性。所以可以言"性即理"。万物与人一样，皆是禀此理而有性。所以吕维祺所说"道者，事物当然之理"，完全符合朱子之说。在这条"己注"之下，他在第二重注释中引用了董鼎、吴澄、陈淳诸家关于天理之说以作申释。虽然吕维祺并未使用"天之理"一词，但他所根据的"天之性具于心为德"之说，正是出自朱熹。此下，吕维祺解释《孝经》"夫孝，德之本，教之所由生也"，又说："至德要道者非他，孝也。孝统众善，为德之本，本犹根也。行仁必自孝始，而教化由此生焉，所以为德之至，道之要也。"④根据朱子理学对于道、德的论说，必然以理为纽带，将道视为事物当然之理，将德视为理之实具于心。也就是说，道和德在本质上并无不同，二者都是天理。正因此，不论是吴澄的《孝经定本》还是董鼎的《孝经大义》，都将"至德"和"要道"二者俱解释为"孝"。这是根据朱子理学进行注解所推演出的必然结果，吕维祺也不例外。而他在注释中，从"孝"说到"仁"，解"本"为"根"，谓"行仁必自孝始"，更是明显受程朱理学之影响。程颐解释《论语·学而》"孝悌也者，其为仁之本与"，说："行仁自孝弟始，孝弟是仁之一事。谓之行仁之本则可，谓是仁之本则不可。盖仁是性也，孝弟是用也，性中只有个仁、义、礼、智四者而已，曷尝有孝弟来。然仁主于爱，爱莫大于爱亲，故曰孝弟也者，其为仁之本与！"朱熹正是根据程颐之注，说"本犹根也"，"为仁犹曰行仁"⑤。

　　虽然，在对《孝经》首章的解释上多引据朱子理学，但他在关于"至德要道者非他，孝也……行仁必自孝始"这条"己注"的"他注"中，仍引用了阳明

---

① 吕维祺：《孝经大全》卷一，载《续修四库全书》第151册，上海：上海古籍出版社，2002年，第376页。

② 朱熹：《四书章句集注》，北京：中华书局，1983年，第17页。

③ 朱熹：《四书章句集注》，北京：中华书局，1983年，第94页。

④ 吕维祺：《孝经大全》卷一，载《续修四库全书》第151册，上海：上海古籍出版社，2002年，第377页。

⑤ 朱熹：《四书章句集注》，北京：中华书局，1983年，第48页。

后学罗汝芳、虞淳熙之言①。吕维祺将二人之说都拿来作为旁证，这样的旁证之所以成立的前提就是他所说的"本犹根也"。在对"孝为德之本"的解释上，罗汝芳所说"如木之许多枝叶而贯以一本，如水之许多流脉而出自一源"和虞淳熙所说"譬如树木有根本，就生枝叶"②，都可以涵括于朱熹的"本犹根也"之下。通过类似"断章取义"的做法，吕维祺就忽略掉了罗汝芳和虞淳熙二人注解《孝经》的整体语境和视角，将差别甚大的两种解释都归于自己的注释之下。而实则，罗汝芳和虞淳熙二人都是在以良知学注解《孝经》，而非以程朱天理之说，所以从根本上来说，这是不相应的。但这种不相应在吕维祺"并存就质"的二重注释中是体现不出来的。由于第一重的"己注"是主干，第二重的"他注"是丰富、补充和扩大第一重的义理，所以，吕维祺在对《孝经》首章"至德要道"的解释上是以程朱理学统陆王心学的。

　　2. 万物一体的"身—天下"观——以陆统朱之例

　　万物一体的观念影响明代思想界甚深且广，明儒对于《孝经》的注解，也多发挥万物一体之意。吕维祺将万物一体的观念灌注于对《孝经》的注释中，尤其是《孝经》言及"身"之处，在其注释中都能找到与万物一体观相关的论述。但万物一体观虽然在北宋五子那里即已发端，但真正在广泛的知识阶层中发生影响，则是在明代王阳明对万物一体观作了进一步阐发，尤其是经过王阳明后学的传播和亲身实践之后。王门后学之参与宗族建设、乡村治理，其背后所循理论即是万物一体观。可以说，万物一体观在明代后期才真正在理论与实践两个层面上完成了发展。吕维祺在发挥《孝经》中所含的万物一体义时，所据者正是以阳明学派之说为主。

　　《孝经·天子章》言："子曰：爱亲者，不敢恶于人。敬亲者，不敢慢于人。爱敬尽于事亲，而德教加于百姓，刑于四海。盖天子之孝也。《甫刑》云：'一人有庆，兆民赖之。'"此本论天子之孝。在传统社会，天子是关系天下治乱的关键，故而天子之德就被儒者极为强调，天子有德，方能德被天下。吕维祺在对这段话作解释时，一方面突出了天子以孝治天下这一《孝

---

① 虞淳熙解释《孝经》，深受罗汝芳思想影响，可参看吕妙芬：《晚明〈孝经〉论述的宗教性意涵：虞淳熙的孝论及其文化脉络》，载台湾《"中央研究院"近代史研究所集刊》第48期，2005年，第24—32页。

② 吕维祺：《孝经大全》卷一，载《续修四库全书》第151册，上海：上海古籍出版社，2002年，第377页。

经》的主旨,另一方面则是以万物一体的观念来解释"孝道之大",以之作为孝治天下的理论根据。

由吕维祺的注释来看,他在第一重"己注"之后所引内容便是以虞淳熙与罗汝芳为主,而丝毫未引及程朱一派之说。其中所引虞淳熙言:"凡人爱惜父母之身,便不敢嫌恶众人与我同受之身。尊敬父母之身,便不敢轻慢众人与我同受之身。原来我与人不曾有这身来,完全是天地父母的,所以立起万物一体之身,连四海百姓都不恶他慢他。直至亲民,然后是爱敬的尽处。到尽处时人人学做孝子,人人都无怨心,此事非天子不能。"①其中"立起万物一体之身"的说法来自罗汝芳。意思是,从根源上来讲"身"的来源的话,我与他人之身,所有人之身,本来都是没有的,"天地生人",故都是天地大父母所给予的。认识到这一点,才能立起万物一体之身,因为每个人都是天地所生,都与天地万物为一体。故而每个人的身,都不是单纯的己身,而是万物一体之身;不是小身,而是大身。将这一思路应用在《孝经》的语境中,能够做到"亲民"的只能是天子,故而是"非天子不能"。

虞淳熙的这种理解受罗汝芳影响很大。与王阳明一样,罗汝芳强调"大学"乃大人之学,而大人之学,即是要人明了吾身是万物一体之大身,是联属天下国家为一身的大身。吕维祺在解释《孝经·开宗明义章》"身体发肤……立身行道……"一节时即引用了罗汝芳之论:"所谓立身者,立天下之大本也,首柱天,足镇地,以立极于宇宙之间。所谓行道者,行天下之达道也,负荷纲常,发挥事业,出则治化天下,处则教化万世,必如孔子《大学》,方为全人,而无忝所生,故孟子论志,愿学孔子。""立身行道,果何道?曰:《大学》之道也。《大学》明德、亲民、止至善。如许大事,惟立此身,盖丈夫之所谓身,联属天下国家而后成者也。"②作为泰州学派的传人,罗汝芳对身和天下国家关系的看法,又直接受王艮的淮南格物说影响。王艮主张身是本,天下国家是末,由此突出了每一个个体之身对于天下国家的重要性,"安身者,立天下之大本也。本治而末治,正己而物正也。大人之学也。

---

① 吕维祺:《孝经大全》卷二,载《续修四库全书》第151册,上海:上海古籍出版社,2002年,第384页。
② 吕维祺:《孝经大全》卷一,载《续修四库全书》第151册,上海:上海古籍出版社,2002年,第379页。这两段话即见于罗汝芳《孝经宗旨》中,载罗汝芳:《罗汝芳集》,方祖猷、梁一群、李庆龙等编校整理,南京:凤凰出版社,2007年,第431页。

是故身也者,天地万物之本也,天地万物,末也。知身之为本,是以明明德而亲民也"①。"能立此身,便能位天地育万物,病痛自将消融。"②当然,无论罗汝芳还是王艮,其所说"身"都不是指耳目四肢之身或知觉之身,而是万物一体的"大身"。因此,在《天子章》的第二重"他注"中,吕维祺就引用了王艮《明哲保身论》:"明哲者,良知也。明哲保身者,良知良能也,所谓不虑而知不学而能者也。人皆有之,圣人与我同也。知保身者则必爱身,能爱身则不敢不爱人,能爱人则不敢恶人,不恶人则人不恶我。能爱身则必敬身,能敬身则不敢不敬人,能敬人则不敢慢人,不慢人则人不慢我,此仁也,万物一体之道也。天下凡有血气者莫不尊亲,莫不尊亲则吾身保矣,吾身保然后能保天下,此仁也,所谓至诚不息也,一贯之道也。经曰:'爱敬尽于事亲,而德教加于百姓,刑于四海'。"③这样的论述,用于注释《天子章》显然再合适不过。更何况王艮的这一明哲保身思想,本即与《孝经》有着密切关联④。其以孟子的良知良能立论,就每个人都具有内在的良知良能而言,凡圣齐同,故而可以说"圣人与我同也"。而此良知良能,就是爱和敬,即孟子所言:"孩提之童,无不知爱其亲者;及其长也,无不知敬其兄。"(《孟子·尽心上》)但孟子并未对爱敬与良知良能作严格的对应,而王艮则将明哲等同于良知,将保身等同于良能。在沟通了这两方面后,王艮便从人己关系上论述爱身和敬身。他将这种爱己以及于爱人、敬己以及于敬人的爱敬之道,称为"仁",此仁便是万物一体之仁,便是"万物一体之道"。而以万物一体之道的观念来论述"孝"中所含的爱敬因素,从而将"孝"提升至"爱他人"和"亲民"的高度,正可以用来论证"孝道广大"。"孝"并非拘泥于一家之内的爱亲敬亲,而更重要的是"以孝治天下",即吕维祺所说:"以是知《孝经》乃孔子所以继帝王而开万世之治统者,非沾沾于家庭定省间也。"⑤因此,王艮、罗汝芳等人从万物一体意义上关于"大身"与"孝"的论述,正与

---

① 王艮:《王心斋全集》,陈祝生等校点,南京:江苏教育出版社,2001年,第33页。此书为该出版社所编校,下文不再说明。此处对原文标点有修改。
② 吕维祺:《孝经大全》卷一,载《续修四库全书》第151册,上海:上海古籍出版社,2002年,第379页。
③ 吕维祺:《孝经大全》卷二,载《续修四库全书》第151册,上海:上海古籍出版社,2002年,第384页。参看王艮:《王心斋全集》,陈祝生等校点,南京:江苏教育出版社,2001年,第29页。
④ 参看吴震:《泰州学派研究》,北京:中国人民大学出版社,2009年,第177页。
⑤ 吕维祺:《孝经大全》卷二,载《续修四库全书》第151册,上海:上海古籍出版社,2002年,第385页。

对《孝经》孝治宗旨的理解相一致。

　　吕维祺自己对"身"的理解，也是秉承了万物一体的精神。天启七年吕维祺作《身铭》，其中云：

> 大哉身乎，其备也。元气混沌，包而无外。是故天地憾，吾身缺陷。吾身亏，天地倾欹。身非块然，天地参也，合之为一体，分则三也。①

他以《中庸》人与天地相参的观念来论述人与天地万物为一体，所谓"身非块然"，即是说"身之大"，身是大身。"天地憾，吾身缺陷。吾身亏，天地倾欹"，即是说吾身与天地万物为一体，这与王艮、罗汝芳、虞淳熙的"大身"观念是一致的。

　　这就体现出了吕维祺对《孝经》作注释时在理论资源上所做的抉择。《孝经·天子章》讲述天子之孝，居五等之孝的首位，对于论证《孝经》为孝治之书，其重要性不言而喻。正如吕氏自己在章末，也即"他注"末尾的案语所言："五等之孝，惟天子足以刑四海，而诸侯以下渐有差焉，夫子之意盖有重焉者，以是知《孝经》乃孔子所以继帝王而开万世之治统者。"②但正是在对这一章的注释中，不论是第一重的"己注"还是第二重的"他注"，吕维祺所引宋以降诸家之说，除宋代邢昺③与元代钧沧子以外，程朱理学传人只有董鼎、许衡和邱濬，且无关乎吕维祺阐发此章时所据的核心义理——万物一体义。其余所引皆是王学一脉，包括王艮、罗汝芳、虞淳熙、朱鸿④。由于朱熹将《孝经》限于家庭之内的事亲敬亲之书，故而认为《孝经》中凡论孝不"亲切有味"者皆有可疑，并加以删改⑤。而吕维祺则认为《孝经》是讲"以孝治天下"的经典，这就与朱熹形成了鲜明的对比。在吕维祺关于《天

---

① 施化远等：《吕明德先生年谱》卷首至卷二，载《北京图书馆藏珍本年谱丛刊》第 59 册，北京：北京图书馆出版社，1999 年，第 616 页。亦载吕维祺：《孝经大全》卷一，载《续修四库全书》第 151 册，上海：上海古籍出版社，2002 年，第 379 页。

② 吕维祺：《孝经大全》卷二，载《续修四库全书》第 151 册，上海：上海古籍出版社，2002 年，第 385 页。

③ 实则为元行冲。

④ 明人叙述朱鸿的师承说："朱君昔尝讲阳明之学，从游于东廓、绪山、龙溪三先生之门。"沈淮：《曾子孝实》序，载朱鸿编《孝经总类》戌集，载《续修四库全书》第 151 册，上海：上海古籍出版社，2000 年，第 264 页。

⑤ 参看本书第四章的分析，以及黎靖德编：《朱子语类》卷八十二，杨绳其、周娴君校点，长沙：岳麓书社，1997 年，第 1922 页。

子章》的"他注"中,钓沧子所作《孝经管见》正是以《孝经》为孝治之书①。因此,吕维祺在注释中,以王学的万物一体义作为阐发《孝经》孝治宗旨的核心理论就成为必然。相较而言,许衡、邱浚等人之注仅仅是无关紧要的注脚而已。

3. 孝悌之至,通于神明——朱陆互释之例

吕维祺非常欣赏程颢所说"神明孝悌不是两事",他正是据此而将程颢列入了"古今羽翼《孝经》姓氏"的行列。而周敦颐的《太极图》,吕维祺赞曰:"《太极图》明大孝之本源。"②这两点略微透露出,吕维祺对孝的诠释,沾染有玄秘意味。

晚明《孝经》学士人多重视与《孝经》相关的神秘感应,并分别从义理和事实上予以支持论证。虞淳熙的《孝经迩言》《孝经集灵》即分别是这两方面的代表作,前书对解释《孝经》义理,后书对古往今来与《孝经》有关的孝感神异事件,做了汇集③。吕维祺对此也显示出了浓厚的兴趣,引用程朱理学和陆王心学二派的思想对《孝经·感应章》做了细致的注解。《孝经·感应章》言:

> 子曰:"昔者明王事父孝,故事天明;事母孝,故事地察。长幼顺,故上下治。天地明察,神明彰矣。故虽天子,必有尊也,言有父也;必有先也,言有兄也。宗庙致敬,不忘亲也。修身慎行,恐辱先也。宗庙致敬,鬼神著矣。孝悌之至,通于神明,光于四海,无所不通。《诗》云:'自西自东,自南自北,无思不服。'"

这一章正是晚明《孝经》学士人阐发《孝经》感应意涵的经典依据和来源。吕维祺在解释"昔者明王事父孝……神明彰矣"的第一重"己注"中说:"此极言孝之感通,以赞孝之大也。《易》曰:'乾,天也,故称乎父。坤,地也,故称乎母。'明王父天母地者也。父母天地本同一理,故事父之孝可通

---

① 钓沧子:《孝经管见》,载朱鸿编:《孝经总类》酉集,载《续修四库全书》第151册,上海:上海古籍出版社,2002年,第224页。

② 吕维祺:《孝经大全》卷首,载《续修四库全书》第151册,上海:上海古籍出版社,2002年,第358页。

③ 二书均收录于朱鸿所编《孝经总类》中。

于天,事母之孝可通于地。"①其中,《易传》"乾父坤母"之说,在张载《西铭》中获得更加丰富的表达,不论是程朱理学还是阳明心学,都无不表示认肯。吕维祺在这一处的"己注"中引用了可以代表程朱理学的朱熹之说:"圣人之于天地,犹子之于父母。""敬天当如敬亲,战战兢兢,无所不至。爱天当如爱亲,无所不顺。"②但恰恰是在朱熹这段话后的"他注"中,吕维祺引用且仅仅引用了杨简的一段话作为第二重注释。杨简的这段话是:"明王之事父母孝,异乎未明者之孝。未明者之孝,虽孝而未通,故于事天不明其天,事地不明其地,不特不明其天地,亦不明其父母。虽知父母之情意,不知父母之正性,不自明己之正性,故亦不明父母之正性,亦不明天地之正性。人皆曰我惟知父母,不知天地,此不知道者之言。"③以朱子学派所贬抑的杨简心学申发朱熹之意,这其中有多少合理性,很值得商榷。但是,比较朱熹与杨简的这两段话,从表面上看,杨简之言正是对朱熹之言的阐发。朱熹讲敬天如敬亲,而杨简则反过来讲不知天地,即不知父母,事天地明,才是真正的事父母明。二家之说在吕维祺的文本安排下,正好构成了互补,此可见吕维祺的匠心独运。在《孝经大全》中,吕维祺屡屡兼引程朱理学和陆王心学之言,且其中多次出现二者互释的现象。这正体现了吕维祺"并存互质"、和会朱陆的注释特点。

这个例子尚且是将理学派和心学派中的一者放在第一重"己注"中,而将另一者放在第二重"他注"中,以对前者进行申释。而更有甚者,吕维祺将二者都放在第一重的"己注"中,他解释《感应章》"孝弟之至,通于神明,光于四海,无所不服"时说:"孝之大,至于天地鬼神相为感应,则遍天地间无非孝道充塞,人神无间,上下协和。故孝弟之至其极,自然通融贯彻于神明,光明显耀于四海,上下幽明无所隔碍而不通者。明王孝德感通之大至于如此。"④在这段"己注"之后,他引用了程颢"神明孝悌不是两事",以及

---

① 吕维祺:《孝经大全》卷十一,载《续修四库全书》第 151 册,上海:上海古籍出版社,2002 年,第 428 页。
② 吕维祺:《孝经大全》卷十一,载《续修四库全书》第 151 册,上海:上海古籍出版社,2002 年,第 429 页。
③ 吕维祺:《孝经大全》卷十一,载《续修四库全书》第 151 册,上海:上海古籍出版社,2002 年,第 429 页。
④ 吕维祺:《孝经大全》卷十一,载《续修四库全书》第 151 册,上海:上海古籍出版社,2002 年,第 430 页。

杨简"六合之间,天地鬼神无所不通,无所不应。自私自蔽,始隔始离,私去蔽开,通应如故"①,将二者都放在"己注"中。吕维祺在不顾程子、杨简原有之意的情况下,将二者放在一起,这必然存在义理上的融贯难通问题。这一点在此处就表现得甚为明显,具体来说,在此处,义理的融贯问题,不仅仅是要求程子之言和杨简之言之间可以融贯,而且更重要的是,吕维祺所引用的程、杨二人之言与他自己对这一章的整体注释是否融贯。

　　在关于这一段话的第二重"他注"下,吕维祺列出了"明理一而分殊"的张载《西铭》,显然,正如上文所言,《西铭》与吕维祺"己注"中所说"父母天地本同一理",意义是相吻合的。通贯天地人皆是同一理,只不过之分殊有所不同,所以父母与天地虽然不同,但事天之理与事父之理则同。故而,以程朱理学解释《孝经》的"无所不通",此"通"是指一理之贯通。但吕维祺在第一重注释中所引用的杨简之言,其中的"通"却显然不是就天理而言,而是就"心同"而言。杨简说:"'无思不服'者,以东西南北之心同此道心,故默感而应也,有道则应,无道则离。"②作为陆九渊弟子,杨简持心本论,认为:"道心人人之所自有,己私人人之所本无,惟昏故私,惟不昏则吾即道。"③"天下之人心皆与尧、舜、禹、汤、文、武、周公、孔子同,皆与天地日月四时鬼神同。"④人只要克去己私,回复至人人本具的道心,自然能通于神明,光于四海。他又谓:"慈爱恭敬之心,乃人之本心,乃天下同然之心。此心即道心。道心者,无所不通之心。"⑤可见,在杨简看来,孝敬之心,就是人之本心,是人人同具的道心。此心同乎万古,贯乎四海,通乎神明,塞乎天地,无所不至,无所不通。这种典型的心本论迥异于程朱理学的天理本体论,故吕维祺同时将二者放在对于同一段经文的注释中,是很难圆融贯通的,其结果只能是形似而神异。其间的差距,是无法弥缝的,因为从根本

① 吕维祺:《孝经大全》卷十一,载《续修四库全书》第 151 册,上海:上海古籍出版社,2002 年,第431 页。
② 吕维祺:《孝经大全》卷十一,载《续修四库全书》第 151 册,上海:上海古籍出版社,2002 年,第431 页。
③ 杨简:《杨氏易传》卷七,载杨简:《杨简全集》第一册,董平校点,杭州:浙江大学出版社,2016 年,第 124 页。
④ 杨简:《慈湖先生遗书》卷二,载杨简:《杨简全集》第七册,董平校点,杭州:浙江大学出版社,2016 年,第 1864 页。
⑤ 杨简:《杨氏易传》卷十八,载杨简:《杨简全集》第一册,董平校点,杭州:浙江大学出版社,2016 年,第 328 页。

立场上来说就存在着鸿沟。

再就吕维祺注释的整体融贯性来说,程颢"神明孝悌不是两事"的本意是强调斋戒奉事神明时的内心之诚,这句话本亦是用来解释《孝经》的:"事天地之义,事天地之诚,既明察昭著,则神明自彰矣。……(神明)感格固在其中矣。孝弟之至,通于神明。神明孝弟,不是两般事,只孝弟便是神明之理。"此外,有弟子问程颐孝子王祥孝感之事是否通神明,程颐回答说:"此亦是通神明一事。此感格便自王祥诚中来,非王祥孝于此而物来于彼也。"[①]可见二程在解释《孝经》时采取理性化方式,强调的是内心诚敬状态的修致,而非躬行孝弟与感格报应之间的必然性感应关系。而吕维祺在《感应章》第二重"他注"所引用的诸家之说中,并非仅仅是理性化的论述,还有神明感应式的论述。如他引用虞淳熙的《孝经迩言》:"不知母啮指而子心动,父膺疾而子汗流,至于甘露灵泉、神人织女……以及种种感通,种种难测。"[②]而在这段注释中被他多处引及的杨简,也是深信感应之理的[③]。在此,理性化诠释与神秘感应式诠释之间的歧异是非常明显的。

这就存在一个问题,吕维祺自己的观点是什么? 是理性化的,还是神明感应式的? 那么,吕维祺对于感应之理是否也是持二程般理性化的悬置态度呢? 答案是否定的。相反,吕维祺在"他注"的末尾加案语说:"孝极自无感而不应"[④],他正是欲通过强调《感应章》的神秘性内容,来烘托"以孝治天下"所达至的孝道通贯天地人物、充塞宇宙之间的效果。甚者,他用以总结《孝经》大义的"道统于孝,孝统于敬"的说法,也可以归之于梦遇文昌帝君而所得。吕维祺曾作《五色十八茎叶孝芝记》,细述夜梦文昌帝君降临与他谈《孝经》。吕维祺在梦中"与帝论明王治天下之本源纲领甚悉",帝君

---

① 程颢、程颐:《二程集》,王孝鱼点校,北京:中华书局,2004 年,第 224 页。

② 吕维祺:《孝经大全》卷十一,载《续修四库全书》第 151 册,上海:上海古籍出版社,2002 年,第 430—431 页。

③ 略举一例,杨简《饶娥庙记》:"《孝经》曰:'夫孝,天之经,地之义,民之行。'此道通贯上下,至一而无殊,……饶氏孝女得此道,故能恸哭流血以出父尸,蛟鼍鼋鱼,浮死万数。此岂有他道哉? 孝而已矣。孝,人心之所自有。此心之灵,于亲则孝,于兄则悌,于君则忠,于友则信,于乡则和,于民则爱,一以贯之,无所不通。故邑人祠娥而祝之,历年数百,旱祷而雨,疾祷而安,事祷而应。"(杨简:《慈湖先生遗书》卷二,载杨简:《杨简全集》第七册,董平校点,杭州:浙江大学出版社,2016 年,第 1863 页)

④ 吕维祺:《孝经大全》卷十一,载《续修四库全书》第 151 册,上海:上海古籍出版社,2002 年,第 432 页。

因其羽翼《孝经》甚力而赏赐"丹策图书符箓"以及"十有八茎叶"的孝芝一支,且命其"多寿考,备膺福祉,世世有文名显者"①。"图书符箓"大概是道教中神秘符文一类东西,此且不论,而"十有八茎叶"的孝芝正与十八章本《孝经》相对应。也恰在梦醒后的第二天,崇祯皇帝命表章《孝经》的《孝经制旨》下达,对吕维祺来说,孝感神应真的发生了。因此,吕维祺在文中引用汉代纬书说:

> 《孝经援神契》曰:"王者德至于草木则芝草生。"……《春秋》作而麒麟出,《孝经》成而黄玉降,则今上表章《孝经》相符天人感应之理,焉可诬也。
>
> 昔者至圣作《孝经》,盖为明王以孝治天下而发,其论孝治极至之效,则云"天下和平,灾害不生,祸乱不作",又云"孝弟之至,通于神明,光于四海,无所不通"。今天子表章《孝经》,躬行大孝,而灵芝之应如响,意者,麟出玉降,理固然尔。……余闻明王以孝治天下为瑞,非以芝瑞也。以孝治一身一家则一身一家治,以孝治一邑则一邑治,以孝治国则国治,以孝治天下则天下治。②

无须赘言,吕维祺对于《孝经·感应章》的解释与杨简、虞淳熙更为接近,与张载《西铭》、程子"孝悌神明非两事"之间则存在着较大差距。

以上就吕维祺在《孝经》诠释中和会朱陆的三种情况做了具体分析,不难看出,吕维祺的二重注释体例,与"集注"的体例比较吻合,但又有不同。这种不同就在于,不论是以上和会朱陆中的哪一种情况,程朱理学和陆王心学其实都是作为吕维祺注释的背景出现的。不论吕维祺是将前人之说引用至其第一重的"己注"中,还是放在解释、申明"己注"的第二重"他注"中,他在注释中都有着自己的判断和取向,并非委蛇因循前人旧说。但由于其欲"互存就质"诸家之说,就必然会导致《孝经大全》中出现以朱解陆、以陆解朱的复杂甚至有些混乱的情况,违背朱陆原意的情况也屡有出现。故朱陆二者作为吕维祺注释《孝经》的思想资源,在他的注释中仅仅取得了

---

① 吕维祺:《明德先生文集》卷十,载《四库存目丛书》集部第185册,济南:齐鲁书社,1997年,第157页。

② 吕维祺:《明德先生文集》卷十,载《四库存目丛书》集部第185册,济南:齐鲁书社,1997年,第158页。

表面文字上的和解,在某种程度上呈现出"得言忘意"的注释特点,这或许是吕维祺《孝经大全》注释体例在具体运用过程中所必然会陷入的困境。但不可否认的是,吕维祺博观群籍,将程朱理学、陆王心学二派的相关思想梳理并置,正可以让我们明了二派在关于《孝经》以及孝的认识上的差异,从而通过比较益加深入地理解《孝经》的义理和旨趣。

二、《孝经大全》"以经解经"的解经原则

吕维祺《孝经大全》的注释体例与他的解经方法紧密相关。"互存就质"的二重注释体例决定了吕维祺必然要在注释中对他所引诸家之说进行权衡和协调,如:将哪一家放在第一重"己注"中,将哪一家放在第二重"他注"中,以维护其注释的整体融贯性。这一权衡和协调的过程必然要有其原则,此即是注释者的解经原则。吕维祺在《孝经大全》中进行权衡和协调时,必然会涉及三方面的内容:作为思想资源的前人注释,吕维祺自己的观点,《孝经》文本本身。诠释的张力就在三者的关系中体现出来,而解经原则的生发和确立,也正是出现在三者关系最为紧张的时刻。通过分析《孝经大全》中最能体现三者紧张关系的注释,便可揭示吕维祺的解经原则。

《孝经大全》引前代之说,除五经与四书之外,共计 77 家,主要是:汉代10 家,宋代 27 家,明代 26 家。此外,《孝经大全》对前人旧说不合理者亦有明文批评,驳郑玄有 5 处,驳邢昺①《正义》有 7 处,驳吴澄有 6 处,驳董鼎有3 处,驳孙本有 1 处。其中,邢昺《孝经正义》是对唐玄宗《御注孝经》所作疏,孙本的《古文孝经解意》则是明代《孝经》注本的一个代表②。可见,吕维祺几乎对其所见影响较大的《孝经》注本都进行了检讨。其注释所择取资源的广博性,正反衬出其注释不拘一家,但也正因此决定了吕维祺必须在不同的思想资源之间进行选择,加以批判和吸收,从而提出自己认为正确的《孝经》注释。否则,就成了大杂烩,成了毫无层次、没有本末先后的简单堆砌。但是,批判或者吸收前人之注释以及提出自己的观点,都须有一个客观的根据,此根据自然不能从自己的主观立场出发,否则就成了他自己所批评的"以意解经"。此根据只能是《孝经》文本本身,因为自己的注释

---

① 实则为元行冲。下文同,不再出注。

② 孙本:《古文孝经解意》,载朱鸿编:《孝经总类》午集,载《续修四库全书》第 151 册,上海:上海古籍出版社,2002 年,第 126—132 页。

观点终归也要依附于《孝经》文本。吕维祺清楚地认识到了这一点，明确提出了从经典本身脉络出发理解经典，"以经解经"而非"以意解经"的解经原则①。对吕维祺来说，这条原则非常重要，因为作为解经者，其注解《孝经》，正是"欲明孔子作经之意"②，也就是说，力求使自己的观点符合于孔子《孝经》所表达的观点，这也正是吕维祺注解《孝经》所要达到的目的。

最能体现吕维祺解经原则的是他对《孝经·三才章》"先王见教之可以化民也，先之以博爱而民莫遗其亲"一段话的解释。其中，涉及他对《孝经》本文的态度、对邢昺《孝经注疏》和朱熹《孝经刊误》的判断和批评。对于"博爱"的解释，自理学兴起，便有着争论。这一争论的起因与唐代韩愈所说"博爱之谓仁"有关。在宋儒看来，以博爱来定义孔子的"仁"，这是错误的。程颐弟子问仁，程颐回答说：

> 此在诸公自思之，将圣贤所言仁处，类聚观之，体认出来。孟子曰："恻隐之心，仁也。"后人遂以爱为仁。恻隐固是爱也。爱自是情，仁自是性，岂可专以爱为仁？孟子言恻隐为仁，盖为前已言"恻隐之心，仁之端也"，既曰仁之端，则不可便谓之仁。退之言"博爱之谓仁"，非也。仁者固博爱，然便以博爱为仁，则不可。③

程颐区分了性与情，认为爱是情，而非性，依照孟子"恻隐之心，仁之端"的说法，爱只能说是仁的发露处，但不能说爱就是仁。因此，他认为韩愈"博爱之谓仁"的说法是不正确的。朱熹继承了程颐的这一思想，认为："仁是爱之理，爱是仁之用。"弟子向他询问韩愈的"博爱之谓仁"，朱熹说："是指情为性了。……把博爱做仁了，终不同。"④以体用关系来解仁与爱的关系，仁是体，爱是用，爱不足以尽仁，故以博爱定义仁自然是程朱所不能赞同的。且"博爱"之说，并没有将孟子以来的爱有差等、施有亲始的仁爱内涵表达出来，有混同于泛爱、兼爱之嫌。朱熹在解释《论语·颜渊》中子夏回答司马牛之忧所言"四海之内，皆兄弟也。君子何患乎无兄弟也"时，说：

---

① 吕维祺：《孝经大全》卷五，载《续修四库全书》第151册，上海：上海古籍出版社，2002年，第401页。
② 吕维祺：《孝经大全》序，载《续修四库全书》第151册，上海：上海古籍出版社，2002年，第346页。
③ 程颢、程颐：《二程集》，王孝鱼点校，北京：中华书局，2004年，第182页。
④ 黎靖德编：《朱子语类》卷二十，杨绳其、周娴君校点，长沙：岳麓书社，1997年，第416—417页。

"盖子夏欲以宽牛之忧,故为是不得已之辞,读者不以辞害意可也。"胡宏也说子夏这句话是"意圆而语滞"①。其担忧也正与对"博爱"的担忧一致,即有悖于儒家仁爱思想而流于异端。朱熹之意是,若果真视天下人皆是兄弟,那就是不分差别的兼爱了。所以胡宏和朱熹都认为子夏的这句话用语有不当之处。此足以窥见,宋代理学家在严防佛老之学相滥于儒学之时在学术上自觉持有的谨小慎微态度,同时也表露出理学家在解释经典时的据理疑经之特点。

而《孝经》中正有"博爱"一语。朱熹也有着同样的担心,他在《孝经刊误》中就认为:"'先之以博爱'亦非立爱惟亲之序。若之何而能使民不遗其亲耶?"朱熹怀疑这句话非圣人之言,并将其删去②。对于朱熹的做法,吕维祺自然不能同意,在他看来,《孝经》"一脉相生,一气相贯,真一字不可窜易"③。正因此,他在关于这段话的第二重注释中丝毫未采朱熹之言,而是采用了唐代的《孝经注疏》之说:"先王……须身行博爱之道以率先之,则人渐其风教,无有遗其亲者。"④而唐玄宗注解正是"君爱其亲,则人化之,无有遗其亲者"⑤。"爱其亲"和"博爱"相对应,这正符合吕维祺以"广其爱于亲"解"博爱"的做法。为了解决朱熹在《孝经刊误》提出的难题,吕维祺采取了字义训释、以经证经等多重策略。

吕维祺首先对"博爱"与"博施济众"做了区分,认为"博爱"即"博爱其亲""笃于亲"之意,故并不违背儒家的立爱从亲始之说。"博施济众"则相当于孟子说的"老吾老以及人之老"。但在吕维祺之前从未有儒者如此解释"博爱",故有人就向他询问:"'博爱'为'博爱其亲',有据乎?"吕维祺解释说:"按《说文》:'博:大,通也。'又《广韵》亦曰:'大也,通也。'据本经文有云'人之行莫大于孝,孝莫大于严父,严父莫大于配天',其大也至矣。又云'孝弟之至,通于神明''无所不通',其通也至矣。大而通,其博爱也至矣。

① 朱熹:《四书章句集注》,北京:中华书局,1983年,第131页。

② 朱熹:《孝经刊误》,载朱熹:《朱子全书》第23册,朱杰人、严佐之、刘永翔主编,上海、合肥:上海古籍出版社、安徽教育出版社,2002年,第3207页。

③ 吕维祺:《孝经或问》卷一,载《续修四库全书》第151册,上海:上海古籍出版社,2002年,第535页。

④ 吕维祺:《孝经大全》卷五,载《续修四库全书》第151册,上海:上海古籍出版社,2002年,第399页。

⑤ 李隆基注,元行冲疏:《孝经注疏》,邓洪波整理,钱逊审定,北京:北京大学出版社,1999年,第20页。

故'博爱'为'博爱其亲',无疑也。"他还找到了《孝经》之外的文本如《论语》"事父母能竭其力""君子笃于亲"以及《礼记·檀弓》"左右就养无方"等作为论据,论证"博"犹"竭也,笃也,无方也",认为"博爱"就是竭力事亲、"广其爱于亲"之意。然后,他又从解经方法上对解"博爱"为"博爱其亲"的做法加以申释,认为:

> 以理揆之则知之耳。君子亲亲而仁民,仁民而爱物,若谓"博爱其民"是不先之以亲亲而先之以仁民也,于理通不去。

> 以经文证之则知之耳。本句经文"先之以博爱",若谓"博爱其民",是后一层事,不应言"先于",本句经文通不去。前章经文"爱敬尽于事亲,德教加于百姓,刑于四海"。若谓"博爱其民",是爱敬先加于百姓,而遂刑于四海,于前章经文通不去。后章经文"不爱其亲而爱他人者谓之悖德",若谓"博爱其民",经不应自相矛盾而一则曰先之,一则曰悖德也,于后章经文通不去。①

从这两段话来看,吕维祺对《三才章》的解释体现了"以理揆之"和"以经证之"两个原则。"以理揆之",故他要依孔孟亲亲—仁民—爱物的推扩次序,解"博爱"为爱由亲始意义上的"博爱其亲"。"以经证之",故他一方面以训诂的方式对"博"做了新的训释,并引《孝经》本文和《论语》《礼记》等书辅证其说②;另一方面从义理上将他所解释的"博"与《孝经》中的前后文相联系贯通起来。既做到了由字以通义、以通理,又做到了以经证经。

通过这样的分析和诠释,他对自己解经的原则做了高度总结:

> 凡经文有疑者,作何解?曰:于理不可通者,意见也。于经不可通者,信传之过也。是故以意见解经,不如以理解经。以传解经,不如以经解经。圣人之言千变万化,一以贯之,只是个理,要虚心体认始得。③

在这段话中,"以理解经"和"以经解经"相应,"以意见解经"和"以传解经"

---

① 吕维祺:《孝经大全》卷五,载《续修四库全书》第 151 册,上海:上海古籍出版社,2002 年,第 401 页。

② 吕维祺:《孝经大全》卷五,载《续修四库全书》第 151 册,上海:上海古籍出版社,2002 年,第 400—401 页。

③ 吕维祺:《孝经大全》卷五,载《续修四库全书》第 151 册,上海:上海古籍出版社,2002 年,第 401 页。

相应。这两种解经方式中,吕维祺所批评的是后者。"以理解经"实即吕维祺所说"以理揆之","以经解经"实即其所说"以经文证之"。

对于"以传解经"和"以经解经"二者的区分,其实在朱熹思想中即可寻到踪迹。朱熹说:

> 读书,须从文义上寻,次则看注解。今人却于文义外寻索。①
>
> 圣贤形之于言,所以发其意。后人多因言而失其意,又因注解而失其主。凡观书,且先求其意,有不可晓,然后以注通之。如看《大学》,先看前后经亦自分明,然后看传。②

朱熹所言"从文义上寻",与吕维祺的"以经文证之"无异。在朱熹看来,圣贤立言以发意,故读经者以探求圣贤之意(即吕维祺所说"理")为终极目的。虽然载有圣贤之言的经典本身是求圣人之意的门径,但是仍会出现"因言失意"而迷失于语词丛林中的情况。更甚者,读者废经典而不读,专读后人之注疏,这更是曲之又曲,离道愈远。所以他主张先求其意,将经文前后通贯,若不理解,再以后人之注释作为辅助。朱熹对于后人之注疏是持很强的谨慎态度的,他说:"解经已是不得已,若只就注解上说,将来何济!"③若能直接从圣人之言以通圣人之意,解经、作注都是头上安头、骑驴觅驴之举。"只就注解上说",正是吕维祺所批评的"以传解经"。

朱熹还对经典与解经者二者的关系做了个很好的譬喻,他说:"圣经字若个主人,解者犹若奴仆。今人不识主人,且因奴仆通名,方识得主人,毕竟不如经字也。"④圣贤之经典是"主人",解经者是"奴仆",若读者不读经典,反以解经者所作的传注作为媒介来体会圣人之意,这肯定比不上直接阅读经典,"以经解经",即如他所言"以书观书,以物观物,不可先立己见"⑤。这正是强调从经典文本出发来理解经典的重要性。

而吕维祺在解释"以经解经"时所说"圣人之言千变万化,一以贯之,只是这个理,要虚心体认始得",这段话涉及读经工夫,亦是本自程朱,程颐言:

---

① 黎靖德编:《朱子语类》卷十一,杨绳其、周娴君校点,长沙:岳麓书社,1997年,第173页。
② 黎靖德编:《朱子语类》卷十四,杨绳其、周娴君校点,长沙:岳麓书社,1997年,第228页。
③ 黎靖德编:《朱子语类》卷十一,杨绳其、周娴君校点,长沙:岳麓书社,1997年,第163页。
④ 黎靖德编:《朱子语类》卷十一,杨绳其、周娴君校点,长沙:岳麓书社,1997年,第173页。
⑤ 黎靖德编:《朱子语类》卷十一,杨绳其、周娴君校点,长沙:岳麓书社,1997年,第162页。

学者当以《论语》《孟子》为本。《论语》《孟子》既治,则六经可不治而明矣。读书者,当观圣人所以作经之意,与圣人所以用心,与圣人所以至圣人,而吾之所以未至者,所以未得者,句句而求之,昼诵而味之,中夜而思之,平其心,易其气,阙其疑,则圣人之意见矣。①

朱熹言:

大凡人读书,且当虚心一意,将正文熟读,不可便立见解。②

只是虚心平读去。③

吕维祺在评述《闺门章》时即曾引用程颐"平其心,易其气,阙其疑"之说④。

但吕维祺又与程朱有很大不同。程朱强调读经者自身的体贴,将读经作为切己事玩味体察,即将经典所载义理体之于身心,有着"得意忘言"的味道。如朱熹说:"读六经时,只如未有六经,只就自家身上讨道理。"⑤这种读经观与其天理说紧密相关,朱熹说:"六经是三代以上之书,曾经圣人之手,全是天理。"⑥朱熹言:"经之有解,所以通经。经既通,自无事于解。借经以通乎理耳,理得,则无俟乎经。"⑦也就是说,天理恒常,古今不易,圣人之经也不过是"天理"的表达和体现。而天理能为人心所体得,人心具有体认承载天道的能力⑧,所以,阅读经典也成了捕鱼之筌。于此可见,宋儒解经,多据理疑经,并非无由。

而吕维祺并没有这样一个"天理"的预设,他所说的"理"并非天理,而是体现圣人之意的经典的文理、义理。正因此,"以经文证之"才与"以理揆之"构成了对等关系。而在朱熹的经典观中,"理"相对于经典内容来说具有更高的地位,体会得天理可以无经。此处,即体现出了学术史上的汉学与宋学在解经上的差别。当然,吕维祺并非不承认"天理"的存在,他本人在与师友弟子的讲学中也是以朱熹的《四书章句集注》为主,但是我们能够

---

① 程颢、程颐:《二程集》,王孝鱼点校,北京:中华书局,2004年,第322页。

② 黎靖德编:《朱子语类》卷十一,杨绳其、周娴君校点,长沙:岳麓书社,1997年,第191页。

③ 黎靖德编:《朱子语类》卷十一,杨绳其、周娴君校点,长沙:岳麓书社,1997年,第187页。

④ 吕维祺:《孝经大全》卷九,载《续修四库全书》第151册,上海:上海古籍出版社,2002年,第424页。

⑤ 黎靖德编:《朱子语类》卷十一,杨绳其、周娴君校点,长沙:岳麓书社,1997年,第188页。

⑥ 黎靖德编:《朱子语类》卷十一,杨绳其、周娴君校点,长沙:岳麓书社,1997年,第190页。

⑦ 黎靖德编:《朱子语类》卷十一,杨绳其、周娴君校点,长沙:岳麓书社,1997年,第192页。

⑧ 宋儒的道统说亦可由此获得一理解。只有承认当代人完全能够体认天道、天理的必然性,当代人才有可能成为道的传承者。体道是传道的前提。

看到他对于人能否把握"天理"持有高度的警惕性。他说："天地间安有所谓文,只有一理。其可见为文者,皆理之糟粕……学人者欲以千古而下设身圣人之地,以传圣人之心,为圣人之言,斯亦远矣。如以丹青传照,愈传愈失其真。……今之学人皆其自谓能为圣人之言者也。"正因此,他只说自己所写之文谓"理尘",而不是理本身,不敢自谓已得圣人本心①。这段话不禁会让我们想到刘宗周对阳明学末流"冒认本体""冒认圣人"的批评。他批评那些口口声声"欲以千百世下解千百世以上圣人之言"者往往"求诸渺茫无何有之乡",正是出于这样的考虑,他强调,与其如此,不如求于圣人之"孝弟庸行"、圣人之日用常行②。而他之所以毕生用力于发明《孝经》,其因即归根于此。

从宋明理学转进至清代汉学,这一转进过程必定与儒者对于"经典"的态度、"解经"的方法有莫大关系。若完全信任经典,认为其真实地反映了圣人之意,那么,在解经的过程中,就必然会强调从经典本文出发。如与朱熹相较,吕维祺对经典(《孝经》)的态度显然是更为尊信,这正是二人在注解《孝经》时所反映出的不同。我们也可以看到,吕维祺所主张的"以经解经""以理解经",稍过一步,便成了朱熹的"理得则无俟乎经"。圣人既萎,千百年之后,谁又有何凭据,断言自己所体会的"理"便是圣人之意,便是"天理"呢?只有经典才是衡量、体认圣人之意的客观标准。即此而言,"以理解经",就是"以经解经"。如果不是"以经解经",不以经典作为客观尺度,那就变成了"以意解经"。"理"也就成了"意",或者将自己体会所得的"意"视为"天理"。吕维祺"以经解经"的提法,从一个侧面反映了晚明儒者对于经典解释的反省和思考,称之为汉学解经的萌芽当不过分,此或即清代解经风格之先导?

小　结

吕维祺在对《孝经》的注解和诠释中,以互存就质、和会朱陆的方式,欲和会程朱理学、陆王心学两派之注。这样的做法并不成功,其中遗留有很

---

① 吕维祺:《明德先生文集》卷九,载《四库存目丛书》集部第 185 册,济南:齐鲁书社,1997 年,第 149 页。

② 吕维祺:《明德先生文集》卷九,载《四库存目丛书》集部第 185 册,济南:齐鲁书社,1997 年,第 156 页。

多问题,尤其是就其注释的整体性和一贯性而言,由于并存两派之说,往往有互相矛盾、扞格不通之处,抑或与吕维祺自己对《孝经》的理解有着隔阂。这一切都表明,和会朱陆在经典解释上所存在的难度相当大。但吕维祺所提出的"以经解经"原则却是很成功地化解了朱熹在《孝经刊误》中提出的关于"先之以博爱"的注释难题。而且,这一解经原则是他在注解经典时所自觉提出的。这一点对于我们观察和理解明清思想转型有着重要意义。余英时在谈及明代后期朱学和王学的义理之争时,指出:当时已经出现了"论学一定要'取证于经书'""质诸先觉,考诸古训"的口号,表明义理的是非之争"只好取决于经书",他认为这就是后来清儒所谓"训诂明而后义理明""汉儒去古未远"这一类说法的先声①。但余先生的说法是就思想史的发展来说,并未观察明代后期儒者对经典的注释。而从吕维祺对《孝经》的注释来看,吕维祺所提出的"以经解经"原则无疑更能鲜明地预示清代学术的发生②。

黄宗羲所作《万充宗墓志铭》中赞万斯大(字充宗,1633—1683)之学,其中就提到了"以经释经",说:

> 充宗……以为非通诸经,不能通一经;非悟传、注之失,则不能通经;非以经释经,则亦无由悟传、注之失。何谓通诸经以通一经?经文错互,有此略而彼详者,有此同而彼异者,因详以求其略,因异以求其同,学者所当致思也。何谓悟传、注之失?学者入传、注之重围,其于经也毋庸致思,经既不思,则传、注无失矣,若之何而悟之?何谓以经解经?世之信传、注者过于信经,试拈二节为例……充宗会通各经,证坠缉缺,聚讼之议,涣然冰泮,奉正朔以批闰位,百注逐无坚城。③

依黄宗羲对万斯大解经方式的概括,正似一个"解释学循环"。依其妙喻,直接面对经典才是冲出传注之重围的关键。其中所说的"信传注过于信经"的做法,朱熹对此早有批评。而吕维祺更是明确提出了"以经解经",据

---

① 余英时:《中国思想传统及其现代变迁》,桂林:广西师范大学出版社,2004年,第194页。

② 此外,吕维祺极为重视礼。他作有《存古约言》《四礼约言》等礼学著作,认为若要挽救不道德而尚奢靡的世风,"惟礼可以已之",此为"古代之权舆,风教之嚆矢"(吕维祺:《明德先生文集》卷八,载《四库存目丛书》集部第185册,济南:齐鲁书社,1997年,第132页)。此亦可见明末重礼之风。

③ 黄宗羲:《万充宗墓志铭》,载黄宗羲:《黄宗羲全集》第十册,沈善洪主编,平慧善校点,杭州:浙江古籍出版社,1993年,第405页。

经以驳前人旧注,此即黄宗羲所谓"非悟传注之失则不能通经,非以经释经则亦无由悟传注之失"。至于"非通诸经则不能通一经",吕维祺引《论语》《礼记》等以证《孝经》,故也可以说已经带有了这样的特点。如他对《孝经》"先之以博爱"的注释,顾炎武《日知录》卷八"博爱"条即谓:"'先之以博爱而民莫遗其亲。''左右就养无方',博爱也。"①顾氏引《礼记·檀弓》"左右就养无方"以作解,是否便是直接出自吕维祺,不能确证,但二人以经证经的思路确是一致的。梁启超在《中国近三百年学术史》中亦引黄宗羲的这段话以概括清代经学的治经特质②。今人研究乾嘉学者的治经方法时,亦多引及,甚至将其视为"乾嘉治经方法的近源"③。但事实上,这一治经方法,明末学者即已明确标出。据此以观,研究明清学术思想的变迁,对明代后期经注的研究不可忽视。长期以来,明代经学都被视为经学史上的"积衰时代",卑视明代经学,谓"明时所谓经学,不过蒙存浅达之流;即自成一书者,亦如顾炎武云:明人之书,无非盗窃"④。这一看法无疑显得有些批评过度,否则,执持于这一看法而认为明代经学无研究之价值,便无法勘清明清学术思想之流变。

第四节　黄道周的《孝经》学

——以《孝经集传》为中心

　　黄道周的《孝经》学著作非常丰富,有《孝经集传》四卷、《孝经辨义》一卷、《孝经本赞》一卷、《孝经颂》一卷。此外,黄道周在白云库狱中所书《孝经定本》一百二十本,虽然主要是书写《孝经》的经文,但黄道周往往在文后增加跋语,其中包含的信息也非常丰富,值得留心⑤。拙作《晚明〈孝经〉学研究》一书第二章中已对黄道周的《孝经》改本情况做过讨论,此处主要以黄道周的《孝经集传》为研究对象,结合其相关著述,一方面分析黄道周如何推阐《孝经》之微义,另一方面则以此揭示黄道周的仕宦生涯与其《孝经》学之关联。民国大哲刘咸炘曾谓黄道周之学思经术"当分为二,一为《易》

---

① 顾炎武著,张京华校释:《日知录校释》,长沙:岳麓书社,2011年,第283页。
② 梁启超:《中国近三百年学术史》,北京:中国书店,1985年,第72页。
③ 郑吉雄:《乾嘉学者治经方法与体系举例试探》,载蒋秋华主编:《乾嘉学者的治经方法》,台北:中国文哲研究所筹备处,2000年,第112页。
④ 皮锡瑞:《经学历史》,周予同注释,北京:中华书局,1981年,第278页。
⑤ 如笔者所见到的第二十八本,文后便有七百余字的跋语。

《诗》《春秋》之讲数，一为《孝经》《礼记》之讲理"①。据此，探究其《孝经》学对于了解其思想来说应是极为关键的。

黄道周之《孝经集传》，以《孝经》为经，以《礼记》《仪礼》《孟子》中的相关内容为大传，又在经文、大传以下加以己注，作为小传。这种注释方法，与吕维祺的《孝经大全》极为相似。不同之处在于，吕维祺是将包含了先秦至当时的经史子书以及宋明儒者之说都容纳进了自己的注释中。根据上一节的研究，即可知，吕维祺对《孝经》的注释是通过分重注释来容纳不同学派的思想，并阐发和扩展《孝经》义理。而黄道周的分大传和小传的做法也正是另一种的分重注释法，亦极大地扩展了《孝经》的义理。而且，更重要的是，由于黄道周以《孝经》为六经之总会，以《孝经》与《春秋》相表里，所以他认信《孝经》为孔子所作，且目的都是为后世立法。这一态度显然与今文《春秋》学的立场一致，这一点从他以《孟子》为《孝经》之传的做法也可体现出来。从今文经学的立场来看，《孝经》也必然如《春秋》一样，其中伏藏了孔子作经之微言大义。

一、孔子晚年作《孝经》与《孝经》五微义

黄道周在《书古文孝经后》中言及《孝经》有三微义、五著义：

> 《孝经》有三微五著。何谓三微？ 因性作教，使天下之言教者皆归于性，一微也；因严教敬，使畎亩父子皆有君臣之义，二微也；因亲事天，使士庶人皆有享祀明堂之意，三微也。何谓五著？ 臣子不敢毁伤其身，天子不敢毁伤天下人之身，一著也；天子不以名与人，臣子不敢取当世之名，亦不能终辞后世之名，二著也；臣子聚后世之欢心以事其亲，天子聚天下之欢心以事其亲，三著也；显亲在于身后，安亲在于生前，四著也；君亲不恤其天下，则臣子不敢恤其肤体，以义成仁，以敬教爱，五著也。至如著非孝之法，绝杨墨之学，炳如日星，不待绅绎，可与天下共悟矣。②

---

① 刘咸炘：《刘咸炘学术论集・子学编》，黄曙辉编校，桂林：广西师范大学出版社，2007 年，第 573 页。

② 黄道周：《书古文孝经后》，载黄道周：《黄道周集》（三），翟奎凤、郑晨寅、蔡杰整理，北京：中华书局，2017 年，第 961—962 页。

显然，三微五著之说，正是效法《汉书·艺文志》"微言大义"一语，"著"即是"大"，此可见其受汉儒经学之影响。汉儒言微言大义多是以《春秋》为据，而纬书又言："子曰：吾志在《春秋》，行在《孝经》。"黄道周正是吸收了这一说法。他在与弟子论学中即谈及此说，认为《春秋》和《孝经》俱为夫子晚年所作，故《论语》虽言"兴于《诗》，立于礼，成于乐"以及"《诗》、《书》、执礼"，但并未提及此二经①。以《孝经》为夫子晚年所作，此正是郑玄之说。黄道周转而阐发"行在《孝经》"之义，谓：

> 夫子自云"吾无隐乎尔，吾无行而不与二三子者"。又云"躬行君子，则吾未之有得"，他日又云"吾之行事在于《孝经》"，诸如此等，岂在言述。大畜之卦曰"多识前言往行"，此是言述之本，反卦便是无妄，曰"先王以茂对时，育万物"，此是无言有述之本。②

他将《论语》之"天何言哉，四时行焉，百物生焉"与《周易》大畜、无妄二卦结合起来，以此论证《论语》之所以不言《孝经》之由。同时，也等于为汉儒所言"行在《孝经》"找到了《易》学的根据。

在《孝经集传》中，黄道周将三微义扩展成了五微义，黄道周在《孝经集传》序文中即言：

> 臣绎《孝经》微义有五、著义十二。微义五者：因性明教一也，追文反质二也，贵道德而贱兵刑三也，定辟异端四也，韦布而享祀五也。此五者。皆先圣所未著，而夫子独著之，其文甚微。十二著者：郊庙、明堂、释奠、齿胄、养老、耕耤、冠、昏、朝聘、丧、祭、乡饮酒是也。著是十七者以治天下，选士不与焉，而士出其中矣。天下休明，圣主尊经，循是而行之，五帝三王之治犹可以复也。③

五微义中包含了《书古文孝经后》中所谓"著非孝之法，绝杨墨之学"的"定辟异端"，又多出了"追文反质""贵道德而贱兵刑"。其中，"贵道德而贱兵刑"与"因性明教"实则是紧密相关的。而《书古文孝经后》中的"因性作教，

---

① 黄道周：《榕坛问业》卷十一，载《文渊阁四库全书》第717册，台北：台湾商务印书馆，1982年，第418页。

② 黄道周：《榕坛问业》卷九，载《文渊阁四库全书》第717册，台北：台湾商务印书馆，1982年，第389页。

③ 黄道周：《孝经集传》序，载《文渊阁四库全书》第182册，台北：台湾商务印书馆，1982年，第157页。

使天下之言教者皆归于性"与"因严教敬,使畎亩父子皆有君臣之义",二者
也是紧密相关的。所以在五微义中真正多出来的是"追文反质"和"定辟异
端"二者①。在黄道周看来,五微义是孔子著于《孝经》中的内容,而孔子之
前的古代圣人皆未能揭示出此五微义,黄道周尊孔子、崇《孝经》之意甚明。
依照他的看法,《孝经》也是"辞微而旨远",而其《集传》又将此五微义阐发
出来,其目的并非单纯为解释《孝经》的内容,而是有着经世致用的现实目
的。通过对《孝经集传》与黄道周生平经历的结合分析,我们会发现,《孝经
集传》是黄道周以生命内在精神所凝聚、以时代精神所贯注而成的。

"因性明教"为第一微义与"因性明教"相关者,即是"因心成治"。黄道
周常将二者合而论之,这二者是《孝经》的主旨。因性明教,本是先秦儒家
思想中所蕴含。如《中庸》言:"天命之谓性,率性之谓道,修道之谓教",此
即包含因性明教、本性立教之义。而"因心成治"亦是儒家义理。先秦儒家
如孟子所言"以不忍人之心行不忍人之政"的仁政、"天视自我民视,天听自
我民听"的说法,皆是主张统治者理应顺应天下百姓之心以为政。

黄道周解释《孝经》首章"先王有至德要道以顺天下,民用和睦,上下无
怨,汝知之乎",即言:"顺天下者,顺其心而已。天下之心顺,则天下皆顺
矣。因心而立教,谓之德,得其本则曰至德。因心而成治,谓之道,得其本
则曰要道。道德之本,皆生于天。因天所命,以诱其民,非有强于民也。夫
子见世之立教者不反其本,将以天治之,故发端于此焉。"其解释"孝,德之
本也,教之所由生也",言:"本者,性也。教者,道也。本立则道生,道生则
教立。先王以孝治天下,本诸身而征诸民,礼乐教化于是出焉。"②此即显
然意识到了《孝经》首章与《论语·学而》第二章有子之言的关联。《榕坛问
业》即记载黄道周言"孝能生仁""敬能生仁"是"《论语》中常谈也"③。

因性立教,本心成治,为《孝经》之主旨,故开端孔子便发论之。与前人
不同,黄道周并未直接指出"至德""要道"是什么。郑玄《注》以"至德"为孝

---

① 就写作时间上来说,《书古文孝经后》当作于崇祯十三年左右,《孝经集传》则写成于崇祯十一
　年。虽然,后者的成书要晚于前者,但是黄道周对于《孝经》的思考却由来已久。所以,五微义
　和十二著义的说法,显然更能代表其对《孝经》的全面认识和思考。
② 黄道周:《孝经集传》卷一,载《文渊阁四库全书》第 182 册,台北:台湾商务印书馆,1982 年,第
　157 页。
③ 黄道周:《榕坛问业》卷五,载《文渊阁四库全书》第 717 册,台北:台湾商务印书馆,1982 年,第
　323 页。

悌,"要道"为礼乐,而孔安国《传》则以"至德要道"为孝悌。由于《孝经》以言孝为宗,故后世之解多以"至德要道"为孝悌,从唐玄宗至明代,几乎众口一说。而黄道周则认为,德是因心而立教,至德便是因心立教且得其本。道是因心而成治,要道便是因心成治且得其本。之所以要得其本,是因为在他看来,"道德之本皆生于天",所以不论是"立教"还是"成治"皆是因天所命,而非拂逆民性也。故不论是因心而立教,还是因心以成治,其要得其本,这便是"以天治之"。黄道周于《孝经》首章注释中便引入了"天""天治"的概念,这成为其解释《孝经》的一个重要思想概念。其解释"敬",便产生了"敬身以敬亲,敬亲以敬天"①的说法,都与此有关。就首章而言,"天"与"本"处在对应的位置上,故而实质内容就落在此关键的"本"字上。黄道周说,"本"即是"性",即是孝。他引用《论语·学而》有子之言"孝悌也者,其为人之本与? 君子务本,本立而道生"以作解。而"教"即是道,即是礼乐教化。他在《广要道章》注中就说:"孝悌者,礼乐之所从出也。孝悌之谓性,礼乐之谓教。因性明教,本其自然。"②也就是说,得其本而立教,也就是要本孝而立教,礼乐教化皆从性出,即皆从孝出。故而本性立教,因心成治,也就是以孝治天下了。这一解释也就与"礼有三本:天地君亲师"的论说相合,天为礼之大本。细察黄道周的意思,他是将"德、道"解释为"礼乐教化","至德要道"为本孝而成的"礼乐教化",此解与郑玄有相似处③。而其密切关注孝与礼之关联,也显然是受郑玄思想的影响。比如他写作《坊记集传》,认为《坊记》是"端源于礼制,障流于淫欲,先之以敬让,衷之以孝悌,终始于富而不骄、贵而不淫,以为君臣、父子、夫妇、昆弟、朋友之所由正"④,此说正是基于郑玄。总而言之,黄道周对首章的解释其实结合了《大学》《中庸》《论语》之言,而其解释从始至终都关注了礼制的精神。

与宋明理学家之论孝不同,二程、朱熹解释"孝悌也者,其为仁之本

① 黄道周:《孝经集传》卷一,载《文渊阁四库全书》第182册,台北:台湾商务印书馆,1982年,第158页。
② 黄道周:《孝经集传》卷三,载《文渊阁四库全书》第182册,台北:台湾商务印书馆,1982年,第219页。
③ 就黄道周《孝经集传》及其他著作而言,他对《孝经》的注释应当并未参考郑玄注。因为郑玄注已佚,仅在唐代《孝经注疏》中存留,这也是晚明儒者所能见到的最早的完整《孝经》注本。但唐明皇注是将"至德要道"皆解为"孝",并未采用郑玄之说。
④ 黄道周:《黄道周集》(三),翟奎凤、郑晨寅、蔡杰整理,北京:中华书局,2017年,第858页。

软",将"孝悌"解为"行仁"之本,而非"仁"之本。因为就性而言,"仁"才是本,性中只有仁义礼智,何尝有孝悌,而仁是兼德、全德,所以仁才是真正的本,仁才是性。孝悌仅仅是行仁之本,即行仁之始的意思。此说亦为王阳明及其弟子所继承。观黄道周之意,与此显然有着差异。《孝经》言"孝,德之本",而黄道周解"本"为"性",此便是以孝为性了。黄氏曾言:"陆象山论学以孩提爱敬,可废六经,虽有激扬已进之论,其大指不失于立身终始、明堂享帝之说。"①此可见其对孝的理解更偏向于心学,而非理学。民国刘咸炘已见及此,谓:

> 《朱陆刊疑》谓二人之争皆不是,主于调和。又《子静直指》盛推象山,独拈爱敬之精。《格物证》一篇以顿渐殊候调和广狭二说。《王文成公碑》谓"其学被于天下,争辨四五十年,要于原本所以得此未之知也",《书碑后》解之曰:"文成自家从践履来,后儒都说从妙悟来,所以差了。"《王文成公集序》则谓"陆、王得伊尹、孟子之传,朱学孔而不能逾程,王学孟而近于伊"。……盖其与诸儒无所专主,而己亦未有以自立门庭。②

《孝经·三才章》讲:"先王见教之可以化民也。是故先之以博爱,而民莫遗其亲。陈之于德义,而民兴行。身之以敬让,而民不争。道之以礼乐,而民和睦。示之以好恶,而民知禁。"黄道周解释:"孝而可以化民,则严肃之治何所用乎。孝,教也。教以因道,道以因性,行其至顺而先王无事焉。"③以孝治,则"其教不肃而成,其政不严而治"。而所谓"严肃之治",即是指刑法之治。他引用《礼记·缁衣》"子曰:夫民教之以德,齐之以礼……《甫刑》云:'苗民匪用明,制以刑,惟作五虐之刑曰法',是以民有恶德,而遂绝其世也"作解,孝治或礼乐教化之治的反面就是"严刑肃法"之治,黄道周谓:"严刑肃法之不可以治也,五虐之去五教也远矣。……孟子曰:'人性之善也,犹水之就下,人无有不善,水无有不下。'"所以在他看来,既然人性善,故本性立教,即应当施行仁政德治、礼乐教化,而非制定严刑峻法,施行

---

① 黄道周:《黄道周集》(三),翟奎凤、郑晨寅、蔡杰整理,北京:中华书局,2017年,第861页。
② 刘咸炘:《刘咸炘学术论集·子学编》,黄曙辉编校,桂林:广西师范大学出版社,2007年,第572页。
③ 黄道周:《孝经集传》卷二,载《文渊阁四库全书》第182册,台北:台湾商务印书馆,1982年,第183页。

残虐之治。人性善,故苗民之以恶德闻名,绝非苗民之本性,而是因为在上者之失教。"德教失于上,严刑束于下,从之不可,乃有遁心。"上不行德教,百姓便有遁心。与此相反的是,"禹立三年,天下遂仁"以及"成王之孚,天下之式"的情况①。以此可见本性立教、施行德政之重要性。

由此便进至《孝经》的另一微义——"贵道德而贱兵刑"。黄道周解释《五刑章》即言:"兵用而后法,法用而后刑,兵刑杂用而道德乃衰矣。"②在他看来,名法之术用,则孝弟之义即衰。他论证说,虽然四时有阴阳,草木有荣枯,政治有赏罚,"春视赏而秋视罚","草木霜露顺其阴阳,庆赏刑威中于理义,故神明之意得而四海之心服也。然则治理天下之要在于赏罚也",但是,"圣人不以赏罚为义而以孝弟为义",这是因为孝弟与名法二者的本末先后关系,"孝弟明而名法出矣",虽然依循孝弟之性而施政,其目的并不是以刑名法术治国,但却在客观上能够使赏罚分明。而如果以刑名法术治国的话,其目的则必然不在于孝弟,而且也必然不可能实现天下人皆孝弟的目的,反而会导致"赏罚明则孝弟衰"的结果③。法家以信赏必罚为标准来治国,其导致的结果只能是瓦解了人与人之间孝弟忠信的关联。所以,圣人尚孝弟。因此,黄道周对《孝经》"贵道德而贱兵刑"的阐发,实际上含有着对于法家思想的批评。这就关涉《孝经》所含的另一微义——"定辟异端"。

黄道周在《五刑章》的注释中,亦同时阐发了《孝经》"定辟异端"之微义。在他看来,孔子虽然主张以孝治天下,贵道德而贱兵刑,但是还要写《五刑章》,讲究刑罚,这是有复杂原因的。"夫子之言盖为墨氏而发也。"他解释说:"夫子逆知后世之治礼乐,必入于墨氏。墨氏之徒,必有要君、非圣、非孝之说,以燀乱天下,使圣人不得行其礼,人主不得行其刑。刑衰礼息,而爱敬不生,爱敬不生,而无父无君者,始得肆志于天下。故夫子特著

① 黄道周:《孝经集传》卷二,载《文渊阁四库全书》第 182 册,台北:台湾商务印书馆,1982 年,第 184 页。

② 黄道周:《孝经集传》卷三,载《文渊阁四库全书》第 182 册,台北:台湾商务印书馆,1982 年,第 214 页。

③ 黄道周:《孝经集传》卷四,载《文渊阁四库全书》第 182 册,台北:台湾商务印书馆,1982 年,第 240 页。

而豫防之,辞简而旨危,忧深而虑远矣。"①所以制定刑法是圣人不得已而为之,因为"侮圣人之言则必侮礼,侮礼则必兴乱,兴乱则刑敝,刑敝则兵敝"。为了防止这样的情况发生,防止礼之敝,以刑防之,使"礼刑相维"。他引用了孟子对于杨、墨二家的批评"杨氏为我,是无君也。墨氏兼爱,是无父也。无父无君,是禽兽也"。并解释说,因为墨氏无父,此为《孝经》中说的"非孝无亲",杨氏无君,则是属于"要君非上"一类,前者为不孝,后者为不忠,移孝方为忠,所以墨氏之罪更重,且墨家尚节薄葬,非乐非礼,而一旦礼废,则"臣弃其君,子弃其父",虽然不是篡弑,但却有甚于篡父者。正因为如此,《孝经》才说"罪莫大于不孝"。既然如此,那么便可以说:"墨氏者,五刑之首也。"②

以上之批评杨墨是就大体上的非孝非忠而言。具体说来,黄道周又进一步指出墨家之非礼实悖人之性,并以此将佛老与墨家联系起来,指出三者的同质性。首先是丧礼,他引用《论语》中孔子与宰我谈论三年之丧一段话,指出在冠昏丧祭四礼中,后二者的重要性,正如孟子所言:"生不足以当大事,死之为大事也。"丧祭之礼放在《孝经》的末章中,也表明了孔子之重视,"《孝经》之大存于丧祭"③。黄道周批评"宰我冒不仁之名"以及后世丧礼之短,此是"使战国之习得以乱后世,佛老之教得以混冠裳"。而汉文帝之时,由于重视黄老之术,曾短暂实行短丧制度,故而黄道周说:"墨氏之与佛老,其究同趣。"其次是葬礼,"上古不葬,厚衣以薪,葬于中野,非不葬也。……而后世庶人衣之以火,则是墨氏之教也,非古人之意也。"④批评后世崇信佛教,施行火葬,此与墨家之教同。火葬起源于佛教,中土本无此制,故是将佛教同于墨家之教,即佛氏与墨氏同道也。黄道周进一步引用《礼记·三年问》之言说:"何以三年也……上取象于天,下取法于地,中取则于人,人之所以群居和壹之理尽矣。故三年之丧,人道之至文

① 黄道周:《孝经集传》卷三,载《文渊阁四库全书》第182册,台北:台湾商务印书馆,1982年,第214页。
② 黄道周:《孝经集传》卷三,载《文渊阁四库全书》第182册,台北:台湾商务印书馆,1982年,第214页。
③ 黄道周:《孝经集传》卷三,载《文渊阁四库全书》第182册,台北:台湾商务印书馆,1982年,第215页。
④ 黄道周:《孝经集传》卷三,载《文渊阁四库全书》第182册,台北:台湾商务印书馆,1982年,第215页。此处"墨氏之与佛老",原作"墨释之与佛老"。

者也。"所以，三年之丧的礼制有所由来，并非单纯的人为，而道家言"礼者，忠信之华而乱之首"，如此废弃礼制，正是不知礼之所由来也。归根言之，礼是取法于天地，根于人之本性而制。道家之废礼与墨家之爱无差等，亦是同道①。

黄道周对《孝经》孝治义旨的理解，主要从他对《孝经》"追文反质"微义的阐发中表现出来。"追文反质"，并不是说完全回复到"质"的状态，而是要纠正文过盛，甚至彻底丢弃质的弊端，通过以质救文，实现文质彬彬的理想状态。他在《感应章》注中指出："神明之道始于太素，父母之道始于太质，天地之道始于太朴。此三始者，孝弟之本义也。有其质而后文生焉，天子之始存于世子，世子之始存于孩提。……《孝经》之意在于反质，反质追本，不忘其初。《春秋》之严，《孝经》之质，皆溯朔于天地，明本于父母，所以致其素朴，交于神明之道也。"②汉代时，有"太易""太初""太始""太素""太极"的说法，但这是就宇宙生成论而言。而黄道周所说的"太素""太质""太朴"三者显然皆非就宇宙生成而是就文明的形成和发生而言。三者，皆成了孝弟的代称，同时，也是以孝弟和天地、神明相配，具有汉代思想中天人相符的色彩。而人之取则于天地，也有着生成论的根据，他在《士章》注中说："父则天也，母则地也，君则日也。受气于天，受形于地，取精于日，此三者，人之所由生也。地亦受气于天，日亦取精于天。此二者，人之所原始反本也。"③正因为此，人世之治要取法天地。而治理社会，又莫过于礼乐，而"礼乐者，孝之文也"④。所以，先王制礼作乐、治理天下皆是本于孝，这就与因性明教、本心为治的说法连贯起来。依黄道周之解释，孝弟是"天之经，地之义，民之行"，孝弟是人之本性，所以追文反质，其实质就是本性立教。他引用了《礼记·礼运》"夫礼必本于太一，分而为天地……""圣人作则，必以天地未本"的说法，以论证在理想的治世时代，"君子本于天地，端于阴阳，柄于四

---

① 黄道周：《孝经集传》卷三，载《文渊阁四库全书》第 182 册，台北：台湾商务印书馆，1982 年，第 216 页。

② 黄道周：《孝经集传》卷四，载《文渊阁四库全书》第 182 册，台北：台湾商务印书馆，1982 年，第 240 页。

③ 黄道周：《孝经集传》卷一，载《文渊阁四库全书》第 182 册，台北：台湾商务印书馆，1982 年，第 173 页。

④ 黄道周：《孝经集传》卷二，载《文渊阁四库全书》第 182 册，台北：台湾商务印书馆，1982 年，第 183 页。

时,皆以治本也。四时为柄,故有生有成。……五行为质,故反始明报。礼义为器,故言行有物。人情为田,故不失其实。四灵为畜,故中和可得。是十者,皆孝也。非孝则民无所则"①。他认为这是"伏羲之事,神农黄帝尧舜之志""文王之事,周公之志"的体现。也就是说,上古圣人治理天下的时代就是文质中和、以孝弟治天下的时代。黄道周的这段论述吸收了大量汉代天人相符的思想,在此之后又引用了大量董仲舒的论述②。

　　黄道周正是基于汉儒如董仲舒的天人相符理论,论证孝的普遍性。他对于孝之普遍性的论述,并未以宋明理学的天理论,反而是以汉儒的天人相符、人符天数论为依据,这在很大程度上与他学术研究的广博视野有关,尤其是与他以历数之学与《易经》研究相沟通的取径相关。既然从根本上来说,孝源于天、根于性,是普遍的,那么,人之事亲就皆可以事父以配天。此即黄道周所要阐发的《孝经》另一微义——"韦布而享祀",也就是他在《书古文孝经后》中说的"因亲事天,使士庶人皆有享祀明堂之意"③。他解释《感应章》说:"为天子而以神明待天下,天下亦以神明奉天子。传曰:'天之所覆,地之所载,日月所照,霜露所坠,凡有血气者,莫不尊亲,故曰配天。'故《孝经》者,周公之志也。"④依照黄道周对"天地""神明"的解释:"神明之道始于太素,父母之道始于太质,天地之道始于太朴。此三始者,孝弟之本义也。"⑤"为天子而以神明待天下"的意思就是说,天子要以孝弟待天下,这样,天下也会以孝弟奉天子,这正是以孝治天下。正如同说《春秋》为"经世先王之志"一样,黄道周认为《孝经》为周公之志、孔子之行。此处"天之所覆,地之所载,日月所照,霜露所坠,凡有血气者,莫不尊亲,故曰配天"一段引自《中庸》。联系《孝经·圣治章》来看,周公之志,欲"郊祀后稷以配天,宗祀文

---

① 黄道周:《孝经集传》卷二,载《文渊阁四库全书》第 182 册,台北:台湾商务印书馆,1982 年,第 185 页。
② 黄道周:《孝经集传》卷二,载《文渊阁四库全书》第 182 册,台北:台湾商务印书馆,1982 年,第 185—186 页。
③ 黄道周:《书古文孝经后》,载黄道周:《黄道周集》(三),翟奎凤、郑晨寅、蔡杰整理,北京:中华书局,2017 年,第 961 页。
④ 黄道周:《孝经集传》卷四,载《文渊阁四库全书》第 182 册,台北:台湾商务印书馆,1982 年,第 236 页。
⑤ 黄道周:《孝经集传》卷四,载《文渊阁四库全书》第 182 册,台北:台湾商务印书馆,1982 年,第 236 页。

王于明堂以配上帝"。黄道周遵循了程颐的看法,天与上帝,其实一也①,所以宗祀文王以配上帝,是周公尊其亲文王以配天。

　　但是黄道周对于"严父配天"的解释,并非纯粹从礼制角度来论述的②,正如上文所言,他的论述是以汉代的天人相符论为依据。此处亦不例外,他解释《圣治章》说:"古之圣人,本天立教,因父立师,故曰资爱事母,资敬事君。敬爱之源皆出于父。故天、父、君、师四者,立教之等也。""君之于父,父之于师,师之于天,其本一也。"③也就是说,天、父、君、师在本源的意义上是同一的,皆本于天。既然都是同一的,天与父等,当然可以说"以父配天"了。而孝又是人人都具有的,所以可以说"韦布而享祀"。他接着解释"父子之道,天性也,君臣之义也。父母生之,续莫大焉。君亲临之,厚莫重焉"一段,说:"性者,道也。教者,义也。……圣人教人事父以配天,事父以配君,天言大生,君言大临。"认为这段话是"言父之上配于天,下配于君,非圣人则不得其义也"④。在他的解释中,加入了"以父配君",这有取于《周易·家人卦》"家人有严君焉,父母之谓也"的说法,但是只有圣人如周公才能了知父可上配于天、下配于君之义。圣人设教以此教天下人,使天下人皆知以父配天、以父配君,其目的是在使"仁人孝子必谨于礼,谨礼而后可以敬身,敬身而后可以事天"。"敬亲如天,则亦配天矣。"⑤此下,他又引董仲舒之言,总结说:"严父者,事天事君之要义也。"

　　客观来说,黄道周对"严父配天"的注解并未如汉儒那样依文训义,仍然是以义理演绎为主,从而将天、父、君同一。若从礼制上来看,"敬亲如天",是无论如何都不能等同于"尊亲以配天"的。因为,士、庶人根本就不能僭越,而以天子所行礼来尊崇自己的父亲。"以父配君"的说法,显然突显了忠君的主题。而将事天收归于敬身,则又显然是针对士君子之修身行

---

① 黄道周:《孝经集传》卷二,载《文渊阁四库全书》第182册,台北:台湾商务印书馆,1982年,第197页。

② 本章第五节对黄道周关于大礼议和"严父配天"的解释有详细论述。

③ 黄道周:《孝经集传》卷二,载《文渊阁四库全书》第182册,台北:台湾商务印书馆,1982年,第196、197页。

④ 黄道周:《孝经集传》卷二,载《文渊阁四库全书》第182册,台北:台湾商务印书馆,1982年,第197页。

⑤ 黄道周:《孝经集传》卷二,载《文渊阁四库全书》第182册,台北:台湾商务印书馆,1982年,第198页。

孝来说了,其中教化世人之意,体现甚明。更为重要的是,黄道周"韦布而享祀"的说法,反映了明代中后期士庶祭祀始祖的礼仪风气①;所以,他认为:"士而可以显亲,虽韦布亦可以显亲也。"②《孝经》中说:"孝无终始而患不及者,未之有也",故孝本是彻上彻下之道。黄道周强调"韦布而享祀",正是在说,上自天子,下至庶人,不因禄位之异,都可以显亲尽孝③。

二、黄道周生命体验在《孝经》中的结聚

《孝经集传》对《孝经》的注解,并非纯粹针对《孝经》文本而作注释,可以说,《孝经集传》就是黄道周生命体验的体现,是他将亲身经历与感受付诸文字。"西伯拘而演《周易》;仲尼厄而作《春秋》;屈原放逐,乃赋《离骚》;左丘失明,厥有《国语》……此人皆意有所郁结,不得通其道也,故述往事,思来者。"④黄道周《孝经集传》与此有着相似处。其弟子洪思述及此书的写作动机:"子为经筵讲官,请《易》《诗》《书》《礼》二十篇,为太子讲读,未及《孝经》。已,念是经为六经之本,今此经不讲,遂使人心至此。杨嗣昌、陈新甲皆争夺情而起,无父无君之言满天下,大可忧,乃退述是经,以补讲筵之阙。"⑤《孝经集传》的写作,始于崇祯十一年(1638)秋,当时黄道周任经筵日讲官,书成于崇祯十六年(1643)。黄道周于崇祯十一年夏连上三书,弹劾杨嗣昌、陈新甲和方一藻。因此事,而被连贬六秩。《孝经集传》作于是年之秋,正是在此之后。洪思所述正指出了当时黄道周身处的政治形势。崇祯十三年,在魏党的诇言下,黄道周以朋党之罪被逮系狱并受杖打,在狱中书写《孝经》一百二十本。崇祯十四年,作《孝经颂》《孝经赞义》。崇祯十五年,始出狱,道周托疾归家,修订《孝经集传》,终于在次年完成⑥。

① 参看赵克生:《明朝嘉靖时期国家祭礼改制》,北京:社会科学文献出版社,2006年,第206页。

② 黄道周:《孝经集传》卷一,载《文渊阁四库全书》第182册,台北:台湾商务印书馆,1982年,第175页。

③ 黄道周:《孝经集传》卷一,载《文渊阁四库全书》第182册,台北:台湾商务印书馆,1982年,第178页。

④ 司马迁:《史记·太史公自序第七十》,裴骃集解,司马贞索引,张守节正义,北京:中华书局,1982年,第3300页。

⑤ 黄道周:《孝经大传》序,载《黄道周集》(二),翟奎凤、郑晨寅、蔡杰整理,北京:中华书局,2017年,第826页。

⑥ 参看赖晓云:《从黄道周书〈孝经〉论其书法艺术》,台湾大学艺术史研究所硕士论文,1992年,第29页。

故,《孝经集传》的写作正是在黄道周受杖入狱前后,亦可谓其发愤郁结之作。发愤者,怒魏党之煽炽、杨嗣昌等人之败坏朝廷风气。郁结者,悲国家之危机重重,心怀经世之志,却不为皇帝所理解,反遭大难①。黄道周在狱中除了书写《孝经》,便是研读《易经》,写作《易象正》。狱中研《易》在中国文化史上,无疑具有极为典型的象征意义。而书写《孝经》,则是表征其一片忠心、为自己辩白的行为。就后者而言,书写《孝经》并作《孝经集传》,就有着传承孔子之志的意味。所以,《孝经集传》采用了公羊学微言大义的解经方法,将《孝经》视为孔子的孝治经典,阐发《孝经》五微义。这不仅仅是将孔子隐含于《孝经》中的旨意揭示出来,同时也是重新解释自己过去的行为和想法,并将自己对国家时局的深思熟虑付诸文字。这就构成了“明道”与“行道”的二重意义。

(一)仁义与功利

根据上文的分析可知,五微义中的“因性明教”是核心与主导,其他四微义皆因其而起,此正体现孔子“一以贯之”之义。他对尧舜之治、孔子之道的理解,就是以此为核心的,一言以蔽之,就是明人伦。黄道周撰有《三代之学皆以明人伦论》,其中谓:“道不足以立人,则圣人不以立教。非圣人不以立教,天固制之,圣人亦不能违也,何也? 圣人亦人也。……‘夏道尊命,殷道尊神,周道尊礼。’未渎神而强民,夫人神之间,天道存焉。然而古之圣人以为是足以施化,不足以立教,故一本其道而归之人伦。人伦者,天下治乱之所大归,而圣贤帝王精神之所萃也。……《易》之首乾坤,《诗》之首《关雎》,《春秋》之首天王,君臣、夫子、夫妇之端,其义一也。”故“舍君臣、父子、夫妇、昆弟、朋友之伦”则无以寻“三代以上经世立教之旨”②。三代之学本天道而归于人伦以立教,故五经皆是明人伦之典。在《孝经集传》中,黄道周为这个“道”寻找到了更精确的代称,那就是“孝”。五经皆以明人伦,那么作为五经之根本的《孝经》自然也不例外。

---

① 黄道周多次言及其所遭难,如《京师与兄书》:“自古文臣遭此者,唯某为最甚。”“在北寺五月余,拷打讯问四五次,备极惨毒,然于吾德业上无所亏损,汉宋来仅见一人。”(黄道周:《黄道周集》(二),翟奎凤、郑晨寅、蔡杰整理,北京:中华书局,2017 年,第 781、783 页)从中不难读出黄道周的言外之意,他是以儒家之道的担当者自任的。

② 黄道周:《三代之学皆以明人伦论》,载黄道周:《黄道周集》(二),翟奎凤、郑晨寅、蔡杰整理,北京:中华书局,2017 年,第 587—588 页。

对于如何治理天下,他主张以周、孔之术治国,这正与《孝经集传》五微义中的"追文反质""贵道德而贱兵刑"相应。他在《放门陈事疏》中说:"陛下开承,应大君之实;而小人柄用,怀干命之心。……臣入都来所见,诸大臣举无远猷,动成苛细。治朝著者以督责为要谈,治边疆者以姑息为上策。序仁义道德,则以为不经;谈刀笔簿书,则以为知务。……凡小人见事……乱视荧听,以至极坏,不可复挽。……凡人主之学,一以天道为师,则万物之情可照;人主断事,一以圣贤为法,则天下之材具服。自二年以来,以察去蔽而蔽愈多,以刑树威而威愈殚,是亦反申商以归周孔,捐苛细而振纮纲之秋也。"①在他看来,专务机心小才,是重末而遗本,本即是仁义道德,才是治理国家的大经大法。所以,他劝谏崇祯帝应以圣贤为法,以周孔儒家之术治国,由以刑名法术为重的申商之学转归于儒家的仁义之学。据此可见,《孝经集传》中所说的"贵道德而贱兵刑"绝非无由而发。

正因为要以仁义礼乐治国,所以,他极为强调"纲常伦理"的重要性。在弹劾杨嗣昌之疏上呈崇祯帝后,黄道周回答崇祯帝说:"臣三疏皆为国家纲常。""惟孝弟之人始能经纶天下,发育万物。不孝不弟者,根本既无,安有枝叶。"②坚持德行为先的原则,认为"人心邪则行径皆邪"③,弹劾杨嗣昌临丧不守制,批评崇祯帝准其夺情起复。"人心邪则行径皆邪"的说法,当可溯源于《孟子》。如《孟子·公孙丑上》:"生于其心,害于其政;发于其政,害于其事。"所以,孟子非常重视心的修养,提出了"存心""求放心""养心"诸说。黄道周《孝经集传》以《孟子》为《孝经》之传,对其心说也未忽视,在《诸侯章》注中,他说:"君子之所异于人者,以其存心也。君子以仁存心,以礼存心。仁者爱人,有礼者敬人,是亦天子之志也。……是亦孝子之事也。……贵德而尊士,贤者在位,能者在职,国家闲暇,及是时,明其政刑,虽大国必畏之矣。贵德尊士,谓不恶慢于人者也。不恶慢于人而后能尊贤,而后能使能。《孝经》之义未至官人也,以谓不爱不敬,虽官人而有恶慢者存焉。"④在他看来,《孝经》虽未论及君主如何任官,但是爱敬之义已经

---

① 黄道周:《放门陈事疏》,载黄道周:《黄道周集》(一),翟奎凤、郑晨寅、蔡杰整理,北京:中华书局,2017年,第176—179页。

② 张廷玉等:《明史·列传第一百四十三》,北京:中华书局,1974年,第6597页。

③ 张廷玉等:《明史·列传第一百四十三》,北京:中华书局,1974年,第6598页。

④ 黄道周:《孝经集传》卷一,载《文渊阁四库全书》第182册,台北:台湾商务印书馆,1982年,第169页。

涉及这个问题。君主应当"存心",爱人敬人,这样才能做到选贤任能。

儒家强调仁义功利之辨,尤其是宋明理学尤重纲常名教,如朱熹与陆九渊皆严辨君子与小人,他们所主张的是尽去小人、使朝廷所立者皆为善人的君子政治。黄道周继承了这一点,在他看来,三代之治以明人伦为重,孔子所宪章发明者也正是此学。所以,他上疏崇祯皇帝以仁义治天下。他在崇祯四年所上的《辩仁义功利疏》中说:"臣观仁义者,天地之权衡,万物之纲纪也。孔孟衰而仁义之谈绝。……每见士大夫垂殁,必有一部文集,除举业套外,有通本无仁义两字者。臣至浙闽,以'治天下必先立志'发论,见士子皆未有谈仁义者,乃私引古今,折衷孔孟,归本仁义,以治志气。其大指以为行仁义者,即不谈功利,可以收功利之实;谈功利者,即不丑仁义亦已灭仁义之教。又推广之,以为仁义修而成德礼,尧、舜、周、孔皆由此出,朝廷得之以为朝廷,边疆得之以为边疆;仁义废而尚刑名,非、斯、桑、孔皆从此出,水旱因之以为水旱,盗贼因之以为盗贼。"[1]他批评当时士大夫绝口不谈仁义、以仁义道德为迂腐的现象,主张归本孔孟之仁义,行孔孟之行,法尧舜之法,选用仁义之臣,才能兴起尧舜之治。这一主张在黄道周那里是一以贯之的,所以在崇祯十一年弹劾杨嗣昌时,他在奏疏中也是说杨嗣昌非仁义之臣。

(二)儒行与儒道

以仁义治国,关键是要有仁义之学术,而仁义之学术,则源于仁义之人才。天下之兴衰,其关键皆在人才之有无。黄道周哀叹"今上有尧舜之君而下无仁义之臣"的状况,说:"天下衰弊生于人才,原于学术,决不在簿书刀笔之际。士慕古,喜行仁义,则慷慨之士出,致身而效忠者多。士趋时,喜营爵禄,则猥鄙之士出,致身而效忠者少。"[2]敦行仁义之士,方可以兴道。所以,黄道周非常强调士之德行。这尤其体现在他对《孝经·士章》的注释上。

儒者以行道为己任,"仁以为己任"(《论语·里仁》),"道二,仁与不仁

---

[1] 黄道周:《辩仁义功利疏》,载黄道周:《黄道周集》(一),翟奎凤、郑晨寅、蔡杰整理,北京:中华书局,2017年,第167—168页。

[2] 黄道周:《辩仁义功利疏》,载黄道周:《黄道周集》(一),翟奎凤、郑晨寅、蔡杰整理,北京:中华书局,2017年,第168、169页。

而已"(《孟子·离娄上》),德行是儒者之所先,故黄道周主张以仁义兴道,而非以才兴道,因为有专图富贵者,亦以兴道自称。他在《士章》注中说:

> 兴道之士……其意不过以为富贵也,而人主以为兴道。使去其富贵,而反于贫贱,则一无耻之士而已。无耻之士,不足与于仁义,则不足与于礼乐,而曰以才兴道,吾不信也。①

他对"以才兴道"的批评,似乎正是针对崇祯皇帝之任用夺情起复的杨嗣昌、陈新甲而言。二人夺情起复,这样出仕,正是"出仕不以道"的表现。《士章》注中说:"古之人未尝不欲仕也,又恶不由其道,不由其道而往者,与钻穴隙之类也。体父母之意,以道称仕,其惟儒者乎。"②士之出仕,必由其道。此正如《论语·里仁》所记孔子之言:"富与贵是人之所欲也,不以其道得之,不处也;贫与贱是人之所恶也,不以其道得之,不去也。君子去仁,恶乎成名? 君子无终食之间违仁,造次必于是,颠沛必于是。"士之出仕为官,是为行道,非为富贵也。不论行道还是富贵,都不能违背仁,违仁则不能兴道。

这也正与《孝经》所说"夫孝,始于事亲,中于事君,终于立身。""立身行道,扬名于后世,以显父母,孝之终也"相合。在黄道周看来,行道以立身为基,名声之得、富贵之获,皆不能违背立身之德。黄道周在《士章》注中就对士之立身修德做了详细的阐述,可分为几个层面:首先,引《礼记·曲礼》以说明士须为孝子;其次,引《礼记·曲礼》和《仪礼·士相见礼》具体说明有关士的各个具体礼仪节目,包括执器礼、丧祭礼、去国之礼、士与大夫及士相见之礼;再次,引《论语·子路》《孟子·尽心》《大戴礼记·曾子制言》中论述士的文字,来说明士所应当具有的品格——行己有耻、不辱君命、孝弟、志于仁义之道、富贵贫贱皆不离其道③;最后,他又引用了《礼记·儒行》对士之立身行道做了总结。

黄道周对《礼记·儒行》极为重视,这一点尤富深意。黄道周在崇祯十年入经筵讲官时,就曾上《申明掌故疏》,建言皇帝将《礼记》中的《王制》《儒

---

① 黄道周:《孝经集传》卷一,载《文渊阁四库全书》第 182 册,台北:台湾商务印书馆,1982 年,第177 页。
② 黄道周:《孝经集传》卷一,载《文渊阁四库全书》第 182 册,台北:台湾商务印书馆,1982 年,第176 页。
③ 黄道周:《孝经集传》卷一,载《文渊阁四库全书》第 182 册,台北:台湾商务印书馆,1982 年,第174—177 页。

行》《月令》等篇，与四书错行，令讲官学习讲论①。崇祯十一年，在与崇祯帝当廷对峙后，被连降六级，又上疏进呈所作《儒行集传》等书以备览②。林庆彰注意到了这一点，他认为黄道周之所以这样做，除了进呈皇上作为知人用人的指导原则外，也与当时的君臣关系有关，更重要的是，与黄道周奏劾杨嗣昌等人一事有关，也就是说，与黄道周本人的遭遇有密切关系③。大致成书于战国时代的《儒行》，其主旨是为儒者之行为立下规范，"提倡行己有耻、激励志节、奖励狂狷。这是在那变动艰苦的时代，提升儒者形象，扩大儒者影响力，所不得不然的措施"④。而黄道周在明室将倾的末季将《儒行》从《礼记》中提出来，列为单篇以作传，并上呈备览，正是在当时情况下所做出的不得不如此的选择。相较于此，《孝经集传》的写作时间远比《儒行集传》要长，且成书时间晚于《儒行集传》。他在《孝经集传》中将《儒行》作为《孝经》之大传的做法，无疑又再次将《儒行》中的主题彰显出来，以引起当时人的注意。

　　在《儒行集传》中，黄道周将原本并不分章的《儒行》分为十八章，其中有《近人章第五》《备豫章第四》《忧思章第十》《举贤章第十二》《特立独行章第十四》《规为章第十五》。在《孝经集传》的《士章》注中最后所引的六段话即分别属于《儒行集传》的这六章。此外，黄道周在对《孝经集传》所引《儒行》"特立独行"一段的注中，又引了《儒行》中关于"自立"的内容，这又属于《儒行集传》的《自立章第二》。但黄道周《士章》注对《儒行》的解释与《儒行集传》并不相同。《儒行集传》多从君臣关系角度来论述，将十六种儒行，分为两种：一为人臣事君的规范，一为人君取臣的规范⑤。而《孝经集传》对所引《儒行》文字的解释，则是从论士之孝出发，然后言及士之出仕当如何、事君当如何，故其所论述的内容仍然涉及君臣关系，但其重点却是在于孝

---

① 黄道周：《申明掌故疏》，载黄道周：《黄道周集》（一），翟奎凤、郑晨寅、蔡杰整理，北京：中华书局，2017年，第203页。

② 庄起俦编：《漳浦黄先生年谱》，载黄道周：《黄道周集》（一），翟奎凤、郑晨寅、蔡杰整理，北京：中华书局，2017年，第108页。

③ 林庆彰：《黄道周的〈儒行集传〉及其时代意义》，载林庆彰、蒋秋华主编：《明代经学国际研讨会论文集》，台北：中国文哲研究所筹备处，1996年，第412页。

④ 林庆彰：《黄道周的〈儒行集传〉及其时代意义》，载林庆彰、蒋秋华主编：《明代经学国际研讨会论文集》，台北：中国文哲研究所筹备处，1996年，第415页。

⑤ 林庆彰：《黄道周的〈儒行集传〉及其时代意义》，载林庆彰、蒋秋华主编：《明代经学国际研讨会论文集》，台北：中国文哲研究所筹备处，1996年，第421—422页。

与忠合一、立身与行道合一。换言之，作为对《士章》的注，他所论述的重点是在士之行，从这个角度讲，孝与忠都属于士之行。他又将士之行归结于孔孟的仁义之道，故黄道周论述的重心就在于士如何遵行儒家之道以立身和行道、孝亲和事君。

结合《孝经·士章》的内容来看，《士章》言：

> 资于事父以事母，而爱同；资于事父以事君，而敬同。故母取其爱，而君取其敬，兼之者父也。故以孝事君则忠，以敬事长则顺。忠顺不失，以事其上，然后能保其禄位，而守其祭祀。盖士之孝也。《诗》云："夙兴夜寐，无忝尔所生。"

这正是在讲移孝作忠。黄道周《孝经集传》对所引《儒行》文字的解释与此相符，如其解释"备豫"一段话说："养其亲则敬其身，敬其身则爱其死，故道有不死于其名，臣有不死于其君。君以道死则死之，不以道死则不死也，中道而止。"[①]这就是从论孝言及敬身以守道，进而至于以道事君。《孝经·士章》中说道"忠顺不失"，与此对应的是，黄道周引《儒行》"子言之，儒有澡身而浴德，陈言而伏，静而正之，上弗知也，粗而翘之，又不急为也……其特立独行有如此者"一段来作为其大传，然后在小传中说：

> 若此，则可谓忠顺者矣。以此之为而犹为祭祀禄位者乎？《儒行》所言"自立"者五；强学力行一也，见死不更二也，戴仁抱义三也，虽危竟伸四也，推贤忘报五也。而陈伏静正者，犹为特独，故圣人所言忠顺，非世之所谓忠顺者也。世之所为忠顺者，犹资爱于其保姆。[②]

这正是在强调士之"特立独行"、士之"自立"，士能自立其身，方可谓之忠顺。他所批评的是当时朝廷上的为官者，身为士，却不识"忠顺"之实，以保姆之道以事君，认为这就是忠顺，而实则完全违背儒家忠顺之说。"陈伏静正"的意思是说，士之出仕为官，要进言献策，而又俯伏听从君命，内心平静而谨守正道。若君上不理解，便在旁启发，但又不急于为此。这显然正与

---

① 黄道周：《孝经集传》卷一，载《文渊阁四库全书》第182册，台北：台湾商务印书馆，1982年，第177页。

② 黄道周：《孝经集传》卷一，载《文渊阁四库全书》第182册，台北：台湾商务印书馆，1982年，第178页。

《孝经·谏诤章》所言"谏诤"一致①。"资爱于保姆"的说法当是发挥孟子之意。《孟子·滕文公下》中言及"妾妇之道":"以顺为正者,妾妇之道也。居天下之广居,立天下之正位,行天下之大道。得志与民由之,不得志独行其道。富贵不能淫,贫贱不能移,威武不能屈,此之谓大丈夫。"《儒行》中所言"陈伏静正""戴仁而行,抱义而处"的"特立独行"之士正是孔子所说的"狂狷之士",也就是孟子此处所讲的居仁由义的"大丈夫"。

黄道周解释至此,必然要引及孟子所说的"居仁由义"。他在《士章》大传中所引最后一段便是《儒行》关于"规为"的一段话:"子言之,儒有上不臣天子,下不事诸侯,慎静而尚宽,强毅以与人,博学以知服,近文章,砥砺廉隅;虽分国如锱铢,不臣不仕。其规为有如此者。"黄道周在对这段话的注释也即小传中说:

> 不臣不仕,可以为士,亦可以为孝子乎? 士有尊于诸侯,士有贵于卿大夫,立身行道,则其自与也。……立其所能,远其所不能,无失所守,亦可以终身也。孟子曰:"居仁由义,大人之事备矣。"夫孝子之于天下,何不备之有。②

《儒行》为儒者之行为规范,故黄道周在《士章》注的最后结之以"规为"一段话。这段话中一是强调了儒者之"博学",正与上一段话中所说的"强学力行"相应,与黄道周对《士章》经文《诗》云:夙兴夜寐,无忝尔所生"的解释前后呼应。他对经文这句话的注释是:"盖言学也。孝不待学,而非学则无以孝,无以孝亦无以教也。……君子如欲化民成俗,其必由学乎。'夙兴夜寐',盖言学也,非学为从政而已也。"③与前人之注相比,郑玄解释为:"士为孝,当早起夜卧,无辱其父母也。"④唐明皇亦遵从此说。而黄道周的解释则认为,这句话是在讲士之为学,而非单论孝。当然,在他看来,孝与学是紧密相关的,所以,士贵在知学,所学即是儒家之道,从政仅仅是学之一端而已。学是为守道和行道,而非为从政。士有尊于诸侯,有贵于卿大

---

① 黄道周《孝经集传》中作《谏诤章》,而非《谏争章》。
② 黄道周:《孝经集传》卷一,载《文渊阁四库全书》第182册,台北:台湾商务印书馆,1982年,第178页。
③ 黄道周:《孝经集传》卷一,载《文渊阁四库全书》第182册,台北:台湾商务印书馆,1982年,第174页。
④ 陈铁凡:《孝经郑注校证》,台北:编译馆,1987年,第64页。

夫,皆在于士是道的担当者,道尊则士尊。正因此,黄道周以"立身"为儒行十六种规范之首①,将《孝经》"立身行道"之孝与儒家"志于道""守道""行道"之说完美地结合起来。

(三)谏诤与忠孝

"居庙堂之高,则忧其君","君臣之义无所逃于天地之间",对黄道周而言,令他最受伤、感触最深的便是君臣关系一伦。他自信尽忠报国,忧国忧民,既不结党,亦不阿附。在东林党和阉党相争之际,他持守正节,为东林士人辩护,却遭囹圄之难,这使他对于当时朝廷政治与士风的状况有着更为深刻的观察。他将对君臣关系、忠孝关系的理解,以及对时局的思考贯注于对《孝经》之《谏诤章》和《事君章》的理解中。在《孝经》中,涉及君臣关系者,主要即是这两章。黄道周认为《事君章》旨在"恶夫爱其君之不若爱其父,敬其君之不若敬其父者也",他说:

> 生我者莫如父,爱我者莫若父,其父有过而犹且谏之,谏之不听而号泣以随之。至于君,则曰非独吾君也。是爱敬其君不若其父之至也。且以父为得罪于州里乡党,不惮劳身以成父之名,至于君而独不然者,宁使君取咎于天下万世,不欲当吾身失其禄位,则是以身之禄位重于君之社稷也。孟子曰:"小弁之怨,亲亲也。亲亲,仁也。""亲之过小而怨,是不可矶也。亲之过大而不怨,是愈疏也。不可矶,不孝也。愈疏,亦不孝也。"夫以怨而犹谓之孝,以尽忠匡救而谓之不忠,则君臣上下亦泮乎如道路人而已。《诗》曰:"不属于毛,不离于里",言夫上下之不相亲也,不相亲而亲之,莫如以忠与上,以过自与,以美救恶,以恶匡美,是仲尼所以取讽也。
>
> 爱,资母者也。敬,资父者也。敬则不敢谏,爱则不敢不谏。爱敬相摩而忠言进出矣。故为子而忘其亲,为臣而忘其君,臣子之大戒也。然则忠孝之义并与? ……忠者,孝之推也,……孝之于经义,莫得而并也……故忠者,孝中之务也,以孝作忠,其忠不穷。《诗》曰:"王事孔

---

① 《儒行集传》:"儒行十六,而自立为首。"(黄道周:《儒行集传》,载《文渊阁四库全书》第 122 册,台北:台湾商务印书馆,1982 年,第 1121 页)

棘，不能艺黍稷，父母何食"，言夫孝之穷于忠也。①

依黄道周之意，忠孝一体，忠为孝之推，是孝中之一事。所以，《事君章》的内容与事亲之法正相合：首先，正如为子者要谏诤于父，为臣者要谏诤于君。其次，为子者要显亲扬名，为臣者也要以善美归于君，以过归于己。所以，黄道周批评那种认为"君非独吾君"而逃避谏诤于君的做法。"亲之过大而不怨，是愈疏也。"子对父而言如此，臣对君来说亦如此。在他看来，臣子不能谏诤于君，是将己身之禄位看得比国家社稷更重要。这就是说，国君一身而关涉天下万世，关系国家社稷甚重，所以臣下如果爱君敬君，即当谏诤，以忠与上，这才是上下相亲之道。若遇君有过，而不谏诤，则是君臣陌路，上下相忘，且其责任主要在于为臣者一方。黄道周"以孝作忠，其忠不穷"的说法，正是要为忠君而谏诤设定前提，孝亲即当忠君，也唯有孝亲才能真正做到忠君。

黄道周对臣子要谏诤于君的强调，是有针对性的。首先，这是黄道周的一种自我辩护。在崇祯十一年廷对崇祯帝之责问时，黄道周就体现出了诤臣的儒士形象，《明史》记载：

> 帝曰："少正卯当时亦称闻人。心逆而险，行僻而坚，言伪而辨，顺非而泽，记丑而博，不免圣人之诛。今人多类此。"道周曰："少正卯心术不正，臣心正无一毫私。"帝怒。有间，命出候旨。道周曰："臣今日不尽言，臣负陛下；陛下今日杀臣，陛下负臣。"帝曰："尔一生学问，止成佞耳。"叱之退，道周叩首起，复跪奏："臣敢将忠佞二字剖析言之。夫人在君父前，独立敢言为佞，岂在君父前谄谀面谀为忠耶？忠佞不别，邪正淆矣，何以致治？"②

黄道周直言谏诤，分辨忠佞。忠为敢于谏诤者，而佞则是阿谀逢迎者。崇祯帝谓道周为佞，这定然是他所不能接受的，故亦直斥崇祯帝"忠佞不别，邪正混淆"。更何况，在上疏弹劾杨嗣昌三人之前的崇祯四年，魏党群小之辈即谋翻案，崇祯帝偏听偏信，罢黜主定魏党逆案的首辅钱龙锡，黄道周当时即为钱龙锡求情。崇祯一朝，朝廷内部的正邪之争非常激烈，正是需要

---

① 黄道周：《孝经集传》卷四，载《文渊阁四库全书》第182册，台北：台湾商务印书馆，1982年，第242页。

② 张廷玉等：《明史·列传第一百四十三》，北京：中华书局，1974年，第6598页。

黄道周这样的谏诤之臣。他在《事君章》注中所说"以尽忠匡救而谓之不忠"，当与崇祯帝谓其为"佞"相对应。

其次，这是黄道周对晚明政风、士风的批评。黄道周多次言及当时群臣之无人敢于劝谏，悲痛之情，难以言表。当崇祯四年，钱龙锡遭阉党诬陷，言其与袁崇焕为党，而被议定大辟之罪[①]。黄道周上《救钱龙锡疏》，怒斥廷臣之不敢谏言的现象：

> 旧史称台省诸臣自刘瑾摧折而后，不敢言事者一十四年。然而大礼议起，百僚廷争，不避鼎镬，虽人无灼见，而梗概顿挫，各自可观，未有一往莫违，大小收声，共托默容，至于今日者也。臣素泥古，初出山，不知世上经权何似，不知群臣值明主婧阿何故。窃观比来逮系旧辅钱龙锡，挛桎银铛，对簿法庭，抢首狱吏，群臣相视，哑无一言，此自书传以来所未经见也。[②]

又如他在崇祯十年奏疏中言及：

> 观自古忠荩之臣，竭力致身，有怀必尽，未有自欺其心以欺其君……然观边围洊惊，寇攘式内，廉耻道衰，人心尽丧，……未闻有一臣敬申一疏者，又安望其戡乱除凶，蠲冤解网，赞浩荡之恩、成霖雨之业乎？以陛下宽仁，优容言路，犹且如此，盖自三百载、十三宗以来，未有士气不扬、随风茅靡至于今日者矣！……君子之喜怒皆以拨乱，故争于其大，不争于其细。今大犹不争，细故是竞。……大小臣工，犹结舌不语，使陛下焦劳于上，百姓展转于下，而诸臣括囊其间，稍有人心，宜不至此也。臣非言官，默不违道，然受特恩，起自草莽，虽不以言自居，天下犹以言责臣。[③]

朝廷无敢言之臣，即使是言官犹且如此，何况其他。人臣不尽言，是自欺其心以欺其君，即是不忠。于是，黄道周以言谏自居。正是因为敢于进言、敢于谏诤的重要性，黄道周才说"谏诤之外无人才"：

① 张廷玉等：《明史·列传第一百三十九》，北京：中华书局，1974年，第6486页。
② 黄道周：《救钱龙锡疏》，载黄道周：《黄道周集》（一）、翟奎凤、郑晨寅、蔡杰整理，北京：中华书局，2017年，第152—153页。
③ 黄道周：《慎喜怒以回天疏》，载《黄道周集》（一）、翟奎凤、郑晨寅、蔡杰整理，北京：中华书局，2017年，第184—185页。

以臣区区,则谓敢谏之外,必无人才;诚正之外,必无学术;知言之外,必无治法。生为人臣,遭逢圣主,遇是非邪正之会,不敢一动其舌,安望折冲万里之外乎?①

当然,他所说的谏诤,有着具体规定。在《谏诤章》注中,黄道周考察五经的相关内容,认为"古皆无谏诤之礼"。然后指出,孟子所言"有故而去,反复而不听则去",近于谏诤之礼。而汉代贾谊所说的"太子既冠成人,免于保傅之严,则有司过之史,撤膳之宰。天子有过,史必书之",则可谓谏诤之礼。然后,黄道周指出,自己所认同的是孔子所谓"讽谏",也即刘向在《说苑·正谏》中所说:"人臣所蹇蹇为难而谏其君者,非为身也,将欲以匡君之过,矫君之失也。君有过世,危亡之萌也,见君之过失而不谏,是轻君之危亡也。轻君之危亡,忠臣不忍为也。三谏不用则去,不去则身亡。身亡者,仁人所不为也。是故,谏有五……五曰讽谏。孔子曰:吾其从讽谏矣乎。夫不谏则危君,谏则危身,与其危君宁危身,危身而不用,则谏亦无功矣。智者度君权时,调其缓急,而处其宜,上不以危君,下不以危身,故在国而国不危,在身而身不殆。"②讽谏之说,正与《孝经》所说谏诤一致。正如子从父命,不可谓孝,臣从君命,也不可谓忠。黄道周在对《事君章》的注释中说"宁使君取咎于天下万世,不欲当吾身失其禄位,则是以身之禄位重于君之社稷也",显然也是有本于刘向《说苑》。正如孝子因爱亲而爱身,人臣爱君亦应爱身;"孝子之谏,达善而不敢争辩,争辩者,作乱之由兴也","(臣子)谏则近于犯上,谏而争辩则近于作乱",故臣子亦不争辩③;子之争于父,是思贻父母令名,臣子之争于君,也应当是为成君之名,以国家社稷为重,而不应是为了自己之名。归根言之,臣子之争于君,是因为其自身担当着仁义之道④。黄道周屡屡强调忠臣孝子之谏诤,非为名,非为富贵,非为功利,也正是出于此原因。

① 黄道周:《遵旨回奏疏》,载《黄道周集》(一),翟奎凤、郑晨寅、蔡杰整理,北京:中华书局,2017年,第213页。
② 黄道周:《孝经集传》卷四,载《文渊阁四库全书》第182册,台北:台湾商务印书馆,1982年,第233—234页。
③ 黄道周:《孝经集传》卷四,载《文渊阁四库全书》第182册,台北:台湾商务印书馆,1982年,第235页。
④ 黄道周:《孝经集传》卷四,载《文渊阁四库全书》第182册,台北:台湾商务印书馆,1982年,第233页。

这也是有着现实背景作为映衬的,崇祯十三年,朝廷下旨逮系黄道周,道周作诗言:"生离死别不可知,友道君恩已如此。"①在身陷囹圄时,从未与其谋面的叶廷秀毅然上疏救援。《漳浦黄先生年谱》记载:

> 闻先生就逮,号于曹署曰:"吾辈称冠进贤冠,今名贤罹厄,忍复坐视耶?"呼一曹不应,又呼一曹,呼已继之以骂,又复骂,又复呼。如此遍呼六曹毕,无一人应者。叶公乃挺身上疏,请自代先生。②

眼看着钱龙锡等正人君子身临危境,大小廷臣哑口无言,自己的谏言又不为皇帝所用,而当自己上疏奏劾杨嗣昌、陈新甲夺情起复时,谏言亦未被崇祯帝采纳,反被扣上了"佞"的帽子,此后也身陷危境,面临同样的群臣无言的境况,黄道周定然感触颇深,悲愤郁积。黄道周上疏弹劾杨嗣昌,正是杨嗣昌入阁之时。本来,黄道周为众望所归,东林人士甚至认为其定然能入阁,但最后,崇祯帝任用了杨嗣昌,而非黄道周。所以,在黄道周上疏弹劾杨嗣昌后,崇祯帝言:"凡无所为而为者,谓之天理;有所为而为者,谓之人欲。尔三疏适当廷推不用时,果无所为乎?"黄道周对言:"臣三疏皆为国家纲常,自信无所为。"③黄道周被定罪,说明崇祯皇帝当时还是认为黄道周是因未为阁臣而有所怨望。崇祯之意是说,黄道周逞一己之私欲,而非顺应天理而为。对此,黄道周拘于白云库时在手书《孝经定本》正文之后言:

> 孝子忠臣,不忍毁伤其身,以伤君亲之心,居平将顺,上下相亲,有道无名,是极好事。大不已,宁毁伤一身不忍毁伤天下,当时隐忍,负愿引罪,无开口处,直至后世,始有怜其苦心,白其行道者。故夫子两说扬名,皆在后世,明臣子当时实无邀名之心,君父当日能修身慎行,

---

① 庄起俦编:《漳浦黄先生年谱》,载黄道周:《黄道周集》(一),翟奎凤、郑晨寅、蔡杰整理,北京:中华书局,2017年,第111页。

② 庄起俦编:《漳浦黄先生年谱》,载黄道周:《黄道周集》(一),翟奎凤、郑晨寅、蔡杰整理,北京:中华书局,2017年,第111—112页。

③ 张廷玉等:《明史·列传第一百四十三》,北京:中华书局,1974年,第6597页。关于黄道周上疏弹劾杨嗣昌及其入狱始末,《明史》已有述,但仍不详备。辛德勇《记南明刻本西曹秋思——并发黄道周弹劾杨嗣昌事件之覆》(载《燕京学报》第十八期,2005年5月),对这件事情的来龙去脉有详细叙述。从中可见,这一事件的大背景就是晚明东林党和魏党的斗争。就晚明《孝经》学对于杨嗣昌夺情起复的评价而言,吕维祺很可能与黄道周不同。吕维祺在《三陈表章孝经疏》中言:"我皇上笃念宗亲,备极优渥,而顷有允阁臣杨嗣昌之奏,申谕谆切,加以敕奖诚谕,可谓仁之至、义之尽。"(吕维祺:《孝经大全》卷二十,载《续修四库全书》第151册,上海:上海古籍出版社,2002年,第474页)以此劝谏崇祯帝颁布《孝经》,实行孝治。

听其谏诤,聚天下之欢心以萃和平之福,则名归于君父,君父之心亦安,君父之名亦显矣。故篇中仲尼说"显亲",曾子只说"安亲"。曾子所云安亲者,盖指聚顺集欢、生安祭享而言,而不陷亲于不义,以保天下社稷,备见于此。凡人都说曾子省身,临深履薄,看"弘毅"一章,说出"仁以为己任,死而后已",于此道中如何担承。此书若无《谏诤》一篇,便是乐正子春、沈麟士、王祥、刘殷四族家训也。……如曾子学力,实实有享帝格庙,保全天下万世底意思。①

依《孝经》之意,本不该毁伤己身,但是若为天下故,则可隐忍毁伤。其弟子即曾疑虑为何尽忠以谏的臣子"苦口尽言反来摈逐,岂是道有未尽,抑有命存与?"黄道周回答说:"对臣子言自然是道有未尽。"②从反躬自省的角度谈论臣子尽忠孝之道,这其中已含"以身殉道"之意。为天下计,身灭而名在,此亦是孝。这段文字,表露出黄道周的心迹,既是自白之言,也是在劝谏崇祯帝。其意是说,自己的上疏谏诤,皆是为国家社稷计,为皇上计,为仁义之道计,并非为邀名,并非"有所为而为"。他对《谏诤章》的重视,正是因应着对于自身和时代遭际的深刻认识。从这个角度讲,黄道周对于《谏诤章》义旨的阐发,最能体现其《孝经》学之特色。

小　结

综上所论,黄道周以大传、小传的方式,对《孝经》进行注释,极大地扩充了《孝经》的义理内涵。但综观《孝经集传》一书,从未有明确引及理学家言者,不论是二程、朱熹,还是陆九渊、王阳明,都没有引及。反倒是能够看到黄道周多次引及董仲舒、贾谊之言,并称二人为"董生""贾生",可见黄道周受汉儒影响颇大。盖如刘咸炘之所言,"公生于闽而好西汉诸儒之学,故其风务深而不广"③。如他对"贵道德而贱兵刑"的阐发,受董仲舒之影响;对《谏诤章》的理解,则颇受贾谊、刘向影响。宋明理学诸儒擅长义理,而汉

---

① 崇祯辛巳年,即崇祯十四年,黄道周于白云库(为刑部狱)手书《孝经》第二十八本。笔者所见此书题名为《黄忠端小楷孝经》,嘉庆年间朱咏斋所藏本,无页码。

② 黄道周:《榕坛问业》卷五,载《文渊阁四库全书》第717册,台北:台湾商务印书馆,1982年,第322—323页。

③ 刘咸炘:《刘咸炘学术论集·子学编》,黄曙辉编校,桂林:广西师范大学出版社,2007年,第574页。

儒如董仲舒、贾谊、刘向则相对来说更擅长阐发治国安邦之论。黄道周《孝经集传》中蕴含着丰富的经世情怀，其目的正在于治国安邦，故于汉儒之论多有所取，是必然的。而且，他解释《孝经》所采取的近乎今文经学的方式，也能上接汉儒之学。而他将自己的生命体验，将对晚明时局的思考、对君臣关系的理解，都纳入对于《孝经》的解释中。透过《孝经集传》的字里行间，我们似乎能够清晰地看到黄道周的嬉笑怒骂：对于士风不振的批评，对于崇祯用人不当的悲愤，如此等等。这种种末世迹象，在他对于《孝经》所含儒家仁义之道的阐发和对比中都显现得无比清晰。执古之道以御今，通经以致用，这尤能体现晚明经学重躬行践履的精神。饶宗颐即透过黄道周而论明代经学之精神，他说：

> 元、明人治经，最重要还是实践工夫。……薛瑄说："考亭以还，斯道大明，无须著作，只须躬行耳。"刘宗周献祈天永命说，南都亡，绝食死，自言："独不当与土为存亡乎？"黄道周举义旗而死，自言："此与高皇帝陵寝近，可死矣。"凡此皆正学、正气之所寄，明儒为贯彻义理，在实际行动上表现可歌可泣的牺牲精神……明人所殉的道，确实是从经学孕育出来，是经学与理学熏陶下放射出的"人格光辉"，在人类史上写出悲壮的一页。①

观黄道周之《孝经集传》，联系其生平所历，即可知这一评说是极为恰当的。黄道周之学行在后世流传不绝，正如其所自期，"名立于后世"。清初帝王表彰其为"忠孝完人"，贺长龄亦推阐其《孝经》学；民国大儒马一浮对黄道周评价颇高，认为"自来说《孝经》，未有过于黄氏者"②。刘咸炘评价其《孝经》学则更为公允，言："其说《孝经》《礼记》则颇精审，敷衍推畅，虽或伤于凿，而贯穿之功多矣。吾谓世称公之经学当称其《孝经》，而不当称其《易》《诗》《春秋》。"③黄道周之思与行俱灌注于《孝经》之中，刘氏之言可谓切中肯綮。

---

① 饶宗颐：《明代经学的发展路向及其渊源》，载林庆彰、蒋秋华主编：《明代经学国际研讨会论文集》，台北：中国文哲研究所筹备处，1996 年，第 22 页。

② 马一浮：《复性书院讲录》，济南：山东人民出版社，1998 年，第 109 页。

③ 刘咸炘：《刘咸炘学术论集·子学编》，黄曙辉编校，桂林：广西师范大学出版社，2007 年，第575 页。

第五节　《孝经》"严父配天"义与嘉靖帝明堂配享改制

《孝经》,本以论孝著称,但其本身内容又与礼紧密相联。不论是五等之孝,还是有关事亲的"生事爱敬,死事哀戚",都与礼制紧密相关。但在历史上,《孝经》对礼制影响至极者实为《孝经·圣治章》:

> 夫孝莫大于严父,严父莫大于配天,则周公其人也。昔者周公郊祀后稷以配天,宗祀文王于明堂以配上帝。是以四海之内,各以其职来祭。

"严父配天"一段文本是历史上明堂祭礼制度的经典依据。明代大礼议事件中,嘉靖帝所进行的明堂祭礼改制,亦不能脱离对于《孝经》这段话的理解和运用。本节的思路即主要在于通过观察历史上尤其是宋代以来儒者关于《孝经》这段话的解释,梳理关于严父配天的诸种理解,以及以此为基础而设定的明堂祭礼制度,以此探究嘉靖帝明堂祭礼改制是否在历史上有据,是否合于礼制,进而探究晚明致力于《孝经》学的儒者士人对于嘉靖帝明堂祭礼改制的看法。这是一个经典文本—经典解释—现实礼制三者紧密相关、互相影响的过程。《孝经》是现实中实行明堂祭礼的根据,儒者对于《孝经》的解释反映了他们对于《孝经》的理解以及对于明堂祭礼制度的看法,而对于《孝经》文本的不同解释则可为不同的明堂祭礼制度作论证;同时,出于对现实礼制的考虑亦会对《孝经》的理解和解释发生影响。对此相互影响之过程与源流做深入剖析,可更为清晰地揭示明代后期思想与现实之间的关联,丰富我们对明代后期历史的理解。

在明代历史上,嘉靖帝大礼议事件为明代前后期政治、礼制、士风、学术之大转捩点,此已为学界共识。就政治而论,孟森言:"明祚中衰,以正德、嘉靖为显著。"[①]就礼制而言,常建华的研究表明,嘉靖在位期间,明代宗族的建祠祭祖由先前的家祠转变为后来广泛实行的始祖祠[②]。"礼以义起",这一点在嘉靖的大礼议事件上体现得尤其明白。就士风而言,大礼议中左顺门事件对朝廷正人之士的打击之大,无法估量,"上有所好,下必甚

---

① 孟森:《明史讲义》,商传导读,上海:上海古籍出版社,2002年,第242页。
② 常建华:《明代宗族研究》,上海:上海人民出版社,2005年,第78页。

焉"，于是阁臣俯就世宗以擅权，天下正人君子之士气转衰①。就学术而言，于正德年间产生的王学在嘉靖朝开始崭露头角，并最终在万历年间变成一种"主导思想界的准官方学说"②。明代《孝经》学在后期的兴盛繁荣与嘉靖朝大礼议事件有着莫大之关系，此诚为中国古代君主示范效应——风行草偃——之体现，体现了现实社会对于思想界之影响。

引　言

《孝经·圣治章》这段话的末一句"四海之内，各以其职来祭"，汉代时大臣曾引之以证废除各郡国之庙的合理性。汉初推行分封制，汉高祖命各诸侯国也各立宗庙以祭祖先，由此形成一传统。至汉元帝时，下诏罢各郡国庙，当时臣下即言："臣闻祭，非自外至者也，由中出，生于心也。故唯圣人为能飨帝，孝子为能飨亲。立庙京师之居，躬亲承事，四海之内各以其职来助祭，尊亲之大义，五帝三王所共，不易之道。《诗》云：'有来雍雍，至止肃肃，相维辟公，天子穆穆。'《春秋》之义，父不祭于支庶之宅，君不祭于臣仆之家，王不祭于下土诸侯。臣等愚以为宗庙在郡国，宜无修，臣请勿复修。"③郡国之庙得以顺利废除。

唐代显庆年间，讨论明堂配天问题，当时，长孙无忌等"诸人皆根据《孝经》'孝莫大于严父，严父莫大于配天''郊祀后稷''昔者明王事父孝，故事天明'以议礼制。……'明堂'与'禘'之说，亦散见于经传中：《周礼》《左传》《国语》言明堂，《榖梁》《公羊》《左传》《国语》亦言禘，皆不见唐人奏议援引，而专就《孝经》裁决，以为'神无二主之道，礼宗一配之义'云"。由此可见，《孝经》在当时确立礼制方面的权威地位④。

宋代时讨论郊祀问题，当时的李仁父，因为未读《孝经》而贻人话柄，其时也正是因为《圣治章》的这段话。对此，宋人周必大《淳熙玉堂杂记》记载：

> 己亥三月丁卯，诏今岁郊祀，以例约束省费。旋有旨未令行出，下礼部太常寺议明堂大礼。初李仁父主此说于前郊，尝经集议，会近习扬言寿博极群书，却不曾读《孝经》，乃不果行。至是，予以礼部尚书兼

---

① 参看孟森：《明史讲义》，商传导读，上海：上海古籍出版社，2002年，第232页。

② 邓志峰：《王学与晚明的师道复兴运动》，北京：社会科学文献出版社，2004年，第14页。

③ 班固：《汉书·韦贤传第四十三》，颜师古注，北京：中华书局，1962年，第3117页。

④ 徐景贤：《孝经之研究》，北平：公记印书局，1931年，第7页。

翰林学士与诸儒议曰:"周公虽摄政,而主祭则成王。王方幼冲,故周
公参稽古制,蒇事于明堂。其曰严父者,指周公能推本武王之志,追尊
文王之功,非谓自主其祭祀也。"众以为然……①

《孝经》中的这段话对后世礼制(明堂制度、郊祀制度)的影响,甚至远
远超出三《礼》中的相关内容。而历史上围绕这段话展开的礼制争论,主要
围绕在两点上:1."严父配天"的"严父"指的是当政君主已过世的皇考,还
是指当政君主的生父,抑或指的是对于本朝有大功德之祖先? 前二者是有
区别的,按照"为人后者为人子"(《春秋公羊传·成公十五年》)的说法,若
继承了君位,不论继承者是否上一位君主的亲生儿子,从君位传承的角度
来讲,继承者都是上一位君主之子②。"严父"之所以可以指有大功德之祖
先,是因为从宽泛的角度来讲,"父"有开创者之意,故对某一朝代之开创有
奠基之功德的祖先就可以称作"严父"。如此一来,"父"亦"祖"也,"祖"亦
"父"也。2."郊祀"中的"天"与"明堂祭祀"中的"上帝"到底是同指还是异
指? 由于《孝经》中说"孝莫大于严父,严父莫大于配天",又说"昔者周公郊
祀后稷以配天,宗祀文王于明堂以配上帝"。按此,则周公宗祀其父文王于
明堂以配上帝,就成了以严父配上帝,以作为祖的后稷配天,而非以严父配
天了。所以,儒者就须对"天"与"上帝"的关系进行探究和澄清。

这两点中,尤其是第一点,涉及明堂祭祀中所配祭之人到底应当是什
么身份的问题。如果仅仅是在嫡传的皇族系统中讨论这个问题,还是比较
容易解决的。但是一旦发生以庶代嫡时,君主难免因对于亲生父亲的孝感
至情而欲将"本生父"放置在"严父"的位置上,即以亲生父亲为"严父",这
便会引起很大的争议。这种争议从表面上看,是关于礼制的争议。而实际
上,也涉及对经典文本如《孝经》的理解;进一步讲,也显现出情与礼的冲
突。在历史上,汉代定陶王之议,宋代淳熙年间的濮议,都是如此。而最为
典型的,且影响当时社会、政治以及思想极大者,则莫过于明代嘉靖帝推尊
生父而引起的"大礼议"。《孝经》中的这段话在明代即成为明世宗嘉靖皇
帝实行祭礼改革的重要经典依据。关于第二点,这个问题又涉及了郊祀与

① 周必大:《淳熙玉堂杂记》,载《左百川学海本》第六册乙集中,1927 年陶涉园景刊宋本,第 101 页。
② 可参看段玉裁:《嘉靖非礼论一》,载《经韵楼集》,赵航、薛正兴整理,南京:凤凰出版社,2010
年,第 245—246 页。在段氏看来,依古礼,嘉靖帝当称明武宗为"皇考",嘉靖帝追尊其本生父
为"不臣不子""离经叛道"。

明堂之祀是否可以合祀的问题。如果说"上帝"与"天"是异名而同指，那么将这两种祭祀合起来一起进行就有了根据。在明代嘉靖之前，明太祖所定的郊祀制度和明堂祭祀制度正是将二者合而行之。而至明世宗嘉靖帝进行的礼制改革，又将这两种祭祀制度分开实行，以此作为将其生父配享明堂的前奏。

在进入对于明世宗明堂祭礼改革的讨论之前，有必要先回顾下明代之前尤其是宋代关于明堂配享的讨论，以及对于"严父配天"的解释，因为元、明以来儒者关于这个问题的讨论多是承宋代而来。

一、宋代官员、理学家关于"严父配天"的争议

大抵说来，宋代之前的《孝经》注家在注解此章时，皆侧重于说明周公所制郊祀与明堂配享制度，尤其是汉人多侧重于分辨禘祭与郊祭的异同以及"天"和"帝"的异同。元行冲疏解唐明皇《御注孝经》时，尚特举郑玄、王肃之别，以说明这两种祭祀制度。在宋代时，当程颐将"天"和"帝"解释为名异实同之后①，朱熹秉承此说，于是后儒亦一脉承袭而无异议。故儒者的关注点就集中在讨论郊祀配享与明堂配享制度上了，尤其关注所配之人当是什么身份。而对于周公在"宗祀文王"这一祭礼中身份的怀疑，进一步使得程颐和朱熹以及后来的很多注家对于这段话的"适用范围"——是否天下人皆可通过推尊己父以配天来尽孝——都特表关注。因为如果每个人不论贤愚都可以宗祀己父以配天的话，这种对礼制的僭越会导致天下大乱。

关于宋人对于"严父配天"的讨论，可以从北宋英宗时期的"濮议"来了解。宋代朝廷关于此问题，可分为两派：一是钱公辅、司马光之说，一是孙抃之说。前者虽皆不赞成推尊仁宗以配享明堂，但是钱、司马二人在对《孝经》为何称"严父"的理解上还是有些微差异的。首先，来看钱公辅（字君倚，1021—1072）的看法。《宋史》记载，钱公辅等言：

> 《孝经》曰："昔者周公郊祀后稷以配天，宗祀文王于明堂以配上帝。"又曰："孝莫大于严父，严父莫大于配天，则周公其人也。"以周公言之则严父，以成王言之则严祖。方是时，政则周公，祭则成王，亦安

---

① 程颢、程颐：《二程集》，王孝鱼点校，北京：中华书局，2004年，第288页。

在必严其父哉？《我将》之诗是也。真宗则周之武王，仁宗则周之成
王，虽有配天之业，而无配天之祭，未闻成、康以严父之故，废文王配天
之祭而移之。以孔子之心推周公之志，则严父也；以周公之心摄成王
之祭，则严祖也，严祖、严父，其义一也。汉明始建明堂，以光武配，当
始配之代，适符严父之说，章、安二帝亦弗之变，最为近古而合乎礼。
唐中宗时，则以高宗配；在玄宗时，则以睿宗配；在永泰时，则以肃宗
配。礼官不能推明经训，务合古初，反雷同其论以惑时主，延及于今，
牢不可破。仁宗嗣位之初，傥有建是论者，则配天之祭常在乎太宗矣。
愿诏有司博议，使配天之祭不胶于严父，而严父之道不专乎配天。①

钱重在解释《孝经》之言，其意思是：《孝经》所说的"宗祀文王于明堂以配上
帝"，其中的文王，虽然是武王、周公的父亲，但是对于成王来说则是祖，而
非父。这一点正是历代所争论的一个问题，钱由此说明，既然如此，那么明
堂配享上帝的就不一定必是"父"。而从周代的历史来看，成康皆无废文王
而配享自己父亲的事情，也足以证明这一点。从《孝经》文义来看，《孝经》
说的"严父"是其作者孔子以心忖度周公之祭礼，故而写作"严父"，而实际
上若是站在成王的角度看，则是"严祖"了。故"严祖""严父"异名而同实，
只是所看问题的角度不同而已。接着，钱又引东汉初的故事，以证明"始配
之代，适符严父之说"，而并不是说之后的历代都要一世一易，以己父配，并
认为这才是符合古礼的，言下之意，是说《孝经》所说亦是如此。而对于唐
代一世一易的做法，他指出是错误的，不符合古代礼制，故而，仁宗不当配
享明堂，不当废太宗。

　　对于"严父"的理解，孙抃(字梦得，初名贯，996—1064)则正好与钱公
辅相反，他认为：

　　《易》称"先王作乐崇德，荐之上帝，以配祖考"。盖祖、考并可配
天，符于《孝经》之说，不可谓必严其父也。祖、考皆可配郊与明堂而不
同位，不可谓严祖、严父其义一也。虽周家不闻废文配而移于武，废武
配而移于成，然《易》之配考，《孝经》之严父，历代循守，不为无说。魏
明帝祀文帝于明堂以配上帝，史官谓是时二汉之制具存，则魏所损益

---

① 脱脱等：《宋史·志第五十四》，北京：中华书局，1977年，第2468—2469页。

可知,亦不可谓章、安之后配祭无传,遂以为未尝严父也。唐至本朝讲求不为少,所以不敢异者,舍周、孔之言无所本也。今以为《我将》之诗,祀文王于明堂而歌者,安知非孔子删《诗》,存周全盛之《颂》被于管弦者,独取之也?仁宗继体守成,置天下于泰安四十二年,功德可谓极矣。今祔庙之始,抑而不得配帝,甚非所以宣章严父之大孝。①

这段话中所引《周易》之文出自《周易》豫卦,在孙抃看来,依照此说,可知是祭上帝时配祖,亦可配考。而《孝经》说:"严父莫大于配天","郊祀后稷以配天",亦是以作为祖的后稷和作为考的严父,即文王来配天。故而他认定《孝经》和《周易》的说法是一致的。接着孙抃认为郊祀配祖与明堂配父中的郊与明堂是不同的礼制,故而严祖、严父之义必定是不同的。很明显,这是在反驳钱公辅"严祖、严父其义一也"的说法。钱公辅之说是在论证《孝经》中的严祖即严父,之所以称为严父是始配之时恰好是父,所以孔子称作"严父",但实则从后来君主如成王、康王的角度来看则是祖先。也就是说,文王之配享明堂是永为定制的。孙抃反其道而行之,坚持明堂配享"严父"的一世一易的礼制。他认为虽然在周代历史上没有听说过有废文王而配享武王之类的事情,但是《周易》明言"配考",《孝经》明言"严父配天",且在后世确实按照这种一世一易的做法进行祭祀,如魏明帝即以皇考配,唐代也多是如此。孙抃认为前人如此做并不是没有理由的,且正是以周孔之言为经典依据。如果承认《诗经》乃孔子所删订,那么《诗经·周颂·我将》这首诗也明言周武王祭祀文王以配天——"我将我享,维牛维羊,维天其佑之。仪式刑文王之典,日靖四方。伊嘏文王,既右飨之",这正可以体现孔子之意,之后的话便是在说仁宗有配享的功德。当时的学士王珪与孙抃的观点一致,认为:"天地大祭有七,皆以始封受命创业之君配神作主,明堂用古严父之道配以近考,故在真宗时以太宗配,在仁宗时以真宗配,今则以仁宗配。"②

　　而当时的司马光、吕诲等人的看法则与孙抃、王珪不同,而是支持钱公辅的说法,但是司马光转变了论述的重心。钱公辅、孙抃都是在对经典字义进行解释,由此形成了两种不同理解,这两种理解都有其文本依据,都有

① 脱脱等:《宋史·志第五十四》,北京:中华书局,1977年,第2469页。
② 脱脱等:《宋史·志第五十四》,北京:中华书局,1977年,第2470页。

道理。因此司马光不再纠结于字面，转而探究文字背后的义理，强调能够配享明堂之人必须是具有开创之功者。《宋史》载：

> 谏官司马光、吕诲曰："孝子之心，孰不欲尊其父？圣人制礼以为之极，不敢逾也。《诗》曰：'思文后稷，克配彼天。'又《我将》：'祀文王于明堂。'下此，皆不见于经。前汉以高祖配天，后汉以光武配明堂。以是观之，自非建邦启土、造有区夏者，皆无配天之文。故虽周之成、康，汉之文、景、明、章，德业非不美也，然而不敢推以配天，避祖宗也。孔子以周公有圣人之德，成太平之业，制礼作乐，而文王适其父，故引以证'圣人之德莫大于孝'答曾子，非谓凡有天下者皆当尊其父以配天，然后为孝也。近代祀明堂者，皆以其父配上帝，此乃误释《孝经》之义，而违先王之礼也。景佑中，以太祖为帝者之祖，比周之后稷，太宗、真宗为帝者之宗，比周之文、武，然则祀真宗于明堂以配上帝，亦未失古礼。仁宗虽丰功美德洽于四海，而不在二祧之位，议者乃欲舍真宗而以仁宗配，恐于祭法不合。"诏从抃议。[①]

司马光之说很明显在驳斥孙抃，他认为孝子尊其父亲，以表至诚之孝心，是情理所当然，这是对英宗孝心的体谅。但是圣人制礼作乐，尊父之极早已有先例，不能逾越。而针对孙抃以《诗经》为据，他们认为《诗经》中的说法仅仅有两处，其余皆不见。而距先秦未远的汉代，不论是西汉还是东汉，都是以开国君主配享明堂，所以明堂配享之人必须是"建邦启土、造有区夏"的人，即对于所在朝廷具有开国创典之极大功德的君主。而开国之君后的历代君主不能推以配天，也是出于"避祖宗"的缘故。综合两方面的考虑，他们认同以开国有功德之君配享明堂。而对于《孝经》中的说法，司马光等人认为孔子说"严父配天"，是当时的特殊形势造成的，周公制礼作乐之时，尊其父，而文王适其父，故而就以文王配享明堂。而孔子引此例，其目的是为了证明"圣人之德莫大于孝"，而不是为了给后世定一明堂配享制度的程式——"凡有天下者皆当尊其父以配天，然后为孝"。司马光的论述发展、完善了钱公辅的观点，如他所言，"文王适其父"的说法即是脱胎于钱公辅所言"汉明始建明堂，以光武配，当始配之代，适符严父之说"。

这是当时在朝为官者的看法。此外,北宋理学家对此问题也有自己的看法,我们从中也可看出理学家所关注的地方。比司马光稍晚的程颐言:

> 郊祀配天,宗祀配上帝,天与上帝一也。在郊言天,以其冬至生物之始,故祭于圜丘,而配以祖,陶匏稿鞂,埽地而祭。宗祀言上帝,以季秋成物之时,故祭于明堂,而配以父,其礼必以宗庙之礼享之。此义甚彰灼。但《孝经》之文,有可疑处。周公祭祀,当推成王为主人,则当推武王以配上帝,不当言文王配。若文王配,则周公自当祭祀矣。周公必不如此。①

在程颐看来,天与上帝一也,"以形体言之谓之天,以主宰言之谓之帝"②。但他认为明堂祭祀时是"配以父",这与钱公辅、司马光、吕海之说相悖。也正是出于这个看法,他才会怀疑《孝经》的真实性,进而认为当时是成王当政,所以按照配父的说法,应该是推成王的父亲即武王以配上帝,而不是文王。但是《孝经》竟然说是"宗祀文王于明堂以配上帝",这岂不成了周公自己祭祀,如此一来,周公便成了乱臣贼子,这不符合周公制礼作乐的圣人形象。因此,程颐怀疑《孝经》这段话是不可靠的。程颐对《孝经》的怀疑不能说没有理由,但是又不充分。因为对于《孝经》这段话的理解,早在历史上就存在争议,上文所举钱公辅认为"严父""严祖"的称谓是角度不同,司马光、吕海则提出了"文王适其父"的说法,即可证明这种争议,且这两种说法都足以驳倒程颐之说。不过,在程颐关于《孝经》这段话的评述中,他并未说明堂配享文王当永为定例,还是一世一易。从钱公辅、司马光、程颐等对于《孝经》这段话的引述来看,除了程颐之外,都毫不怀疑地认为《圣治章》中的这段话确实为孔子所说,相信经典是后世制度的立论根基。两相比较之下,就显露出了宋代理学家之疑经态度。

再来看南宋时朱熹的看法。朱熹在《孝经刊误》中解释"严父配天"一段话时说:

> "严父配天",本因论武王、周公之事而赞美其孝之词,非谓凡为孝者皆欲如此也。又况孝之所以为大者,本自有亲切处,而非此之谓乎?若必如此而后为孝,则是使为人臣子者皆有今将之心,而反陷于大不

① 程颢、程颐:《二程集》,王孝鱼点校,北京:中华书局,2004年,第168页。
② 程颢、程颐:《二程集》,王孝鱼点校,北京:中华书局,2004年,第288页。

孝矣。作传者但见其论孝之大，即以附此，而不知其非所以为天下之
通训。读者详之不以文害意焉可也。①

另外，《朱子语类》中也记载：

> 问："郊祀后稷以配天，宗祀文王于明堂以配上帝"，此说如何？
> 曰：此自是周公创立一个法如此，将文王配明堂，永为定例。以后稷郊
> 推之，自可见。后来妄将"严父"之说乱了。②

综合这两段话进行分析，作为伊洛传人的朱熹，很明显也认真思考了程颐
所触及的两难处境——要么认为《孝经》非孔子所作，要么认为周公确实有
僭越之嫌。而朱熹对这一两难困境进行了消解：首先，他认为，《孝经》这段
话从字面上与武王并没有任何联系，明明是在说周公之孝——"则周公其
人也"，但朱熹却又说这是在"论武王、周公之事而赞美其孝之词"。朱熹此
论是在回应程颐所提到的到底应当以文王配还是以武王配，朱熹的回答是
以文王配。但是朱熹仅仅说以文王配并不能解决程颐所提出的周公僭越
称王而祭祀的问题，所以他才认为这段话是"论武王、周公之事"，这样就取
消了周公僭越的问题。其次，在他看来，"宗祀文王于明堂以配上帝"确实
是周公所创立的法度，且是以此法度"永为定例"，并批评说"后来妄将'严
父'之说乱了"。上文已经指出，与永为定例说相对的就是一世一易说，所
以，朱熹矛头所指显然就是一世一易说了。这表明，朱熹是反对孙抃"一世
一易"之说的，不同意宋英宗以仁宗配享明堂的做法。

二、元儒吴澄《孝经定本》中的"严父配天"义

从宋代官员以至理学家的解释来看，他们的侧重点是不同的，钱、司马
等人侧重解释"严父配天"中的"严父"之所指、"父"与"祖"是否同指。因为
在当时的情形下，这关系到当下礼制的制定和施行。而程颐、朱熹侧重的
是"严父配天"是否涉及周公僭越礼制的问题。在这一解释重心的转移过
程中，程颐是枢纽。从程颐的说法来看，他直言明堂祭祀是"配以父"，并怀

---

① 朱熹：《孝经刊误》，载朱熹：《朱子全书》第 23 册，朱杰人、严佐之、刘永翔主编，上海、合肥：上海
古籍出版社、安徽教育出版社，2002 年，第 3208 页。此处对原文标点略有改动。另外，原文作
"矜将之心"，当作"今将之心"。

② 黎靖德编：《朱子语类》卷八十二，杨绳其、周娴君校点，长沙：岳麓书社，1997 年，第 1923 页。

疑周公有僭越的嫌疑。而对于朱熹来说，已经不再拘泥于"严父"之"父"到底是"父"还是"祖"了。因为不论是"父"还是"祖"，都无法消除程颐所指出的周公僭越礼制的难题。所以朱熹转而着重解决程颐所提出的"是否僭越礼制"这一问题。虽然在当时，宋英宗没有采纳司马光的建议而是下诏行孙抃之议，但是后来的儒者基本都肯认司马光一派的观点，而非孙抃。理学大儒已对于司马光之说表示赞成，后学的认同亦是自然之势。

元代大儒吴澄即是如此，他在《孝经定本》中言：

> 祀其父以配天，然得遂此心尽此礼者，惟周公而已。故曰"周公其人"。盖自武王有天下之后，周公始制此礼，以尊其父文王也。……上帝即天也，祀之于郊则尊之而曰天，祀之于堂则亲之而曰帝。冬至于国门外之南郊筑坛为圜丘，祀天而以始祖后稷配，季秋于文王庙之前堂祀帝而以文王配。后稷封于邰，周家有国之始。文王三分天下有其二，周家有天下之始。故以后稷配天、文王配帝也。此礼一定，而周公之父世世得配天帝，此周公所以独能遂其严父之心也。然亦因其功德礼所宜然，非私意也。①

吴澄认为周公制作此礼，是使有杰出功德之文王能在周统治天下的时代永配天地。为此，他特对明堂配享应当"一世一易"的说法进行批驳。他说："玉山汪氏尝疑严父配天之文非孔子语，陵阳李氏曰：此言周公制礼之事尔，犹《中庸》言周公成文武之德，追王太王、王季也。周公制礼，成王行之。自周公言则严父，成王则严祖也。谓严父则明堂之配当一世一易矣。岂其然乎？司马公曰：'周公制礼，文王适其父，故曰严父。非谓凡有天下者皆当以父配天，孝子之心，谁不欲尊其父，礼不敢逾也。……汉以高祖配天，光武配明堂，文景明章德业非不美，然不敢推以配天。近世明堂皆以父配，此乃误识《孝经》之意，违先王之法，不可以为法也。'"②吴澄所提到的陵阳李氏，不知何人，但其说正与钱公辅"严父""严祖"之说相合，从吴澄所论来看，他对这种从周成王角度来说是严祖的说法似乎并不赞成。在吴澄看来，"周公始制此礼，以尊其父文王"，"此礼一定，而周公之父世世得配天帝"。故而他认同司马光的说法，由此，也对朱熹所说的"非谓凡为孝者皆

① 吴澄：《孝经定本》，载《文渊阁四库全书》第182册，台北：台湾商务印书馆，1982年，第133页。
② 吴澄：《孝经定本》，载《文渊阁四库全书》第182册，台北：台湾商务印书馆，1982年，第133页。

欲如此也"做出了合理的解释。依他所说,便是认为明堂配享是择有功德之君配享,而不是以在位之君的皇考配享。

三、晚明士人的"严父配天"义与嘉靖帝明堂礼制改革

明代儒者对司马光之说亦颇为认同。明初项霦所作《孝经述注》就说:"昔周公制礼,知其祖后稷、父文王之德同乎天,故于郊祀、明堂,推以配天、配上帝,以尽其尊祖严父之意,非谓历代天子之祖父无功德者皆可推以配天、配上帝,然后为孝之大也。天以造化之自然而言,帝以造化之主宰而言,其实一也。"此说结合了程朱对"天""上帝"的解释与司马光以功德论配享的解释,强调以祖配天、以父配上帝之制并非历代天子都适用——"非谓历代天子之祖父无功德者皆可推以配天、配上帝[①]。项霦之说与司马光、吴澄一致,但非常简练。

及至明代后期,经历过嘉靖年间的"大礼议"之后,儒者对"严父配天"和明堂配享的讨论又再次激起。而明代后期出现的许多《孝经》学著作也必然地涉及对此问题的看法,有的儒者则借解经而批评嘉靖帝的做法。因为《孝经》中的这段话正是明世宗嘉靖皇帝实行祭礼改革的重要经典依据。明世宗以恢复周礼古礼为号召,以恢复洪武初制为幌子,通过对经典的重新诠释,为其礼制改革寻找根据和机会[②]。嘉靖帝进行礼制改革的初因与目的是为了尊崇其生父兴献王,使其能够称宗入庙。为了达到此目的,他必须进行礼制改革,而明堂配享礼制即是他整个改制过程中的重要一步。诚如赵克生所言:"明堂之制以'严父配天'为主旨,世宗欲尊崇其父,要复明堂之制。要行明堂'严父配天',又必须先议兴献帝'称宗'而配天。"[③]

明代的明堂配享制度,在嘉靖帝之前所遵行的都是洪武皇帝所定制度,本不符合古礼,而且其中隐含了很多问题。其中一个大问题,便是将郊祀和明堂祭祀合而为一。但这两者,按照《孝经》的记载,并不是一回事,这一混淆是通过天地合祀的形式而逐渐形成的。明代初年,本是实行天地分祀,此载于明初编订的《大明集礼》中。后至洪武十年,考虑到实际情况,明

---

① 项霦:《孝经述注》,载《文渊阁四库全书》第182册,台北:台湾商务印书馆,1982年,第149页。
② 参看胡吉勋:《"大礼议"与明廷人事变局》,北京:社会科学文献出版社,2007年,第646页。
③ 赵克生:《明朝嘉靖时期国家祭礼改制》,北京:社会科学文献出版社,2006年,第47页。

太祖本着尚简的原则实行天地合祀①。这一尚简的原则也贯彻于明堂祭祀的制度,合天地之祭与明堂祭祀于一体。对于这一变迁过程,明儒邱浚说道:"我圣祖初分祀天地,各为之坛。其后乃合而祀之,共为坛于南郊,其上则屋之焉,盖泰坛、明堂为一也。列圣相承,皆以太祖、太宗并配,其于《孝经》之义并用以同行,吻合而无间,是盖以义起欤。"②如此一来,一方面,"太祖太宗并配实际上将周礼的圜丘配享与明堂配享合而为一"③。而从另一方面说,朱元璋本"礼以义起"而制定的天地合祀是按照以父母配天地的原则,故而就混淆了明堂配享(配父)与天地配享(配祖)④。

　　嘉靖十年五月,明世宗实现了天地分祀在现实中的确立,几乎同时,也改变了天地郊坛合配太祖、太宗的一贯制度,仅以太祖配⑤。直到嘉靖十七年,曾经与其父丰熙共同参与左顺门哭谏事件的丰坊上奏明世宗,叛父之志,改节诡谀,建议世宗为生父称宗⑥。因为按照《孝经》"宗祀文王于明堂以配上帝"的说法,称宗是配享明堂的前提。《世宗实录》十七年六月记载丰坊的建议:"孝莫大于严父,严父莫大于配天。'请复古礼,建明堂,加尊皇孝帝庙号,称宗以配上帝。"⑦正投世宗所好,世宗命礼部集议明堂如何配享,礼部尚书严嵩提出了两种方案,一是根据宋代的钱公辅、司马光之说,一是根据孙抃之说,他认为:"若以功德论,则太宗再造家邦,功符太祖,当配以太宗。若以亲亲论,则献皇帝陛下之所自出,陛下之功德,即皇考之功德,当配以献皇帝。"⑧户部左侍郎唐胄则坚持明堂不专以父配,他上疏说:

　　　三代之礼莫备于周,《孝经》曰:"郊祀后稷以配天,宗祀文王于明堂以配上帝。"又曰:"严父莫大于配天,则周公其人也。"说者谓周公有圣人之德,制作礼乐,而文王适其父,故引以证圣人之孝,答曾子问而

---

① 朱元璋:《明太祖集》,胡士尊点校,合肥:黄山书社,1991年,第100页。
② 邱浚:《大学衍义补》卷五十七,林冠群、周济夫校点,北京:京华出版社,1999年,第498页。
③ 赵克生:《明朝嘉靖时期国家祭礼改制》,北京:社会科学文献出版社,2006年,第109页。
④ 胡吉勋:《"大礼议"与明廷人事变局》,北京:社会科学文献出版社,2007年,第611页。
⑤ 赵克生:《明朝嘉靖时期国家祭礼改制》,北京:社会科学文献出版社,2006年,第104—109页。
⑥ 黄景昉:《国史唯疑》,陈士楷、熊德基点校,上海:上海古籍出版社,2002年,第156页。
⑦ 《明实录·世宗实录》卷二一三,台北:"中央研究院"历史语言研究所,1962年,第4373页。
⑧ 严嵩:《明堂秋享大礼议》,载陈子龙等选辑《明经世文编》卷二一九,北京:中华书局,1962年,第2285页。

已,非谓有天下者皆必以父配天,然后为孝。不然,周公辅成王践阼,其礼盖为成王而制,于周公为严父,于成王则为严祖矣。然周公归政之后,未闻成王以严父之故,废文王配父之制,而移于武王也。及康继成,亦未闻以严父之故废文王配天之制,而移于成王也。后世祀明堂者皆配以父,此乃误识《孝经》之义,而违先王之礼,故有问于熹曰:周公之后当以文王配耶,当以时王之父配耶?熹曰:只当以文王为配。又问:继周者如何?熹曰:只以有功之祖配之。后来第为严父说所惑乱耳。由此观之,明堂之配不专于父明矣。①

唐胄的立场鲜明,不像严嵩那样模棱两可。他先是引用了司马光之言,继而又引用了朱熹之说,以证明"明堂之配不专于父"。明世宗意欲推尊己父兴献王(即献皇帝),而唐胄的上疏针锋相对,惹得世宗大怒,唐胄被下于锦衣卫。很显然,明世宗就是想要使明堂配享的配享者是自己的生父献皇帝。最终,为臣者还是拧不过世宗的君威,礼部议定以献皇帝配享明堂,谓:"夫明堂秋享,严父配天,此《孝经》孔子之言,千百世莫之有易者矣。"此后引程颐、朱熹之说,断章取义,以论证"明堂秋享大典,当以严父配帝之文为正"②。于是,明世宗的心愿达成了。热衷于制礼作乐的明世宗还亲作《明堂或问》,以问答体解释群疑,其中有言:

> 问曰:父配故是矣,将来一世一易,抑且一平?答曰:今既用周制为准,则即如武王行礼,奉以文王配之意,一而已矣。

> 问曰:周公制礼,汝何谓武王行之?答曰:周公者臣职也,虽然必称武王为正,岂有臣行君礼哉?周自武(王)为之,则严父必以文(王),今日我举必皇考配也。③

由此来看,嘉靖帝不但欲使献皇帝配享明堂,且欲使其永世配享,而非一世一易。他还认为行明堂配享之礼的是武王,而非周公。虽然,明朝前期将天地郊祀与明堂秋享合而为一的做法并不符合古制,嘉靖帝口口声声

---

① 《明实录·世宗实录》卷二一三,台北:"中央研究院"历史语言研究所,1962年,第4373页。

② 严嵩:《献皇帝称宗大礼议》,载陈子龙等选辑:《明经世文编》卷二一九,北京:中华书局,1962年,第2288页。

③ 赵克生:《明朝嘉靖时期国家祭礼改制》附录《明堂或问》,北京:社会科学文献出版社,2006年,第240页。

声称自己是以周代古制为准，但实际上他的做法也并不符合古制。首先，他以生父献皇帝配享明堂的主要经典依据是《孝经》，但正如上文所分析，对于《孝经》"严父配天"的理解，本来就无定论，嘉靖帝的做法仅仅算是其中一说。其次，嘉靖帝和严嵩在论证"严父配天"时，所采用的主要理论依据是程颐和朱熹之言。但是如上文所分析，程颐仅仅是认为以父配，但是并未说父配是一世一易，还是永为定制。朱熹认为是永为定制，但他认为《孝经》的这段话是"本因论武王、周公之事而赞美其孝之词"，并未说"武王行之"之类的话。第三，即使嘉靖帝在表面上确实做到了与《孝经》符合，假设《孝经》之意确实是以父配，并且是永为定制，嘉靖帝的做法也是有问题的，因为这背后还牵涉所配享者是否有大功德的问题。而嘉靖皇帝是以小宗入继大统，以支代嫡，其父兴献王并无资格配享明堂，献皇帝配享太庙借以成立的基础是他虚构出来的本来并不存在的帝王世系①。第四，既主张以父配，又主张"一而已矣"地永远以文王配享，其实是自相矛盾的。既然主张以父配，那就应当一世一易，即以在世君主的皇考来配享，而不当永远配享献皇帝。宋代孙抃的观点正是如此。故而，嘉靖帝的做法，就近来说，既不同于孙抃之说，更不同于司马光之说，也与朱熹之说背后的精神不符。

正是因此，嘉靖帝的祭礼改制，为晚明士林所批评，而作为始作俑者的丰坊也为士林所不齿，何况其改节叛父，更为不孝。晚明儒者对嘉靖改制一事的批评，亦可见于当时的《孝经》学著作中，如朱鸿《家塾孝经集解》中对"严父配天"的解释就是遵从了司马光之说②。但正如宋代时的争论一样，关于嘉靖帝的明堂配享改制，有反对批评者，亦有赞成支持者。这种赞成并非全部源于对嘉靖帝的奉承阿谀，或者是屈服于嘉靖帝的帝王权力，如严嵩、丰坊等辈③，还有的士人是真心地赞成，认为嘉靖帝的做法符合孝道，如谢肇淛《五杂组》中就赞赏嘉靖帝说：

礼有世之所非而实是者，欧阳濮议是也。礼，为人后者，不得顾其

① 胡吉勋：《"大礼议"与明廷人事变局》，北京：社会科学文献出版社，2007年，第614—615页。
② 朱鸿：《家塾孝经》，载朱鸿编：《孝经总类》巳集，载《续修四库全书》第151册，上海：上海古籍出版社，2002年，第102页。此页中谓："孝之大……莫大于以父配天……古之人能尽此礼者唯周公。……此礼一定，而后世得以配上帝，少遂周公严父配天之心。盖当是时，周公秉制礼之权，而成文武之德，故称文王为严父以配天，非谓凡有天下者皆当以父配天也。读者不以辞害意可也。"此说又有本于朱熹之说。
③ 参看黄景昉：《国史唯疑》，陈士楷、熊德基点校，上海：上海古籍出版社，2002年，第155、156页。

本生父母,特不为之服耳,未尝并父母之名没之也。礼有三父八母。养者,继者,皆父母也。嗣大位而改其所生父为叔伯,于心安乎? 于理顺乎? 此拘儒之见,必不可行者也。……古人行一不义而得天下,不为也,况不孝乎? 幸而圣心独断,无伦无亏,其神武明决,过宋英宗万万矣。诸臣之杖谴,虽永嘉不善处,而亦有以自取之也。①

在他看来,因继承皇位而改称自己的亲生父亲为叔伯,于心不安,于理不顺,这是不孝的表现,所以他赞赏嘉靖帝尊崇本生父的做法。在宋代的礼制纷争中,欧阳修也正是主张尊崇本生父的。此可见,不论是主张尊崇本生父还是否定尊崇本生父,双方的宗旨是一致的,都是要符合儒家的孝道。但正如上文所分析,像谢肇淛这样的说法,过于重视"情",忽略了礼制"节人之情"的本性。单纯从情的角度来论述礼的正当性,以为礼不符合人情便是不恰当的,这是片面的。明末黄景昉便针对嘉靖帝大礼议一事说:"君子务绌情伸礼。"②以天理为最高哲学范畴的朱熹认为周公以文王配享明堂是永为定制,这就否定了尊崇本生父之举的合理性。所以,按照朱熹"礼者,天理之节文"的说法,谢肇淛的说法最多也只是"于心安",但却"于理不顺"。

就晚明《孝经》学而言,出于尊崇《孝经》和提倡以孝治天下的目的,晚明致力于注解和阐发《孝经》的儒者士人屡屡言及明代帝王的孝治功绩,包括明太祖、明成祖和万历皇帝等,唯独对于嘉靖帝的评价呈现出两极对立的局面。这种对立局面,不仅仅表现在,有些人赞成嘉靖帝的明堂改制符合孝道,而有些人则认为是不符合孝道的。还表现在,从同一个人的文字来看,他一方面赞成,一方面又不赞成。对于如此扑朔迷离的现象,就需要仔细分析。如朱鸿所编辑的《孝经总类》中收集了晚明众多儒者的《孝经》学著作,但其中仅仅有一处是赞赏嘉靖帝的,这出现在朱鸿所作的《孝经考》中:"洪武初会《孝经》大旨,纂为《御制六言》,使逌人振铎于路,以发孝之端。永乐间命儒臣纂集《孝顺事实》,以收孝之实。二祖之教以孝也,何啻'家至日见'哉? 列圣相承,率循是道,胤是嘉靖中兴,尊崇至孝,超越千

① 谢肇淛:《五杂组》,郭熙途校点,沈阳:辽宁教育出版社,2001 年,第 304 页。
② 黄景昉:《国史唯疑》,陈士楷、熊德基点校,上海:上海古籍出版社,2002 年,第 154 页。

古，纂《明伦》一书。万历庚辰、乙酉，咸以此经策士，用之抡材。"①朱鸿这段话中提到了嘉靖帝，"嘉靖中兴，尊崇至孝"便主要是就明世宗大礼议而言，评价其为以孝治天下之表现。明世宗在大礼议后，为了粉饰自己行为合乎礼仪，命臣下修撰了《明伦大典》一书，取代明初修撰的《大明集礼》。而上文提到，朱鸿在对《孝经》"严父配天"的注解中正是反对尊崇本生父的，所以他应当不会赞成嘉靖帝。这样，从表面上看，朱鸿就呈现出对立的两种观点。对于这种情况，应该这样来理解：由于朱鸿本身便生活在明代后期，还亲身经历了嘉靖朝，在将要出版而流传于社会的文字中直接批评本朝或许不利于自保，所以他对嘉靖帝的批评是比较隐晦的。这种批评往往隐藏于赞赏的背后，由此才形成了看似矛盾的现象。这样看来，朱鸿好友沈淮在叙述明代皇帝的孝治功绩时未提及嘉靖帝尊崇本生父的"孝行"，就显得并非偶然了。沈淮说："太祖高皇帝首倡'孝顺父母'，狗铎警民。成祖文皇帝继纂《孝顺事实》，垂训斯世。列圣相承，孝益丕显。今上笃孝两宫，化由身率，重熙累洽，媲美虞周，海内士庶孝悌踵接……既以孝试士，则孝治之会端在今日。"②先述明太祖和明成祖，然后便是万历皇帝了，而对万历皇帝之前的嘉靖帝则略而不谈。

在《孝经总类》所集合的晚明士人群体之外，赞扬明世宗者，如：万历年间江旭奇在《表章〈孝经〉疏》说："我世宗皇帝于文庙进祀欧阳修，以其濮议有裨于孝思也。"③程涓为张复《孝经本则》所作序称："世宗大礼既成，孝治益光。……今上祇事两宫，爱嘉海内。"④崇祯年间，蔡懋德为丁洪夏《孝经绪汇》作序，在赞扬明初二祖之后，言："仁宗昭皇帝当监国，凛凛克遵帝训，

---

① 朱鸿：《孝经考》，载朱鸿编：《孝经总类》未集，载《续修四库全书》第 151 册，上海：上海古籍出版社，2002 年，第 149 页。关于洪武年间的《御制六言》，可参看 Wm. Theodore de Bary, *Asian Values and Human Rights : A Confucian Communitarian Respective*, Harvard University Press, 1998, pp. 72-74；关于永乐年间的《孝顺事实》，可参看 Lee Cheuk Yin, "Emperor Chengzu and Imperial Filial Piety of the Ming Dynasty：From *The Classic of Filial Piety* to the Biographical Accounts of Filial Piety," in *Filial Piety in Chinese Thought and History*, edited by Alan K. L. Chan and Sor-hoon Tan, London：Routledge Curzon, 2004, pp. 141-153。

② 沈淮：《孝经总序》，载朱鸿编：《孝经总类》序，载《续修四库全书》第 151 册，上海：上海古籍出版社，2002 年，第 26—27 页。

③ 吕维祺：《孝经大全》卷十九，载《续修四库全书》第 151 册，上海：上海古籍出版社，2002 年，第 467 页。

④ 转引自陈鸿森：《经义考〈孝经〉类别录》（下），载台湾《书目季刊》第 34 卷，2000 年第 2 期，第 18 页。

奖孝惟谨,允称章圣。列圣相承,率循是道,胤是世宗肃皇帝尊崇至孝,大狩承天,纂《明伦》一书,超越千古。嗣以神宗显皇帝,笃孝两宫,亲御《孝经注疏》留置扆前。庚辰乙酉,咸以此经策士,用之抡材,方正盈庭,致四十八载之康熙,举皆爱敬之酝化,亘汉唐宋所希有也。"①吕维祺亦赞成嘉靖皇帝之明堂配享其亲生父亲献皇,他在《进〈孝经〉表》中说:"我世宗肃皇帝郊社一秉于周礼,宗祀特秩乎献皇。"②以上为笔者所见晚明《孝经》学对明世宗的赞扬之处。就晚明《孝经》学对于明代皇帝的评价来看,对于明太祖和明成祖的评价是最高的,也是最多的,处处可见。其次则是对于万历皇帝孝奉两宫太后的评价。及至明末,对于崇祯皇帝表章《孝经》、以《孝经》取士的举动亦是不吝赞扬之辞。相较于对明初二祖的赞扬来说,对于嘉靖帝的赞扬则屈指可数。且需注意的是,以上几处对明世宗的赞扬,江旭奇和吕维祺都是在上呈崇祯皇帝的进表中所言。臣子上疏皇帝的奏章,自然不敢轻议其先君,唯有敢于谏诤的黄道周在给崇祯帝的奏疏中批评明世宗甚厉,他说:"近来礼乐未修,教养未备,人才远不及古,又经霜雪摧残之后,元气未复,须十分培养,勿折其萌芽。譬如养火,亦要惜薪,然后光气完全,发得透亮。我朝人才,当世宗时稍稍摧折,然或朝行谴逐,暮即追还,是以人才鼓舞不倦。"③直言明世宗摧折人才,这显然也涉及对于大礼议的批评,杖击群臣的左顺门事件④就是对人才进行摧折的最极端表现。若再进一步分析,从他们的赞赏之辞来看,《孝经》学士人主要是想勾勒出一个明代帝王以孝治天下的传统,以为他们尊崇《孝经》、提倡孝治提供现实的根据,同时鼓励他们所劝谏的现任皇帝励精图治。所以,要真正客观地了解一位儒者是否赞成嘉靖帝明堂配享改制的做法,还是要从儒者对于《孝经》"严父配天"的注解中判断。

　　我们从晚明《孝经》学士人关于《孝经》的注释中,可以看到当时儒者对于嘉靖帝明堂改制的批评。如晚明黄道周的《孝经集传》直接提出批评:

① 转引自陈鸿森:《经义考〈孝经〉类别录》(下),载台湾《书目季刊》第34卷,2000年第2期,第21页。
② 吕维祺:《孝经大全》卷首,载《续修四库全书》第151册,上海:上海古籍出版社,2002年,第348页。
③ 黄道周:《补牍陈言疏》,载黄道周:《黄道周集》(一),翟奎凤、郑晨寅、蔡杰整理,北京:中华书局,2017年,第209页。
④ 左顺门事件中,丰坊的父亲丰熙正是参与群臣哭谏反对嘉靖帝的一员。

郊之言天，圜丘之制也。后稷之配太社则自夏商而始也。尊稷以
配天则独周之制也。祖文王而宗武王则自成康始也，太王、王季不敢言
祧，《皇矣》之雅、《天作》之颂是也，故议礼者不可不审也。郊后稷以配
天，祀文王以配上帝，非周公之圣则莫之为也。不当周公之身而议郊祀
之礼，则禘喾而郊稷、祖文王而宗武王，作者之意于是止也。……天严则
曰父，父严则配天。后稷祖也，以天之严严之则亦曰父，故配天之父非祢
之谓也。以严而生敬，以敬而生孝，以孝而生顺，不如是不足以立教。①

黄道周所言"议礼者不可不审"，正是针对嘉靖改革礼制而言。他的这
段话，包含了多层蕴意：其一，此段开始至"议礼者不可不审也"。太王、王
季本非"王"，是后来"追王"而成。《诗经》中的《皇矣》等就是讲述太王、王
季的功绩。若将此与嘉靖时的改制相比对，则会发现，嘉靖帝为了使其生
父能够入太庙，而祧迁懿祖、熙祖、仁祖，便可知黄道周"议礼者不可不审"
的用意所在②。其二，接上文以至"作者之意于是止也"。这是针对嘉靖帝
之改革郊祀之礼和明堂配享礼而言。"非周公之圣则莫之为也"的说法正
说明，以过世的皇考配上帝的做法并不是任何人都可以做的，只有像周公
一样的圣人方可，否则就违背了周公制作礼乐的本意，只有圣人才能制礼
作乐。黄道周还从周代礼制的角度论证了周公用天子之礼的合理性，他
说："姬姓诸侯皆祖后稷，后稷其所自出也，而独周公用之，何也？曰：周公
得用天子之礼乐，周公之用天子之礼乐，武王之志、文王之事也。然则成王
赐之，伯禽受之，皆与？曰：何为其不是也。夏殷，亡国之后也，而犹各用
其礼乐，谊不可以兴王而黜前王之秩也。周公身致王治，创制礼乐，故兼用
殷礼，参酌四代，以匹于二王之恪……且是成王之赐也。"③此说也从另一
个角度说明了周公并无僭上之举。其三，黄道周对"严父"的解释也颇为有
趣，其意谓《孝经》此处所说的"父"并非专指过世的皇考，而是因为其"严"
而成为"父"，故"父"是在泛指的意义上说的，"以天之严严之"，则作为周人

① 黄道周：《孝经集传》卷二，载《文渊阁四库全书》第182册，台北：台湾商务印书馆，1982年，第
　196页。
② 关于嘉靖帝如何使生父一步步入太庙的详细过程，参看赵克生：《明朝嘉靖时期国家祭礼改
　制》，北京：社会科学文献出版社，2006年，第31—56页。
③ 黄道周：《孝经集传》卷四，载《文渊阁四库全书》第182册，台北：台湾商务印书馆，1982年，第
　241页。

之祖的后稷也可称为父。这体现出了黄道周解释的义理化特点。虽然是以义理解"严父"之意,但是黄道周还是给出了自己的正面回答,他以问答形式论述说:"曰:严父配天,为成王者,如之何? 曰:祖即父也。有天下者各以创天下之父而父之,易世而后始自为祖,然犹不敢忘其自始……"①这显示出他更倾向于认为"严父"并不专指父而言。

此外,他还站在天理和本心的角度批评"大礼议"。他说:"神农黄帝皆有明堂,则皆有郊祀……皆反于本心而安,揆于众理而当,质之无疑,俟之不惑,如在今人则又众喙繁兴,互持不下矣。凡创礼出于圣人,议礼本于天子,苟无戾于孝敬,皆不失为典章。"②此处以天理和本心来衡量"大礼议"之是否恰当,继而又再次论证了创制礼乐出于圣人的观点。其言外之意就是明世宗进行的明堂配享改制并不能服天下人之心,亦违背了天理,于道义人心皆有悖。

与黄道周对"严父"的义理化解释类似,虞淳熙也对"父"的含义进行了虚化处理。同样,他认同的也是司马光的观点。他说:

> 《孝经》严父之议,当以钱公辅、司马光、吕诲孙近朱熹之议为正,而王珪、孙抃之谄辞不足据也。神宗谓周公宗祀在成王之时,成王以文王为祖,则明堂非以考配明矣。王安石亦误引《孝经》严父之文,惜乎不能将顺上意,辨正典礼。夫泥于父之名者,止二三人,而知乾父之旨者君臣一揆,可以见人心之灵矣。③

这段话载于其所著《孝经集灵》中,而实际上,《孝经集灵》所载灵异神应事件非常多,而这件事情,根本不算"灵"④,仅仅是君臣所见一致而已。

---

① 黄道周:《孝经集传》卷二,载《文渊阁四库全书》第182册,台北:台湾商务印书馆,1982年,第200页。

② 黄道周:《孝经集传》卷二,载《文渊阁四库全书》第182册,台北:台湾商务印书馆,1982年,第200页。

③ 虞淳熙:《孝经集灵》,载朱鸿编:《孝经总类》亥集,载《续修四库全书》第151册,上海:上海古籍出版社,2002年,第300页。

④ 对于虞淳熙此处所说的"灵",需要联系其《孝经迩言》来看。虞淳熙谓:"昔者周公制礼,……天心即仁心,仁心即天心,这点生生之心,无终无始,常灵常明,乾坤父母万物总是一片真心,有甚隔碍处,所以海内诸侯随感通,都来助祭我。前面说道得万国之欢心以事先王,正是心心交敬,不是小可的德行。"(虞淳熙:《孝经迩言》,载朱鸿编:《孝经总类》申集,载《续修四库全书》第151册,上海:上海古籍出版社,2002年,第177页)由此可见,虞淳熙此处所说的"灵",是指"人心之灵",人心与天心合一,是"常灵常明"的,而君臣之间的心心交敬也是一种灵。由此,也可以理解,虞淳熙《孝经集灵》中的"灵",并非单纯只具有灵异——祸福果报之灵的含义,还有受理学化影响的人心之灵——心与心的感通。

但虞淳熙将宋代这段关于"严父"的争议列之于此，正可显示出他对此事的重视。结尾一句正可体现虞淳熙的态度，在他看来，重要的是"父"之实，而非"父"之名。虞淳熙在《孝经迩言》中谓："昔者周公制礼，冬至祭天，把始祖后稷来配着天。季秋享上帝，把父亲文王来陪着上帝。他见一阳来复，其中不移的天心①，就是我始祖了，便斋戒七日，以迎接这生机一阳。待剥上边硕果的仁心，就是我父亲了，便斋戒居九室以保全这生机。天心即仁心，仁心即天心，这点生生之心，无终无始，常灵常明，乾坤父母万物总是一片真心。"②这段话中的与天心相互映照的"仁心""真心"就是他所说的"父"之实。因此，明堂配享上帝的根据在于"父"具有"仁心""真心"，而非其具有为父之身份。这正是其中隐含的对嘉靖礼制改革的批评。

不论如何嘉靖帝的明堂配享改制，其影响并不止于礼制和政治，还事关当时士人对于儒家经典的诠释，尤其是对《孝经》的诠释。从上文的分析可见，对于嘉靖帝的明堂配享改制，不论当时人是赞成还是反对，都是出于孝的理由。而嘉靖帝的明堂配享改制的经典依据就在于《孝经》一书，正因此，这一历史事件才会激起晚明士人对于孝的讨论和对《孝经》的注释。晚明《孝经》学著述的丰富和繁荣，与此不无关联。笔者经过详细的文献学的整理统计，有明一代《孝经》学的发展，从时间上来看，《孝经》学著述最丰富的时期，当属嘉靖后期至万历前期，即自 1540 年至 1590 年 50 年间，此期致力于尊崇《孝经》、阐发经旨者，层层迭出，就晚明《孝经》学著述而言，百分之八十以上著作皆是在此时期内产生，约有 110 部。而整个明代前期的《孝经》学著述仅为 30 余部。再仔细比较嘉靖年间与之前的成化年间至正德年间，便可知道，后者从 1465 年至 1521 年 56 年间，《孝经》学著述仅有 10 部左右。嘉靖朝在明代《孝经》学发展史上的关键性，显而易见。晚明《孝经》学风气的骤然升温与嘉靖年间大礼议事件对于整个社会风气与礼

---

① 巧合的是，在《孝经》学史上，虞淳熙并非唯一以"天心"作解者，在他之前隋代刘炫《孝经述议》中即言："配天者以父有嘉绩，德合天心，因其可以相偶，然后推以为配。"（林秀一：《孝经述議復原に関する研究》，东京：文求堂书店，1954 年，第 113 页）虞淳熙并未阅及《孝经述議》，但二人之解释如出一辙，真可谓心通理同。

② 虞淳熙：《孝经迩言》，载朱鸿编：《孝经总类》申集，载《续修四库全书》第 151 册，上海：上海古籍出版社，2002 年，第 177 页。

制的转折性影响有关。《孝经》引《诗》云："赫赫师尹，民俱尔瞻。"天子的示
范效用是无穷的。而嘉靖、隆庆以后，万历皇帝即位，孝奉两宫太后，并曾
在庚辰、乙酉年两次以《孝经》策士，这无疑都是促进晚明《孝经》学兴盛的
官方原因。

第六章　家国天下的关切

——清代以降的《孝经》学

清代前期《孝经》学著述甚多,但基本承宋明《孝经》学之余波,以程朱理学为主,而兼采心学一脉义理。尤其是清初帝王之提倡《孝经》,顺治有《御定孝经注》,康熙有《御定孝经衍义》,雍正则继之以《御纂孝经集注》,均以理学诠释为主导,《孝经》仍为统治者劝化臣民忠孝之教科书,上行下效,这对于臣庶士子之治《孝经》产生了深刻影响。不过官方的三部御制著作内含着分歧和矛盾,而这主要是导源于文本和思想两个层面的分裂。《御定孝经注》用唐玄宗石台本《今文孝经》而不用《孔传》本,依四库馆臣之见,是"息今古文门户之争";不用朱熹《孝经刊误》本,则是要"杜改经之渐也"①。从历史上看,唐玄宗《御注孝经》出,确实在很大程度上消弭了今古文《孝经》的纷争。但宋明时期今古纷争又起,自然也需要以帝王之御制来消弭这一纷争,否则便无法应用于教化治国。正因此唐玄宗石台本是最为适合的。但是康熙的《御定孝经衍义》似并未考虑到"杜改经之渐",此书仿真德秀《大学衍义》衍经不衍传的体例,在经文上遵照朱熹《孝经刊误》,又回到了朱熹刊改《孝经》之后的合经分传模式,这就和顺治《御定孝经注》之从今文本明显相违。但是反过来说,既然是以理学为国是,则自然在以《孝经》颁行天下时也应以理学集大成者朱熹刊改之《孝经》为尊,否则便是文本和思想内容割裂,这大概是康熙内心所想。至于雍正则是又回到了顺治的做法,而未采《御定孝经衍义》之做法。官方态度的分裂和暧昧也造成了儒学界《孝经》学的多元,清代前期的《孝经》改本纷然杂陈,较明代后期有过之而无不及,而朱熹《孝经刊误》在清代也从未占据定于一尊的位置,儒者们对其态度之矛盾也正如清廷官方。但是清初官方对《孝经》的推崇和理解也着实在某种意义上为后来者指示了方向,比如以理学观照《孝经》,强调《孝经》与孔子本人的关联,接受《纬书》"子曰:吾志在《春秋》,行在《孝

① 蒋赫德纂:《御定孝经注》,载《文渊阁四库全书》第 182 册,台北:台湾商务印书馆,1982 年,第 257 页。

经》"的看法等。即使是批评理学的乾嘉汉学兴起,对此也基本接受。这一点对于我们理解阮元的《孝经》学义理是非常重要的。

作为乾嘉汉学后期的代表,阮元堪称清代《孝经》学的转折点,他兼采汉宋,高扬汉代"《春秋》与《孝经》相表里"的义理,并以郑学为基,进一步联系《礼运》等"大顺"之观念,将《孝经》"顺天下"作为理想政治的评判标准,其中寓含对当时专制政治的严厉批判。清初帝王在注解《孝经》时非常强调"大顺之治",而阮元的诠释恰恰流露出反唇相讥的意味。阮元对《孝经》义理的阐发影响了清末同尊郑玄的曹元弼,但曹氏生当清朝崩溃、中西交通的大变局,其时新文化运动勃然兴起,非孝论、批判礼教论鼎沸于世,故而其致思方向已非追寻儒家的理想政治,而是如何为中国文化的全体大用作辩护,抑制每况愈下的人伦崩坏。因此他强调父子之亲与君臣之义,批判康有为等人的革命说,以《孝经》为基础论说三纲五常之永恒价值,其苦心孤诣实为难能可贵。在抗击新文化运动的西化思潮、为儒学与中国文化辩护方面,章太炎与曹元弼有着类似的关怀和思考,但他并没有回到三纲,而是以"修己治人"为国学之宗旨,并以《孝经》《大学》《儒行》《丧服》为最根本的四部经典,分判中国文化的道德性、理性与西方文化的神秘性、宗教性,从中西文化之辨的视域中对《孝经》做了新的阐发。熊十力虽被视为现代新儒家最富原创性的哲学家,但他对科学、民主的强调,使其在文化视野上倾向于接受新文化运动的西化观念。由此,言说"移孝作忠"的《孝经》被其视为两千年专制统治的文本依据,与《孝经》相关的曾子、孟子一系亦被其视为不纯之儒。他希望去除孝的政治维度,为新时代的自由、平等、博爱等道德奠立根基。正是基于这样的考量,熊十力将儒家思想中的孝治与天下大同对立起来,恰与郑玄《孝经》学之旨相反。他以大同为孔子之微言,排斥小康、家庭之说,最终又认识到人之德性的养成必然要以家庭内的孝德为源头。曹元弼、章太炎、熊十力的《孝经》学都有着浓郁的现实关怀,他们对新文化运动的不同态度恰恰代表了近现代中国士人在中西之辨中的三种代表性视野。

第一节　重"行事"与"顺天下":阮元阮福父子的《孝经》学

清代汉学重"实事求是",阮元正是以此为孔门儒学之精神,并将这一精神落实于行孝,建立了传道即传孝的道统观。他极为重视《孝经》,并由此转向了对汉代今文经学的推崇,且接纳了以孔子为素王的观念。在他看来,《论语》与曾子、子思所传之《孝经》《中庸》皆包含了微言大义,即"顺天下"的政治理念。汉学讲求以训诂明义理,阮元对今文经学义理的吸纳显然已超出了这一路径的限制,此意味着汉学的更新与转折。

阮元经学重"行事",求实和致用结合,这与清代学术实事求是的追求相关。目前学界关于阮元的研究并非十分丰富,虽有提及阮元与清代公羊学之关联者,但并未能明白和深入地揭示其中的义理架构,也就不能把握到阮元经学重"行事"的精髓,原因之一是阮元并没有专门的《春秋》学著作。而这一问题真正说来实则涉及阮元儒学思想的整体,要揭示这一点,其突破口当是阮元对《孝经》之理解①。这样,可以澄清学界所说阮元"没有关于经文经学的著述""我们看不到阮元本人关于今文经学的研究性文字"②的误解。就学理而言,在汉儒"《春秋》与《孝经》相表里"观念的映照下,阮元借鉴了汉代《公羊》学,其在著作中所灌注的微言大义便可显露出来,由此也使得顾炎武所提倡的经世致用和实事求是的二维主旨重新光大。依阮元之意,《中庸》隐藏了子思之"微词",若此,则开篇就述及"先王有至德要道以顺天下"的《孝经》即隐藏了孔子之"微词",此亦正是阮元经学"微词"之所在。

一、传道即传孝

阮元并未对《孝经》作注解,但他在 20 岁之前即已经开始关注《大戴礼记》,一直想对此书做一完备的注解,这一工作并未完成,但却产生了《曾子十篇注释》③一书。此外,尚有《孝经义疏》④一书。对于《孝经》之具体注

---

① 已有学者指出:阮元思想的重要性之一是"将孔门的道统从孟子转移到曾子,率先提出儒家经学中'孝'的核心价值,借由'孝'重整家族的伦理中心秩序,进而稳定国家社会,提倡群学,重整社会秩序,此一观点直接带动晚清的仁学思想","以孝作为社会秩序的基础,并以仁与礼为之间的榫合点"。又谓其"建立以'孝'为主轴的经学观"(林俞佑:《阮元经学的义理进路》,台湾暨南国际大学博士论文,2013 年,第 3—4、6 页)。

② 此二语为钟玉发之言,见钟玉发:《阮元与清代今文经学》,载《史学月刊》2004 年第 9 期,第 54 页。

③ 阮元从弟阮亨曾言及阮元,"所作《曾子十篇注释》,时时自随,凡三易稿。此中发明孔曾博学、难易、忠恕等事,与《孝经》《中庸》相表里"。阮亨:《瀛舟笔谈》卷七,清嘉庆庚辰年原刊本,第 1 页。

④ 此书著作、刊印时间不明,被收录于道光十六年王德瑛所刊《今古文孝经汇刻十六种》之中,《孝经义疏》是最后一种。

解，他则将工作嘱咐给了其子阮福。阮福《孝经义疏补》的思想旨意即是直接承自其父所撰《孝经义疏》《孝经解》《明堂论》《论语论仁论》《孟子论仁论》《释顺》等著述，这些文字正浓缩了阮元对儒学和孔门道统的见解。

阮福在《孝经义疏补》中以《孝经》为六经之总会，而根据之一即在于《孝经》乃是历史上最早称为经的著作。"圣人以孝名经，以经传孝者，何也？……孝前缀见于诸经者，莫古于《虞书》'克谐以孝'，此字造于黄帝时，而尧舜更重之，尧之传舜首以孝重，此真尧舜相传之道，实有凭据，非空言传道也。"①简言之，尧舜相传之道，就是"孝"。此说本于阮元《孝经义疏》第二条②。既然如此，那么，以孝为经即属自然。而具体到"经"，他认为，经即意味着常法、大道，《孝经》之取名有此义，同时也是出自《孝经·三才章》"天经地义"之义。他说："至于以经为书之名目，实自《孝经》始，此名目又自本经《三才章》……出矣。"此亦本于其父阮元，且阮元直言："古书《易》《书》《诗》《礼》《春秋》，当孔子时并无五经之名，惟此书言孝道则肇名曰'经'，是孔子自名之也。然则后世各书名经者，皆以此为始……二氏之名经，亦袭自儒经也。"③阮元在《孝经解》中也直截了当谓："经之一字，始于此书。自此之后，五经、六经、七经、九经、十三经之名，皆出于此。释道之名其书曰经，亦始袭取于此。"④依此，则《孝经》是最早的"经"，其他五经之称经皆在《孝经》之后。这样一来，孔子自作自名的《孝经》也就是直接承自尧舜以来的道统。同时，这也意味着，确立道统，道统之著于经，是自孔子始，有孔子方有经。这体现了阮元父子对于《孝经》之为孔门正典的推崇，但是他未敢直斥朱熹《孝经刊误》之非，反而是批评"宋时汪应辰、胡宏……疑《孝经》有讹，何其妄也"⑤。不过需要指出的是，经名始于孔子之作《孝经》在清代前期已非常流行，如康熙年间姜兆锡《孝经本义》即提及同时人韩宗伯之说："名《孝经》者，……盖言取本经天地之经之义，为诸经名经之

---

① 阮福：《孝经义疏补》，载《续修四库全书》第152册，上海：上海古籍出版社，2002年，第427页。
② 阮元：《孝经义疏》，载四川大学古籍所编：《儒藏·经部》第27册《孝经》类，成都：四川大学出版社，2017年，第227页。
③ 阮福：《孝经义疏补》，载《续修四库全书》第152册，上海：上海古籍出版社，2002年，第427页。
④ 阮元：《孝经解》，载阮元：《揅经室集》，邓经元点校，北京：中华书局，1993年，第48页。以下所引阮元书籍，如无特殊标明，皆出自此书。
⑤ 阮元：《孝经义疏》，载四川大学古籍所编：《儒藏·经部》第27册《孝经》类，成都：四川大学出版社，2017年，第227页。

始……若六经本名《易》《书》《诗》《礼》《春秋》，而汉以后始名经，故记有《经解》之名，非此书比也。"①则阮氏之说实有所本。不过他以此强调以孝传道的道统论在当时确实显得非常特别。

阮氏父子将孝道之传溯源至尧、舜，阮元有进一步申说，以《尧典》所言"亲九族""变黎民"皆本于孝，《孝经》所载周公郊祀、宗祀亦然皆是道统相传的体现。此下之孔子作《春秋》、曾子之《曾子》十篇、孟子之言仁义，皆本于孝。且依其说，道治合一，孝不仅是教化之本，亦是为政之本。故秦之速亡，乃"由于不仁，不仁本于不孝，故至于此也"。贾谊仅仅指出秦亡由于不施仁义，而"不知秦之本于不知《孝经》之道也"②。阮氏父子于《孝经》孝治意涵的揭示正与朱熹有别。

一般说来，孔门之学是仁、礼二维，既然"孝为仁本"③，那么礼是否也如此呢？阮氏父子显然持肯定的答案。清代汉学的代表人物凌廷堪、阮元、焦循皆强调礼，发明礼学，而礼的精神即是敬，这也成为阮氏父子解释《孝经》的一个重点。阮元以汉学考据方法指出，"敬"不是理学所说"端坐静观主一"，这仅仅是"空言"，换言之，言"敬"不可"专主心中恭敬说"，而应如《孝经》所言"敬父""敬兄""敬君"，有具体的实践行为方可，并举《大戴礼记·曾子立事》中的相关记载为例④，体现出以《大戴礼记》阐解《孝经》之义的礼学倾向。《孝经》谓："礼者，敬而已矣。"而关于"敬"最为典型的表述即是《诸侯章》末所引《诗经》"战战兢兢，如临深渊，如履薄冰"一语，阮福解释说："孔曾之学，皆主戒惧，故《曾子立事》曰：'君子取利思辱，见恶思诟，嗜欲思耻，忿怒思患，君子终身守此战战也。'又曰：'昔者天子日旦思其四海之内，战战唯恐不能乂也；诸侯日旦失其四封之内，战战唯恐失损之也；大夫、士日旦思其官，战战唯恐不能胜也；庶人日旦思其事，战战唯恐刑罚之至也。是故临事而栗者，鲜不济矣。'"⑤

《孝经·诸侯章》在《孝经》中显得非常特别，其原因即在于末端的引《诗》与《论语》所载曾子之言一致。此被后儒视为孔、曾授受的直接证据，

---

① 姜兆锡：《孝经本义》，载《四库全书存目丛书》经部第146册，济南：齐鲁书社，1997年，第56页。

② 阮元：《孝经解》，载阮元：《揅经室集》，邓经元点校，北京：中华书局，1993年，第48—49页。

③ 阮元：《孟子论仁论》，载阮元：《揅经室集》，邓经元点校，北京：中华书局，1993年，第206页。

④ 阮元：《孝经义疏》，载阮元：《揅经室集》，邓经元点校，北京：中华书局，1993年，第232页。

⑤ 阮福：《孝经义疏补》，载《续修四库全书》第152册，上海：上海古籍出版社，2002年，第455页。

明儒对此即已非常关注,以之作为孔曾授受、以道相传的关键①。这一点为阮福所继承。阮元《孝经解》已言周公之郊祀、宗祀为孝,《孝经·卿大夫章》"保守宗庙祭祀"为孝,此即是言礼。作为士人的曾子无庙祀,但"启其手足亦此道也",概言之"儒者之道,未有不以祖父庙祀为首务者也"②。孝与礼相为表里,其义至为明白,阮氏父子之说同条共贯。

并不止此,《孝经》为经之始,同时也是群经之汇归。在《释顺》一文中,阮元对《孝经·开宗明义章》的"先王有至德要道以顺天下"作了详细解释,他说:"孔子生春秋时,志在《春秋》,行在《孝经》,其称至德要道之于天下也,不曰'治天下',不曰'平天下',但曰'顺天下','顺'之时义大矣哉。"③他注意到,"顺"字在《孝经》中出现了十多次。他进一步指出:"《春秋》三《传》、《国语》之称'顺'字者最多,皆孔子《孝经》之义也。"这就为《春秋》与《孝经》相表里作了论证,也即:《春秋》《孝经》皆是孔子"至德要道以顺天下"之书。在此基础上,他说《周易》之称"顺"、《诗经》之称"顺"、三《礼》之称"顺","亦孔子《孝经》《春秋》之义也"④。《春秋》三《传》与《国语》之称"顺"字者最多,皆孔子《孝经》之义⑤。这无异于在说,《孝经》为群经之总会。这一观念源于郑玄《六艺论》,也与阮元对孔子之体贴和定位紧密相关,容后详述。

二、"从事孔子之学者,当自曾子始"

既然孔门之学以孝为道、为经,曾子为传孝之代表,则从事孔门之学理当自曾子始。阮元《曾子十篇注释序》谓:

> 百世学者皆取法孔子矣,然去孔子渐远者,其言亦渐异。子思、孟

---

① 参看拙文《晚明〈孝经〉学者的道统观》,载《国学学刊》2012年第2期,第82—90页。阮福也注意到了明人如孙本的《孝经》学著作,见氏著《孝经义疏补》,载《续修四库全书》第152册,上海:上海古籍出版社,2002年,第426页。

② 阮元:《孝经解》,载阮元:《揅经室集》,邓经元点校,北京:中华书局,1993年,第49页。

③ 阮元:《释顺》,载阮元:《揅经室集》,邓经元点校,北京:中华书局,1993年,第26页。

④ 阮元:《释顺》,载阮元:《揅经室集》,邓经元点校,北京:中华书局,1993年,第27页。

⑤ 阮元:《释顺》,载阮元:《揅经室集》,邓经元点校,北京:中华书局,1993年,第26—27页。今人王茂、蒋国保等所著《清代哲学》一书受疑古思想之影响,认为:"《孝经》不出于孔子,已可定为定案。'顺乎自然'的思想,为黄老之学。"这一观点显然是有偏颇的。见氏著《清代哲学》,合肥:安徽人民出版社,1992年,第750页。

子近孔子而言不异,犹非亲受业于孔子者也。然则七十子亲受业于孔子,其言之无异于孔子而独存者,惟《曾子》十篇乎!曾子修身慎行,忠实不欺,而大端本乎孝。孔子以曾子为能通孝道,故授之业,作《孝经》。今读《事父母》以上四篇,实与《孝经》相表里焉。患之小者毫发必谨,节之大者死生不夺,穷极礼经之变,直通天律之本,莫非传习圣业,与年并进,而非敢恃机悟也。且其学与颜、闵、游、夏诸贤同习,所传于孔子者,亦绝无所谓独得道统之事也。窃以曾子所学,较后儒为博,而其行较后儒为庸。颜子曰:"博我以文,约我以礼。"孔子曰:"庸德之行,庸言之谨。"……元不敏,于曾子之学身体力行未能万一,惟孰复曾子之书,以为当与《论语》同,不宜与记书杂录并行。……窃谓从事孔子之学者,当自《曾子》始。①

于此段论述可见,在阮元心目中,《曾子》十篇在孔门之学中地位极高,诚如曾子之传孝的重要性。阮元的这段论述表面上似以去孔子之远近为根据,体现出清代汉学之特色,但孔门贤者七十二,各取性之所近,故距离之远近其实并不能作为以曾子之学为从事孔子之学之门径的根据。究其实,阮元是要破除宋儒所奠立的孔子、曾子、子思、孟子的道统谱系。在他看来,这一谱系是不可靠的,朱熹"惟曾氏之传独得其宗"②的说法并不能成立。否则以朱熹之见,则孔门诸贤除却颜子、曾子皆为躐等。阮元侧重强调曾子之笃实庸谨,如《论语》所言"参也鲁",其笃实之表现即在于行孝、事礼。

与朱熹建立道统谱系而对孔门之学分别高下不同,阮氏父子重视孔曾之学的笃实恰恰是反其道而用之,即以"庸谨"反驳"机悟"。故正如宋儒之道统论有排他性一样,阮氏父子对孔曾之学的建构也有着排他性,但前者是在儒门内部区分了正统和异端,而后者的意图是要将魏晋至宋儒所夹杂进去的佛老之学从儒门中清除出去。朱熹以孔子所言"下学而上达"分别颜子、曾子之别,谓曾子偏重下学,年老成熟时方上达③。而阮氏父子恰恰取此"下学"以为孔曾之学真谛,其度越宋儒、不苟从其说的精神,正是清代

① 阮元:《曾子十篇注释序》,载阮元:《揅经室集》,邓经元点校,北京:中华书局,1993年,第46页。
② 朱熹:《四书章句集注》,北京:中华书局,1983年,第2页。
③ 黎靖德编:《朱子语类》卷四十一,杨绳其、周娴君校点,长沙:岳麓书社,1997年,第942页。

汉学回归原典之体现。

阮元所谓谨节,穷极礼经,皆是说礼与敬,孔曾授受之学,重博学,不重顿悟。曾子所传,就是孔子的"博我以文,约之以礼""庸德之行庸言之谨"之学。既然其他弟子的著作不传,只有《曾子》十篇,那么,自然"从事孔子之学者,当自曾子始"①。与此相应,"孔子之学于何书见之最为纯备欤?则《孝经》《论语》是也"②。孔曾之学"初非有独传之心,顿悟之道也",这是针对禅宗的"直指人心,见性成佛"而说③。

宋儒以《论语》所载孔曾问答"吾道一以贯之"为曾子传道的文本依据。朱熹解"贯"为"通",谓:"圣人之心,浑然一理,而泛应曲当……曾子果能默契其指,即应之速而无疑也。"④言默契,言应之速,则即与朱熹所言"豁然贯通"相连接。对此,阮元大不为然,他认为孔子所说"吾道一以贯之"的"贯"就是"事","圣人之道未有不于行事见而但于言语见者也。故孔子告曾子曰'吾道一以贯之'。一贯者,壹是皆行之也"⑤,曾子之孝行正是继承了孔子。而孔门之学既重庸行庸言的中庸之道,则宋明儒将"曾子一唯"解释为"贤者因圣人一呼之下,即一旦豁然贯通焉"的说法便是不对的,这"似禅家顿宗冬寒见桶底脱大悟之旨,而非圣贤行事之道也"⑥,乃禅宗顿悟之学,非孔门庸谨之旨。

与此相应,阮氏父子对于"仁"和"格物"都做了新的解释,其精神皆是"行事"。阮元采取了汉儒郑玄的解释,以"相人偶"为仁之训。《论语论仁论》中说:"春秋时,孔门所谓仁也者,以此一人与彼一人相人偶而尽其敬礼忠恕等事之谓也。……凡仁,必于身所行者验之而始见,亦必有二人而仁乃见,若一人闭户斋居,瞑目静坐,虽有德理在心,终不得指为圣门所谓之仁矣。"据此,《曾子制言》所谓"人之相与也,譬如舟车然相济达也。人非人不济"即是仁之正解,正是孔子立人达人之意⑦。朱熹以"爱之理,心之德"

① 阮元:《曾子十篇注释序》,载阮元:《揅经室集》,邓经元点校,北京:中华书局,1993 年,第 46 页。
② 阮元:《石刻孝经论语记》,载阮元:《揅经室集》,邓经元点校,北京:中华书局,1993 年,第 238 页。
③ 阮元:《石刻孝经论语记》,载阮元:《揅经室集》,邓经元点校,北京:中华书局,1993 年,第 236 页。
④ 朱熹:《四书章句集注》,北京:中华书局,1983 年,第 72 页。
⑤ 阮元:《论语解》,载阮元:《揅经室集》,邓经元点校,北京:中华书局,1993 年,第 49 页。
⑥ 阮元:《论语一贯说》,载阮元:《揅经室集》,邓经元点校,北京:中华书局,1993 年,第 54 页。
⑦ 阮元:《论语论仁论》,载阮元:《揅经室集》,邓经元点校,北京:中华书局,1993 年,第 176 页。此处对原文标点有修改。

解仁①，阮元反驳说："一部《论语》，孔子绝未尝于不视、不听、不言、不动处言仁也。颜子三月不违仁……可见心与仁究不能使之浑而为一曰：'即仁即心也。'"②他认为这是儒释之分界处，而宋代理学、阳明心学皆违背了仁的真意，流入佛老之空虚寂灭，"狂禅迷惑"③。"仁必须为，非端坐静观即可曰仁也。"④这就批评了理学的静坐功夫论，重行事，则主动而非静⑤。

在孔门庸谨之学的观照下，宋代理学所理解的"格物致知"也是不正确的，他虽然也以《大学》为曾子所作，但认为："以格字兼包至止，以物字兼包诸事，圣贤之道，无非实践。孔子：'曰吾道一以贯之。'贯者，行事也，即与格物同道也。曾子著书，今存十篇，首篇即名《立事》，立事即格物也。"宋明理学家解释格物"多以虚义参之"，"非圣人立言之本意"⑥。所谓虚义，即佛老之学。

佛老空虚吾儒实，孝弟即是实，阮元指出，《孟子·离娄上》言："仁之实，事亲是也。义之实，从兄是也。礼之实，节文斯二者……"此正是孔门重"实事"之体现。"实者，实事也，圣贤讲学，不在空言，实而已矣。""一以贯之"之贯即是"行之于实事，非通悟也"⑦。此正是清儒治学之宗旨——"实事求是"，讲求以修己治人之实学，代替明心见性之空言，阮氏之学贯通了这一宗旨。宋儒重"理"，清儒重"事"，阮元对行事、实事的强调，与戴震批评宋儒所言"古人未尝离事而言理"有异曲同工之妙。

阮元谓孔门之学，"必兼诵之、行之，其义乃全"。《论语》首章"学而时习之"即已标明此旨。《论语·述而》载："子所雅言：《诗》、《书》、执礼。"礼正是要践行，而非空言诵读。故阮氏父子重点揭示了《孝经》与三《礼》之关联。阮福解释《孝经·三才章》末所引《诗》"赫赫师尹，民具尔瞻"说："孔子所以引诗《师尹》者，孝教出于师，《周礼·地官》师氏教三德，'三曰孝德以

① 朱熹：《四书章句集注》，北京：中华书局，1983 年，第 48 页。
② 阮元：《论语论仁论》，载阮元：《揅经室集》，邓经元点校，北京：中华书局，1993 年，第 182 页。
③ 阮元：《论语论仁论》，载阮元：《揅经室集》，邓经元点校，北京：中华书局，1993 年，第 194 页。大致说来，《论语论仁论》主要针对程朱理学之说，而《孟子论仁论》则主要针对阳明心学而发。
④ 阮元：《论语论仁论》，载阮元：《揅经室集》，邓经元点校，北京：中华书局，1993 年，第 180 页。
⑤ 阮元：《释敬》，载阮元：《揅经室集》，邓经元点校，北京：中华书局，1993 年，第 1017 页。
⑥ 阮元：《大学格物说》，载阮元：《揅经室集》，邓经元点校，北京：中华书局，1993 年，第 55 页。原书在"《立事》"后缺逗号。
⑦ 阮元：《孟子论仁论》，载阮元：《揅经室集》，邓经元点校，北京：中华书局，1993 年，第 206 页。

知逆恶';教三行,'一曰孝行以亲父母',孝教出于师,况乎太师。孔子引此《诗》,意固在民瞻,亦节取师尹二字以为政教之证。"①阮元《论语解》中也正是引《周礼》这段话以说明:"孔子道兼师、儒……各国学者皆来为弟子从学也。"②"有朋自远方来",正说明了圣人之道是要用于世的,而非仅止于修身。此处又体现出了清儒的经世关怀,这种关怀势必不能不在其对经典的解释中发露。

揭示《孝经》与礼之关系,莫过于以《孝经·圣治章》为媒介,此章言:"君子则不然,言思可道,行思可乐。德义可尊,作事可法。容止可观,进退可度……《诗》云:'淑人君子,其仪不忒。'"阮元《威仪说》开首即言:"晋、唐人言性命者,欲推之于身心最先之天,商、周人言性命者,只范之于容貌最近之地,所谓威仪也。"③他以此为证,指出:"孔子之言,似未尝推德行言语性命于虚静不易思索之地也。"④此仍是在批评理学。阮福移置其父之《威仪说》以解释"淑人君子,其仪不忒",认为这就是"孔子授曾子其仪不忒之义"⑤,"曾子受孔子容止可观之训"⑥。而《论语》载曾子言"君子所贵乎道者三:动容貌,斯远暴慢矣"一段,他认为"亦曾子传《孝经》容止威仪之义也"⑦。

礼的精神是敬,敬则不能放逸。承接其父对曾子礼学的阐发,阮福说:"《孝经》十八章、《曾子》十篇,皆无泰然自得气象,《论语》曰:'曾子有疾,召门弟子曰:"起予足!起予手!《诗》云:'战战兢兢,如临深渊,如履薄冰。'而今而后,吾知免夫!小子!"'是曾子一生皆守《孝经》战战兢兢之大义,以至于没世也。且孔曾拖绅易箦,皆圣贤中庸之道,然则后人侈言无疾、坐逝之类,皆非儒术矣。"⑧此处"无疾坐逝"是指佛老之涅槃寂静和羽化登仙而言,这就体现了儒家不同于佛老的生死观。同时,这段论述也说明,孝道就是儒家的中庸之道。孝,就是敬,就是中。《孝经》"高而不危""满而不溢"

① 阮福:《孝经义疏补》,载《续修四库全书》第152册,上海:上海古籍出版社,2002年,第468页。
② 阮元:《论语解》,载阮元:《揅经室集》,邓经元点校,北京:中华书局,1993年,第50页。
③ 阮元:《威仪说》,载阮元:《揅经室集》,邓经元点校,北京:中华书局,1993年,第217页。
④ 阮元:《威仪说》,载阮元:《揅经室集》,邓经元点校,北京:中华书局,1993年,第220页。
⑤ 阮福:《孝经义疏补》,载《续修四库全书》第152册,上海:上海古籍出版社,2002年,第487页。
⑥ 阮福:《孝经义疏补》,载《续修四库全书》第152册,上海:上海古籍出版社,2002年,第488页。
⑦ 阮福:《孝经义疏补》,载《续修四库全书》第152册,上海:上海古籍出版社,2002年,第488页。
⑧ 阮福:《孝经义疏补》,载《续修四库全书》第152册,上海:上海古籍出版社,2002年,第455页。

说的是敬,也即是中道。阮福引重视礼学的《荀子·宥坐》以证之,并指出:"惟当不骄不危不溢,方是圣人维持封建中庸之道也。若专主卑虚,即是老子之学。"①如此一来,阮氏父子已对《中庸》做了不同于理学家的解释,朱熹认为《中庸》一书是"始言一理,中散为万事,末复合为一理……皆实学也"②。并以天理解"中",谓:"道者,天理之当然,中而已矣。"③阮氏之说与此相较,恰成两极,故其所言"实学"④也显然并不相同。

三、"志在《春秋》,行在《孝经》"

孔门之学为实,重行事,这正与汉代纬书所载"子曰:吾志在《春秋》,行在《孝经》"相对应。阮元成立诂经精舍,便自言要发明"春秋学行",认为:"春秋时学行,惟《孝经》《春秋》最为切实正传。"⑤所以他屡屡举出《孝经纬》此语,在他看来,这句话"实为至圣之微言","非纬书家所能撰托"⑥。他在谈及《孝经》为孔子自名时,也正是以"吾行在《孝经》"为根据⑦。而之所以认为此诗孔子自言,阮元考证的根据即是《论语》开篇第二章有子所言"孝弟也者,其为仁之本与",认为这一章在汉代延笃的援引中即视作孔子之言,而非有子,由此断定为出自孔子。而这一章言孝弟之人不会犯上作乱,此即《春秋》之义,他概括说:"此章之言,盖兼乎《孝经》《春秋》之义也。"⑧以汉人之说为根据而反推《论语》,这未免不符合考据家的严格形态,恰恰表明,他对于汉儒的"《春秋》与《孝经》相表里"之说推崇备至。对纬书所载孔子语的推崇,几乎贯穿有清一代,在在可见,清初康熙的《御定孝经衍义》便阐发此旨:"父子之道,君臣之义,《春秋》谨其法,是经修其行,此谓相表里也。"⑨

---

① 阮福:《孝经义疏补》,载《续修四库全书》第152册,上海:上海古籍出版社,2002年,第454页。
② 朱熹:《四书章句集注》,北京:中华书局,1983年,第17页。
③ 朱熹:《四书章句集注》,北京:中华书局,1983年,第19页。
④ "实学"意义丰富,今人理解多有歧异,参看姜广辉:《实学考辨》,载《义理与考据——思想史研究中的价值关怀与实证方法》,北京:中华书局,2010年,第497页。
⑤ 阮元:《诂经精舍策问》,载阮元:《揅经室集》,邓经元点校,北京:中华书局,1993年,第237页。此处对原文标点有修改。
⑥ 阮元:《孝经解》,载阮元:《揅经室集》,邓经元点校,北京:中华书局,1993年,第47—48页。
⑦ 阮元:《孝经解》,载阮元:《揅经室集》,邓经元点校,北京:中华书局,1993年,第48页。
⑧ 阮元:《论语解》,载阮元:《揅经室集》,邓经元点校,北京:中华书局,1993年,第50—51页。
⑨ 叶方蔼等:《御定孝经衍义》,载《文渊阁四库全书》第718册,台北:台湾商务印书馆,1982年,第29页。

阮元多次论及这一观念，《孝经解》言：

> 　　《春秋》以帝王大法治之于已事之后，《孝经》以帝王大道顺之于未事之前，皆所以维持君臣、安辑家邦者也。君臣之道立，上下之分定，于是乎聚天下之士庶人而属之君卿大夫，聚天下之君卿大夫而属之天子，上下相安，君臣不乱，则世无祸患，民无伤危矣。《论语》曰："其为人也孝弟，而好犯上者鲜矣。不好犯上而好作乱者，未之有也。君子务本，本立而道生。孝弟也者，其为仁之本与。"《论语》此章即《孝经》之义也，不孝则不仁，不仁则犯上作乱，无父无君，天下乱，兆民危矣。《春秋》所以诛乱臣贼子者，即此义也。《孟子》曰："何必曰利，亦有仁义而已矣。上下交征利，千乘之国，百乘之家，皆弑其君，不夺不厌。"此首章亦即《孝经》之义。孔、孟正传在此，战国以后，纵横兼并，秦祚不永，由于不仁，不仁本于不孝，故至于此也。①

《论语解》言：

> 　　《孝经》取天子、诸侯、卿大夫、士、庶人最重之一事，顺其道而布之天下，封建以固，君臣以严，守其发肤，保其祭祀，永无奔亡弑夺之祸。即有子所云孝弟之人不犯上、不作乱也。使天下庶人、士大夫、卿、诸侯人人皆不敢犯上作乱，则天下永治也。惟其不孝不弟，不能如《孝经》之顺道而逆行之，是以子弑父，臣弑君，亡绝奔走，不保宗庙社稷；是以孔子作《春秋》，明王道，制叛乱，明褒贬。②

《孝经》与《春秋》同为孔子所作，皆是明王道、治天下之经典。他认同孟子所言："《春秋》，天子之事也。"但他认为，孟子之说当本于子思《中庸》，《中庸》言："仲尼祖述尧舜，宪章文武，上律天时，下袭水土。"郑玄注："此以《春秋》之义说孔子之德。孔子曰：'吾志在春秋，行在孝经。'二经固足以明之，孔子所述尧舜之道而制《春秋》，而断以文王、武王之法度。《春秋传》曰：'君子曷为为《春秋》？拨乱世，反诸正，莫近诸《春秋》。其诸君子乐道尧舜之道与？末不亦乐乎？尧舜之知君子也。'又曰：'是子也，继

---

① 阮元：《孝经解》，载阮元：《揅经室集》，邓经元点校，北京：中华书局，1993年，第48页。此说颇为主张汉宋调和论者陈澧、曹元弼所欣赏。

② 阮元：《论语解》，载阮元：《揅经室集》，邓经元点校，北京：中华书局，1993年，第50—51页。此处对原文标点有修改。

文王之体,守文王之法度。文王之法无求而求,故讥之也。'又曰:'王者
孰谓,谓文王也。'此孔子兼包尧、舜、文、武之盛德而著之《春秋》,以俟后
圣者也。"①郑玄引《春秋公羊传》之义理解释《中庸》,将孔子圣王化,以孔
子为素王,阮元对郑玄的这一解释丝毫没有怀疑,不但不怀疑,反而认为这
就是子思之"微词"②。此"微词"之意谓:子思在战国时代不便直接说孔子
是集大成之圣王,故隐微书写于《中庸》。汉代《公羊》学善于发挥微言大
义,甚至附会非常异议、可怪之论,阮元以郑玄之说为发掘了子思之微言,
此亦有过于公羊学者,也难怪他为孔广森《春秋公羊通义》作序,高赞后者
复兴绝学之功。有学者即注意到,阮元《国史儒林传》中所撰《孔广森传》所
占篇幅"是一般传主的四五倍,长达四千三百余字,是其中最为突出的一篇
传记"③,"他为孔广森立传,事实上是假借孔《序》为提倡今文经学研究张
目"④。不仅如此,阮元资助出版了清代公羊学开创者庄存与之《味经斋遗
书》并为其作序,谓庄氏"于六经能阐扶奥旨,不专为汉宋笺注之学,而独得
先圣微言大义于语言文字之外,斯为昭代之大儒,心窃慕之"⑤。此外,他
与刘逢禄、凌曙二位喜好公羊学的儒者皆有密切交往。此皆表明,阮元也
正是有着寻求先圣微言大义的抱负。可以说,《孝经解》《中庸说》正是代表
阮元今文经学观念的著述,并非如有学者所说阮元没有关于今文经学的
著作。

朱维铮早在《汉学与反汉学》一文中即指出清代汉学的"内部更新"和
"否定自身的动向",这一动向就是要扭转汉学对于顾炎武所提倡"经术正
所以经世务"之儒学传统的背离,而其表现之一端即是"重提东汉公羊学大
师何休与郑玄争论《左传》是非的旧案"⑥。无疑,阮元便是这一更新运动

---

① 郑玄注,孔颖达疏:《礼记正义》,龚抗云整理,王文锦审定,北京:北京大学出版社,1999年,第
　　1459—1460页。
② 阮元:《中庸说》,载阮元:《揅经室集》,邓经元点校,北京:中华书局,1993年,第1020页。
③ 陈居渊:《汉学更新运动研究——清代学术新论》,南京:凤凰出版社,2013年,第288页。
④ 陈居渊:《汉学更新运动研究——清代学术新论》,南京:凤凰出版社,2013年,第289页。亦可
　　参前揭钟玉发《阮元与清代今文经学》一文。
⑤ 阮元:《庄方耕宗伯经说序》,载庄存与《味经斋遗书》,清光绪八年阳湖庄氏刊本,无页码。
⑥ 朱维铮:《汉学与反汉学》,载《中国经学史十讲》,上海:复旦大学出版社,2002年,第151页。侯
　　外庐先生认为,阮元扮演了总结18世纪汉学思潮的角色,是一个最后倡导汉学学风的人。此
　　说似亦意识到了阮元的转折性地位。见侯外庐、赵纪彬、杜国庠:《中国思想通史》第5卷,北
　　京:人民出版社,1957年,第577—582页。此外,亦可参林久贵:《阮元经学研究》,北京:人民
　　出版社,2015年,第44页。

的代表人物。故而在这一点上，阮元恰恰认同孔广森之说"《左氏》之事详，《公羊》之义常，《春秋》重义不重事"[1]，不知不觉中，阮元由重"行事"转向了重"义"。这不能不让人大生疑惑，当然，阮元自己是不会疑惑的，因为他还劝勉读者，不要对于郑玄之说感到惊诧[2]。

阮元从《孝经》学之重事游离至《春秋》之重义，并非偶然，此正如前文所言，阮元的经世关怀非常强烈，他一再说孔子是集大成之圣，正是要树立圣人之权威。也因此，他解释《论语》首章"人不知而不愠，不亦君子乎"，便与《中庸》相联系，说："'人不知'者，世之天子诸侯皆不知孔子而道不行也。'不愠'者，不患无位也。学在孔子，位在天命，天命既无位，则世人必不知矣。此何愠之有乎？……《易》曰：'遁世无闷，不见是而无闷。'《中庸》曰：'遁世不见知而不悔。'即此道也。"故他认为《论语》首章即是"孔子一生事实，为《史记·孔子世家》全篇之总论"，而《论语》末章"不知命，无以为君子"正与此"始终相应"[3]。此可见，阮元正是以孔子为素王，这段话是以《公羊》学阐发《论语》大义的极佳解释，卓然有见。而体会其心，即可知阮元言辞恳切，用情至深，其愿学孔子之心正如司马迁所言"虽不能至，心向往之"。他虽然排击朱熹与王阳明，但是对儒家经世情怀的体贴，与长于义理发挥的理学家相较丝毫不落下风[4]。同时，这样的解释也使得我们能更好地理解阮元以《孝经》为经之始、有孔子方有经之背后深意；而以《孝经》为群经之汇归，也正与以孔子为集大成之圣对应了起来。进一步言之，其以孔门之学重行事，其实也并不与《春秋》重义相违反，因为二者都指向同样的目的——经世致用。

余论："顺天下"的微词

钱穆在1947年发表的《论清儒》一文中曾评价乾嘉汉学说："清儒经学只有学究气，更无儒生气——总之是不沾着人生。他们看重《论语》，但似

---

① 阮元：《春秋公羊通义序》，载阮元：《揅经室集》，邓经元点校，北京：中华书局，1993年，第247页。

② 阮元：《中庸说》，载阮元：《揅经室集》，邓经元点校，北京：中华书局，1993年，第1020页。

③ 阮元：《论语解》，载阮元：《揅经室集》，邓经元点校，北京：中华书局，1993年，第50页。

④ 朱维铮先生已指出：阮元作为汉学家，倾向于调和汉宋，非宋非汉，见氏著《中国经学史十讲》，上海：复旦大学出版社，2002年，第130页。阮元《国史儒林传序》以汉学家为经儒，宋学家为师儒，而他认为孔子是"道兼师儒"，此正是其调和汉宋之体现。

并不看重孔子;他们只看重书本,但似不着重书本里所讨论的人生。这如何算得是经学呢?"①但是他又说,清儒也有"耐不住的时候",忍不住谈论人生,发表政论,其举出的例子之一是戴震之遂情达欲说,有同情弱者之思想。之二是钱大昕解释《洪范》"思曰睿"为"思曰容",由此发挥公天下之政治理念。有趣的是,钱穆谓戴震的大声疾呼是个案,而清儒往往"逃避此等问题,不肯倾吐直说"②。观之阮元,显然并非不关心人生与社会,其以《公羊》学之理路阐发孔门之"微词",表露于《中庸说》《孝经解》《论语解》诸篇之中,这大概正是钱穆所言"不肯倾吐直说"吧。不肯直说又不得不说,就只能是"微词"了。《公羊》学于清代后期兴起,这是主要原因③。清代的正统意识形态是程朱理学,而民间盛行的却是汉学,这一汉宋之别本即蕴含了政治分歧,故"使经今文学开始脱出汉学异端的地位,是在回复'经术正所以经世务'传统的名义下,逐渐形成与帝国统治思想抗衡的一种政治理论形态"④。钱大昕、阮元对经典的解释便富含批评时事的政治化指向。钱大昕《大学论》中的一段话尤其可与阮元之说互证,钱文云:

> 予读《大学》书,与"忠恕""一以贯之"之旨,何其若合符节也。
>
> 孔子曰:"其身正,不令而行;其身不正,虽令不从。"又曰:"苟正其身矣,于从政乎何有! 不能正其身,如正人何!"孟子曰:"天下之本在国,国之本在家,家之本在身。"又曰:"爱人不亲反其仁,治人不治反其智,礼人不答反其敬。行有不答者,皆反求诸己,其身正而天下归之。"古之治天下国家者,未有不先治其身者也。身之不治而求治于民,所谓"其所令反其所好而民不从"者也,非忠恕之道也。天子以至庶人,其分不同而各有其身,即各致其修身之功,故不曰治天下,而曰"明明德于天下"。德者,人之所同有也。以一人治天下,不若使天下各自治其身,故曰"与国人交",天子之视庶人,犹友朋也,忠恕之至也。

---

① 钱穆:《论清儒》,载钱穆:《中国学术思想史论丛》(八),北京:生活·读书·新知三联书店,2009年,第3—4页。

② 钱穆:《论清儒》,载钱穆:《中国学术思想史论丛》(八),北京:生活·读书·新知三联书店,2009年,第6页。

③ 朱维铮指出:方东树《汉学商兑》以公羊学家的"欲复九世之仇"来评说汉学家之否定朱熹理学,而孔广森、刘逢禄之解说《春秋》,都"回避此说,以免激起汉人对满洲统治的不平回忆"(朱维铮:《中国经学史十讲》,上海:复旦大学出版社,2002年,第149页)。这一说法与钱穆之说类同。

④ 朱维铮:《中国经学史十讲》,上海:复旦大学出版社,2002年,第171页。

> 天子修其身于上,庶人修其身于下,不敢尊己而卑人,不敢责人而宽己,不以己之所难者强诸人,不以己之所恶者加诸人。夫然……施之于国与天下,而上下前后左右无拂也。……絜矩之道,即修身之道也。由身推之而至于家,由家推之而至于国,由国推之而至于天下,"吾道一以贯之"而已矣,"忠恕"而已矣。①

钱大昕认为忠恕絜矩之道贯穿于《论语》《大学》《孟子》诸书,忠恕之道即是修身之道,也是治国平天下之道,原因在于,忠恕之道首先是对"己"的要求,不论是庶人还是统治者都应先反求诸己。处于"矩"两端的天子和庶人虽位分不同,但其修身的要求却是相同的、平等的,故曰"人之所同有","'与国人交'犹友朋"。这与戴震《孟子字义疏证》对絜矩之道的分析同声相应。牟润孙指出,清代皇帝往往以理学斥责群臣不能做到正心诚意而加以惩罚,钱氏之论即是对此政治生态的批评②。而阮元对忠恕之道的解释与钱大昕异口同声,他以仁为"相人偶",由此从朱熹所云"仁为本心之德"③转为以"行事"、人己忠恕关系说仁,从而将孔孟仁说的重点放在了政治上。此点于《论语论仁论》《孟子论仁论》《论语解》等文字中触目可见,《论语论仁论》开篇概括孔子的仁论,即体现出了鲜明的政治化取向:

> 仲弓问仁,孔子答以"见大宾、承大祭"诸语,似言敬恕之道于仁无涉,不知天子诸侯不体群臣,不恤民时,则为政不仁,极之视臣草芥,使民糜烂,家国怨而畔之,亦不过不能与人相人偶而已,秦、隋是也。其余圣门论仁,以类推之,五十八章之旨,有相合而无相戾者。即推之诸经之旨,亦莫不相合而无相戾者。④

阮元完全针对天子、诸侯来解释孔子的"仁",正如孔广森以天道和人情规制王法一样。"与人相人偶"即是如钱大昕所言"'与国人交'犹友朋"。对于宋儒极为重视的颜渊问仁而孔子答以克己复礼一章,阮元也如此解释,

---

① 钱大昕:《潜研堂文集》,载钱大昕:《嘉定钱大昕全集》(增订本)第九册,陈文和主编,南京:凤凰出版社,2016年,第45页。
② 牟润孙:《注史斋丛稿》,北京:中华书局,1987年,第488页。
③ 阮元:《论语论仁论》,载阮元:《揅经室集》,邓经元点校,北京:中华书局,1993年,第193页。
④ 阮元:《论语论仁论》,载阮元:《揅经室集》,邓经元点校,北京:中华书局,1993年,第177页。此处对原文标点有修改。

认为与仲弓问仁章皆是言"王者以仁治天下之道",并申之曰:

> 一日克己复礼而天下归仁,此即己欲立而立人,己欲达而达人之
> 道。仁虽由人而成,其实当自己始,若但知有己,不知有人,即不仁矣。
> 孔子曰"勿",谓仁者人也,必待人而后并为仁,为仁当由克己始。……
> 视、听、言、动,专就己身而言。若克己而能非礼勿视、勿听、勿言、勿
> 动,断无不爱人,断无与人不相人偶者,人必与己并为仁矣。……一介
> 之士处世,天子治天下,胥是道也。视、听、言、动不涉家国天下一字,
> 而齐、治、平之道具在。……可知克己复礼则家国必仁,不能克己复礼
> 则国破身亡。[1]

欲达致天下归仁,王者要先克己,先从自身之视听言动合礼做起,如此方能
爱人、与人相人偶,正如钱大昕所言"未有不先治其身者",观此可知阮元确
能承接钱大昕"以学术反拨政治乱象的经世精神"[2],其呼吁统治者克己爱
人、体恤臣民的谆谆之情溢于言外。孔子作《春秋》以拨乱反正,但在阮元
看来,《孝经》是顺导天下,防患于未事之前,《春秋》是制逆以反顺,施于已
事之后,一顺一逆,一先一后,故而理解儒家最根本的政治理念还是要回到
《孝经》的"顺天下"理念。

而阮元对《孝经》的理解恰似针对清代官方《孝经》学而发。康熙《御定
孝经衍义》对君主地位的尊崇达于极致。此书总共一百卷内容,从卷二十
一到卷七十五皆为"天子之孝"。其《凡例》中称:"经称先王以发端,明是专
为君天下之天子陈孝道也。……故是书详于衍天子之孝,而诸侯以下则少
略焉,其诸侯以下之爱敬既是天子所使,则经不复为立文,而今顾不得而
阙。"[3]观此书之内容,一方面"天子之孝"是最主要的内容,所谓"诸侯以
下"绝非如其所言那样"少略",而是多少悬决。另一方面既然其衍经不衍
传,删去了《孝经刊误》中"传"的内容,自然内容就更加集中于"天子之孝"
了。诸侯、卿大夫、士、庶人之孝皆为天子之孝外推与施教之结果,而无任
何自主性可言,只能是被动地受教。那么,《孝经》就成了一部宣扬天子之

---

① 阮元:《论语论仁论》,载阮元:《揅经室集》,邓经元点校,北京:中华书局,1993 年,第 181—182
页。此处对原文标点有修改。
② 王法周:《乾嘉学术对政治的反拨》,载《史学月刊》2014 年第 2 期,第 36 页。
③ 叶方蔼等:《御定孝经衍义》,载《文渊阁四库全书》第 718 册,台北:台湾商务印书馆,1982 年,第
23 页。

孝，鼓励臣民效忠于天子的经典了。而此书的最后两卷内容正是"大顺之征"。而顺治御定《孝经注》一书的目的则如其序文末端所言："庶几发蒙启锢，四方亿兆咸知效法，而允迪共底于大顺之休焉。"①二书如出一辙。也就说，顺治说"顺"，康熙说"顺"，而阮元也说"顺"，可是阮元对"顺天下"的强调恰恰是反其道而行之，此正凸显出其批评之隐晦而热烈。

总结来说，阮氏父子之《孝经》学在回归原典的意义上排斥宋明理学，在很大程度上吸收了汉儒的《孝经》观念，尤其是"《春秋》与《孝经》相表里"的说法。故其视《孝经》为经世致用之经典，而非仅限于家庭内的人伦日用，是德政兼备之书，强调《孝经》和《礼》《春秋》之关联即已经鲜明地体现出了这一点。这就与朱熹卑视《孝经》、强调言孝应以事亲为重的思想截然不同。朱熹不重《春秋》，而阮元则极重《春秋》，而且是公羊学传统的《春秋》。朱熹以四书为文本建构了孔、颜、曾、思的道统谱系，但在阮元这里这一谱系是不成立的，阮氏父子并未建构一条传道的谱系，此与二者对经典——尤其是《孝经》《春秋》的理解有紧密关联。当然，也与二者对儒学的体认有关。阮元《学海堂策问》一文中曾追寻"儒"之本意，说："儒字造字之意何在？儒名始于何代？儒行始于何时？鲁孔子时颜、曾诸贤之儒行所尊尚者何等事？所讲习者何等事？其大指何在？"这是文章的开首，而文章的末尾则说："《公羊》之学与董子《繁露》相表里，今能通之者有几人哉？不能通之而一概扫之，可乎？试为汉何邵公赞。"②虽未解答儒之本意，但比照始终，意寄言外，阮元之心已十分显白：他希冀通过《公羊》学理解孔门，探究儒学的本真。这大概已非清儒"训诂明则义理明"的初衷了。

最后，诚如钱大昕对"思曰容""天下平"的解释一样，阮元强调《孝经》首章"顺天下"一语的重要，正是要区分与"治天下"之别，从而指出统治者顺应天下人心之政治意涵。"治天下"有钳制、专制之义，"顺天下"方是儒家的政治理念，这正是对孔孟王道仁政思想的发挥，他说："圣人治天下万世，不别立术法，但以天下人情顺逆叙而行之而已，故孔子但曰'至德要道

---

① 蒋赫德纂：《御定孝经注》，载《文渊阁四库全书》第 182 册，台北：台湾商务印书馆，1982 年，第 256 页。

② 阮元：《学海堂策问》，载阮元：《揅经室集》，邓经元点校，北京：中华书局，1993 年，第 1067—1068 页。

以顺天下'也。'顺'字为圣经最要之字。"①"顺"字是古人最为称说之恒言
要义,而后人却置之不讲,而他则是要重新发现和确立这一"顺天下"的传
统。此正其微言大义也!②

第二节　阐明三纲之义:曹元弼的《孝经》学

曹元弼(1867—1953),江苏吴县(今苏州)人,字谷孙,又字师郑,晚号
复礼老人,故时人称其为复礼先生。曹元弼为清末重要儒者,名重一时,身
处清末民国之际,以承继绝学、发明圣道自任,专治经学,尤精于《易》《礼》
与《孝经》三学,其造诣所至而精之尤精者则在所宗之郑氏学。时人评价其
学"泯汉宋之成见,启后学之津途"③,"尊汉学而不薄宋儒,详训诂而兼疏
义理",甚至比之于顾炎武④。又谓其能"正人心,辟邪说"⑤,"振纲常,扶名
教,为宇宙间特立独行之真儒"⑥。其生平著述有《礼经学》七卷、《礼经校
释》二十二卷、《周易郑氏注笺释》十六卷、《古文尚书郑氏注笺释》四十卷、
《孝经六艺大道录》一卷、《孝经学》七卷、《孝经校释》一卷、《孝经郑氏注笺
释》三卷、《复礼堂文集》十卷、《复礼堂述学诗》十五卷等等。此外,尚与梁
鼎芬⑦共同编著《经学文钞》。

据曹元弼所述,他起初治《礼》学,服膺郑学,但其时便夙夜庄诵《孝
经》,以为礼根于孝,由此转而关注郑玄的《孝经注》。但郑《注》残缺,故欲
"据近儒臧氏庸、严氏可均辑本,拾遗订误,削《群书治要》伪文,为《孝经郑
氏注后定》。因遍辑经传周秦汉古籍各经师注涉《孝经》义者为之笺,而博
采魏晋以来《孝经》说之有师法应礼道者,贯以积思所得疏之,约之以礼,达

---

① 阮元:《释顺》,载阮元:《揅经室集》,邓经元点校,北京:中华书局,1993 年,第 29 页。
② 王茂、蒋国保在所著《清代哲学》注意到,"咸丰中,朝旨令岁科增《孝经论》,以合东汉之制,似即
　　阮元倡《孝经》的直接效应"。如此,则阮元之说终见于致用也。见氏著《清代哲学》,合肥:安徽
　　人民出版社,1992 年,第 742 页。
③ 崔燕南整理:《曹元弼友朋书札》,上海:上海人民出版社,2018 年,第 27 页。
④ 崔燕南整理:《曹元弼友朋书札》,上海:上海人民出版社,2018 年,第 40、27 页。
⑤ 崔燕南整理:《曹元弼友朋书札》,上海:上海人民出版社,2018 年,第 40 页。
⑥ 崔燕南整理:《曹元弼友朋书札》,上海:上海人民出版社,2018 年,第 28 页。
⑦ 梁鼎芬(1859—1919),晚清著名学者,曾因弹劾李鸿章,名震朝野。后应张之洞聘,主讲广东广
　　雅书院和江苏钟山书院,为《昌言报》主笔。辛亥革命前有反帝主战思想,之后任溥仪的毓庆宫
　　行走。梁氏师承陈澧,与曹元弼为好友。

之《春秋》，合之《论语》，考之《易》《诗》《书》，疏文有所不尽，则师黄氏之意而扩充之，兼采史传孝行足裨补经义者，别为《孝经证》"①。此《孝经证》即是他在《礼经纂疏序》中所说之《孝经纂疏》②。此二书很可能并未真正完成，但是必须辨明的是，未成之因并非他没有了撰述的动力，而是因为受时事的刺激，他无法置身事外。及至后来，他的撰述想法发生变化，转而撰写《孝经郑氏注笺释》，以毕二书之功于一役。显然，《后定》和《孝经证》基本是考证性著作，无法纾解其挽救世道之热肠。《孝经郑氏注笺释序》中说："寻世变日亟，邪说并兴，反天明，扰人纪，承阁师张文襄公见商，窃欲以《孝经》会通群经，撰《孝经六艺大道录》一书，以明圣教，挽狂澜。"③这意味着曹氏的想法变得更为通达宏阔，从先前关注《礼经》与《孝经》之关联，变为以《孝经》会通六经。但《大道录》只完成了《述孝》篇与目录，也未竟全功，今有光绪二十四年(1898)刻本。未能写竟同样是因其想法之变化，在他将《述孝》拿给张之洞看过后，张"斟酌体例，欲经别为书，属撰十四经学"，由此才有《孝经学》一书的产生，此书完成于光绪三十三年(1907)，印成则当是在光绪三十四年(1908)④。但张之洞于第二年遽然离世，此后的治经生涯，正如曹元弼所言，"孰意天降大戾，中原陆沈，闭户绝世，笺释《周易》十有七年，至痛在心，精力消耗，重以两昆皆逝，百感填膺，自顾衰颓，深恐数十年治经心得遗忘消沈。既成《大学、中庸通义》，复致力《孝经》，考定郑《注》，补其缺文，昭析区别，传信将来，博稽古训为之笺，而以积思所得贯穿群言释之。战战兢兢，如临父母，如临师保，覆更详审，历一年余，成书三卷"⑤。清朝不再，人世已换，曹氏又回到了其治《孝经》学的早期想法，完成对郑《注》的复原以及为《孝经》作别证和笺释，这就是《孝经郑氏注笺释》。此书正是以《孝经学》一书为基础，集合了《后定》《孝经证》《大道录》等三书的内容。仔细阅读《笺释》，会发现《大道录》目录所列的内容，《笺释》皆有阐发。据此可说，三书虽未完成，实则皆已完成。据《孝经郑氏注

---

① 曹元弼：《吴刻孝经郑氏注序》，载《复礼堂文集》卷六，国家图书馆藏 1917 年刻本。

② 曹元弼：《礼经纂疏序》，载《复礼堂文集》卷四，国家图书馆藏 1917 年刻本。

③ 曹元弼：《孝经郑氏注笺释》序，国家图书馆藏 1935 年活字本，第 11 页。

④ 曹元弼：《周易礼经孝经三学合刻序》，载《复礼堂文二集》卷一，复旦大学图书馆藏民国 1948 年钞稿本。亦可参看崔燕南整理：《曹元弼友朋书札》，上海：上海人民出版社，2018 年，第 83、85、89 页。

⑤ 曹元弼：《孝经郑氏注笺释》序，国家图书馆藏 1935 年活字本，第 12 页。

笺释》序末所标时间,此书当完成于 1934 年,而刊印则是在 1935 年。《孝经校释》的刊印亦在是年,但其写作应该也历时较长,至迟在宣统元年(1909)时就已经开始①。写作过程很可能正是与《笺释》相始终,故二书亦一并刊印。《笺释》今有刻本、活字本(仅有一册一卷)。《孝经集注》则成书于民国三十二年,即 1943 年。据此以观,曹元弼治《孝经》,确然如其所言,"出入四十年矣"②。

一、《孝经》为六经之总会

"《春秋》与《孝经》相表里"可以说是曹元弼《孝经》学的基础命题,他在《孝经郑氏注笺释》全书的开篇就说:

> 昔孔子兼包尧、舜、文、武之盛德,著之《春秋》,以俟后圣,遂躩栝六艺大道,探本穷源而作《孝经》。③

这一说法代表了他对孔子之学的理解,这一理解得以形成的媒介正是郑玄。寻溯历史,"《春秋》和《孝经》相表里"的观念,在汉代即已形成,其首倡者当为董仲舒,虽然他并未明确提出这一命题,但其论述中已蕴含此义,只待临门一脚,而《孝经纬》终于将此概括提炼出来。东汉何休《春秋公羊传解诂》亦贯穿了这一思想,遗憾的是,何休的《孝经注》未能流传于世。而在郑玄看来,这一观念的正式提出却并不是董仲舒,而是在先秦,尤其是子思所作《中庸》,或正如《孝经纬》所载"子曰:吾志在《春秋》,行在《孝经》"所示,这一观念在孔子那里便已形成。而在郑玄这里,这一命题更为基础的背景则是孔子删定六经,这一司马迁《史记》中所记载的未必真实的历史事件——但肯定是真实的思想史事件,也即是说,六经是折衷于孔子的,正如孟子所言孔子是尧舜禹汤文武以来的"集大成之圣"。郑玄《六艺论》言:"孔子以六艺题目不同,指意殊别,恐道离散,后世莫知根原,故作《孝经》以总会之。"曹元弼在《孝经郑氏注笺释》的序文中就将这段话揭示了出来④。郑玄之言意味着,《孝经》为孔子晚年所作,既是六经之总会,又是夫子的

---

① 马季立在致曹元弼书信中提到:"《孝经疏》校文体勘入微,足称经神。"(崔燕南整理:《曹元弼友朋书札》,上海:上海人民出版社,2018 年,第 86 页)
② 曹元弼:《孝经校释》,国家图书馆藏 1935 年活字本,第 9 页。
③ 曹元弼:《孝经郑氏注笺释》序,国家图书馆藏 1935 年活字本,第 1 页。
④ 曹元弼:《孝经郑氏注笺释》序,国家图书馆藏 1935 年活字本,第 2 页。

"晚年定论"。汉儒继承孟子之说,以《春秋》为孔子据鲁史所作,《春秋》由当代之史变成孔子之经,《春秋》自然就有了特别的地位。而如果说《春秋》尚在经史之间的话,那么《孝经》就是纯粹的经了,因为《孝经》并没有所据之史,亦没有尧舜禹汤文武的历史遗传,故此书才纯然是孔子所作,纯然是经。曹元弼对于《春秋》和《孝经》的分别有清晰意识:"子曰:'《春秋》属商,《孝经》属参。'但《春秋》经既成,而以义属之。《孝经》则授以大义,即笔之为经,此记事、论道之别也。……此经为夫子所自作,即录由曾子,所录固一如夫子本语,且必由夫子审正定名,故于《春秋》并为圣作之书。"①以《孝经》为纯然论道、讲大义之书。当郑玄说"六艺题目不同,指意殊别"之时,似乎已然是说六艺是不能称经的,因为经是普遍的、万世不易的常道。故从《易》《诗》《书》《礼》《乐》五者的删定到《春秋》,再到《孝经》,一方面是孔子被圣化乃至神化的过程,另一方面则是纯然之经形成的过程,这也正是汉儒强调《孝经》之名含"经"字而六艺却不含"经"字所包含的意蕴。曹元弼即认为:"圣人之书皆本天经地义,此经论孝,直揭其根源,故特名曰《孝经》,此孔子所自名,明孝为万世不易之常道也。"②"此经为夫子所自作,即录由曾子,所录固一如夫子本语,且必由夫子审正定名,故与《春秋》并为圣作之书。"③这就意味着,经名始于孔子,六经之称经,也正是赖于孔子。故而,对于孔子思想的真正理解必然不能脱离《孝经》,故朱熹之作《孝经刊误》自然会被曹元弼所批评。曹元弼解释郑玄《六艺论》"孔子以六艺题目不同"一段文字,并借以申发孔子删定六经之意:

> 此郑君《六艺论·论〈孝经〉》逸文也。古者以礼、乐、射、御、书、数为六艺,而乐正以《诗》《书》、礼、乐造士,谓之四术。《易》为筮占之用,掌于太卜。《春秋》记邦国成败,掌于史官,亦用以教,通名为经。《礼记·经解》详列其目,至孔子删定《诗》《书》、礼、乐,赞《周易》,修《春秋》,而其道大明,学者亦谓之六艺,七十子之徒身通六艺是也。六艺标题名目不同,如《易》取易简、变易、不易之义,《诗》之言志,礼之言体、言履之等。指归意义殊别,如《易》明天道,《书》录王事,《诗》长人情志等。六艺皆以

---

① 曹元弼:《孝经校释》,国家图书馆藏 1935 年活字本,第 5 页。
② 曹元弼:《孝经郑氏注笺释》卷一,国家图书馆藏 1935 年活字本,第 4 页。
③ 曹元弼:《孝经校释》,国家图书馆藏 1935 年活字本,第 5 页。

明道，而言非一端，时历千载，既名殊意别，恐学者见其枝条之分，而不知其根之一，见其流派之岐，而不知其源之同。如此则大道离散，而异端之徒且得乘间以惑世诬民，充塞仁义，为天下后世大患。故孔子既经论六经，特作《孝经》立大本以总会之。盖六经皆爱人敬人、使人相生相养相保之道，而爱敬之本出于爱亲敬亲，故孝为德之本，六经之教由此生。①

依此，《孝经》之所以为六经之总会，正是因为《孝经》所发明者为爱敬之旨，这是天下治乱的根源所在，故曹元弼言《天子章》"爱亲者不敢恶于人，敬亲者不敢慢于人"二句是"全经要旨，五孝通义"②。"爱、敬二字为《孝经》之大义，六经之纲领。六经皆爱人敬人之道，而爱人敬人出于爱亲敬亲。"③其详尽之说如下：

> 《孝经》之教，本伏羲氏通神明之德，类万物之情，祖述尧舜，宪章文武，《易》《诗》《书》《礼》《乐》《春秋》一以贯之。盖六经者，圣人因生人爱敬之本心而扩充之，以为相生相养相保之实政。《易》者，人伦之始，爱敬之本也。《书》者，爱敬之事也。《诗》者，爱敬之情也。《礼》者，爱敬之极则也。《春秋》者，爱敬之大法也。爱人敬人，本于爱亲敬亲。孔子直揭其大本以为《孝经》，所以感发天下万事之善心，厚其生机而弭其杀祸，故战国暴秦积血暴骨之后，有天下者得由此以拨乱反正，胜残去杀，天下屡乱而可复治。④

六经一以贯之，贯之以爱敬，爱敬则本于孝，故《孝经》为总会与根源，而这

---

① 曹元弼：《孝经序论释·郑氏六艺论》，载曹元弼：《孝经郑氏注笺释》，国家图书馆藏 1935 年活字本，第 1 页。

② 曹元弼：《孝经郑氏注笺释》卷一，国家图书馆藏 1935 年活字本，第 57 页。唐文治在读曹元弼著作后，谓："兄日来往复展读'身体发肤'节，并《天子章》《士章》，探索无遗蕴，可谓扩之极其大，析之极其精，裨益世道非浅。"（崔燕南整理：《曹元弼友朋书札》，上海：上海人民出版社，2018 年，第 167 页）

③ 曹元弼：《孝经郑氏注笺释》卷一，国家图书馆藏 1935 年活字本，第 58 页。曹元弼阐发《孝经》爱敬之义，正可与其早期的《原道》《述学》《守约》三篇文字互相参看。

④ 曹元弼：《孝经郑氏注笺释》卷一，国家图书馆藏 1935 年活字本，第 6—7 页。他在解释《庶人章》时说："圣人之道务在有始有卒，故《周易》首乾'自强不息'，《尧典》始钦，《礼》主于敬，《论语》首'学而时习'，称'仁为己任，死而后已'。学本于有恒，化成于久道，真积力久则强力不反，政如农功，日夜以思，思患豫防，则身安而国家可保，兢戒曰：'战战栗栗，日慎一日。'《诗》曰：'我日斯迈，而月斯征，夙兴夜寐，无忝尔所生。'"（曹元弼：《孝经郑氏注笺释》卷一，国家图书馆藏 1935 年活字本，第 120 页）此正是强调六经皆言"敬"。

也意味着《孝经》蕴含的是伏羲以降历圣修己治人之精义。这是曹元弼对郑玄《六艺论》论《孝经》之旨的理解，也是他对孔子作《孝经》的理解，虽然严格说来，郑玄并未像他这样强调爱敬之义。又据他对郑玄之理解，修《春秋》诛乱臣贼子以定天下，作《孝经》以辟异端而明大道，"辟异端"并非自孟子始有之。《孝经》即是孔子担忧后世"枝条之分""流派之岐"，预见"异端之徒且得乘间以惑世诬民，充塞仁义，为天下后世大患"，故而作此经。曹元弼在《孝经学·孝经微言大义略例》中亦曾阐发此意说：

> 凡《孝经》为六艺之总会，以《孝经》通《易》而伏羲立教之本明。以《孝经》通《诗》《书》而民情大可见，王道益灿然分明。以《孝经》通《礼》，而纲纪法度会有极、统有宗，法可变，道不可变。以《孝经》通《春秋》，而尊君父、讨乱贼之大义明，邪说诬圣不攻自破。以《孝经》权衡百家，如视百辰以正朝夕，是非有正，异端自息。异端之说不同，而归于无父无君则同。父子君臣之大义明，则百家之毒尽去，百家之长皆可用。以《孝经》观百代兴亡，而爱敬恶慢之效捷于影响，昭若揭日月而行。①

这段话的论述方体现出曹元弼自己对《孝经》为六经之"统宗会元"的理解，即以《孝经》为阐明父子君臣大义之书；反之，异端则归于"无父无君"，易言之，孔子作《孝经》即是要杜绝异端无父无君之说。所谓"法度"，所谓"纲纪法度"，即是指父子君臣大义，也就是三纲。以儒为宗，以《孝经》为经，百家皆折衷于此，即意味着在现实中要以天子为尊，故而曹氏特重《孝经·天子章》，这也正是其通过解经而响应当时现实的体现。

二、《春秋》和《孝经》相表里

以父子君臣大义或三纲为《孝经》主旨，这也正是曹元弼"《春秋》和《孝经》相表里"说的旨义所在，在他这里至少又可分几层含义：首先是德主刑辅，也即黄道周《孝经集传》所言"贵道德而贱兵刑"。曹元弼说：

> 《孝经》于《天子章》特引《甫刑》，恻然胜残去杀太平刑措之思。《纪孝行章》深重丁宁，戒孝子深防祸乱兵刑。《五刑章》怵惕震动，为

---

① 曹元弼：《孝经学》，华东师范大学图书馆藏清宣统元年刻本，载《续修四库全书》第152册，上海：上海古籍出版社，2002年，第608—609页。

万世将干天讨者大声疾呼,出之禽门而返诸人,出之死地而返诸生,凡欲以道德化兵刑也。董子曰:"天道大者在于阴阳,阳为德,阴为刑。天使阳居大夏而以生育长养为事。阴常居大冬,而积于空虚不用之处,以此见天之任德不任刑。"此《春秋》义,即《孝经》义也。夫孝,德之本,刑自反此作。①

在曹氏之前,清儒简朝亮已注意到《天子章》的"刑"字,谓:"今《甫刑》言一人有德之善,众民皆赖之以善,其意谓天子尚德不尚刑也。"②曹氏当受其影响,此外他更是深受乾嘉汉学阮元的影响,依阮元之说,"《春秋》以帝王大法治之于已事之后,《孝经》以帝王大道顺之于未事之前"③,"惟其不孝不弟,不能如《孝经》之顺道而逆行之,是以子弒父、臣弒君,亡绝奔走,不保宗庙社稷,是以孔子作《春秋》,明王道制叛乱也"④。曹元弼概括说:"天下之治,治于君臣,而本于父子,此《孝经》《春秋》相辅为教,所以为万世不易之圣法也。"⑤此即是其第二层意涵,即曹氏常说的忠孝一体或忠孝同理。《孝经·士章》明明说"资于事父以事母而爱同,资于事父以事君而敬同,母取其爱,君取其敬,兼之者父也",以事父为爱敬兼尽,但是曹元弼则论证说:"事君亦爱敬兼尽,但父子主于恩,君臣主于义,虽元首股肱,休戚一体,而上天下泽,名分綦严,故事君以敬为主,忠孝一理。事父之敬,敬之至也。敬君与父同,则爱在其中矣。"⑥由此,他认为:"《孝经》此节三纲大义,自伏羲定人道以来,至周公制礼而其理始曲尽,学者以此治礼,若网在纲,一以贯之矣。"⑦简言之,《孝经》已有三纲、五常之说:

> 人情莫不怙恃父母,而父尊母亲;人类莫不倚赖君父,而君尊父亲。经文此数语,人伦之大本,礼教之纲领。"盖天之生物,使之一本。"子者,父之子。母统于父,资于事父以事母而爱同,夫为妻纲,故父为子纲。父者,子之天。君者,臣之天。资于事父以事君而敬同,故

---

① 曹元弼:《孝经郑氏注笺释》序,国家图书馆藏 1935 年活字本,第 7 页。
② 简朝亮:《孝经集注述疏》,周春健校注,上海:华东师范大学出版社,2011 年,第 20 页。
③ 曹元弼:《孝经郑氏注笺释》序,国家图书馆藏 1935 年活字本,第 9 页。
④ 曹元弼:《孝经郑氏注笺释》序,国家图书馆藏 1935 年活字本,第 10 页。此为阮元《孝经解》文。
⑤ 曹元弼:《孝经郑氏注笺释》序,国家图书馆藏 1935 年活字本,第 11 页。
⑥ 曹元弼:《孝经郑氏注笺释》卷一,国家图书馆藏 1935 年活字本,第 104—105 页。
⑦ 曹元弼:《孝经郑氏注笺释》卷一,国家图书馆藏 1935 年活字本,第 108 页。

君为臣纲。三纲者，人伦之本，爱敬之原。①

这段论述体现出曹元弼有以"三纲"等同或替代"孝"的倾向。因为按照《孝经》之说，"夫孝，德之本，教之所由生"，孝是爱敬之原、五教之本，但若按曹氏之意，三纲成了本原，显然与《孝经》以及他的其他论述是不相应的。

正因为强调忠孝一体，故与董仲舒针对君主的天谴灾异说、何休的《春秋》黜周王鲁等公羊学的重要观念不同，曹元弼对这些观念完全不赞成，他取消了《春秋》公羊学的革命义和"贬天子"义，而重点发挥了"尊王"和"退诸侯，讨大夫"之义：

> 圣人之所以为圣人，以其奠安万世之父子君臣也。乱臣贼子欲致难于君父，必先殚残圣法，是以往者大愿未作之先，黜周王鲁、素王改制之诬说②，先已簧鼓鼎沸，岂知《春秋》讨乱贼，《孝经》明君臣父子大义，圣人之教自相表里，炳如日星，且《孝经》言以孝顺天下之道必推本先王，严父配天特称后稷、文王、周公，《中庸》述《孝经》《春秋》之义，曰："非天子不议礼，不制度，不考文。"曰："吾学周礼，今用之，吾从周。"曰："宪章文武。"尊王之义，所以立人伦之极，而维天地之经，布在方策，岂奸逆所能诬。特风俗日非，人心好亡恶定，凶德悖礼之说横流日甚，胥天下而裂冠毁冕，拔本塞源，浩劫弥天，杀机遍地，不胜为乾父坤母之赤子忧耳。然则如之何而可？曰：君子反经而已矣。聚百顺以事君亲，明圣法以息邪暴而已矣。③

所谓"黜周王鲁、素王改制之诬说"，正是针对康有为等人的公羊学而言。曹元弼曾作《素王说》专辟素王改制之谬，认为素王绝不意味着"以《春秋》当新王"。且素王依照《庄子》之说，"以此处下，玄圣素王之道也"，"有德无位之称"，比如乐尧舜之道的伊尹、陈述《洪范》九畴的箕子，皆是素王，孔子亦是。孔子所言"苟有用我者，期月已可，三年有成""如有用我者，吾其为东周乎"，即是"素王之事"；"祖述尧舜，宪章文武"即是"素王之法"。所以

---

① 曹元弼：《孝经郑氏注笺释》卷一，国家图书馆藏1935年活字本，第105页。
② 曹元弼在早期写作《孝经六艺大道录》时所列的目录中就有"孔子'志在《春秋》，行在《孝经》'第五：辟黜周王鲁、素王改制之谬"（曹元弼：《曹元弼〈孝经〉学著作四种》，刘增光整理，上海：上海古籍出版社，2021年，第593页）。
③ 曹元弼：《孝经郑氏注笺释》卷一，国家图书馆藏1935年活字本，第51页。

素王就是指不得位而尤有道济天下万世之用的圣人。郑玄《六艺论》言孔子"自号素王,为后世受命之君制明王之法",曹元弼强调,自号素王是"自伤之辞、自任之辞",而非"自尊之辞",孔子"不复梦见周公""吾非斯人之徒与而谁与",即是"圣人之欲明王道自伤而自任"的证明。后世论者如杜预、孔颖达认为董仲舒、郑玄皆主"孔子以王号自尊"之说,这是完全错误的①。他看到了康有为公羊学对于礼法人伦的破坏性,欲从根源上澄清"素王"之意。唐文治在阅读《素王说》后,致书谓:"《素王说》义正辞严,笔挟风霜,为万世人心世道计,洛诵拜服。"②

正因此,虽然曹元弼说郑玄批注《孝经》是在早期,以今文之义解经,但他却屡屡援引《春秋左传》之文作解。与《公羊》之义长于权变不同,左氏之义则深于君父之伦③。曹元弼解释《天子章》就引《左传·襄公十四年》文谓:

> 天子至尊,皇建有极,锡福庶民,故首明之。《曲礼》曰:"君天下曰天子。"《表记》曰:"惟天子受命于天。"《白虎通》曰:"天子者,爵称也,所以称天子何? 王者父天母地,为天之子也。"又说帝王俱称天子。按:《春秋传》曰:"天生民而立之君,使司牧之,勿使失性。"又曰:"天之爱民甚矣。"天子者,天之子。④

这正是对《孟子·滕文公下》中《春秋》,天子之事也"之说的接续。由此,即不难理解,他为何会认为《天子章》"爱亲者不敢恶于人,敬亲者不敢慢于人"二句是"全经要旨,五孝通义",并极力阐发爱敬之义了。既然《春秋》和《孝经》相表里,那么,《孝经》也包含以"天子"为重、为尊之意。他分析五等之孝说:

> 《孝经》于诸侯以下皆著"然后能保守"之文,见反是即不能保守。于天子独不然者,诸侯以下之不保,或由于上之削黜,天子则至尊无

---

① 曹元弼:《素王说》,载《复礼堂文二集》卷四,复旦大学图书馆藏 1948 年钞稿本。
② 崔燕南整理:《曹元弼友朋书札》,上海:上海人民出版社,2018 年,第 159 页。
③ 《后汉书》记载贾逵对《左传》的发明:"《左氏》……斯皆君臣之争议,父子之纪纲……《左氏》崇君父,卑臣子,强干弱枝,劝善惩恶。"(范晔:《后汉书·郑范陈贾张列传第二十六》,李贤等注,北京:中华书局,1965 年,第 1236 页)沈玉成、刘宁指出:"礼的作用在《左传》里被空前强调。"见氏著《春秋左传学史稿》,南京:江苏古籍出版社,1992 年,第 85 页。
④ 曹元弼:《孝经郑氏注笺释》卷一,国家图书馆藏 1935 年活字本,第 55—56 页。

上,当时王室衰微,天下乖戾,无君君之心,圣人志在尊王,故总著其义于后,而深没其文于此,所以辨上下、定民志,即《春秋》书王以制叛乱之意。且引《书·甫刑》特见"刑"字,有奉天子诛乱贼之义,所谓《春秋》作而乱贼惧,《春秋》天子之事,于此见矣。①

这一分析,将诸侯、卿大夫、士之孝的成就与否皆系之于天子,足以显示曹元弼对尊王的强调。"圣人志在尊王",《春秋》开首书王,《孝经·开宗明义章》开篇称"先王",皆尊王之意,他说:"称先王者,天降下民,作之君,作之师,孔子论孝道必称先王,即《春秋》发首书王之义。以上治下,以圣治愚,以祖宗训孙子,一出言而法祖尊王之义昭若揭日月而行。"②而《天子章》末引《甫刑》语,郑注谓:"《书》录王事,故证天子之章。"也是其说之佐证。不仅如此,在曹氏看来,《天子章》引《书》还有另一层深意:"当时王室道衰,乱贼横向,《孝经》于《天子章》特引书《甫刑》,盖见尊王以制叛乱之义。且《甫刑》虽言刑辟,而其辞哀矜恻怛,不胜恤刑之仁,与《康诰》相类。春秋之末,天子微弱,陪臣放恣,德教无闻,刑肃俗敝,上失其道,民散久矣。夫子欲变鲁尊周,使天子德教光于四海,而兆民无即于刑,正与《甫刑》恤刑之意相合。且引《书·甫刑》特见'刑'字,有奉天子诛乱贼之义,所谓《春秋》作而乱贼惧,《春秋》天子之事,于此见矣。"③此仍是发挥了《春秋》和《孝经》相表里之意。

不难看出,曹元弼深受《孟子》孔子作《春秋》之说的影响。在他看来,这恰表明,孔、孟之志行皆符合尊君之大义,他说:"孔子潜心文王,梦见周公,学礼从周,如有用我其为东周,盖欲以此道顺天下也。《春秋》经世,先王之志,《孝经》其大本乎!"④"或疑孔子谓鲁昭公知礼,而言卫灵公无道;孟子称齐宣王犹足用为善,而言梁惠王不仁。盖孔子之于鲁,孟子之于齐,臣也,故为尊者讳,虽去而有余望;其于卫于梁,应聘而未用,客也,故不在其国,则从《春秋》褒贬诸侯之正,论事是非之公。昔人云:仲尼之徒,皆忠

---

① 曹元弼:《孝经郑氏注笺释》卷一,国家图书馆藏 1935 年活字本,第 63 页。
② 曹元弼:《孝经郑氏注笺释》卷一,国家图书馆藏 1935 年活字本,第 31 页。
③ 曹元弼:《孝经郑氏注笺释》卷一,国家图书馆藏 1935 年活字本,第 66 页。《孝经集注》的批注中则说:"《孝经》于《天子章》特见'刑'字,即《春秋》尊王以讨乱贼之义。"(曹元弼:《孝经集注》,复旦大学图书馆藏 1945 年王氏抱蜀庐钞稿本,第 23 页)据其所述,他的这一观点受了阮福《孝经义疏补》的影响。
④ 曹元弼:《孝经郑氏注笺释》卷三,国家图书馆藏 1935 年活字本,第 41 页。

于鲁国,盖皆体夫子爱君之心也。"①此又以《春秋》书法为孔孟辩护。

他尤其反感后世将《谏诤章》之"诤"解为"争斗"之"争",认为这是"诬借争字以饰逆节者,岂知经所谓谏争,务以安利其君亲,忠孝之至也。彼乃敢肆行争夺以危害其君亲,此《孝经》所谓五刑之罪莫大,《春秋》所必诛之乱臣贼子也"②。相反,"孝子忠臣,极爱敬之诚以救其君父之失",这才是"《孝经》与《春秋》一贯之大义"③。《孝经》之有《事君章》,也正是"承子道而特说臣道……子曰:'吾志在《春秋》,行在《孝经》。'《孝经》发《事君章》,而《春秋》之大义著矣"④。不仅如此,"凡《孝经》言义即《礼运》十义。《圣治章》曰:'君臣之义。'义之最重者"⑤。可见,他强调了《礼运》中的君臣之义,而非如康有为所强调的大同说。

三、曹元弼与周边友人的现实关怀

曹元弼曾写作《礼运大同说》,批评清末民国时期鼓吹大同的思潮,此文显然有针对康有为主张维新变法之成分。其写作很可能受其友人李传元影响,后者在与曹氏书信中言及:"近有人创建孔教会,其名甚美,而苴檠敦、执牛耳者,乃属之离经叛道之渠魁,执《礼运》'大同'数语及孟子'民为贵'一章,遂强指孔孟为革命巨子,犹堪喷饭。不知《礼运》一篇虽出于子游氏之儒,说有似乎庄周,细绎词旨,盖谓三代以后非礼无以治人。如谓圣人薄禹、汤、文、武、成、周而慕大同,亦可曰圣人非宫室而慕窟巢、非火化而慕茹毛饮血乎?是不通之论也。至'民为贵'一章,乃对君人者言之,决非扇耕凿之民而使为乱,是不待辩而明者。以孔教会之说为教,直是诬圣,岂云尊孔。……公意如何?"⑥此说正是消解孔孟思想中的革命义,而主张礼教义,反对以儒家为基督教化的孔教,这也正是曹氏《礼运大同说》一文的主旨。这与康有为主张孔子思想包括"微言大义"——以"微言"为大同,以

---

① 曹元弼:《孝经郑氏注笺释》卷三,国家图书馆藏1935年活字本,第51页。
② 曹元弼:《孝经郑氏注笺释》卷三,国家图书馆藏1935年活字本,第33页。
③ 曹元弼:《孝经郑氏注笺释》卷三,国家图书馆藏1935年活字本,第32页。
④ 曹元弼:《孝经郑氏注笺释》卷三,国家图书馆藏1935年活字本,第46页。
⑤ 曹元弼:《孝经学·略例》,华东师范大学图书馆藏清宣统元年刻本,载《续修四库全书》第152册,上海:上海古籍出版社,2002年,第6页。
⑥ 崔燕南整理:《曹元弼友朋书札》,上海:上海人民出版社,2018年,第41页。此处对原文标点略有修改。

"大义"为小康的说法差别甚明。曹氏及其友人否定此说，而直以小康为孔孟宗旨。当然，这也就与后来的现代新儒家熊十力以孔子思想唯有"大同"微言的观点又截然有别。此三者构成了清末以来儒者士人思考儒家与中国未来的三条路径。而曹元弼以三纲为伏羲以来之教的坚持，又似是在回应新文化运动人士的批孔非儒论，如陈独秀即认为孔子是三纲的创始者，是中国的马基雅维利①。

　　此处有必要进一步交代清末今文经学与《孝经》学的交织。光绪年间吕鸣谦作《孝经养正》一书，此书正文前有《条议》一篇，其中最为新颖之处是提出了设立孔圣教堂的提议。这主要见于《条议》的第六、七、八条。第六条"推广孝道必设教堂议"，认为若期待人们自己买《孝经》自己读《孝经》以及自己践履孝道，"断无此理"，因此必须要"设立孔圣教堂，傍设曾子坐位"，然后定期行礼拜的仪式，且由掌教官主讲，对官员进行训导，同时"罗致绅耆士庶人入教，临期来堂听讲，音乐备奏，祭器俱陈"，以此施行于府厅州县。第七条认为这样做是振兴孔子之道的必由之路，正犹如孔子周游列国讲学习礼于大树之下一样。他认为施行这一做法，"纵然释、道、天主、耶稣等教盛行，孔子之道不至浸衰"。第八条为"设教堂可以明礼习乐议"，他设想的是兴复儒家礼乐文明，尤其是冠婚丧祭之礼，以此四礼的内容编辑为成书，然后"斟酌尽善，月以劝忠劝孝播为乐章，至于淫辞艳曲，宜禁革之。《孝经》讲毕，可以演礼习乐"，此正合《孝经》"移风易俗莫善于乐，安上治民莫善于礼"的经义②。由此可见，吕鸣谦关注现实，注重孝、礼二维对于治国的重要性，尤其是他关于设置孔圣教堂的提议，与康有为等人所持孔教说不谋而合③，更体现出了他对儒学以及中华文明前途的思考。也就是说，设立孔圣教堂也是推行孝弟礼乐教化的一种方式，看重的是庶民之教的问题，这与康有为的关怀是一致的。曹元弼大概因其名称而对孔教说多少有所误解。

　　在革命说与否定中国文化论调的举世汹汹之潮中，曹氏等人对于孝与礼的维护大概多为新潮知识分子所冷眼，戊戌1898年沈曾植在阅读曹元弼《孝经六艺大道录》后致书黄绍箕，言及："叔彦新著……粹然儒言，有关

① 参看李源澄对陈独秀的评论，见李源澄：《与陈独秀论孔子与中国》，载《李源澄著作集》(三)，林庆彰、蒋秋华主编，台北："中央研究院"中国文哲研究所，2008年，第1195页。

② 吕鸣谦：《孝经养正》，国家图书馆藏光绪十五年刊本，无页码。

③ 吕鸣谦是否受到康有为影响，不得而知。

世教,而此间名士多轻之、讪笑之者,汉宋之障,乃至此乎? 今日世道之大患在少陵长、贱犯贵,其救之术曰:出则事公卿,入则事父兄。《论语》开章首言学,举世知之;第二章重言孝弟,乃举世忽之。犯上之于作乱相去几何? 而有子之言警切如此。夏间尝与叔彦言而太息,谓暇时当以弟字、顺字贯串作一文字,与渠书相为表里,初不料文字未成,而其言已不幸而中也。……康梁之说,邪说也;其行事,则逆党也。"①此所述正是当时维新党人如日中天时之情形,这绝非"汉宋之障"四字所能说明。沈氏欲以弟、顺二字为中心作文章,以发明孝顺之义,正与曹元弼强调《春秋》和《孝经》明王道讨乱贼的意图一样。不过他大可不必为未能作成此文而感到遗憾,因为曹元弼在后来的《笺释》一书中以阮元相关著述为中心,对"顺"之义做了更加丰富的阐发。

唐文治亦极重《孝经》,其《孝经大义序》中自述写作缘由谓:"近世家庭之际,日嚣日薄,丧失本真,于是恣睢残忍,杀机日出而不穷,夫杀机多则生机窒,生机窒而人道灭,于是造物遂以草薙禽狝者待之。呜呼,恫孰甚焉!"②其哀叹家庭的瓦解,正是有见于清末民初之非孝毁家论的破坏性。曹元弼之发明《孝经》,亦同样是在忧思中国之贫弱、中学之失传:

> 圣人垂训,炳如日月,万世治乱莫之能外。即今西国之所以能富能强,亦不过上下情通,同心协力,有合于爱之义;实事求是,弗能弗措,有合于敬之义,故西学富强之本,皆得我中学之一端。中国之所以贫弱,不在不知西学,而在自失我中学圣人之道。得其全者王,得其偏者强,有名而无实,甚至背驰而充塞之者亡。夫必实践我中学,而后可以治西学,而后可以富强无患。③

可以想到的是,虽然曹元弼强调君臣之义的重要性,但是他并非单纯为君臣一伦做辩护,也不是为其所身处的一朝一代做辩护,而是在为三纲五常所代表的中国文化做辩护。清末遭遇千年未有之变局,为张之洞所赏识、与唐文治交好的曹元弼对于当时的朝廷政治、社会风气耳濡目染,其毕生用力于群经,以郑玄为宗,正是有着传统士大夫的以道自任精神。正如他所说:

① 许全胜:《沈增植年谱长编》,北京:中华书局,2007 年,第 210—211 页。
② 唐文治:《孝经大义》,施肇曾刊施氏醒园本,1924 年,第 2 页。
③ 曹元弼:《孝经郑氏注笺释》卷一,国家图书馆藏 1935 年活字本,第 121 页。

"制礼自士始,士可不以名教纲常为己任乎!"①曹氏尤其强调《孝经》所含尊尊亲亲之义,"郊祀、宗祀配以祖、父,此周公立人伦之极,为制礼之本,孝莫大于严父,故周礼以尊尊统亲亲,万世彝伦于是叙焉"②。"周人之诗,美太王、王季、文王之功德,并及太姜、太任、太姒,且上溯后稷而推本于姜嫄。惟严父,故历千载之久而统系一贯,报本追远,考妣同享,永永无极,此伏羲作《易》乾元统天坤元顺承之大义。至周公制礼,而其道始尽者。"③以尊尊统亲亲,方符合"天之生物使之一本"的道理,如此,"则血统相传,百世不乱"④。

据此可见,曹元弼欲辩护和维持的是圣王百世所同之道,"以孝治天下"意味着道统的流传尚须基于血统,曹元弼谓:"'明王以孝治天下'一语实括人伦王道之全,此中国盛隆之时,所以为普天下大地中至治之国,而圣人至德,所以凡有血气莫不尊亲也。"⑤在中西交通的变局之下,中国之所以为中国,不仅仅在于三纲五常,而且在于三纲五常背后一贯相传的血统,换言之,倡言西化与变法者实则不明白中国之所以为中国之所在。那些毁家非孝者,欲决父子君臣之伦,乃至夫妇之伦,也正是不仅仅要废弃三纲五常,实则也是在置一贯相传的血统于不顾。此论与章太炎批评当时西化论者"徒知主义之可贵,不知民族之可爱"相近。显然,与张之洞一样,曹元弼是不会认同西体中用或全盘西化之说的,因为在他看来,中国之所以为中国之道是亘古不变的。这体现了他对中国之为中国、中学之为中学的体和用的坚守。他以《易传》为据,论及中西道器关系,认为《易传》既然说"形而上者谓之道,形而下者谓之器",而不是"上者为道,下者为器",正说明道器不离,"自古无外道之器,亦无离器之道","器者,行道之实也。道者,制器之本也。今日东西洋各国器械日精,所以然者,人人有自奋之心,各为其主,各为其民也。中国习西器三十余年而无一器能及西人,所以然者,自秦愚弱黔首以来,大率视君父之忧、生民之祸,漠不关心,莫肯殚精竭力以求之也。夫道也者,纯则亡,杂则霸,咸无焉则亡。三代以上之中国纯则王者也,今日之东西洋杂则霸者也。若今日中国之人心负国殃民,安危利灾,本

---

① 曹元弼:《孝经集注》,复旦大学图书馆藏 1945 年王氏抱蜀庐钞稿本,第 37 页。
② 曹元弼:《孝经郑氏注笺释》卷二,国家图书馆藏 1935 年活字本,第 40 页。
③ 曹元弼:《孝经郑氏注笺释》卷二,国家图书馆藏 1935 年活字本,第 42 页。
④ 曹元弼:《孝经郑氏注笺释》卷二,国家图书馆藏 1935 年活字本,第 39 页。
⑤ 曹元弼:《孝经郑氏注笺释》卷二,国家图书馆藏 1935 年活字本,第 17 页。

实先拨,何器之能制"。可见,他也认识到西方民主制之优处是"各为其主,各为其民",主民一体。而中国之所以危亡衰弱,"器之不精""器之不立",其根因还在于"道之不明""道之不行"①。但他终究还是回到了中体西用的思路,并没有认真对待西方的文化与制度,认为应当"以圣经贤传人伦道德为本,以西学声光化电为用,上保皇极,下济苍生"②。而归极言之,此本即是《孝经》所立之本,故他在《孝经集注》序文开首即言:"夫《孝经》之书,全体大用,固蟠天际地以治万世之天下而有余……所谓'为天地立心,为生民立命'者在此。"③其《大学通义序》亦言:"六经同归,千圣一道……作《孝经》以总会之,因极论道之全体大用。"④如此,则就文化政治而言,体用俱在《孝经》,此正是曹氏《孝经》学之根本大义。

第三节　章太炎"新四书"体系中的《孝经》学

章太炎以《孝经》《大学》《儒行》《丧服》并举,作为"新四书"⑤,以孝礼结合、修己治人之思路贯穿四者,其中又将《孝经》置于首出的纲领地位。这一"新四书"体系意味着章太炎晚年儒学观的成熟和系统化,其中亦蕴含了其强烈的现实关怀。针对新文化人士非孝毁礼的风潮,章太炎以郑玄的《孝经》学、阳明后学泰州学派的孝论为基础,将卑视并疑改《孝经》的朱熹作为非孝论之鼻祖,实则是在移花接木地批评以新文化运动为代表的新学思潮;章太炎拒斥神秘玄虚与宗教性言说,力图从根本上奠定《孝经》作为

① 曹元弼:《读〈易系辞〉知道器元始说》,载《复礼堂文集》卷二,国家图书馆藏1917年刻本。
② 曹元弼:《〈周易〉〈礼经〉〈孝经〉三学合刻序》,载《复礼堂文二集》卷一,复旦大学图书馆藏民国1948年钞稿本。简朝亮亦言及《孝经》之于中国为中国之意义:"或曰:'《孝经》,中国之教,何也?'盖非先王者,非中国所以教孝也。夫中国而遵先王教孝焉,虽一衣也,不忘中国,彼其言其行,有不惟中国是尊者哉?"(简朝亮:《孝经集注述疏》,周春健校注,上海:华东师范大学出版社,2011年,第32页)
③ 曹元弼:《孝经集注》序,复旦大学图书馆藏民国三十四年王氏抱蜀庐钞稿本,第1页。
④ 曹元弼:《大学通义序》,载《复礼堂文二集》卷三,复旦大学图书馆藏民国1948年钞稿本。
⑤ 张昭军以"小四经"称之,但章太炎明显是在回应程朱的四书学体系,故此处以"新四书"称之。参看张昭军:《儒学近代之境——章太炎儒学思想研究》,北京:社会科学文献出版社,2002年,第259页。章太炎有多篇关于《孝经》之演讲,今所可见者并非全帙,章太炎1935年讲授过《孝经讲义》《吕氏春秋·孝行览〉与〈孝经〉之关系》,但这两篇文字均不得而见。参看章念驰:《演讲集前言》,载章太炎:《章太炎全集(第二辑)·演讲集》,上海:上海人民出版社,2015年,第6—7页。

儒家乃至整个中国文化教化经典的位置。章太炎早年写作《孝经本夏法说》一文,主张《孝经》《墨子》相通,至其晚年,提出"新四书"体系,则转而力辨二者之不同,其目的是要分辨中西文化之不同,而亦与其对新学思潮之批判有关,这一分辨亦反映出章太炎不同于时流的文化多元论主张。

一、修己治人的"新四书"体系

章太炎虽将经夷平为史,认为"史即经,经即史,没有什么分别"[①],但他晚年似乎并非全然以经书为历史,而有着结合经史、经史互补的趋向,这与他早年对儒家经典之态度有差异。易言之,他晚年并不排斥经之作为经的价值,否则便不会提出"新四书"了。"新四书"首《孝经》,次《大学》,继以《儒行》与《丧服》,其言:

> 十三经文繁义赜,然其总持则在《孝经》《大学》《儒行》《丧服》。《孝经》以培养天性,《大学》以综括学术,《儒行》以鼓励志行,《丧服》以辅成礼教……经术之归宿,不外乎是矣。[②]

> 因举四书,曰《孝经》,所以教孝道也;曰《大学》,所以总群经也;曰《儒行》,所以厉士节也;曰《丧服》,所以广礼教也。[③]

不难看出,章太炎有着以"新四书"为十三经乃至中国文化之核心与汇归的倾向。这两段话对于"新四书"的旨意各有概括,意涵基本一致。以《孝经》教孝道或培养天性,此与《孝经》所言"父子之道,天性也""夫孝,德之始也,教之所由生也"一致。章太炎在另一处即说:"我国素以《孝经》为修身讲学之根本。"[④]以《大学》总群经或综括学术,是认为《大学》自格物致知至治国平天下,"修己治人"之学皆包含在内,而群经之旨意不外乎即是"修己治人"[⑤]。以《儒行》鼓励志行,则与章太炎提倡世人在危难之世应勇

---

① 章太炎:《"经义"与"治事"》,载马勇编:《章太炎讲演集》,石家庄:河北人民出版社,2004 年,第113—114 页。本节下文所引章太炎文字,如无特别标明,皆出自该书。

② 章太炎:《历史之重要》,载马勇编:《章太炎讲演集》,石家庄:河北人民出版社,2004 年,第148 页。

③ 章太炎:《关于史学的演讲》,载马勇编:《章太炎讲演集》,石家庄:河北人民出版社,2004 年,第170 页。

④ 章太炎讲,金震草录:《讲学大旨与孝经要义》,载《国学论衡》第 2 期,1933 年 12 月,第 4 页。

⑤ 章太炎:《〈大学〉大义》,载马勇编:《章太炎讲演集》,石家庄:河北人民出版社,2004 年,第125 页。亦可参看章太炎讲,金震草录:《讲学大旨与孝经要义》,载《国学论衡》第 2 期,1933 年 12 月,第 3 页。

于承担经国济民的重任有关,他说:"细读《儒行》一篇,艰苦奋厉之行,不外高隐、任侠二种。""任侠一层,则与民族存亡,非常相关。"①他本人一生七被追捕三入牢狱,正是这种担当精神的体现。在他看来,《儒行》虽被宋儒所反对和怀疑,但其中所含的刚勇精神却是儒家的真精神,而宋儒正是欠缺这一点才导致"儒风日趋于懦"②。以《丧服》广礼教,则体现了章太炎对当时举世汹汹然毁弃礼法之反感。他说:"余必欲提出此篇者,盖'礼教'二字,为今之时流所不言",而《仪礼》中的冠、昏、乡饮酒等礼在当时也基本不行,"惟丧服则历代改易者甚少",虽然沾染欧风者也不再严格遵守古礼,但仍"实替而名犹在",故而要兴复礼教,则必须要讲明《丧服》,保存丧服礼③。

从章太炎对"新四书"意旨的概括可见,他标举"新四书"与当时时代背景密切相关,正如中国学术思想的发展从六经之学发展到宋明时期的四书之学,均因应着时代的变化一样。而亦如前文所述,"新四书"的提出亦同其经史之学的观念一致。而这一观念则远可上溯于孔子,近可导源于清初顾炎武。司马迁记载孔子之言谓:"我欲载之空言,不若见之行事之深切著明也。"章太炎从中抽绎出"言""行"二者。在他看来,宋初胡瑗设立"经义"与"治事"二斋,正是秉承了孔子的这一学术精神。而顾炎武的"博学于文,行己有耻"也正是此学术精神的流衍④。章氏曾谓:"国学不尚空言,要在坐而言者,起而可行。"⑤而此"言行合一"之学,也即顾炎武所言代替"明心见性之空言"的"修己治人之实学"。故章太炎屡以"修己治人"概括儒学之奥旨,以其为"新四书"之要意,谓:"修己治人之道,大抵在是矣。"⑥而他对于经与史关系的看法也正与他对言、行的看法一致。他说:"经术乃是为人之基本,若论运用之法,历史更为重要。"政治、经济、地理等皆须深明历史。易言之,经术对应于"修身",而历史对应于"治人";"不读经书,则不知自处之道"⑦,"不讲历史,即无以维持其国家"⑧。合而言之,即是通经致用。显

① 章太炎:《〈儒行〉要旨》,载马勇编:《章太炎讲演集》,石家庄:河北人民出版社,2004年,第121页。
② 章太炎讲,金震草录:《讲学大旨与孝经要义》,载《国学论衡》第2期,1933年12月,第3页。
③ 章太炎讲,金震草录:《讲学大旨与孝经要义》,载《国学论衡》第2期,1933年12月,第3—4页。
④ 参看马勇编:《章太炎讲演集》,石家庄:河北人民出版社,2004年,第112、92页。
⑤ 章太炎:《历史之重要》,载马勇编:《章太炎讲演集》,石家庄:河北人民出版社,2004年,第148页。
⑥ 章太炎:《国学之统宗》,载马勇编:《章太炎讲演集》,石家庄:河北人民出版社,2004年,第147页。
⑦ 章太炎:《历史之重要》,载马勇编:《章太炎讲演集》,石家庄:河北人民出版社,2004年,第148、149页。
⑧ 章太炎:《历史之重要》,载马勇编:《章太炎讲演集》,石家庄:河北人民出版社,2004年,第152页。

然，依照他的概括，《孝经》《大学》重在修身与博学，而《儒行》《丧服》则重在践行与礼教。合并观之，正是空言与行事统一，修己与治人合一。但这种区分只是就"新四书"内部而言，若综括言之，"四书所讲，均为修己治人之道"①。

章太炎的"新四书"体系，在历史上并非无先例可循。《大学》《儒行》皆为《礼记》中的篇目，与宋代理学家的四书学体系相较，章太炎是以《儒行》取代了《中庸》；而《孝经》曾被南宋陆九渊心学派的杨简弟子钱时在所著《融堂四书管见》中列为四书之一，以之取代程朱理学推尊的《孟子》。而章太炎不列《中庸》《孟子》，是因为他以子思、孟子为明心见性之儒而非修己治人之儒的代表②。关于《儒行》，章太炎指出，宋初十分重视《儒行》，皇帝还以此颁赐臣子，但程朱理学却认为《儒行》非孔门之作品，予以排斥③。而将《丧服》单独抽出来作为经典，虽无前例可寻，但清末民国的大儒张锡恭、曹元弼等皆极重《丧服》，前者即作有专门的《丧服郑氏学》十六卷，这是以礼教救国思路的体现。《孝经》讲孝，其他三书皆属于礼书，四者相合，即是孝礼结合。孝在天性，礼在文饰与节制天性，"新四书"的教化内涵正于此体现，章太炎以孔子为教育家的观念亦寓于其中。

需要注意的是，章太炎并不轻视《论语》，但是他说《论语》是人人必诵读的，所以暂时不需要讲解④。他以《孝经》居首，认为"《孝经》为经中之纲领"⑤，故而"新四书"中《孝经》为最重，为纲领，这一做法上承郑玄，有过之而无不及。我们也不难体会其用心，章太炎所在时代，天下潮流向慕西化，以非孝、毁礼、破家的激进主义为尚，于是传统最为重视的孝反而"为一辈讲新道德者与提倡家庭革命者所反对"⑥，以其为君主专制、中国落后的根本，必欲扫除之而后快。章太炎逆流而上，推崇《孝经》，也正是其勇猛担当的体现，无怪乎其所崇尚的人格典范是北宋范仲淹。

---

① 章太炎：《关于经学的演讲》，载马勇编：《章太炎讲演集》，石家庄：河北人民出版社，2004年，第168页。
② 章炳麟主编：《国学讲演录》，南京：江苏文艺出版社，2007年，第149页。
③ 章太炎：《关于经学的演讲》，载马勇编：《章太炎讲演集》，石家庄：河北人民出版社，2004年，第165—166页。
④ 章太炎讲，金震草录：《讲学大旨与孝经要义》，载《国学论衡》第2期，1933年12月，第4页。
⑤ 章太炎讲，金震草录：《讲学大旨与孝经要义》，载《国学论衡》第2期，1933年12月，第2页。
⑥ 章太炎讲，金震草录：《讲学大旨与孝经要义》，载《国学论衡》第2期，1933年12月，第2页。

二、"《孝经》为经中之纲领"

章太炎既以《孝经》为新四书之首,其有意与朱熹立异,再明白不过。其违背与批评作为清代官方意识形态,也是宋元以降影响最大的朱子理学的《孝经》观,则必有所依恃。此依恃,一是与宋学相对的汉代经学,如郑玄;一是与程朱理学相对的阳明心学。而其之所以批评朱熹的《孝经》学,如上节所言,亦有着学术和现实层面的双面理由。以朱熹为代表的宋儒怀疑与卑视《孝经》正与清末民初新文化运动人士提倡新道德、反对旧道德,主张破除家庭、非孝毁礼的观点有着理论上的一致性,朱熹的理论往往成为新文化运动人士破家非孝的借路工具。如胡适以《孝经》为伪作,认为孝的人生哲学"固然也有道理,但未免太把个人埋没在家庭伦理里面了"①。这种以孝为专限于家庭伦理而不关乎公德的说法,正与朱熹以《孝经》为"事亲之书"②一致。当时的钱玄同、陈子展、周予同等人即秉承这一精神,认为《孝经》是君主用以钳制天下的"教孝教忠的教科书"③。故章太炎在批评朱熹时常常将朱熹之说与新文化运动人士之说并称或联系,如新文化人士推崇"赛先生",认为"道德源于科学",知识之外无道德,章太炎便将此与朱熹对《大学》格物致知的解释联系起来,并借王阳明之语斥之为"洪水猛兽"④。

章太炎以"新四书"为群经之总会,其源头正是东汉郑玄。郑玄《六艺论》谓:"孔子以六艺题目不同,指意殊别,恐道离散,故作《孝经》以总会之。"⑤章太炎继此而谓"《孝经》为经中之纲领"⑥。且"新四书"中《孝经》之外的其他三书皆属于《礼》,这种孝与礼相结合的思路也正与郑玄引三《礼》以注解《孝经》的思路一致。郑玄解《孝经》首章之"至德要道"谓"至德,孝弟也。要道,礼乐也"⑦,正是孝、礼结合。章太炎以"修己治人"概括儒学

---

① 胡适:《中国哲学史大纲》,北京:东方出版社,1996年,第59页。
② 黎靖德编:《朱子语类》卷八十二,杨绳其、周娴君校点,长沙:岳麓书社,1997年,第1921页。
③ 参看陈子展:《〈孝经〉在两汉六朝所生之影响》,载《复旦学报》1937年第1期。
④ 章太炎:《〈大学〉大义》,载马勇编:《章太炎讲演集》,石家庄:河北人民出版社,2004年,第124—125页。
⑤ 郑玄:《六艺论》,载王谟编:《汉魏遗书钞》(经翼第四集),清嘉庆三年刻本,第9—10页。
⑥ 章太炎讲,金震草录:《讲学大旨与孝经要义》,载《国学论衡》第2期,1933年12月,第2页。
⑦ 陈铁凡:《孝经郑注校证》,台北:编译馆,1987年,第3页。

之旨，也与郑玄这一解释有关，此处正可见章太炎的古文经学背景。只不过，如前所述，章太炎于其中更灌注了救国的热肠，并进一步以《孝经》等"新四书"为整个中国文化即国学之"汇归"，他说：

> 《孝经》《大学》《儒行》之外，在今日未亡将亡，而吾辈亟须保存者，厥惟《仪礼》中之《丧服》。此事于人情厚薄，至有关系。中华之异于他族，亦即在此。余以为今日而讲国学，《孝经》《大学》《儒行》《丧服》，实万流之汇归也。不但坐而言，要在起而行矣。①

章太炎正是从保存国性的民族主义立场出发，提倡国学，以新四书为"万流之汇归"。而其《孝经》观更为主要的特色则是反驳宋儒尤其是朱熹。章太炎批评朱熹卑视《孝经》，以《孝经》为专门的事亲之书。与此相反，章太炎认为《孝经》并非仅仅是事亲之书，且是为政治国之书。对此，他曾在《〈孝经〉〈大学〉〈儒行〉〈丧服〉余论》一文中予以说明，认为读《孝经》必须参看《大戴礼记·王言》，二者皆是孔曾问答之文，前者主言修身，后者主言政治，但"《孝经》一书，虽不言政治，而其精微处，亦归及政治"，二书可尽古人内圣外王之旨②。所谓"内圣外王"正是修己治人。他进一步引《论语》首章有若所言仁孝关系对朱熹做了更全面的批评：

> 学者谓《孝经》为门内之言，与门外无关。今取《论语》较之，有子之言曰："其为人也孝弟，而好犯上者鲜矣。不好犯上，而好作乱者未之有也。"与《孝经》"先王有至德要道，民用和睦，上下无怨"意义相同。所谓"犯上作乱"，所谓"民用和睦，上下无怨"，均门外之事也，乌得谓之门内之言乎？宋儒不信《孝经》，谓其非孔子之书。《孝经》当然非孔子之书，乃出于曾子门徒之手，然不可以其不出孔子之手而薄之。宋儒于《论语》"孝弟也者其为仁之本与"一章，多致反驳，以为人之本只有仁，不有孝弟。其实仁之界说有广狭之别，"克己复礼"狭义也，"仁者爱人"广义也。如云孝弟也者其为人之道之本与，则何不通之有？……孟子谓"亲亲而仁民"，由此可知孝弟固为仁之本矣……宋人因不愿讲《论语》

---

① 章太炎：《国学之统宗》，载马勇编：《章太炎讲演集》，石家庄：河北人民出版社，2004年，第141页。

② 章太炎：《〈孝经〉〈大学〉〈儒行〉〈丧服〉余论》，载马勇编：《章太炎讲演集》，石家庄：河北人民出版社，2004年，第128页。王聘珍《大戴礼记解诂》中此篇作《主言》，但实则原本当作《王言》，参看杨朝明：《读〈孔子家语〉札记》，载《文史哲》2006年第4期，第43—44页。

此章,故遂轻《孝经》,不知汉人以《孝经》为六经总论,其重之且如此。①
以"《孝经》为门内之言,与门外无关",正是指以《孝经》为事亲之书。章太
炎引《论语》有子之言说明孝弟与政治的相关性,认为《孝经》首章"民用和
睦,上下无怨"正是在讲治人。朱熹怀疑《孝经》,分经列传,并删去 223 字,
开启了后世删改《孝经》之风②。章太炎认为《孝经》虽非孔子之书,但亦不
可轻视。在他看来,宋儒之所以轻视此书,关键在于他们对"本"的理解有
误,而且以仁为本体的观念也是有问题的。但章太炎认为"宋人因不愿讲
《论语》此章,故遂轻《孝经》"的看法则是错误的,宋代理学家不仅愿意讲,
而且喜欢讲。不论是二程还是朱熹,皆解"孝弟也者,其为仁之本与"为"孝
弟是行仁之始",以"本"为"始",孝弟仅仅是行仁之一事,另一方面则认为
"仁是孝之本",以仁为天理、为本体,以孝弟为情、为作用③。这一说法甚
至也被王阳明所认同④。

章太炎晚年之学术喜平实,厌玄虚,对任何脱离修己治人的玄虚解释
都排斥,朱熹以"虚灵不昧"解释《大学》之"明明德",他批评谓:"语涉神秘,
殊非本旨。"⑤他亦不能满意王阳明遵从程朱以仁为本体的解释,转而诉诸
阳明后学泰州学派的王艮、罗汝芳之说。他欣赏的正是泰州学派平实而切
于人事的内容,王艮主张"明哲保身",用"吾身是本,天下、国家为末"解释
《大学》,章太炎对此极为欣赏,因为王艮的贵身安身说正与《孝经》以"身体
发肤,不敢毁伤"的爱身为孝之始相合。章太炎进一步敏锐地意识到了罗
汝芳以孝弟诠释良知的思路,他说:

> 孝弟为仁之本,语非虚作。《孝经》一书,实不可轻。《孝经》文字
> 平易,一看便了,而其要在于实行,平时身体发肤不敢毁伤,至于战阵
> 则不可无勇,临难则不可苟免。此虽有似矛盾,其实吾道一贯,不可非
> 议。……昔孟子讲爱亲敬长,为人之良能。其后阳明再传弟子罗近溪

① 章太炎:《国学之统宗》,载马勇编:《章太炎讲演集》,石家庄:河北人民出版社,2004 年,第 141
页。原文标点有疏漏,笔者有多处修改。
② 参看蔡方鹿:《朱熹经学与中国经学》,北京:人民出版社,2004 年,第 484—488 页。
③ 黎靖德编:《朱子语类》卷一百三十七、杨绳其、周娴君校点,长沙:岳麓书社,1997 年,第 2952 页。
④ 王守仁:《王阳明全集》卷二,吴光、钱明、董平、姚延福编校,上海:上海古籍出版社,1992 年,第
84—85 页。
⑤ 章太炎:《〈大学〉大义》,载马勇编:《章太炎讲演集》,石家庄:河北人民出版社,2004 年,第 125 页。

谓良知良能,只有爱亲敬长,谓孔门弟子求学,求来求去,才知孝弟为仁之本。此语也,有明理学中之一线光明,吾侪不可等闲视之者也。诸君试思,《孝经》之有关立身如此,宋人乃视为一钱不值,岂为平情之言乎?[①]

罗汝芳认为良知亦非"定名",孝弟比良知更为根本,孝弟才是良知之实,才是孔孟思想的根本,此说对晚明《孝经》学之发展颇具影响[②]。而这一说法正与郑玄《孝经》为群经之总会的观点相互映衬,汉宋和会,如鸟之双翼,构成了章太炎以《孝经》为"新四书"之首的缘由所在。

三、儒墨中西之辨与《孝经》观的转变

章太炎排斥玄虚化的、形而上的义理解经,与此相应的便是他对神秘主义的排斥[③],前者主要针对宋代理学,后者则主要针对以儒家为宗教的做法,这就涉及儒墨之辨与中学西学之辨。当时人往往以墨家比附于基督教,如兼爱之于博爱、天志之于上帝,梁启超、胡适即沾染此风。章太炎批判新文化,倡导旧学,不能不对这一问题加以处理。

上文言,章太炎以《孝经》为群经之总会乃是本于郑玄,但此说为章氏后期所提,他早年在理解《孝经》时虽同样是以郑玄为根据,但其时所注意的却是郑玄的另外一个观点——郑玄解《孝经》首章"先王有至德要道"的"先王"为"禹,三王之最先者"[④]。1893 年,章太炎 26 岁时撰写《孝经本夏法说》一文,正是以郑玄这一解释为据,杂引《公羊传》《白虎通》和纬书,以证《孝经》所本为夏法[⑤],与"背周道而用夏政"的《墨子》之说相通,皆述禹道。但是他后期在理解《孝经》上较前期却有极大转变,由主张《孝经》与墨子相通,转变为判分二者。探析这一转变,可看出章太炎围绕《孝经》发生的儒墨之辨,其前后不同至少有以下几点:第一,前期认为《孝经·三才章》

---

① 章太炎:《国学之统宗》,载马勇编:《章太炎讲演集》,石家庄:河北人民出版社,2004 年,第 142 页。
② 参看拙文《从良知学到〈孝经〉学——阳明心学发展的一个侧面》,载《中国哲学史》2013 年第 1 期,第 95—101 页。
③ 汪荣祖认为章太炎解放思想的努力,"集中于揭除传统思想的神秘性,使其'世俗化'"。见氏著《康章合论》,北京:中华书局,2008 年,第 75 页。
④ 陈铁凡:《孝经郑注校证》,台北:编译馆,1987 年,第 2 页。
⑤ 徐景贤谓:"惟章先生以《墨子》与《孝经》并为一谈,实亦《孝经》学中之新纪录。"(徐景贤:《孝经之研究》,北平:公记印书局,1931 年,第 15 页)徐氏此著为章太炎所署检。据其所论,他并未注意到章太炎后期《孝经》观之转变。

所言"先之以博爱而民莫遗其亲"就是墨子的兼爱说①,后期则以仁孝关系为基础区分儒家之孝与墨家之兼爱。第二,前期以《孝经·圣治章》所言"郊祀后稷以配天,宗祀文王于明堂以配上帝"为崇神右鬼,与墨家之天志明鬼同②,后期则排斥神秘性的解释,专以人道、人事作解。第三,前期引公羊学、纬书论证孔子为改制之素王,后期则以孔子为教育家,不谈谶纬、公羊学。这三点不同的背后反映出其态度上的不同更是巨大:第一,前期以考据学方法证明《孝经》与墨家相通,此不啻怀疑《孝经》非儒门正典,而后期则严厉批评宋儒之怀疑《孝经》,欲奠定《孝经》为中国文化之纲领、中国教育之经典的地位。第二,前期对《孝经》的看法主要是学术智识上之兴趣,后期则饱含现实关怀。

章太炎晚年之所以如此严判儒墨疆界,正与其宗教观有关,对此可做这样几点分疏:

第一,政治人事当与宗教迷信分离,中国文化的特点正是重视修己治人的人学,不重天学与宗教。他说"中国素无国教",否认中国历史上有政教合一的宗教③。又谓:"宗教于国史上,初不占若何位置,以吾国宗教,对于政治,不发生若何影响。"④正因此,章太炎不能同意程朱理学的四书学体系,而是力辨《大学》与《中庸》之不同,以为《大学》"所载语平实切身,为脚踏实地之言,与《中庸》牵及天道者有异,我人论学贵有实际,若纯效宋儒,则恐易流入虚泛,且一言及天,便易流入宗教。基督教处处言天,以'天'之一名辞,压倒一切人事,此余辈所不欲言者"⑤。"盖《中庸》者,天学也……故余以为《中庸》不必讲也。"⑥他将《中庸》比附于西方的基督教。

---

① 章太炎:《孝经本夏法说》,载《雅言》1914 年第 1 卷第 10 期,第 1 页。1933 年,李源澄吸取章太炎此文观点,写作《孝经出于阴阳家说》一文,此外他又有《论儒学之统类》一文,其中亦是据章太炎"修己治人"之说阐发儒学大义。观此二文,知其并未意识到章太炎《孝经》观之转变。此二文俱载《李源澄著作集》(二)中。

② 章太炎:《孝经本夏法说》,载《雅言》1914 年第 1 卷第 10 期,第 1—2 页。

③ 章太炎:《驳建立孔教议》,载章太炎:《章太炎全集(四)·太炎文录初编》,上海:上海人民出版社,1984 年,第 194 页。参看张昭军:《儒学近代之境——章太炎儒学思想研究》,北京:社会科学文献出版社,2002 年,第 264 页。

④ 章太炎:《劝治史学并论史学利弊》,载马勇编:《章太炎讲演集》,石家庄:河北人民出版社,2004 年,第 87 页。

⑤ 章太炎讲,金震草录:《讲学大旨与孝经要义》,载《国学论衡》第 2 期,1933 年 12 月,第 3 页。

⑥ 章太炎:《国学之统宗》,载马勇编:《章太炎讲演集》,石家庄:河北人民出版社,2004 年,第 140 页。

而基督教讲博爱,此与墨家的兼爱相类,故其又以《中庸》与墨家相较,谓:
"《中庸》好言天道,以'赞天地之化育'为政治道德之极致,只可谓为中国之
宗教。"而"《墨子·天志》言天而不离政治,亦为政教合一之书"。而《大学》
"只言教、学二项,不及高深玄妙。其所谓教,当然非宗教之教;其所谓学,
即修己治人之学也"①。据此可见,章太炎反对政(政治)教(宗教)合一,主
张二者的分立,但是他认为《大学》《孝经》所讲之教并非"宗教",而是教化、
教学之教。据此便将儒家与宗教划清了界限。

　　在某种意义上,章太炎正是以重宗教为西方文化之特点,而以修己治
人为中国文化之特点。章太炎与康有为思想上的一大分歧即是康有为以
孔子为教主,主张孔教说。章太炎批评"康有为以孔子为巫师"②,又谓:
"孔教之称,始于妄人康有为。"③此可见,他完全不同意以儒家为宗教的做
法。故其以《墨子》为政教合一之书,也正是他以儒家为中国文化主导的体
现,这与他早期重视诸子学、"揄扬异端"④的倾向差别甚明。

　　第二,宗教的泛爱说不但不能救中国,反而有害。其不以儒家为宗教,
也正有其救国救民的考虑在内。一方面,他目睹西方一次世界大战的爆
发,以为此与宗教冲突有关,故而在谈及宗教的作用时指出,不能为了救国
而盲目推崇墨家。"墨子本与基督教相近也"⑤,推崇墨家宗教式的泛爱精
神,易导致冲突和战争,"使墨子之说果行,尊天明鬼,使人迷信,充其极,造
成宗教上之强国,一如默哈默德之于天方,则宗教之争,必难幸免。欧洲十
字军之祸,行且见之东方"⑥。因此对孙诒让以来的墨学研究提出批评,转
以儒家之《儒行》所提倡的刚健有节代替《墨子》"摩顶放踵"式的积极爱国
精神,以保存国家之刚气,这表明章太炎认为儒学才是挽救世风的对症之
药。他又从儒墨之辨的角度言及孝弟与爱国之关系,说:

　　　　儒、墨之分,亦可由《孝经》见之,墨子长处尽多,儒家之所以反对

① 章太炎:《〈大学〉大义》,载马勇编:《章太炎讲演集》,石家庄:河北人民出版社,2004年,第127页。
② 章太炎:《学隐》,载章太炎、刘师培等:《中国近三百年学术史论》,罗志田导读,上海:上海古籍
　出版社,2006年,第61页。
③ 章太炎:《章太炎政论选集》,汤志钧编,北京:中华书局,1977年,第695页。
④ 参看王汎森:《章太炎的思想——兼论其对儒学思想的冲击》,上海:上海人民出版社,2012年,
　第197页。
⑤ 章炳麟主编:《国学讲演录》,南京:江苏文艺出版社,2007年,第150页。
⑥ 章太炎:《〈儒行〉要旨》,载马勇编:《章太炎讲演集》,石家庄:河北人民出版社,2004年,第119页。

者,即在兼爱一端。今之新学小生,人人以爱国为口头禅,此非墨子之说而似墨子。试问如何爱国? 爱国者,爱一国之人民耳。爱国之念,由必爱父母兄弟而起。父母兄弟不能爱,何能爱一国之人民哉? 由此可知孝弟为仁之本,语非虚作。《孝经》一书,实不可轻。《孝经》文字平易,一看便了,而其要在于实行,平时身体发肤不敢毁伤,至于战阵则不可无勇,临难则不可苟免。此虽有似矛盾,其实吾道一贯,不可非议。于此而致非议,无怪日讲《墨子》兼爱之义,一旦见敌,反不肯拼命矣。①

在另一处,他批评当时的非孝论者,说:"今日世风丕变……往往非孝。岂知孝者人之天性,天性如此,即尽力压制,亦不能使其灭绝。惟彼辈所恃理由,辄借口于反对封建,由反对封建而反对宗法,由反对宗法而反对家庭,遂致反对孝行。不知家庭先于宗法,非先有宗法而后有家庭。……宗法者实为家庭之产物。此不可以不明辨者。今人侈言社会国家,耻言家庭,因之言反对'孝'。"②章太炎回到了儒家"亲亲而仁民,仁民而爱物"的立场,认为爱国自爱家之念起,毁家非孝,恰恰抽掉了爱国的根基,堵塞了救国的源头。

章太炎对于儒墨分际的判断,对于中学西学分别的认识,正是新学旧学之间张力与冲突的体现。他的这一分辨处处流露出与新文化人士的差异。以胡适为例,在1919年出版的《中国哲学史大纲》中,胡适不仅以墨子为"实行的宗教家"③,且以儒家之孝为"流毒"之宗教,并专论"孝的宗教",认为儒家不信鬼神,故以父子天性之说作为人生的裁制力,"所以儒家的父母便和别种宗教的上帝鬼神一般,也有裁制鼓励人生行为的效能"。"人若能一举足,一出言,都不敢忘父母,他的父母便是他的上帝鬼神,他的孝道便成了他的宗教。"而且胡适进而批评儒家之孝强调爱身会导致人无气节,临阵脱逃,认为这正是孝的流毒,"这种'全受全归'的宗教的大弊病在于养成一种畏缩的气象,使人销磨一切勇往冒险的胆气"④。正因此,胡适极为重视墨子,认为墨子积极救世,是实行的改革家、创教主。胡适对孝的这种

① 章太炎:《国学之统宗》,载马勇编:《章太炎讲演集》,石家庄:河北人民出版社,2004年,第142页。
② 章太炎讲,金震草录:《讲学大旨与孝经要义》,载《国学论衡》第2期,1933年12月,第5页。
③ 胡适:《中国哲学史大纲》,北京:东方出版社,1996年,第132页。
④ 胡适:《中国哲学史大纲》,北京:东方出版社,1996年,第114—116页。

理解大概正是章太炎在说"平时身体发肤不敢毁伤,至于战阵则不可无勇,临难则不可苟免。此虽有似矛盾,其实吾道一贯,不可非议"时的矛头所指。

也恰恰是胡适认为墨子的学说"处处和儒家有关系"①,而胡适看待儒墨之关联,正是主要从宗教的角度来看待的,二者皆重天,皆言鬼神。正是在这一点上,章太炎是坚决反对的,正如他所强调的:"我国素以《孝经》为修身讲学之根本……中国教育之所以不带宗教意味者,实赖此","我国之教育,完全为'人事教育''实事教育'"②。这样的教育又怎能与重天崇鬼的玄虚宗教相提并论呢!胡适认为孝造成了国人之畏缩与懦弱,而章太炎提倡《孝经》与《儒行》则恰恰是认为孝才能救国。

据此可见,章太炎在 20 世纪 20、30 年代的讲学标举"新四书",严辨儒墨分界,正是在抗击新文化运动的激烈反传统,为儒家与国学正名,其儒墨之辨与新旧中西之辨相互交织,显现出其儒学的强烈经世色彩。他期望中国文化的延续,认为中国文化虽与西方不同,但自有其价值,以"文化多元论"的立场对待不同文化的差异,主张以温和而非激进的方式建国,以此保持住中国之国性。汪荣祖以章太炎为"现代民族主义"的探寻者,良有以也③。

余论:一种新经学?

学界以往的研究多侧重于章太炎思想的"非传统性"④,但章太炎晚年强调"新四书"是群经之汇归,又以《孝经》为"新四书"之纲领,这正说明他对儒学及经典的态度较之早期有很大的变化。他在西潮汹涌之际对于中国国性的关注,使他立本于儒家,一改以往的订孔而为尊孔。而以《孝经》为根本,就意味着在章太炎看来,中西文化之不同就在于中国重切中人伦之孝的教化,而西方则重视天道玄远的宗教,章太炎对于中国文化之特殊性的关怀,是一种文化多元论观点,与康有为以大同为理想的"世界性观

---

① 胡适:《中国哲学史大纲》,北京:东方出版社,1996 年,第 146 页。
② 章太炎讲,金震草录:《讲学大旨与孝经要义》,载《国学论衡》第 2 期,1933 年 12 月,第 4 页。
③ 汪荣祖:《章太炎散论》,北京:中华书局,2008 年,第 203 页。
④ 王汎森:《章太炎的思想——兼论其对儒学思想的冲击》,上海:上海人民出版社,2012 年,第 13 页。

点"①不同,同时,也与新文化人士欣羡西方科学的唯科学主义分界秩然。

就《孝经》学史而言,不论是六朝还是晚明,《孝经》学与佛、道二教之间的关系皆极紧密,章太炎对于孝感神应只字不提,正表明他力图区分《孝经》学史上的神秘迷信成分与理性平实成分,而他对影响至巨的朱熹《孝经》学之批评又体现出其尊经的态度。章太炎之尊崇《孝经》是理性的尊崇,其《孝经》学是理性平实的《孝经》学,其提出的"新四书"也正是理性平实的"新四书"。可以说,章太炎早期的"夷经为史"瓦解了传统经学,但他晚年又树立起了理性平实的新经学。此新经学既非如宋明理学重视明心见性的义理阐解,亦非如谶纬神学或康有为那样神化孔子,而是重在阐发儒学"修己治人"的教化精神。章太炎所思考的正是两千年大变局发生后儒学的转型及其与国家的救亡之间的关联问题。其新经学的意义,正在于揭示了儒学的教化精神,而且是面向社会大众的教化精神,章太炎厌恶玄虚神秘,排斥形而上义理解释,其根本原因即在此。但也同样是因为拒斥形上玄虚,使他的新经学遗落了儒学超越维度的内容与意义,变得扁平化。这与朱熹"先读《大学》,以定其规模;次读《论语》,以立其根本;次读《孟子》,以观其发越;次读《中庸》,以求古人之微妙处"②的层次性、涵容性迥然有别。同时,他的"新四书"体系中也几乎没有为新时代的科学、民主留存空间。经者,统合天下之大法也,故在西潮汹涌、时局纷乱之际,章太炎辨别中西之异、立足于民族本位的"新四书"绝无包容古今、整合分裂而成天下一尊之经典的可能。但章太炎对于儒学之平实理性与教化精神的揭示,对于身处世俗化、理性化时代的我们如何复兴经学、回归经典仍不无裨益,因为他告诉我们经典与儒学的生命力最终是要落实于社会与民间。若在书斋中凭空悬想地提出某套经典体系,而欲为人所接受,这基本是不可能的。

第四节　家、国、天下之间:熊十力的《孝经》观和孝论

现代新儒家对《孝经》的理解是丰富多彩的,其基本特点便是从文明

---

① 汪荣祖:《康章合论》,北京:中华书局,2008年,第34页。
② 黎靖德编:《朱子语类》卷十四,杨绳其、周娴君校点,长沙:岳麓书社,1997年,第222页。

论、中西文化差异的角度来对《孝经》及其所反映的思想观念作判定。就现代新儒家第一代人物而言，马一浮的《孝经》学值得留心，他虽仍然回到郑玄以《孝经》为六艺总会的观念，但由于他是以六艺为中华文化的根柢，因此在会通群经的意义上，也就赋予了源出郑玄的这一观念以文明论的内涵。其对《孝经》的解释还往往掺杂佛教因素，也正可印证这一点。马一浮认为《孝经》是明人人自性本具之理以及在生活中所当践履之行，并以理学"性外无道"之说为据，提出"由是性之发用而后有文化"的命题①，依此，《孝经》所述也就是普遍性的文化精神，而非所谓的封建道德或者专制政治。这一思考路径更富传统色彩，与曹元弼有着某种相似性。

　　相较而言，在现代新儒家对《孝经》的认识中，熊十力最富代表性，这是因为他本人经历了从批判《孝经》到某种程度上肯定《孝经》的思想历程，这一历程反映了在中西古今之辨中，知识分子对于中国文化和孝观念之体认走向深刻。而马一浮并没有这样一个徘徊前进的过程。熊十力在1949年前后的著作《中国历史讲话》（1938年）、《读经示要》（1945年）、《论六经》（1951年）、《原儒》（1956年）等中都多次谈及自己对《孝经》的看法，申发自己的孝论，他甚至想要写一部名为《孝经疏辨》的书②。由此亦可见，他的《孝经》观、孝论与他对孔子儒学和六经旨意的理解紧密相关，前者是后者的一部分。熊十力曾自言当时学者批评他"毁孝"，而他感到非常冤枉，于是在《原儒》一书的序文末尾特意附上一段辩解文字，谓："余谈历史事实，与毁孝何关？人类一日存在，即孝德自然不容毁也。"③我们不禁感到好奇：他如此坚定地主张孝德的存在，那为何当时人还要批评他毁孝，导致他要特意辩诬一番呢？这当然要从熊十力本人对孝的理解上着眼。熊氏的基本观点是：1.《孝经》非孔子所作，乃源出于曾、孟孝治派，与孔子之说有背。2.孝治天下与移孝作忠的孝观念皆非孔子所主张，这种孝观念是两千年帝制的维持工具。不难看出，熊十力批判孝论的触角甚至延伸到了宗圣曾子与亚圣孟子，难怪当时人会以熊十力为毁孝论者。但实则熊十力对孝

---

① 马一浮：《复性书院讲录》，济南：山东人民出版社，1998年，第104页。举一例来说，儒家言杀一兽、断一树而不以其时，便是非孝，马一浮认为这与西方征服自然之说大异。见氏著《马一浮全集》第一册下，吴光主编，杭州：浙江古籍出版社，2013年，第585页。
② 熊十力：《读经示要》，上海：上海书店出版社，2009年，第160页。
③ 熊十力：《原儒》，长沙：岳麓书社，2013年，第3页。

的理解所触及的更为根本的问题则是如何理解儒家对于家庭与天下关系的处理,同时也是涉及人之道德心性与政治生活的根本问题。故不论是熊十力本人的孝论,还是当时人对他的批评,在古今中西之辩的语境中更有深层的含义存焉。

一、道德之孝与政治之孝

孝究竟是仅仅限于家庭之内的事亲养亲,还是可以施之于天下的孝治? 这是儒家一直思考的问题。《论语·为政》就有一条谈及孝弟与为政的关系:"或谓孔子曰:子奚不为政? 子曰:《书》云:'孝乎惟孝,友于兄弟。施于有政',是亦为政,奚其为为政?"而后来的孟子更是重孝,阐发"亲亲长长而天下平"的理念。但熊十力截然断定,孝弟与政治没有关系,孝弟不能政治化。故而他反对"移孝作忠"与"孝治天下"的观念,他说:

> 儒家重孝弟,此理不可易。但以孝亲与忠君结合为一,甚至忠孝不两全时可以移孝作忠,如亲老而可为君死难之类。因此,便视忠君为人道之极,更不敢于政治上考虑君权之问题,此等谬误观念,实自汉人启之。《论语》记孔子言孝,皆恰到好处,皆令人于自家性情上加意培养。至《孝经》便不能无失。于是帝者利用之,居然以孝弟之教为奴化斯民之良好政策矣。①

> 《论语》记孔子言孝,皆就人情恻然不容已处指点,令其培养德本,勿流凉薄(德本者,孝为一切道德之本源。人未有薄其亲而能爱众者也)。至《孝经》一书,便务为肤阔语(肤泛、阔大而不切于人事,非所以教孝也),以与政治相结合,而后之帝者孝治天下与移孝作忠等教条,皆缘《孝经》而立。②

可见,熊十力区分道德心性化的孝与政治化的孝正是通过分判《论语》论孝与《孝经》论孝之不同。前者论孝亲切,后者肤阔;前者是言性情,后者则是言政治。以孔子为论孝之标尺,这自然就取消了《孝经》论孝之合法性。而为何要这样做,则与熊十力反对帝制的革命性思想有关。反对帝制,自然就要反对忠君,而在熊十力看来,尧舜以来传至孔子所定之六经正是反对

---

① 熊十力:《读经示要》,上海:上海书店出版社,2009 年,第 159—160 页。此处对原文标点有修改。
② 熊十力:《原儒》,长沙:岳麓书社,2013 年,第 59 页。

忠君与帝制,而主张民主自由的。这便关涉到熊十力的经学思想。

　　熊十力晚年转向经学,认为自汉儒开始,便歪曲了孔子六经之学真意,而之后两千年中国实行帝制而非民主皆是缘此而来。他为了说明这一点,在《论六经》一书中对六经之"微言"与"大义"做了区分:"微言有二:一者,理究其极,所谓无上甚深微妙之蕴。六经时引而不发,是微言也。二者,于群化、政制不主故常,示人以立本造实通变之宜。如《春秋》为万世致太平之道,必为据乱世专制之主所不能容……亦微言也。大义者,随顺时主,明尊卑贵贱之等,张名分以定民志,如今云封建思想是也。"①熊十力经学的主要精神即萃于此语,其以孔子六经之微言分为两部分之意涵,后文详说。微言之第二义即是他所阐发的革命通变的"天下为公"思想。故在《原儒》中,他进一步明确地认为微言"即《礼运》大同之说,与《春秋》太平义通,皆隐微之言也",而"大义者,即小康之礼教"②。而不论是在《论六经》还是《原儒》中,他都一以贯之地坚持认为孔子六经之旨仅道"微言",不涉及"大义"。凡是言及"大义"者,均非孔子之本旨。既然熊十力以大义为明尊卑贵贱之等的礼教思想,那么,"移孝作忠""孝治天下"的理念自然要被他所否定。

　　熊十力认为,汉儒将孔子的微言隐没于他们所阐述的忠君之"大义"之中③,而两千年的帝制政治也正是汉儒隐没了孔子之微言所导致,而被歪曲的孝观念正是帝制的理论工具,对这种他认为歪曲后的孝观念及其政治实践,熊十力都一一做了批判:

　　第一,汉儒将孝政治化为三纲五常,熊十力谓:"三纲者,君为臣纲,父为子纲,夫为妻纲,其本意在尊君,而以父尊于子、夫尊于妻配合之,于是人皆视为天理当然,无敢妄疑者。夫父道尊而子当孝,天地可毁,斯理不易也,虎狼有父子,而况于人乎? 但以父道配君道,无端加上政治意义,定为名教,由此有王者以孝治天下与移孝作忠等教条,使孝道成为大盗盗国之工具,此害可胜言乎?"④在他看来,三纲五常将人伦关系绝对化,失却了孔子原有的自由平等之义,更根本的是,三纲"只以父子说成名教关系,而性

---

① 熊十力:《论六经》,北京:中国人民大学出版社,2006年,第6—7页。
② 熊十力:《原儒》,长沙:岳麓书社,2013年,第106页。
③ 熊十力:《论六经》,北京:中国人民大学出版社,2006年,第7页。
④ 熊十力:《论六经》,北京:中国人民大学出版社,2006年,第106页。

情之真乃戕贼无余矣",而"五常连属于三纲,则五常亦变成名教,将矫揉造作而不出于本性之自然矣"①。

第二,汉代的孝弟力田政策,熊十力批评说:"汉人说经无往不是纲常大义贯注弥满,其政策则以孝弟力田,风示群众(奖孝弟,使文化归本忠孝,不尚学术。奖力田,使生产专归农业,排斥工商。其愚民政策,曲顺人情,二千余年帝者行之无改,虽收统治之效而中国自是无进步)。"②所谓不尚学术,就导致中国之科学不发达;愚民政策,则导致中国不能实现民主。

而归结言之,这种歪曲的孝观念最大的危害就是培养了人们的奴性思想,安于忠君的礼教与帝制,而"不敢于政治上考虑君权之问题"③,因而也就从根本上违背了孔子之微言——主张民治与革命,以达到大同太平世。为了从根本上廓清孝治的问题,熊十力追究其根源,认为源于孔子之弟子。如上所引,在《读经示要》中,他认为"《孝经》当出于曾子、有子之后学"④。到了《原儒》中,他则认为是出自孔门的孝治派,以曾子、孟子为代表。他找到的文献根据即是《汉书·艺文志》所言:"《孝经》者,孔子为曾子陈孝道也。"然后说:

> 《戴记》中言孝道,亦多出于曾子,吾不知孝治之论果自曾子发之欤?抑其门人后学假托之欤?今无从考辨,姑承认曾子为孝治论之宗师。孟子言:"尧舜之道,孝弟而已矣。"(《孟子·告子篇》)又曰:"人人亲其亲,长其长,而天下平。"(《孟子·离娄篇》)其为曾子学派决无疑。……曾、孟之孝治论,本非出于孔子六经,而实曾门之说,不幸采用于汉,流弊久长,极可叹也。⑤

而正是出于曾、孟的孝治论被汉代儒者所利用⑥,孝治论与汉儒主张的天人感应论、三纲五常论、阴阳术数论相互结合起来,成为帝制的工具。不宁

---

① 熊十力:《论六经》,北京:中国人民大学出版社,2006年,第106页。
② 熊十力:《原儒》,长沙:岳麓书社,2013年,第59页。
③ 熊十力:《读经示要》,上海:上海书店出版社,2009年,第159页。
④ 熊十力:《读经示要》,上海:上海书店出版社,2009年,第159页。可以想见,熊十力认为《孝经》与有子有关,这主要是因为《论语·学而》第二章记载有子所说:"孝弟也者,其为仁之本欤。其为人也孝弟,而好犯上作乱者鲜矣。"其中有将孝弟与忠君相结合的意味。
⑤ 熊十力:《原儒》,长沙:岳麓书社,2013年,第59页。此处原文标点有修改。
⑥ 在《论六经》中,熊十力说:"汉以后之儒皆近孟氏……孟子之学源出曾子而稍参《公羊》。"见氏著《论六经》,北京:中国人民大学出版社,2006年,第66页。

唯是，以朱熹为代表的宋明理学家也承继了汉儒的这种做法，"曾、孟之孝治思想则宋学派奉持之严，宣传之力，视汉学派且有过之，无不及也"①。

而正如他所说，他不能确定曾子的孝治论是出自何处②，而孟子的孝治思想确是无疑的，且孟子言及寓含孔子微言的《春秋》，故孟子即成为他着力处理的对象，孟子遭受其严苛的评语自然无足怪了，熊氏谓：

> 《春秋》窜乱不始于汉，七十子后学，如曾、孟派之孝治思想早已改窜《春秋》。余已于前文言之，今更就《孟子》举证。《孟子·滕文公篇》有云："世衰道微，邪说暴行有作，臣弑其君者有之，子弑其父者有之。孔子惧，作《春秋》。《春秋》，天子之事也。是故孔子曰：'知我者其惟《春秋》乎！罪我者其惟《春秋》乎！'"又曰："《春秋》成而乱臣贼子惧。"据此，则孔子作《春秋》只是以刀简诛伐乱臣贼子，而乱贼果然由此恐惧。……《春秋》本为贬天子之事，而孟子乃误解为孔子是窃天子职权，以诛乱贼之事。其误解孔子之言，以为孔子虑人之将罪我者，为其窃天子职权也。孟子竟以迂想妄测圣心，亦足惊异。③

也就是说，孔子作《春秋》主旨是"讨天子"，实现不分阶级与尊卑的太平世，但孟子却以孝治思想改窜《春秋》，使其旨意变成了诛杀乱臣贼子以卫护君权。换言之，孟子所讲的孝仍然是附加了政治意义的孝，非道德心性的孝。可见，他对孟子的批评仍然以是否含有推翻君主制的革命思想为准绳。这就将孟子的《春秋》学与孔子本人的《春秋》区分开来④。由此，我们即可看到熊十力《孝经》观相较于传统的特异之处。我们知道"《春秋》与《孝经》相表里"的观念在汉代以降深入人心，这一观念以纬书"吾志在《春秋》，行在《孝经》"为标语，而熊十力显然是不能认同这一观念的。因为《孝经》是"大义"，而《春秋》是"微言"，两者如方枘圆凿不能相合。相应地，"大义"如果是为汉制法，那么"微言"就是为万世制法⑤。

熊十力对历史上的儒家孝论之分析大开大合，其批判一味服从专制的

---

① 熊十力：《原儒》，长沙：岳麓书社，2013 年，第 60 页。事实上，朱熹恰恰对《孝经》以及孝治论有很多质疑。不过对于熊十力来说，宋儒与汉儒在这一问题上并无本质差别。

② 在他看来，肯定不能是出自孔子。

③ 熊十力：《原儒》，长沙：岳麓书社，2013 年，第 88—89 页。此处对原文标点有修改。

④ 熊十力也正是依此对何休、董仲舒做了批评。

⑤ 熊十力：《论六经》，北京：中国人民大学出版社，2006 年，第 35 页。

孝论自然是合理的,然而他由此将孝治论全然弃之,则并不合理。首先,熊十力区分了《论语》的孝德论和曾子、孟子的孝治论,而问题恰恰在于,孝治论和孝德论之间没有关联吗?熊十力本人不能确定曾子孝治论出于何处,是否隐含了他自己在刻意回避曾子和孔子孝论的关联呢?比如便有学者认为《礼记》所载曾子"孝者,所以事君也"可能即是对《论语·为政》"孝乎惟孝……施于有政"思想的发展①。这样看来,熊十力的这一分判显然是太过于粗疏。在熊十力之后,其弟子徐复观不满熊十力的论断,发表《中国孝道思想的形成、演变及其在历史中的诸问题》一长文,认为"老先生……说孟子是孝治派,因而是专制政治的维护者",他感到极为"悲痛"②,并说,将孟子乃至曾子、子思视为孝治派,定为专制主义的维护者,这是"不应当有的错误"③。因为秦汉以降的专制与儒家关系很微小,反而主要是黄老道家与法家结合的产物。即使是和儒学有关系,儒学也是被专制政治所利用了,这种儒学并非原始儒学,而是专制政治歪曲了的儒学。徐复观分析先秦儒学,认为"一直到荀子为止,先秦儒家中没有孝治思想",也就是说曾子、子思、孟子绝不是孝治派④。《孝经》的思想是孝治派,是"被专制压歪以后的孝道"的体现⑤;《孝经》是西汉武帝末年"浅陋妄人"伪作之书⑥。简言之,熊十力将《孝经》和曾子、孟子牵连在一起,而徐复观则判定《孝经》为伪书,以此将其与曾子、子思、孟子的绑定解开。二者的《孝经》观与马一浮构成了截然对比,后者之阐发《孝经》大义,恰恰是要反驳"中土圣贤所名道德,悉为封建时代之思想"⑦的论调。徐复观以《孝经》为伪书的论断根本不成立,本书第一、二章的论述即可证明⑧。且正如本书第一章已指出的,

---

① 梁涛:《郭店楚简与思孟学派》,北京:中国人民大学出版社,2008 年,第 114 页。

② 徐复观:《中国思想史论集》,上海:上海书店出版社,2004 年,第 131 页。

③ 徐复观:《中国思想史论集》,上海:上海书店出版社,2004 年,第 140 页。

④ 徐复观:《中国思想史论集》,上海:上海书店出版社,2004 年,第 140 页。

⑤ 徐复观:《中国思想史论集》,上海:上海书店出版社,2004 年,第 150 页。

⑥ 徐复观:《中国思想史论集》,上海:上海书店出版社,2004 年,第 151 页。

⑦ 马一浮:《复性书院讲录》,济南:山东人民出版社,1998 年,第 103 页。

⑧ 今人黄开国先生也区分了儒家孝道派和孝治派,但与现代新儒家有差异,他认为曾子和其弟子乐正子春等是孝道派的代表,《大戴礼记》中所载《曾子》篇章便是代表,《孝经》是孝治派。见氏著《论儒家的孝道学派——兼论儒家孝道派与孝治派的区别》,载《哲学研究》2003 年第 3 期。但正如本书第一章所指出的,北周卢辩、唐代孔颖达、清代孔广森等人都明确指出《曾子》十篇的相关论孝文字就是在讲孝治,而不仅仅是道德实践的孝德,因此,这种截然分割《曾子》或曾子与《孝经》关联的做法也是不合适的。

孝治论是对孔子仁学思想的发展,《孝经》的出现也是势有必至而理有固然。如果截然将孔子和《孝经》分割开来,就一定会遇到难以解释的矛盾。而从先秦儒家思想的发展这一角度来看,才能更合理地解释这一问题。

二、旧道德与新道德

既然熊十力不能同意政治化的孝,那么,他是在何种意义上肯定孝的呢?这就与熊十力所认为的孔子六经"微言"第一个含义有关。熊十力说:"理究其极,所谓无上甚深微妙之蕴。六经时引而不发,是微言也。"他自己解释说:"无上者,如穷究道体或性命处,是理之极至,更无有上。甚深微妙者,非测度所及故,毕竟离思议相故。"①正是在此意义上,熊十力认为经学就是哲学,就是心性之学。他在《读经示要》中就说经学是"哲学之极诣","夫哲学若止于理智或知识之域,不能超理智而尽性至命。……余以为经学要归穷理尽性至命,方是哲学之极诣"②。心性之学就是他所说的"甚深微妙"之学③,所谓"离思议"是说体认道体或性命之极要"反求诸己",如孔子所说的"默而识之"。

从上节所称引熊十力关于孝的论述中可以看到,熊十力反对三纲五常,反对将孝政治化,正是意识到了这种僵化的礼、政治化的孝会扭曲人的本性,不但不能使人孝,反而是对孝和与人性的戕害。不仅孝如此,仁、义、礼、智、信五常也是如此,他说:

> 汉、宋群儒以五常连属于三纲,即五常亦变成名教,而人乃徇仁义之名,不出于本性之自然矣。如孝德在五常中是仁之端也,为子者以束于名教而为孝,则非出于至性之不容已,其贼仁不已甚乎!又如夫妇有别是义之端也,今束于名教而始为有别,是使天下之为夫妇者皆丧其情义之真也。五代梁人有初除丧入朝,以椒末涂眼出泪者,盖惮丧礼之名教伪作戚容,而礼亡矣。自汉世张名教,皇帝专政之局,垂二千数百年,无有辨其非者。人性虽有智德,竟以束于名教而亡之矣。④

---

① 熊十力:《论六经》,北京:中国人民大学出版社,2006年,第6页。
② 熊十力:《读经示要》,上海:上海书店出版社,2009年,第134页。
③ 熊十力:《读经示要》,上海:上海书店出版社,2009年,第196页。
④ 熊十力:《原儒》,长沙:岳麓书社,2013年,第61页。

正因此,他强调《论语》讲孝不是政治化的,而是"令人于自家性情上加意培养"或"就至性至情不容已处启发之",如"父母唯其疾之忧""至于犬马皆能有养,不敬,何以别乎?"之类①。在他看来,孔子是要人反己体道,超离实际生活,而过"灵性生活"。此"灵性生活"在熊氏看来正是太平大同世人人应当过的德福一致的生活。因此,熊十力所谓"微言"的两层含义也正是相互贯通的,正如他所认为的孔子之学是内圣外王贯通的一样。熊十力所说的"天性""至情至性"也就是这里的"灵性",他正是以此定义人:

> 人者,有灵性生活之动物也,有无限创造功能也,如政治创造功能、经济创造功能、文化创造功能乃至种种创造功能,皆人之所与生俱有也。②

换言之,不论是政治、经济还是文化,都仅仅是人性表现于现实世界的某个方面,任何一方面都不是人的全部,因此,"忠君"绝对不可能是"人道之极"。熊十力认为,人与天地万物本来同体,但是唯一的差别就在于人能尽性至命,能体认心体,显露灵性,类似的论说亦见于《原儒》下卷《原内圣》中③。人性如此,不论是孝弟,还是仁义礼智信等道德,都是人之天性的显露。正是在此意义上,任何将人之道德政治化或者经济化的做法都是违背人之天性的,都不能促成人之灵性生活。制度与规范皆是为了成就人之真性与"灵性生活"④,若成为束缚人之真性的枷锁,就成了僵死之物,这与人生生不息地追求向上超越的生命是根本相悖的。

此处值得注意的是熊十力对孝弟与其他德目关系之处理。熊十力反对"移孝作忠",反对以忠君为人道之极,正是反对将孝推扩至家庭外的政治社会,即从私领域推移至公领域。他批评孟子所说的"尧舜之道,孝弟而已矣"与"人人亲其亲,长其长,而天下平"⑤,也正是批评了从亲亲到仁民再到爱物的推扩理路。从上节所引熊十力关于人之天性的论述来看,孝弟与其他的仁义礼智信都是人之天性所含,并非如《孝经》所说的"父子之道,天性也",仅以孝属天性。我们知道,熊十力以经学为反求诸己体认"与天

---

① 熊十力:《论六经》,北京:中国人民大学出版社,2006年,第106页。
② 熊十力:《论六经》,北京:中国人民大学出版社,2006年,第56页。
③ 熊十力:《原儒》,长沙:岳麓书社,2013年,第199—200页。
④ 熊十力:《论六经》,北京:中国人民大学出版社,2006年,第50页。
⑤ 熊十力:《论六经》,北京:中国人民大学出版社,2006年,第28页;熊十力:《原儒》,长沙:岳麓书社,2013年,第59页。

地万物为一体"的心性之学,正是以阳明心学为根基,其言"灵性""天性"即脱胎于王阳明所说的良知心体①,而他对孝的理解也深受阳明影响。熊十力反对孟子所说的"尧舜之道,孝弟而已",而王阳明也曾对孟子此语做过一番新的诠释,分析阳明的这段话对理解熊十力如何处理孝与其他德目之关系至关重要。王阳明在与弟子聂文蔚谈及孝与良知的关系时说:

> 故致此良知之真诚恻怛,以事亲便是孝;致此良知之真诚恻怛,以从兄便是弟;致此良知之真诚恻怛,以事君便是忠:只是一个良知,一个真诚恻怛。若是从兄的良知不能致其真诚恻怛,即是事亲的良知不能致其真诚恻怛矣,事君的良知不能致其真诚恻怛,即是从兄的良知不能致其真诚恻怛矣。故致得事君的良知,便是致却从兄的良知;致得从兄的良知,便是致却事亲的良知;不是事君的良知不能致,却须又从事亲的良知上去扩充将来,如此又是脱却本原,著在枝节上求了。良知只是一个。随他发见流行处当下具足,更无去求,不须假借。然其发见流行处却自有轻重厚薄,毫发不容增减者,所谓天然自有之中也。……若可得增减,若须假借,即已非其真诚恻怛之本体矣。此良知之妙用,所以无方体,无穷尽,语大天下莫能载,语小天下莫能破者也。孟氏"尧、舜之道,孝弟而已"者,是就人之良知发见得最真切笃厚、不容蔽昧处提省人,使人于事君处友仁民爱物,与凡动静语默间,皆只是致他那一念事亲从兄真诚恻怛的良知,即自然无不是道。盖天下之事虽千变万化,至于不可穷诘,而但惟致此事亲从兄、一念真诚恻怛之良知以应之,则更无有遗缺渗漏者,正谓其只有此一个良知故也。②

王阳明的解释发人深省。他认为孟子并不是说从孝弟推扩至忠君、爱民、处友等,而是以孝弟提醒人之良知,因为孝弟是良知发见得最为真切笃厚之处。作为本体,良知只有一个,并不是存在事亲的良知、忠君的良知、处友的良知、仁民的良知等等,更不是从事亲的良知可以"推扩"出其他良知,

---

① 在心性之学中,熊十力最为服膺王阳明,从早期的《新唯识论》到后期的《原儒》,从未改变,而对于朱熹他则多有批评。

② 王守仁:《王阳明全集》卷二,吴光、钱明、董平、姚延福编校,上海:上海古籍出版社,1992年,第84—85页。

也不是由事亲的良知那里可以"假借"得来其他良知,等等。事亲、忠君、仁民之间是平行的关系,而不是假借推移的关系。据此,我们即可知熊十力反对《孝经》之"移孝作忠",其根本原因正在于此。《孝经》首章所言"夫孝,始于事亲,中于事君,终于立身"正有着推扩假借的嫌疑,而这种嫌疑在其后的《士章》和《广扬名章》则确然无疑地落于实处①。熊十力显然是意识到了这个问题,他以孝弟与五常之德皆出于人性之不容已,正是以不同的德为性体感应外界所发见之表现②,正如同王阳明所说:"以此纯乎天理之心,发之事父便是孝,发之事君便是忠,发之交友治民便是信与仁。"③

正是基于对性体与道德关系的这种理解,熊十力才能以"灵性"收摄"新道德"。他认为独立、自尊、自觉、公共心、责任心、平等、自由、博爱等新道德仅仅是新时代所产生的不同于"亲义序别信"五伦之道德:

> 今之言道德者,以为亲义序别信不适于新时代也。不知道德的表现,随伦类关系扩大而有新的形式。如旧言伦类,只有五品。今则不当限于此五,而有个人对社会之伦焉。独立、自尊、自觉、公共心、责任心、平等、自由、博爱,皆今之所谓新道德也。与旧云五品中之亲义序别信,异其形式矣。然而道德的本质,即所谓天性是也。此乃恒常不变,无新旧异也。亲义序别信,皆出于本心之不容已,皆天性也。独立、自尊,乃至自由、博爱,又何一而非出于本心之不容已,何一而非天性流行乎?(1)人类的天性,本是无待无倚的(不待他有,曰无待……)。故独立不羁者,天性然也。(2)自尊而不肯妄自菲薄者,天性然也。(3)本心之明(即天性固具),常惧为一己平生染污结习,与社会不良习俗等等之所缠固蔽缚,而求反诸良知之鉴照,以适于事理之当然,是谓自觉。此非本心之不容已而何,非天性而何?(4)天性上本无物我之分,故公共心即天性之流行而不容已也。(5)天性至诚无息,其视天下事,无小无大莫非己份内事,直下承担,无有厌舍,无或敷衍。故责任

---

① 《士章》:"故以孝事君则忠,以敬事长则顺。忠顺不失,以事其上,然后能保其禄位,而守其祭祀。盖士之孝也。"《广扬名章》则谓:"君子之事亲孝,故忠可移于君。事兄悌,故顺可移于长。居家理,故治可移于官。是以行成于内,而名立于后世矣。"
② 熊十力:《中国历史讲话》,北京:中国人民大学出版社,2006年,第166页。
③ 王守仁:《王阳明全集》卷一,吴光、钱明、董平、姚延福编校,上海:上海古籍出版社,1992年,第2页。

心,即是本心不容已处,亦即天性也。(6)天性上无物我之分,故无恃己侵物(此待物平等),亦无蔑己毁性①(不自轻蔑,故不至为恶以毁伤天性,即自性平等)。故平等者,发于本心之不容已也,天性也。(7)天性本来自在,本来洒脱,于一切时,于一切处,无有曲挠,是谓自由。自由正是天性,不待防检。盖自由与放纵异。才放纵时,便违天性,便已不是自由也。西谚曰,人得自由,而必以他人之自由为界,此非真知自由义者。真正自由,唯是天性流行,自然恰到好处,何至侵犯他人?(8)天性上本无物我之分,自然泛爱万物,故博爱者,本心之不容已也,天性也。②

在熊十力的论述中,至少有以下四方面需要注意:第一,他对新道德的解释,都具有强烈的阳明学意味。独立、自尊即是阳明学所说的"良知自作主宰",自觉、自由,也都可以从阳明学的"良知自知"理论获得理解,平等、博爱、责任心、公共心则皆可以从万物一体观获得理解。第二,自由、自尊、平等、博爱等新道德也皆是天性,并不是说古代人的天性就与现代人不同。正如阳明言良知虚灵明觉而应感无方、妙用无穷一样,熊十力的"灵性"本体亦是如此。无论古代、现代,不管时空如何转变,人性都能发见出相应于那个时代生活的道德,"德者,人性之流也"③,其本体论根据就是人之本性是"与天地万物为一体"的性体。第三,熊十力对新道德的看法表明,在他看来,新道德与旧道德之间并没有本质的差异,仅是形式上的不同,它们都源于人之本性。他说:"道德有其内在的源泉,即本心不容已处是也,即天性是也。若不于此处用力,只在伦类间的关系上讲求种种规范,谓之道德,仍是外面强作安排,非真道德也。"④故熊十力批评佛教反人生,他还批评墨家的兼爱、基督教的博爱皆是在外面讲规范,而不明了道德之根源⑤。

---

① 此处"蔑己毁性"一语正是出自《孝经》"毁不灭性,教民无以死伤生也",《礼记》中亦多次言及此。
② 熊十力:《中国历史讲话》,北京:中国人民大学出版社,2006年,第168—169页。段落中的序号为笔者所加。此处对原文标点有修改。
③ 熊十力:《原儒》,长沙:岳麓书社,2013年,第200页。
④ 熊十力:《中国历史讲话》,北京:中国人民大学出版社,2006年,第169页。
⑤ 熊十力:《十力语要》卷一《谈墨子》,载熊十力:《熊十力全集》第四卷,萧萐父主编,武汉:湖北教育出版社,2001年,第145—146页。

他对西化派的批评也正与此有关①。第四,熊十力并未如清末以来流行的那样截然区分公德与私德,如他说的"自尊""独立"等皆可视为私德。熊十力的这一道德观与新文化运动如陈独秀之主张"伦理的觉悟为吾人最后之觉悟"以及梁启超早期提倡的以新道德、公德代替旧道德、私德的观点截然异趣。

至此,熊十力的道德论说实则仍提醒我们要回顾他所理解的孔子"微言",人与天地万物为一体,人与人、人与万物其本体是一,"一味平等,无有差别"②。若人人皆能充养此性体,则《春秋》太平、《礼运》天下一家之道由斯而可大可久也"③。在此意义上,我们也可以说他强调了公德,但熊十力的公德并非如清末以来大多数人所理解的限于社会或民族国家的道德,而是天下的或世界的道德,他所说的"与天地万物为一体"的人就是"天下人",因而熊十力是超越现代西方民族国家之视野,而从儒家的角度对天下观做了新阐发。

三、民之父母与天下大同

在诸多新道德中,熊十力最为看重的就是博爱的道德。当然,他理解的博爱并非基督教的博爱或墨家的兼爱,而是孔子"微言"意义上的与天地万物为一体的"仁爱",这与他对现代社会"孝弟观念渐趋薄弱"的观察有关,而更是因为他欲以儒家的大同理想与忠恕均平之道建立一种天下理论,以解决中国的问题,并回应帝国主义、国际冲突的问题。正因此,他对孝亲之爱持有警惕心理,担心孝亲会流于私爱。

熊十力所认为的大同世界灵性生活,就是人人循"与天地万物为一体"之本性,"融己入群,会群为己",实现天下为公、社会主义的群体生活④。这样一种生活必然要求人们克己为仁,克私为公。故熊十力极为看重中国传统中的博爱思想资源,如他认为孟子批评墨子之兼爱有失偏颇:

> 孟氏民主意义固多,如曰"民为贵",曰"闻诛一夫纣矣,未闻弑君

---

① 这一点与章太炎相似,章太炎反对将《大学》的"亲民"解为"新民",并以此批评当时的西化派和新民说。
② 熊十力:《原儒》,长沙:岳麓书社,2013年,第199页。
③ 熊十力:《原儒》,长沙:岳麓书社,2013年,第203页。
④ 熊十力:《论六经》,北京:中国人民大学出版社,2006年,第55页。

也",大义炳如日星矣,但宗法社会思想亦甚深,如曰"学则三代共之,皆所以明人伦也",曰"尧舜之道,孝弟而已矣"。其明人伦,即以孝弟为德之基,宋明儒所宗主者在是。然专以孝弟言教言治,终不无偏。……孟氏似未免为宗法社会之道德训条所拘束,守其义而莫能推,则家庭私恩过重而"泛爱众"之普感易受阻遏。孟氏极反墨翟兼爱,实则人鲜能兼爱也,而更反之,其忍乎?孝弟诚不可薄,而格物之学不讲,兼爱兼利之道未宏,则新社会制度将莫由创建,民主政治何可企及?孟氏似未免为宗法所拘也,宋明儒传孟学者,于此鲜能了悟。然则孝弟可毁乎?曰:恶,是何言。要在本《公羊》与《礼运》改革家庭制度耳。①

在熊十力看来,人之为己爱己是自然之情,兼爱才是人最难做到的;所谓"新社会制度"即指社会主义。就此而言,移孝作忠的帝制中国与强调家庭或宗族之孝的宗法中国,均为熊十力所批评,因为这些都不合于孔子之微言。故需要做的就是按照孔子之微言来改革帝制与家庭制度,"社会主义之实现,必易家庭生活而为群体生活"②。但熊十力并不因为要实现群体生活就完全废弃个体或孝亲之爱,群体生活并不意味着个体完全淹没于群体中,相反群体生活正是由完全尽性至命、人人皆可为君子的个人所组成。熊十力意识到了片面地强调博爱和群体生活会导致对个体性灵之不关心,甚至会打着博爱之名而行对外侵略之实,这样的博爱就是假博爱。熊十力亦曾就墨子之兼爱说道:

> 墨子生竞争之世,悼人相食之祸,而谋全人类之安宁,固承孔子《春秋》太平、《礼运》大同之旨而发挥之。……儒家以孝弟为天性之发端处特别着重,养得此端倪,方可扩而充之,仁民爱物,以至通神明光四海之盛。若将父兄与民物看作一例而谈兼爱,则恐爱根已薄,非从人情自然之节文上涵养扩充去。而兼爱只是知解上认为理当如此,却未涵养得真情出,如何济得事?不唯不济事,且将以兼爱之名而为祸

---

① 熊十力:《论六经》,北京:中国人民大学出版社,2006年,第27—28页。此处对原文标点有修改。熊十力在早年的《心书》中就认为孟子"攻墨为过",见氏著《新唯识论》,北京:中华书局,1985年,第23页。

② 熊十力:《论六经》,北京:中国人民大学出版社,2006年,第77页。

人之实矣。世界上服膺博爱教义之民族,何尝稍抑其侵略之雄心耶?[①]

可以看到,熊十力所设想的群体生活是个体性灵与群体生活互相平衡的理想生活。而孝弟则是培养人之性灵的基础,故而"人类一日存在,孝德便不可毁"[②],这样,家庭也不能尽废:

> 或曰:"何不将小家庭与私有制根本铲绝之乎?"曰:此恐未易行,而亦不必然也。人类之道德,发源于亲子之爱。若废小家庭制,则婴儿初生,即归公育,亲可不过问,而亲子之爱绝矣。父母老而公养,子可不过问,而亲子之爱又绝矣。天属之地,已绝爱源。而高谈博爱,恐人情日益浇薄,无以复其性也。儒家言道德,必由亲亲,而扩充之为仁民爱物。此其根本大义,不容变革者也。……故小家庭制,未可全废。小家庭既许存在,则极小限度之私有财力制,亦当予以并有。……然则,利用小家庭与小限度之私有制,而导之于社会公同生活之中,使之化私为公,渐破除其种界国界之恶习,则全人类相亲如一体,而天下为公之治,可以期必,非臆想已。[③]

其实,按照熊十力对人之天性的理解,他既以孝与其他道德皆发于人性之不容已,那么孝就必然不会被毁弃,否则就是毁灭人性了。依上所述,小家庭要存在,而小限度之私有制也要存在。那么,他所说的社会主义的群体生活究竟如何能实现呢?究竟如何"化私为公"呢?熊十力所寻找到的正是先秦儒家典籍中所常道的"民之父母"观念,这一观念亦见于《孝经·广至德章》[④]。熊十力认为"民之父母"所体现的是儒家的保育主义思想,他说:

> 儒家经典谓"王者为民之父母",此中意义深远……父母于子无彼我之分,爱护之如其自护自爱也。唯然,故父母教养其子,尽心调顺扶导,时或不便调柔,不堪随顺,则严加禁戒,纳之正道。……其所以如

---

① 熊十力:《十力语要》卷一《谈墨子》,载熊十力:《熊十力全集》第四卷,萧萐父主编,武汉:湖北教育出版社,2001年,第145—146页。

② 熊十力:《原儒》序,长沙:岳麓书社,2013年,第2页。

③ 熊十力:《读经示要》,上海:上海书店出版社,2009年,第50页。

④ 《诗经·大雅·泂酌》:"恺悌君子,民之父母。"关于儒家"民之父母"观念的政治含义,可参看荆雨:《儒家"道德的政治"之当代重探——以民之父母为例》,载《社会科学战线》2012年第10期。

此者,则父母于子无有我与非我之对峙观念,非若霸者视天下群众为自我以外之物也。既无我、非我对峙,即无自视为统治者之观念。无自视为统治者之观念,即无宰制其子之观念。无宰制其子之观念,故有调柔随顺,有扶持引导,皆所以养成其子之独立自由与发展其子之天赋良知良能。即或严加禁戒,亦所以养成其子之独立自由与发展其子之天赋良知良能。何则? 父母之禁戒其子,本于一体不容已之爱护,非有宰割劫制之意欲存于其间,故其子于精神物质任何方面不唯无压抑之感,而只觉严父慈母春温秋肃气象,其感发兴起于无形,不能自明所以。①

他期望的君主与民众之关系不是统治与被统治的关系,而是父母与子女的关系,而且是平等的关系。他认为此关系无物我之对待,正是依人之本性为"与天地万物为一体"而说的。在熊十力看来,只有人人皆有士君子之行,才能实现真正的民主自由与社会主义,而在此之前,就只能实行保育主义,使圣王如父母般教养民众,以培养扩充民众的灵性,最后实现社会主义。可以看到,不论是此处"为民父母"的圣王,还是人人皆有士君子之行,都含有浓厚的儒家理想色彩。

虽然是理想,但不代表理想作为一种观念就没有意义。职是之故,我们有必要对熊十力的天下观念做一下归纳:第一,天下是个政治单位,全世界都实行的是社会主义和民主政治。第二,天下指称最大范围的群体生活,民主政治、均平经济皆是为了实现人之灵性生活而设,这一点也是天下成立的伦理合法性之所在。第三,天下制度的建立要先经由有限度的家庭生活和保育主义。第四,只有中国文化、中国哲学才能成就灵性生活,故天下的建立要以中国文化为引导,唯孔子可以拯救世界。

前文对前三点都有比较充分的说明,而对第四点,此处需要再做申论,熊十力在《读经示要》和《中国历史讲话》二书中一再致意说,中国之国家组织,是要成就一"文化团体",他说:

　　　　关于国家观念,一般人以我国人向来没有此等观念,其实不然。据实言之,我们所谓国家,与西洋列强所谓国家,根本不是一回事。西

---

① 熊十力:《韩非子评论　与友人论张江陵》,上海:上海书店出版社,2007年,第39—40页。

洋现代的国家,对内则常为一特殊阶级操持的工具,以镇压其他阶级;对外则常为抢夺他国他族的工具。他们的国家是这样的恶东西,列强之间彼此都持着这样的恶东西相对待。不知将来如何得了。我们的国家,绝不同他们一样。我欲说明他,却难措辞。我听说英国罗素先生曾有一句话。他说,中国并不是一个现代国家,而是最高的文化团体①。这话说得好,用不着多敷说。我国……无阶级于内,无抢夺于外,就因为他常有维持最高文化团体的观念。这便是他的国家观念。由中国人这种观念扩充出去,人类都依着至诚、至信、至公、至善的方向去努力,可使全世界成一个最高的文化团体。……我们今日要维持民族的生命,为宇宙真理计,为全人类谋幸福计,我们都得要保全我固有的高尚文化。……我们诚然不能不改造我们国家的机构,以应付非常时局,但并不要变我们固有的国家观念,即始终是保持一个最高文化团体,决不拿来做毁坏人类的工具。②

熊十力认为中国的"国家"理念不同于"民族国家",也不同于"阶级国家",前者会导致对外侵略,而后者则会导致对内专制。用学界术语来说,"文化团体"就是"文明国家"③,这可以作为熊十力天下理论的第五点。而他认为作为中华民族"立国立人之特殊精神"④的孔学可以拯救世界的根据正在于此,因此,中华民族的"特殊精神"也就具有着普遍意义。熊十力在《读经示要》与《中国历史讲话》的末尾均强调"文化团体"这一观念,这本身就值得人深思,至少表明,他对中华民族精神与未来的思考,最终都自然而然地走向了对世界和天下的思考。

学界在言及天下观念时,往往会提及梁漱溟,但对其他现代新儒家则甚少关注,如赵汀阳在其影响甚大的《天下体系》一书中就仅仅注意到梁,认为:"梁漱溟往往被认为是新儒家,但其实他比新儒家在思想上要广阔得多。后来的现代新儒家运动也力推中国思想,但是现代新儒家团体在理解

---

① 对于罗素的说法我们也许不太熟悉,但是美国汉学家白鲁恂以中国为"文明国家"的说法,则为人所熟知,罗素之说乃是其在上海演讲时语,可参看梁漱溟:《中国文化要义》,载梁漱溟:《梁漱溟全集》第三卷,济南:山东人民出版社,2005年,第27页。

② 熊十力:《中国历史讲话》,北京:中国人民大学出版社,2006年,第154—155页。

③ 参看孙向晨:《民族国家、文明国家与天下意识》,载《探索与争鸣》2014年第9期。

④ 熊十力:《论六经》,北京:中国人民大学出版社,2006年,第11页。

中国思想上视野过于狭隘……"①在笔者看来，熊十力立足于六经所阐发的天下观念，是非常系统、全面的，其思想的原创性与丰富性于此可见一斑，忽视他在这一问题上的探讨是我们今人所见未及。

余论：家庭与天下之间

近代中国在西方文化传入后遭遇到深重危机，而这一危机在理论上最为极致的体现，大概就是入室操戈的西化派对传统孝文化的批判，甚至称之为孝的宗教。熊十力虽未持这种看法，也绝非西化派，但他认为孝弟导致专制，这一看法也正是那一时代很多人的共识。熊十力欲恢复他所认为的孔子的孝观念，但其对孝的论述从来都是在个体—家庭—天下的结构中，他对孝的思考，不论是肯定还是否定，都可以说是他天下理论的一部分。

我们可以看到熊十力论述中的矛盾以及难以自洽之处：第一，他区分道德化的孝与政治化的孝，认为曾子、孟子是孝治派，那么，试问曾子的孝观念是从哪里来的，难道与孔子无关吗？他反对在孝之上附加政治意义，但是他关于"民之父母"的论述又无疑有着政治意义。第二，他的论述中亦有极为理想的成分，如他认为孔子之"微言"是实现大同社会，但是人人都成为圣贤君子是不可能的，于是他又认为家庭不可骤然废除。但是家庭的存在却是属于他所说的"大义"，那么孔子的思想中难道就真的只有所谓微言，而无大义吗？微言与大义就不能并存吗？与将《大同书》秘不示人的康有为相较，或许可以说，熊十力正是将大同理论过早地拿以示人了，反而忽视了必然要经历的小康阶段。他不只是拿以示人，而且是欲上呈给当时甫建的共和国政府，理想的思想与急切的心态溢于言外②。

返回头说，熊十力思想中并不融贯之处、理想之处，也可以说是他思想中必然的留存。学界公认熊十力是哲学大家，但熊十力之转向经学却是以

① 赵汀阳：《天下体系——世界制度哲学导论》，北京：中国人民大学出版社，2011年，第5页。孙向晨论文中亦言及梁漱溟。赵汀阳在书中以自己所持天下观为"文化自由主义"，也许这反映出他认为现代新儒家并不是文化自由主义，而是狭隘的文化民族主义。笔者已比对了赵汀阳与熊十力的天下观念，二人所见相同处多，相异处少，相异者主要集中在对家庭和民主政治的看法上。

② 这很可能是受社会主义思想的影响，此可参看李祥俊：《熊十力思想体系建构历程研究》第三章，北京：北京师范大学出版社，2013年。

对历史的关切为契机,此于其在抗日战争爆发后撰定的《中国历史讲话》中即有明示。我们大概不会想到一本题为谈论中国历史的书却用大量篇幅来谈孔子与六经!随着其思想的转向,也就从"发扬民族精神,莫切于史"①转变为"求中国之特殊精神,莫若求之于哲学思想"②。可以看到,他对经学史的理解、对古代哲学思想的采择都是经过过滤的,与他对自汉至宋的历史之不满一脉相承。这并不意味着熊十力是历史虚无主义,就像宋代理学家亦以汉唐之间为无道之天下,但熊氏哲学化的历史观所引生的是一种从历史语境中抽象出来的哲学以及裁切后的儒学,而我们不难看出其背后所蕴藏的对西方民主自由的推崇。也许,正如熊十力所说"儒家本持世界主义,不限于自理其国而已"③,他对"微言"与"大义"的切割,正是其以"本心"涵容中西文化的缩影。欲容纳另一种文化,原有的文化必然要有所牺牲。从根本上来说,这是中国知识分子在面对现代性时试图将其本土化的处置策略,而"本土化的过程显示,想要维持特定的、整体性的传统是不可能的,因为传统已经被现代性所塑形,它最终只能成为不同社会利益与不同现代性概念之间相互冲突的场所"④,因此,一个春秋时期的孔子必然要被塑形为一个现代性的孔子。"改造孔子"的工作,我们一直在做。熊十力在家、国、天下之间的徘徊也正体现出一代儒宗所传承的儒家之天下关怀。而他以阳明心学为思想资源来阐发天下理论,这一点尤其值得我们在今天认真省思,一种作为生活世界的天下能够成立的根基是否正有赖于"人同此心,心同此理"的心性天下或道德天下的成立呢?这也是熊十力对孔子"微言"最为极致的阐发。

纵观熊十力个人思想的发展历程,其言民族精神、中华民族之立国精神、中国之特殊精神,都显现出他是在"民族国家"的视野上来看待现代中国的建立和形塑。他说"发扬民族精神,莫切于史"即是"历史的民族化",通过回溯历史和重新叙述历史来建构中华民族。借用德里克的话来说,这

---

①　熊十力:《中国历史讲话》,北京:中国人民大学出版社,2006年,第128页。

②　熊十力:《论六经》,北京:中国人民大学出版社,2006年,第10页。

③　熊十力:《中国历史讲话》,北京:中国人民大学出版社,2006年,第192页。

④　阿里夫·德里克主讲:《后革命时代的中国》,刘东主持评议,李冠南、董一格译,上海:上海人民出版社,2015年,第63页。

是在从历史中拯救民族国家①。但是他在触及六经与孔子的问题时，却回到了经学并最终回到哲学的普遍主义立场。我们知道以欧美为主导的现代性本就是以普遍主义的姿态自居，认为欧美的资本现代性及其相关的制度和文化将推行于全世界。熊十力也认为民族自由将是普遍的，但他回到哲学的普遍主义立场后，以孔子开创的儒学为拯救世界的普遍主义良药。这也正是现代性的一个悖论，当现代性以民族国家的形式展开时，又催生出了多元的现代性，"将现代性结构于特定的文化实体中，不仅滋生了现代性最为保守的文化主张，并且转而对其加以合法化"②。熊十力的文化保守主义论述正有着这样的逻辑。

又就现代性而言，民族国家只是欧洲现代性发展的一个阶段。在此之后，如影响较大的德里克"三种现代性"理论所言，是全球现代性。大致可以说，熊十力一方面持有民族国家的现代性，一方面则持有全球现代性的观念。前者是拜西方所赐，而后者则是根源于中国儒家传统的大同理想与天下观念。可以说，熊十力从民族国家的现代性观念滑到了全球现代性。就中国近代而言，并没有形成完整的、健全的国家观念，在这样的形势下，破除家庭观念，天下观念过盛，以为家庭和国家都是"私"的体现，而不是"仁"与"公心"的体现，恰恰会进一步削弱国家观念。换句话说，家庭意识或许正是国家意识的前提。从另一方面说，熊十力所持的全球现代性是同质的现代性，但是现代性并不意味着同质性、一致性，没有理由可以假设不同文明的差异会自然消失③。所以不论是熊十力说的民主自由，还是孔子儒学遍及天下，都是一厢情愿的理想化，这大概有助于我们理解熊十力在家庭和天下之间的徘徊。

---

① 阿里夫·德里克主讲：《后革命时代的中国》，刘东主持评议，李冠南、董一格译，上海：上海人民出版社，2015年，第29页。

② 阿里夫·德里克主讲：《后革命时代的中国》，刘东主持评议，李冠南、董一格译，上海：上海人民出版社，2015年，第58页。

③ 参看阿里夫·德里克主讲：《后革命时代的中国》，刘东主持评议，李冠南、董一格译，上海：上海人民出版社，2015年，第48—49页。

结语:孝与现代性

现代社会是工具理性盛行的社会,人们置身于商品世界之中,商品的丰富与技术的迭代更新,加速了人的工具化和异化。所谓工具化和异化,一方面意味着人们对人之所以为人之根据、人之所以为人之本越来越生疏,哲学探究世界和人生的本源,然而在"去形而上学"更为人所接受的时代,我们似乎和本源渐行渐远;另一方面是与历史和传统价值观之间的断裂进一步造成了精神世界的扁平化与生命意义感的降低。传统中视为应当追寻有道德的生活这一态度,在现代社会中被相对主义的价值观和尊重他人自由选择的生活态度所取代,寻求共识与普遍性似乎逐渐被差异化所取代。儒家对作为"德之本,教之所由生"的孝观念的重视,对于家庭作为社会之基础地位的强调,在我们今天面对现代性的困境时非常值得借鉴和发扬。

一、爱身与生命的意义

《孝经》所内涵的哲学思想,爱身、尊身是第一位的。《孝经》言:"身体发肤,受之父母,不敢毁伤,孝之始也。立身行道,扬名于后世,以显父母,孝之终也。"不论是孝之始还是孝之终,都与"身"相关,孝之始可以称为"爱身",孝之终可以称为"立身",而"立身"是以道立身,因此也就是"尊身"。前者是直接的对于人之生命存在的肯定,而后者则是指向人之生命意义的发扬。名之扬,在于个体生命意义的充实,充塞于宇宙,乃至跨越古今。

应该说,爱身的思想流传久远,在《孝经》之前,《论语·泰伯》所记载曾子临终之前言"启予足,启予手"便体现了"爱身"这一点。而《诗经》中便有"既明且哲,以保其身"的诗句。此外,《礼记》记载乐正子"闻诸曾子,曾子闻诸夫子曰:'天之所生,地之所养,无人为大。父母全而生之,子全而归之,可谓孝矣。不亏其体,不辱其身,可谓全矣。故君子顷步而弗敢忘孝也'"。这一"全生全归"的提法,只一"全"字便道尽了对人而言必须保持生命完整性。《孟子》言人性善,并且认为"若夫为不善,非才之罪也",也并不将人生命存在最基础的才视作"恶"的来源或原因。汉唐之间的儒者在思考人的由来时从气化的角度作解释,《礼运》言:"人者,其天地之德,阴阳之交,鬼神之会,五行之秀气也。……五行以为质。"大体来说,两汉时期的儒家思想也基本都强调"身"之可贵,如董仲舒说:"身之名取诸天。"①身源于天地,禀天地中和之气而生。

但是在佛教传入后,产生了强烈的贵"神"贱"身"思想,以"身"为承载神的形器,而"神"是永恒的,人身则是短暂有生灭的,没有实在性,且是人作孽受苦而不得超出轮回的原因。在佛教的这一视域中,身的地位骤降。乃至韩愈竟然认为,人在天地之间的产生,就犹如水果蔬菜腐坏就会生虫,"物坏,虫由之生。元气阴阳之坏,人由而生。虫之生而物益坏:食啮之,攻穴之,虫之祸物也滋甚。其有能去之者,有功于物者也。繁而息之者,物之仇也。人之坏,元气阴阳也亦滋甚"②。人在天地间的行为,比如开垦田地、砍伐山林等都是"为祸元气阴阳"的行为,就此而言,人之害甚于"虫"。若此,人之生命存在便从根本上就被否定了。理学兴起,重新肯定了人生命的存在,《二程遗书》中记载程颢对佛教的批判:

> 旧尝问学佛者,"《传灯录》几人?"云"千七百人"。某曰:"敢道此千七百人无一人达者。果有一人见得圣人'朝闻道,夕死可矣'与曾子易箦之理,临死须寻一尺布帛裹头而死,必不肯削发胡服而终。是诚无一人达者。"禅者曰:"此迹也,何不论其心?"曰:"心迹一也,岂有迹非而心是者也?正如两脚方行,指其心曰:'我本不欲行,他两脚自行。'岂有此理?盖上下、本末、内外,都是一理也,方是道。……"学禅者曰:"草木鸟兽之生,亦皆是幻。"曰:"子以为生息于春夏,及至秋冬便却变坏,便以为幻,故亦以人生为幻,何不付与他。物生死成坏,自有此理,何者为幻?"③

"心迹一也",大程从体用相即的思维出发,指出佛教对现实人生乃至自然世界的否定是体用分离,正是因此,才会导致以人生为幻灭的观念,这与孔子、曾子对生命存在的态度形成截然的差别。生命存在本身就是有意义的,不可能在生命存在之外,另外寻找一个意义,来安置在人身上。因

---

① 苏舆:《春秋繁露义证》,钟哲点校,北京:中华书局,1992 年,第 296 页。
② 柳宗元:《柳宗元集校注》,尹占华、韩文奇校注,北京:中华书局,2013 年,第 1089 页。
③ 程颢、程颐:《二程集》,王孝鱼点校,北京:中华书局,2004 年,第 3—4 页。

此，他反对"性外寻道，道外寻性"，这是将人的生命和道割裂开来。程颢说"自家本质元是天然完足之物"①，正是对以《孝经》为主的儒家爱身全生思想的继承和阐发。

二、一体与个体

以"孝"来理解自我的形成，是儒家思想的核心，也构成了中西文化之别，尤其是与西方现代性的差别。"孝"字所具有的"子承老"文字结构，意味着传统事物和新生事物的接续。"新"是相对于"旧"之"新"，而"新"和"旧"是身处于一个相对的而非破裂的关系中，若无"旧"也就无"新"。西方心理学研究表明，一个人的语言能力一定是先学习自己的母语，然后以母语为基础去学习第二种语言，在学第二种语言时不会把第一种语言丢弃，简言之，人一定是通过母语来学习第二种语言。人之心灵的成长也正是如此，我们一定是先承受了已有的文化，再去学习其他的文化②。查尔斯·泰勒指出，"我们永远不可能完全将自己从那些热爱、关怀、在生命早期塑造我们的人们中解放出来"③。人类心灵的起源绝不是独自完成的，而是"对话式的"，"我们总是在与重要的他人想在我们身上承认的那些特性的对话中，有时在斗争中，来定义我们的同一性。即使我们的成长逾出了后者——例如我们的父母——并且他们从我们的生活中消失了，与他们的交谈仍在我们身上绵延，只要我们还活着"④。我们德性的养成和日后行为习惯的发展都与我们的父母有关系，是在家庭内奠基的。孔子显然很重视这一点，故其谓："三年无改于父之道，可谓孝矣。"（《论语·学而》）一个良好自我的形成是基于亲子关系，这一关系不仅仅是专制式家长制的上下关系，也是文化价值引导者与承担者之间的对话式关系。孝所指涉的便是这一真实自我形成的根基。

在现代西方理性思维看来，传统是未经理性检验的，就像感觉一样不可靠。但是，这样一种近乎历史虚无主义的理性思维忽视了传统实则是经历了历史上不断的积累而形成，经过了历史上圣贤思想的检验，传统并非

---

① 程颢、程颐：《二程集》，王孝鱼点校，北京：中华书局，2004 年，第 1 页。
② 参看劳思光：《当代西方思想的困局》，上海：华东师范大学出版社，2016 年，第 6—7 页。
③ 查尔斯·泰勒：《本真性的伦理》，程炼译，上海：上海三联书店，2012 年，第 43 页。
④ 查尔斯·泰勒：《本真性的伦理》，程炼译，上海：上海三联书店，2012 年，第 42 页。

就是无理性可言的。"没有一个人是没有传统的,就这个意义而言,人是历史的动物。我们的问题,我们的信仰,以及我们的思考方式都不可避免地在某一个传统中进行。"①换言之,每个人都是处在传统和现代"万古一瞬"的交汇点,这是人的本真存在状况。人的本真并不就在当下,只关注小己的自我不是真正的自我,自我应当是在历史的时间中以及宇宙的空间中十字打开的自我。

王阳明言孝就是良知的真诚恻怛处,孝就是每个人的本真。之所以说孝是本真,是因为孝不是与——如程朱理学所言——仁义礼智一样的人性所含的内容,我们也不能说孝就是情感。儒家对此有深刻的认识,故而道及情只是说喜怒哀乐爱恶欲,而不会说孝是人的情感。那么孝是什么呢?孝即是生命之"生",因此在儒家思想中"父子"关系有着非常普泛的象征意涵,甚至有着乾父坤母的形而上意涵。王阳明以木之抽芽发干生出枝叶为喻:"父子兄弟之爱,便是人心生意发端处,如木之抽芽。自此而仁民,而爱物,便是发干生枝生叶。"②这一比喻很好地说明了孝是人德性生成之根基。根深方能叶茂,作为德性根基的孝弟越真切,仁爱之心所推及者越广大。仁爱充塞宇宙,生天生地,神鬼神帝。

宋明理学以"生"言"仁"实际上是在以孝言仁,将孝的意义收摄于仁德之下。现代性伦理是以自我的实现为中心,是对自我保持真实。从儒学的意义上说,对自我保持真实,本真要从源头寻找,亲子关系就是人存在的最初真实,孝所指涉的亲子关系就是自我存在的最初境况。

而了知身体源于父母,"身体发肤,受之父母"(《孝经·开宗明义章》),"父母生之,续莫大焉"(《孝经·圣治章》),子女之身体与父母之身体本是一体,是一体而分。因此,每个人的身体其实都勾连着父母,而父母之身体又勾连着祖父母;即使亲人已经去世,从气化的宇宙论意义上,生者与鬼神亦是相连的、可感通的。《孝经·感应章》载孔子言:"明王事父孝,故事天明;事母孝,故事地察。长幼顺,故上下治。天地明察,神明彰矣。……孝悌之至,通于神明,光于四海,无所不通。"虽然此处所言为"明王",但在汉儒如董仲舒的解释中,已经建立起天为人之曾祖父的理论。而《孝经》此说

---

① 石元康:《从中国文化到现代性:典范转移?》,北京:生活·读书·新知三联书店,2000年,第8页。
② 王守仁:《王阳明全集》卷一,吴光、钱明、董平、姚延福编校,上海:上海古籍出版社,1992年,第26页。

亦显然与《易传》有关,"乾,天也,故称乎父。坤,地也,故称乎母"。从万物的根源上说,皆是由天地所生。理学家张载撰《西铭》开首即言"乾称父,坤称母",其基础仍然是万物的产生皆是源于一气——太虚之气。因此,"反求诸身",对于自我身体由来的反思,必然会上达于天地。进言之,万物皆由天地所生,故从一体而分的意义上说,万物皆是一体。从哲学史上看,不论是强调以气化论为基础的气感,还是强调以"理一"为基础的理感,抑或以"心外无物"为基础的心感,都只是从不同的方面证成"万物一体",为这一命题赋予本体论的说明,将自我的成长置于整个社会、宇宙的意义和秩序之中。儒学以"一体"为本真、为源头,以"个体"为伪作、为后来,能够以"一体"压制现代社会自私自利的个体主义。

有一种观点认为:西方文化强调个体主义,会生发一种政治权利意识;中国人不是讲个体,而是讲"自身",重自身就会造成自私,而不会有政治权利意识,少见为精神而献身的现象。这种简单化的对立观念是很奇怪的,正如《孝经》的"立身行道"所显示,"身"和"道"怎么可以分开呢? 为什么强调"身"就必然是自私呢? 强调个体自我也会走向自私自利,这正是西方思想家屡屡指出的问题。《论语》言:"己欲立而立人,己欲达而达人。"立身和行道是贯通的,成己和成物是一体的。从自身角度出发的话,并不意味着,就没有一种政治意识,或者说从自身出发,首先显示的是一种伦理、伦常意识,然后从这里出发是一种秩序的建构,可以达到一种政治秩序的建构。儒家并不是说直接从个体就达到政治,个体和政治之间还有一个人伦的秩序,自身是人伦共同体中的自身,个体是道德社群中的个体,这大概是儒家思想与西方在根本点上的不同。事实上,西方思想家也意识到,个体主义的过度发展,恰恰会导致每个人只关注小我,而缺乏公众参与意识,这恰恰是民主社会的大敌。儒家希冀将孝的精神贯注于政治社会的制度结构中,比如《孝经》中的五等之孝、《礼记》中的三老五更制以及宋明理学家的宗族建设,都体现了这一点。

三、爱敬与平等

现代性讲求人和人之间的尊敬,任何一种价值生活方式都是值得尊敬的,其特点是"一个自由社会必须在什么构成一种好的生活的问题上保持中立"①。由此而来弥漫的是相对主义态度,与此伴随的是价值中立,每个人都需要尊重他人的生活、他人的选择。没有绝对意义上的"好的生活",没有共同认为的有价值的生活。在此意义上,对个体来说,个人的选择就是最高的价值,"把选择的权力本身当做一个要加以最大化的善来肯定",这是个人主义伦理观的"怪胎"②。本来,人应当按照某种最大化的善来做出选择,而现在选择本身成了善。"价值也便成了个人选择的、不可理喻的、没有理性根据的东西。"③在此意义上,尊重他人的选择就成了个体应当普遍遵循的伦理法则,而非引导或者使他人走向真正的善的生活、有德性的生活。在这样的原子化个人主义社会中,哲学家们或者历史中所存在的值得过的有德性的生活也仅仅是可能选择中的一种,而不具有权威性或典范性。因此,现代社会中存在深刻的忧患,查尔斯·泰勒指出:"个人主义的黑暗面是以自我为中心,这使我们的生活既平庸又狭窄,使我们的生活更贫于意义和更少地关心他人及社会。"④每个人对自我之外的公共事务都不关心。现代社会生活的平庸和狭窄,一方面意味着人和人之间沟通和寻找共识行为迅速减少,另一方面则意味着人们对传统和历史的否定与抛弃。

尊重、尊敬,在现代社会确实是一大美德,这一尊敬他人的精神的核心其实是平等和多元化,每个人都是平等的,不仅身体上平等,在精神上也没有高贵和低贱的分别。而古典德性追求的恰恰是精神的高贵,儒家亦不例外。儒家的特点在于,将爱敬视为人类生活中存在的本真精神,《礼记·乐记》"大乐与天地同和,大礼与天地同节"便从形而上的层面说明了乐以和爱、礼以别异本来就是宇宙的秩序。因此,《孝经》言孝归结于爱敬:"爱亲者,不敢恶于人;敬亲者,不敢慢于人。爱敬尽于事亲,而德教加于百姓,刑于四海。盖天子之孝也。"孟子言"人之所不学而能者,其良能也;所不虑而知者,其良知也。孩提之童无不知爱其亲者,及其长也,无不知敬其兄也。亲亲,仁也;敬长,义也;无他,达之天下也"(《孟子·尽心上》),亦是如此。

---

① 查尔斯·泰勒:《本真性的伦理》,程炼译,上海:上海三联书店,2012年,第22页。
② 查尔斯·泰勒:《本真性的伦理》,程炼译,上海:上海三联书店,2012年,第29页。
③ 罗伯特·N.贝拉等:《心灵的习性:美国人生活中的个人主义和公共责任》,周穗明、翁寒松、翟宏彪译,北京:中国社会科学出版社,2011年,第104页。
④ 查尔斯·泰勒:《本真性的伦理》,程炼译,上海:上海三联书店,2012年,第5页。

由此不难发现，现代性之个体主义所推崇的尊敬他人实则主要停留于"敬而远之"，缺乏和爱的维度。儒家对"敬"的叙述有两个核心：一是爱敬一体，这一深植于家庭生活的爱敬即是孝。敬与爱不能分离，这一点历代《孝经》的注释者都不断在强调，敬蕴含着对他人的关爱，如果仅仅停留于尊重他人的选择，而不关心其选择是否道德或者合适，那就不是真正的敬，而是虚伪。二是强调家庭的基础作用。个体对他人的爱敬一定是源生于家庭，且是从幼时就已经建立起来，儒家揭示了敬是美德的人性论根基，而非仅仅在外在的礼仪或伦理规范上说尊敬。家庭是人之美德养成以及社会文明教化不断发展的根基，在此意义上，社会生活的进行不是单纯发生于个体与个体之间，而是个体与家庭、家庭与家庭、个体与个体的相互交织。从某种意义上说，一种好的政治就是对其治下的人的家庭生活保持关心和维护的政治，故黄宗羲《明夷待访录》以"离散天下之父母子女"为恶政。儒者即使在天下无道的时代不重视公共事务，也可以退而求其次去关注家庭或者宗族建设。因为生活并不是个人—国家或者个人—社会的单线运转，而是以家庭为枢纽，家庭是连结个人与社会、个人与民族或个人和公共世界的枢纽。就此而言，儒家所说的平等不是以个人而是以每个人都能平等地过一种合宜的家庭生活为标准。所以，理想的公天下政治的表达——"以天下为一家，以中国为一人"，仍然以"一家"为先，以"一人"为后。

从《论语》"孝悌也者，其为仁之本欤"到《孝经》以孝为天经地义民行，从汉儒以《孝经》为六经之总会到近代学人以《孝经》为经中之纲领，从宋明理学以孝言万物一体到现代新儒家以孝为天下大同之根基，孝为中国文化之精义已毋庸置疑。汉代纬书"元气混沌，孝在其中"体现出儒家思想与对宇宙本体问题以及人类生命本源的探究紧密相关，而不是将宇宙本体视为在人类认识论意义上要解决的难题，换言之，"道不离人伦日用"，本体和人类生活本就相即一体，作为伦常生活基本单位的家具有基础性地位。在个人主义流行以及祛魅化的现代社会中，不但宗教与传统是人们要"走出"的对象，"走出家庭"也是普遍的现象，随之而来的各种社会和政治、经济问题令人担忧，颇须深思，"拯救家庭"的呼声应非危言耸听之语！

参考文献

古籍类

班固:《汉书》,颜师古注,北京:中华书局,1962年。

曹端:《曹端集》,王秉伦点校,北京:中华书局,2003年。

曹元弼:《曹元弼〈孝经〉学著作四种》,刘增光整理,上海:上海古籍出版社,2021年。

曹元弼:《复礼堂文集》,国家图书馆藏1917年刻本。

曹元弼:《复礼堂文二集》,复旦大学图书馆藏1948年钞稿本。

曹元弼:《孝经集注》,复旦大学图书馆藏民国1945年王氏抱蜀庐钞稿本。

曹元弼:《孝经校释》,国家图书馆藏1935年活字本。

曹元弼:《孝经学》,华东师范大学图书馆藏清宣统元年刻本,载《续修四库全书》第152册,上海:上海古籍出版社,2002年。

曹元弼:《孝经郑氏注笺释》,国家图书馆藏1935年活字本。

陈继儒:《宝颜堂秘籍》,万历刻本影印本,上海:文明书局,1922年。

陈立:《白虎通疏证》,吴则虞点校,北京:中华书局,1994年。

陈子龙等选辑:《明经世文编》,北京:中华书局,1962年。

程芳修等:《江西府县志·金溪县志》,清同治九年刻本。

程颢、程颐:《二程集》,王孝鱼点校,北京:中华书局,2004年。

戴表元:《剡源文集》,载《文渊阁四库全书》第1194册,台北:台湾商务印书馆,1982年。

董鼎:《孝经大义》,载《文渊阁四库全书》第182册,台北:台湾商务印书馆,1982年。

段玉裁:《经韵楼集》,赵航、薛正兴整理,南京:凤凰出版社,2010年。

范宁集解,杨士勋疏:《春秋穀梁传注疏》,夏先培整理,杨向奎审定,北京:北京大学出版社,1999年。

范晔:《后汉书》,李贤等注,北京:中华书局,1965 年。

顾炎武著,张京华校释:《日知录校释》,长沙:岳麓书社,2011 年。

郭世杰刊刻:《孝经广义》,清康熙庚辰年郭世杰序本。

韩婴撰,许维遹校释:《韩诗外传集释》,北京:中华书局,1980 年。

河上公:《老子道德经河上公章句》,王卡点校,北京:中华书局,1993 年。

何休解诂,徐彦疏:《春秋公羊传注疏》,刁小龙整理,上海:上海古籍出版社,2014 年。

侯乃峰:《上博楚简儒学文献校理》,上海:上海古籍出版社,2018 年。

胡廷琦:《东林书院志》,天津图书馆藏清光绪七年重刻本。

皇侃:《论语义疏》,高尚榘校点,北京:中华书局,2013 年。

黄道周:《黄道周集》,翟奎凤、郑晨寅、蔡杰整理,北京:中华书局,2017 年。

黄道周:《黄漳浦文集》,陈寿祺原编,王文径主编点校,悉尼:国际华文出版社,2006 年。

黄道周:《黄忠端小楷孝经》,清嘉庆年间朱咏斋所藏本。

黄道周:《榕坛问业》,载《文渊阁四库全书》第 717 册,台北:台湾商务印书馆,1982 年。

黄道周:《儒行集传》,载《文渊阁四库全书》第 122 册,台北:台湾商务印书馆,1982 年。

黄道周:《孝经集传》,载《文渊阁四库全书》第 182 册,台北:台湾商务印书馆,1982 年。

黄道周:《小楷孝经定本》,日本早稻田大学藏清光绪十六年刊本。

黄震:《黄震全集》,张伟、何忠礼主编,杭州:浙江大学出版社,2013 年。

黄宗羲:《黄宗羲全集》第五册,沈善洪主编,方祖猷、桂心仪、陈敦伟校点,杭州:浙江古籍出版社,1992 年。

黄宗羲:《黄宗羲全集》第八册,沈善洪主编,夏瑰琦、洪波校点,杭州:浙江古籍出版社,1992 年。

黄宗羲:《黄宗羲全集》第十册,沈善洪主编,平慧善校点,杭州:浙江古籍出版社,1993 年。

黄景昉:《国史唯疑》,陈士楷、熊德基点校,上海:上海古籍出版社,2002 年。

纪昀总纂:《四库全书总目提要》,孟蓬生等点校,石家庄:河北人民出版社,2000年。

贾谊撰,阎振益、钟夏校注:《新书校注》,北京:中华书局,2000年。

简朝亮:《孝经集注述疏》,周春健校注,上海:华东师范大学出版社,2011年。

姜兆锡:《孝经本义》,载《四库全书存目丛书》经部第146册,济南:齐鲁书社,1997年。

蒋赫德纂:《御定孝经注》,载《文渊阁四库全书》第182册,台北:台湾商务印书馆,1982年。

孔安国传,太宰纯音:《古文孝经孔传》,鲍廷博刊刻《知不足斋丛书》本。

孔广森:《大戴礼记补注》,王丰先点校,北京:中华书局,2013年。

黎靖德编:《朱子语类》,杨绳其、周娴君校点,长沙:岳麓书社,1997年。

黎翔凤:《管子校注》,梁运华整理,中华书局,2004年。

李零:《郭店楚简校读记》(增订本),北京:中国人民大学出版社,2007年。

李隆基注,元行冲疏:《孝经注疏》,邓洪波整理,钱逊审定,北京:北京大学出版社,1999年。

刘邵:《人物志》,梁满仓译注,北京:中华书局,2014年。

刘向、刘歆撰,姚振宗辑录:《七略别录佚文　七略佚文》,邓骏捷校补,澳门:澳门大学出版中心,2007年。

刘向撰,向宗鲁校证:《说苑校证》,北京:中华书局,1987年。

刘昫等:《旧唐书》,北京:中华书局,1975年。

刘钊:《郭店楚简校释》,福州:福建人民出版社,2005年。

陆德明:《经典释文》,上海:上海古籍出版社,1985年。

陆九渊:《陆九渊集》,钟哲点校,北京:中华书局,1980年。

罗汝芳:《罗汝芳集》,方祖猷、梁一群、李庆龙等编校整理,南京:凤凰出版社,2007年。

吕维祺:《孝经大全》,载《续修四库全书》第151册,上海:上海古籍出版社,2002年。

吕维祺:《明德先生文集》,载《四库存目丛书》集部第185册,济南:齐鲁书社,1997年。

吕鸣谦:《孝经养正》,国家图书馆藏光绪十五年刊本。

马端临:《文献通考·经籍考》,华东师大古籍研究所标校,上海:华东师范大学出版社,1985年。

毛亨传,郑玄笺,孔颖达疏:《毛诗注疏》,朱杰人、李慧玲整理,上海:上海古籍出版社,2013年。

聂豹:《双江聂先生文集》,载《四库全书存目丛书》集部第72册,济南:齐鲁书社,1997年。

欧阳修、宋祁:《新唐书》,北京:中华书局,1975年。

皮锡瑞:《经学历史》,周予同注释,北京:中华书局,1981年。

皮锡瑞:《孝经郑注疏》,吴仰湘点校,北京:中华书局,2016年。

契嵩:《镡津文集》,钟东、江晖点校,上海:上海古籍出版社,2016年。

契嵩著,邱小毛校译:《夹注辅教编校译》,成都:西南交通大学出版社,2011年。

钱大昕:《潜研堂文集》,载《嘉定钱大昕全集》(增订本)第九册,陈文和主编,南京:凤凰出版社,2016年。

邱浚:《大学衍义补》,林冠群、周济夫校点,北京:京华出版社,1999年。

阮福:《孝经义疏补》,载《续修四库全书》第152册,上海:上海古籍出版社,2002年。

阮元:《孝经义疏》,载四川大学古籍所编:《儒藏·经部》第27册《孝经》类,成都:四川大学出版社,2017年。

阮元:《揅经室集》,邓经元点校,北京:中华书局,1993年。

施化远等:《吕明德先生年谱》,载《北京图书馆藏珍本年谱丛刊》第59、60册,北京:北京图书馆出版社,1999年。

僧祐撰,李小荣校笺:《弘明集校笺》,北京:中华书局,2013年。

世界不孝子:《孝经救世》,民国尊经会印本,1944年。

司马光:《古文孝经指解》,载《文渊阁四库全书》第182册,台北:台湾商务印书馆,1982年。

司马迁:《史记》,裴骃集解,司马贞索引,张守节正义,北京:中华书局,1982年。

宋敏求:《唐大诏令集》,洪丕谟等点校,北京:学林出版社,1992年。

宋育仁：《宋育仁文集》，董凌锋选编，北京：国家图书馆出版社，2016 年。

宋育仁：《孝经讲义》，《问琴阁丛书》，1924 年。

苏舆：《春秋繁露义证》，钟哲点校，北京：中华书局，1992 年。

唐文治：《孝经大义》，施肇曾刊施氏醒园本，1924 年。

唐玄宗：《覆卷子本唐开元御注孝经》，载黎庶昌所刻《古逸丛书》，光绪十年甲申刊本。

唐玄宗：《御注道德真经》（四卷本），载《道藏》第 11 册，北京：文物出版社，1988 年。

唐玄宗：《御制道德真经疏》（十卷本），载《道藏》第 11 册，北京：文物出版社，1988 年。

童伯羽：《孝经衍义》，载郑杰编著：《郑氏注韩居七种》，国家图书馆藏清代刻本。

脱脱等：《宋史》，北京：中华书局，1977 年。

王艮：《王心斋全集》，陈祝生等校点，南京：江苏教育出版社，2001 年。

王谟编：《汉魏遗书钞》，清嘉庆三年刻本。

王聘珍：《大戴礼记解诂》，王文锦点校，北京：中华书局，1983 年。

王守仁：《王阳明全集》，吴光、钱明、董平、姚延福编校，上海：上海古籍出版社，1992 年。

王溥：《唐会要》，《丛书集成初编》本，北京：中华书局，1985 年。

王先谦：《荀子集解》，沈啸寰、王星贤点校，北京，中华书局，1988 年。

王应麟：《困学纪闻》，孙通海校点，沈阳：辽宁教育出版社，1998 年。

文彦博：《潞公文集》，载《文渊阁四库全书》第 1100 册，台北：台湾商务印书馆，1982 年。

翁方纲：《孝经附记》，陈鸿森校录，载《中国经学》总第 15 辑，2015 年。

吴澄：《孝经定本》，载《文渊阁四库全书》第 182 册，台北：台湾商务印书馆，1982 年。

项霦：《孝经述注》，载《文渊阁四库全书》第 182 册，台北：台湾商务印书馆，1982 年。

项安世：《项氏家说　附录》，《丛书集成初编》本，北京：中华书局，1985 年。

谢肇制：《五杂组》，郭熙途校点，沈阳：辽宁教育出版社，2001 年。

熊大年:《养蒙大训》,载《丛书集成续编》第 61 册,台北:新文丰出版公司,1989 年。

杨简:《杨简全集》,董平校点,杭州:浙江大学出版社,2016 年。

杨起元:《太史杨复所先生证学编》,载《续修四库全书》第 1129 册,上海:上海古籍出版社,2002 年。

杨起元:《重刻太史杨复所先生家藏文集》,载《四库禁毁书丛刊》集部第 63 册,北京:北京出版社,1999 年。

杨时:《杨时集》,林海权校理,北京:中华书局,2018 年。

叶方蔼等:《御定孝经衍义》,载《文渊阁四库全书》第 718 册,台北:台湾商务印书馆,1982 年。

于鬯:《香草校书》,北京:中华书局,1984 年。

余时英:《孝经集义》,山东大学图书馆藏明天启四年刻本。

虞淳熙:《虞德园先生集》,载《四库禁毁书丛刊》集部第 43 册,北京:北京出版社,1997 年。

湛若水:《泉翁大全集》,钟彩钧、游腾达点校,台北:中国文哲研究所,2017 年。

张廷玉等:《明史》,北京:中华书局,1974 年。

张叙:《孝经精义》,载《续修四库全书》第 152 册,上海:上海古籍出版社,2002 年。

长孙无忌等:《隋书·经籍志》,上海:商务印书馆,1955 年。

赵在翰辑:《七纬(附论语谶)》,钟肇鹏、萧文郁点校,北京:中华书局,2012 年。

郑玄注,孔颖达疏:《礼记正义》,龚抗云整理,王文锦审定,北京:北京大学出版社,1999 年。

中国科学院图书馆整理:《续修四库全书总目提要·经部》,北京:中华书局,1993 年

周必大:《淳熙玉堂杂记》,载《左百川学海本》第六册乙集中,1927 年陶涉园景刊宋本。

周绍良主编:《全唐文新编》,长春:吉林文史出版社,2000 年。

朱熹:《四书章句集注》,北京:中华书局,1983 年。

朱熹:《孝经刊误》,载《文渊阁四库全书》第 182 册,台北:台湾商务印

书馆,1982 年。

朱熹:《朱子全书》,朱杰人、严佐之、刘永翔主编,上海、合肥:上海古籍出版社、安徽教育出版社,2002 年。

朱鸿编:《孝经总类》,载《续修四库全书》第 151 册,上海:上海古籍出版社,2002 年。

朱申:《晦庵先生所定古文孝经句解》,载《续修四库全书》第 151 册,上海:上海古籍出版社,2002 年。

朱申:《晦庵先生所定古文孝经句解》,载《四库全书存目丛书》经部第 146 册,济南:齐鲁书社,1997 年。

朱亦栋:《孝经札记》,载朱亦栋:《十三经札记》第 5 册,清光绪四年武林竹简斋刻本。

朱彝尊:《经义考》,北京:中华书局,1998 年。

朱元璋:《明太祖集》,胡士尊点校,合肥:黄山书社,1991 年。

庄存与:《味经斋遗书》,清光绪八年阳湖庄氏刊本。

《明实录》,台北:"中央研究院"历史语言研究所,1962 年。

著作类

阿里夫·德里克主讲:《后革命时代的中国》,刘东主持评议,李冠南、董一格译,上海:上海人民出版社,2015 年。

蔡汝堃:《孝经通考》,上海:商务印书馆,1937 年。

蔡方鹿:《朱熹经学与中国经学》,北京:人民出版社,2004 年。

查尔斯·泰勒:《本真性的伦理》,程炼译,上海:上海三联书店,2012 年。

常建华:《明代宗族研究》,上海:上海人民出版社,2005 年。

陈壁生:《孝经学史》,上海:华东师范大学出版社,2015 年。

陈来:《有无之境——王阳明哲学的精神》,北京:北京大学出版社,2006 年。

陈居渊:《汉学更新运动研究——清代学术新论》,南京:凤凰出版社,2013 年。

陈铁凡:《敦煌本孝经类纂》,台北:燕京文化事业公司,1977 年。

陈铁凡:《孝经学源流》,台北:编译馆,1986 年。

陈铁凡:《孝经郑注校证》,台北:编译馆,1987 年。

陈苏镇主编:《中国古代政治文化研究》,北京:北京大学出版社,2009 年。

陈一风:《〈孝经注疏〉研究》,成都:四川大学出版社,2007 年。

陈寅恪:《隋唐制度渊源略论稿　唐代政治史述论稿》,北京:生活·读书·新知三联书店,2001 年。

陈寅恪:《魏晋南北朝史讲演录》,万绳楠整理,贵阳:贵州人民出版社,2007 年。

陈柱:《孝经要义》,上海:商务印书馆,1936 年。

崔燕南整理:《曹元弼友朋书札》,上海:上海人民出版社,2018 年。

邓志峰:《王学与晚明的师道复兴运动》,北京:社会科学文献出版社,2004 年。

冯友兰:《中国哲学史》,北京:中华书局,1947 年。

侯外庐、赵纪彬、杜国庠:《中国思想通史》,北京:人民出版社,1957 年。

胡适:《中国哲学史大纲》,北京:东方出版社,1996 年。

胡吉勋:《"大礼议"与明廷人事变局》,北京:社会科学文献出版社,2007 年。

华喆:《礼是郑学——汉唐间经典诠释变迁史论稿》,北京:生活·读书·新知三联书店,2018 年。

黄开国:《公羊学发展史》,北京:人民出版社,2013 年。

嵇文甫:《晚明思想史论》,北京:东方出版社,1996 年。

姜广辉:《义理与考据——思想史研究中的价值关怀与实证方法》,北京:中华书局,2010 年。

劳思光:《当代西方思想的困局》,上海:华东师范大学出版社,2016 年。

李源澄:《李源澄著作集》,林庆彰、蒋秋华主编,台北:"中央研究院"中国文哲研究所,2008 年。

李祥俊:《熊十力思想体系建构历程研究》,北京:北京师范大学出版社,2013 年。

梁启超:《中国近三百年学术史》,北京:中国书店,1985 年。

梁漱溟:《梁漱溟全集》,济南:山东人民出版社,2005 年。

梁涛:《郭店竹简与思孟学派》,北京:中国人民大学出版社,2008 年。

林久贵:《阮元经学研究》,北京:人民出版社,2015 年。

林秀一:《孝経述議復原に関する研究》,东京:文求堂书店,1954 年。

林秀一:《孝経学論集》,东京:明治书院,昭和五十一年。

林庆彰:《明代经学研究论集》,台北:文史哲出版社,1994 年。

林庆彰、蒋秋华主编:《明代经学国际研讨会论文集》,台北:中国文哲研究所筹备处,1996 年。

刘丰:《北宋礼学研究》,北京:中国社会科学出版社,2016 年。

刘光胜:《出土文献与〈曾子〉十篇比较研究》,上海:上海古籍出版社,2016 年。

刘咸炘:《刘咸炘学术论集·子学编》,黄曙辉编校,桂林:广西师范大学出版社,2007 年。

刘增光:《晚明〈孝经〉学研究》,上海:上海古籍出版社,2015 年。

柳存仁:《和风堂文集》,上海:上海古籍出版社,1991 年。

罗伯特·N.贝拉等:《心灵的习性:美国人生活中的个人主义和公共责任》,周穗明、翁寒松、翟宏彪译,北京:中国社会科学出版社,2011 年。

吕妙芬:《孝治天下:〈孝经〉与近世中国的政治与文化》,台北:联经出版事业公司,2011 年。

马一浮:《复性书院讲录》,济南:山东人民出版社,1998 年。

马一浮:《马一浮全集》,吴光主编,杭州:浙江古籍出版社,2013 年。

马宗霍:《中国经学史》,上海:上海书店出版社,1984 年。

蒙文通:《中国史学史》,上海:上海人民出版社,2006 年。

孟森:《明史讲义》,商传导读,上海:上海古籍出版社,2002 年。

牟润孙:《注史斋丛稿》,北京:中华书局,1987 年。

片山兼山:《古文孝经孔传参疏》,宽政元年己酉刻本,东都:嵩山房梓,1789 年。

钱大群:《唐律疏义新注》,南京:南京师范大学出版社,2007 年。

钱明:《阳明学的形成与发展》,南京:江苏古籍出版社,2002 年。

钱穆:《中国学术思想史论丛》,北京:生活·读书·新知三联书店,2009 年。

沈玉成、刘宁:《春秋左传学史稿》,南京:江苏古籍出版社,1992 年。

石元康:《从中国文化到现代性:典范转移?》,北京:生活·读书·新知三联书店,2000 年。

舒大刚：《中国孝经学史》，福州：福建人民出版社，2013年。

唐君毅：《中国文化之精神价值》，桂林：广西师范大学出版社，2005年。

汤用彤：《儒学·佛学·玄学》，南京：江苏文艺出版社，2009年。

唐长孺：《魏晋南北朝史论拾遗》，北京：中华书局，1983年。

王锷：《〈礼记〉成书考》，北京：中华书局，2007年。

王汎森：《章太炎的思想——兼论其对儒学思想的冲击》，上海：上海人民出版社，2012年。

王茂、蒋国保等：《清代哲学》，合肥：安徽人民出版社，1992年。

王素编著：《唐写本论语郑氏注及其研究》，北京：文物出版社，1991年。

王正己：《孝经今考》，载罗根泽编著：《古史辨》第4册，海口：海南出版社，2005年。

汪荣祖：《康章合论》，北京：中华书局，2008年。

汪荣祖：《章太炎散论》，北京：中华书局，2008年。

Wm. Theodore de Bary, *Asian Values and Human Rights：A Confucian Communitarian Respective*，Harvard University Press，1998.

Wm. Theodore de Bary, *Learning for One's Self：Essays on the Individual in Neo-Confucian Thought*，New York：Columbia University Press，1991.

邬庆时：《孝经通论》，上海：商务印书馆，1934年。

吴震：《泰州学派研究》，北京：中国人民大学出版社，2009年。

熊十力：《读经示要》，上海：上海书店出版社，2009年。

熊十力：《韩非子评论 与友人论张江陵》，上海：上海书店出版社，2007年。

熊十力：《论六经·中国历史讲话》，北京：中国人民大学出版社，2006年。

熊十力：《熊十力全集》，萧萐父主编，武汉：湖北教育出版社，2001年。

熊十力：《原儒》，长沙：岳麓书社，2013年。

徐复观：《中国思想史论集》，上海：上海书店出版社，2004年。

徐景贤：《孝经之研究》，北平：公记印书局，1931年。

徐景贤：《徐景贤文存》，赵中亚选编，南京：江苏人民出版社，2016年。

许全胜:《沈增植年谱长编》,北京:中华书局,2007年。

杨朝明:《出土文献与儒家学术研究》,台北:台湾古籍出版有限公司,2007年。

余英时:《历史与思想》,台北:联经出版事业公司,1987年。

余英时:《中国思想传统及其现代变迁》,桂林:广西师范大学出版社,2004年。

张隆溪:《复仇观的省察与诠释》,台北:台湾大学出版中心,2012年。

张昭军:《儒学近代之境——章太炎儒学思想研究》,北京:社会科学文献出版社,2002年。

章炳麟主编:《国学讲演录》,南京:江苏文艺出版社,2007年。

章太炎:《章太炎讲演集》,马勇编,石家庄:河北人民出版社,2004年。

章太炎:《章太炎全集(第二辑)·演讲集》,上海:上海人民出版社,2015年。

章太炎:《章太炎全集(四)·太炎文录初编》,上海:上海人民出版社,1984年。

章太炎:《章太炎政论选集》,汤志钧编,北京:中华书局,1977年。

章太炎、刘师培等:《中国近三百年学术史论》,罗志田导读,上海:上海古籍出版社,2006年。

曾振宇注译:《孝经今注今译》,北京:人民出版社,2018年。

赵克生:《明朝嘉靖时期国家祭礼改制》,北京:社会科学文献出版社,2006年。

赵汀阳:《天下体系——世界制度哲学导论》,北京:中国人民大学出版社,2011年。

朱维铮:《中国经学史十讲》,上海:复旦大学出版社,2002年。

朱维铮编:《周予同经学史论著选集》,上海:上海人民出版社,1983年。

论文类

长尾秀则:《玄宗〈石台孝经〉成立再考》,载《京都语文》2000年第6期。

陈鸿森:《唐玄宗〈孝经序〉"举六家之异同"释疑》,载台湾《"中央研究院"历史语言研究所集刊》第74本,2003年3月。

陈鸿森:《〈孝经〉孔传与王肃注考证》,载赵生群主编:《古文献研究集刊》第六辑,南京:凤凰出版社,2012年;又载《文史》2010年第4辑以及《国学学刊》2010年第3期。

陈鸿森:《〈经义考〉孝经类别录(下)》,载台湾《书目季刊》第34卷,2000年第2期。

陈来:《仁学视野中的"万物一体"论(下)》,载《河北学刊》2016年第4期

陈子展:《〈孝经〉在两汉六朝所生之影响》,载《复旦学报》1937年第4期。

陈子展:《六朝之孝经学》,载《通俗文化》(政治、经济、科学、工程半月刊)1935年第2卷第1、2。

陈子展:《孝经存疑》,载《沪江大学月刊》1936年第25卷第1期。

程苏东:《〈白虎通〉所见"五经"说考论》,载《史学月刊》2012年第12期。

程苏东:《京都大学所藏刘炫〈孝经述议〉残卷考论》,载《中华文史论丛》2013年第1期。

董恩林:《道藏四卷本〈唐玄宗御制道德真经疏〉辨误》,载《宗教学研究》2005年第1期。

顾永新:《日本传本〈古文孝经〉回传中国考》,载《北京大学学报》(哲学社会科学版)2004年第2期。

胡平生:《日本〈古文孝经〉孔传的真伪问题——经学史上一件积案的清理》,载《文史》第23辑,北京:中华书局,1984年。

黄浩波:《肩水金关汉简所见〈孝经〉经文与解说》,载《中国经学》2019年第2期。

黄开国:《论儒家的孝道学派——兼论儒家孝道派与孝治派的区别》,载《哲学研究》2003年第3期。

荆雨:《儒家"道德的政治"之当代重探——以民之父母为例》,载《社会科学战线》2012年第10期。

赖晓云:《从黄道周书〈孝经〉论其书法艺术》,台湾大学艺术史研究所硕士论文,1992年。

Lee Cheuk Yin, "Emperor Chengzu and Imperial Filial Piety of the Ming Dynasty: From *The Classic of Filial Piety* to the Biographical Accounts of

Filial Piety," in *Filial Piety in Chinese Thought and History*, edited by Alan K. L. Chan and Sor-hoon Tan, London: Routledge Curzon, 2004.

李学勤：《日本胆泽城遗址出土〈古文孝经〉论介》，载《孔子研究》1988年第4期。

李学勤：《竹简〈家语〉与汉魏孔氏家学》，载《孔子研究》1987年第2期。

林俊佑：《阮元经学的义理进路》，台湾暨南国际大学博士论文，2013年。

吕妙芬：《晚明〈孝经〉论述的宗教性意涵：虞淳熙的孝论及其文化脉络》，载台湾"中央研究院"近代史研究所集刊》第48期，2005年。

马德洪、陈莉：《〈朱文公文集〉版本源流考》，载《图书情报知识》2005年第1期。

钱复：《孝经救世》，载《道义月刊》1944年第10期。

舒大刚：《论日本传〈古文孝经〉决非"隋唐之际"由我国传入》，载《四川大学学报》（哲学社会科学版）2002年第2期。

舒大刚：《司马光指解本〈古文孝经〉的源流与演变》，载《烟台师范学院学报》（哲学社会科学版）2003年第1期。

舒大刚：《邢昺〈孝经注疏〉杂考》，载《宋代文化研究》第18辑，成都：四川文艺出版社，2010年。

孙向晨：《民族国家、文明国家与天下意识》，载《探索与争鸣》2014年第9期。

唐文治：《孝经讲义》，连载于《大众》（上海）杂志，1944—1945年。

唐文治：《孝经救世编》，连载于《国专月刊》，1936—1937年。

铁侠：《请中央勿复以诵〈孝经〉退贼之方收拾新疆》，载《海泽》1934年第4期。

王葆玹：《汉魏经学中的仁孝及忠孝之辨》，载《哲学门》第16辑，北京：北京大学出版社，2008年。

辛更儒：《〈宋史·项安世传〉补正》，载《中国典籍与文化》2013年第4期。

杨朝明：《读〈孔子家语〉札记》，载《文史哲》2006年第4期。

游彪：《宋代的宗族祠堂、祭祀及其它》，载《安徽师范大学学报》（人文社会科学版）2006年第3期。

余治平：《董仲舒仁义学新释》，载魏彦红主编：《董仲舒研究文库》第一辑，成都：巴蜀书社，2013年。

曾振宇、张东伟:《以天论孝:董仲舒孝论发微》,载《山东教育学院学报》2010 年第 2 期。

章太炎讲,金震草录:《讲学大旨与孝经要义》,载《国学论衡》第 2 期,1933 年 12 月。

章太炎:《〈孝经〉〈大学〉〈儒行〉〈丧服〉余论》,载《制言》1940 年第 61 期。

张志哲:《中国经学史分期意见述评》,载《史学月刊》1988 年第 3 期。

张固也、赵灿良:《从〈孔子家语·后序〉看其成书过程》,载《鲁东大学学报》(哲学社会科学版)2009 年第 5 期。

郑万耕:《刘向刘歆父子的学术史观》,载《史学史研究》2003 年第 1 期。

郑吉雄:《乾嘉学者治经方法与体系举例试释》,载蒋秋华主编:《乾嘉学者的治经方法》,台北:"中央研究院"中国文哲研究所筹备处,2000 年。

钟玉发:《阮元与清代今文经学》,载《史学月刊》2004 年第 9 期。

朱海:《唐玄宗〈御注孝经〉发微》,载《魏晋南北朝隋唐史资料》第 19 辑,2002 年。

朱海:《唐玄宗御注〈孝经〉考》,载《魏晋南北朝隋唐史资料》第 20 辑,2003 年。

庄兵:《〈孝经·闺门章〉考》,载王中江、李存山主编:《中国儒学》第五辑,北京:中国社会科学出版社,2010 年。

庄兵:《〈御注孝经〉的成立及其背景——以日本见存〈王羲之草书孝经〉为线索》,载台湾《清华学报》新 45 卷第 2 期,2015 年。

后　记

本书的写作完结了笔者的一大心愿，即写作一部完整的《孝经》学通史。本书在学界已有成果的基础上，力求产出"新言"，赋予"新意"，从诠释学的角度观之，本书追求的是对《孝经》学"不一样的理解"，而非"最好的理解"。在写作过程中，往往发现今人所见早已被古人所注意，不禁为古人读书之精审所惊讶。古人言，天下道理皆是现成，诚不我欺。能依循今天的学术规范将古人之所见陈列出来，亦不失为益事。孔子曰："温故而知新，可以为师矣。"以此自勉！

感谢国家社科基金后期资助项目的资助。本书的立项和完成经历了疫情最严重的时期，在某种意义上说，那段时空记忆对我的家庭而言也是深刻的、独一无二的。2020 上半年，犬子康康降生，正是在激动欣悦心情的驱使下，完成了立项申请书的填报；2021 年春节，由于疫情我们不得不从租住的房子搬到新家，以方便出行；2022 年下半年项目结项，疫情也戛然而止。在此期间，内子小画为了家庭尤其是孩子的成长操劳甚多，在此我想将本书献给她和孩子。也衷心感谢父母双亲对我们小家庭的支持。

感谢中国人民大学彭永捷教授，本书的内容接续了师从彭老师读博期间的一些思路；感谢复旦大学吴震教授，本书的部分内容正是在跟从吴老师做博士后期间写作完成和发表的。

本书的完成，还要非常感谢项目立项和结项时的诸位评审专家，他们所提出的批评性意见和肯定性赞赏都促进了此书的完善；感谢我的工作单位中国人民大学哲学院尤其是教研室的诸位老师，哲学院的环境以及与老师们的交流是写作顺利的重要助缘。

本书能在中华书局出版，要非常感谢中华书局的罗华彤老师、高天老师，他们在本书的立项、结项、编校、出版方面做了大量工作，让这本小书能以更好的样貌呈现。

最后,借《孝经》之言,祈愿"天下和平,灾害不生,祸乱不作"!

谨以此为记!

刘增光

2023 年 11 月